高等职业教育园林园艺类专业系列教材

园艺植物遗传育种

主　编　于立杰　张文新

副主编　梁春莉　于强波

参　编　于红茹　翟秋喜　董晓涛　杜玉虎　刘以前

机 械 工 业 出 版 社

本书共有十四章和十一个实训，教学内容包括园艺植物遗传育种基础、植物遗传的细胞基础、植物遗传基本规律、近亲繁殖与杂种优势、遗传变异、种质资源、引种、选择育种、常规杂交育种、优势杂交育种、诱变育种、倍性育种、现代育种技术和品种审（认）定与推广；实训内容包括植物根尖细胞有丝分裂过程的制片与观察、植物花粉母细胞减数分裂过程的制片与观察、一对相对性状的遗传分析、两对相对性状的遗传分析、植物多倍体的诱导及其生物学鉴定、园艺植物生物学性状调查、园艺植物开花授粉习性调查、园艺植物花粉的采集与储藏、花粉生活力的测定、园艺植物有性杂交技术、园艺植物多倍体的诱发与鉴定。

本书可作为高职高专院校、本科院校的职业技术学院、五年制高职、成人教育农林类园艺、园林类专业的教材，建议教学时数为70~90学时，也可作为相关专业学生和广大农业科技工作者的参考用书。

本书配有电子课件，凡使用本书作为教材的教师可登录机械工业出版社教育服务网www.cmpedu.com下载。咨询邮箱：cmpgaozhi@sina.com。咨询电话：010-88379375。

图书在版编目（CIP）数据

园艺植物遗传育种/于立杰，张文新主编．—北京：机械工业出版社，2018.1（2024.6重印）
高等职业教育园林园艺类专业系列教材
ISBN 978-7-111-58821-4

Ⅰ.①园…　Ⅱ.①于…②张…　Ⅲ.①园艺作物—遗传育种—高等职业教育—教材　Ⅳ.①S603.2

中国版本图书馆CIP数据核字（2017）第330298号

机械工业出版社（北京市百万庄大街22号　邮政编码100037）
策划编辑：王靖辉　　责任编辑：王靖辉
责任校对：孙丽萍　刘　岚　封面设计：马精明
责任印制：张　博
北京雁林吉兆印刷有限公司印刷
2024年6月第1版第11次印刷
184mm×260mm·15.75印张·384千字
标准书号：ISBN 978-7-111-58821-4
定价：45.00元

电话服务　　网络服务
客服电话：010-88361066　机　工　官　网：www.cmpbook.com
010-88379833　机　工　官　博：weibo.com/cmp1952
010-68326294　金　书　网：www.golden-book.com
封底无防伪标均为盗版　机工教育服务网：www.cmpedu.com

前　言

园艺植物遗传育种是介绍园艺植物遗传育种原理与技术的学科，是一门集理论与实践于一体的综合性课程。本书在编排上充分考虑高职院校的培养目标和教学需求，注重理论教学的横向联系，融汇了植物遗传基本原理、各类植物育种方法、种子生产的最新研究成果和发展，加强理论和技能知识的实用性，每一章节前为详细的案例，便于学生学习。教学内容符合高职学生现状，既全面覆盖又不过于深奥，同时注重学生学习兴趣的培养，技能培养符合用人单位需求。

本书由辽宁农业职业技术学院长期从事园艺植物遗传育种教学、科研并具有丰富教学实践经验的七位教师合作编写而成，由于立杰、张文新任主编，由梁春莉、于强波任副主编。具体分工如下：第一章、第二章、第三章、第七章、第八章、第十章由于立杰编写，第四章、第五章、第十一章由张文新编写，第六章、第九章由梁春莉编写，第十四章由于红茹编写，第十二章由于强波编写，第十三章由刘以前编写，实训部分由翟秋喜、杜玉虎、董晓涛编写。

本书广泛参阅了许多专家、学者的著作及论文，所参考的多数资料在参考文献中一一列出，在此向其作者一并致以诚挚的谢意。在本书编写过程中，得到了辽宁农业职业技术学院的大力支持，相关教师提出了具有实践意义的建议。在此，向所有在本书编写过程中给予帮助的专家表示深深的谢意。

由于编者水平有限，书中难免有一些不足和疏漏之处，敬请广大同行、专家、读者提出宝贵意见，以便再版时修订。

编　者

目　录

第一章 园艺植物遗传育种基础

学习目标：

1. 了解园艺植物遗传育种的作用、地位及其发展趋势。
2. 知道遗传育种的任务和主要内容。
3. 掌握园艺植物遗传育种的概念以及育种的主要目标。
4. 理解和掌握园艺植物品种的概念和特点。
5. 掌握良种的概念及主要作用。

蔬菜种子为什么这么贵？

2012年2月5日，记者在采访时，偶然从一位菜农口中得知，现在市场上的茄子85%都是国外品种。而相关媒体此前也有报道称：外国的“洋种子”已经控制了我国高端蔬菜种子50%以上的市场份额，在我国最大的蔬菜基地山东寿光，60%~80%的蔬菜种子是“洋种子”……这位菜农所说的是否准确？青岛蔬菜种子市场的总体情况如何呢？2月6日、2月7日，记者对此进行了调查。

2月8日，记者联系了家住即墨的于海（化名），他从事茄子种植已经有六七年，主要供应青岛的蔬菜批发市场。据他介绍，由于国外的茄子品种在产量和质量等方面都有一定的优势，当地的种植户一直都是购买国外的茄子种苗种植。“我现在用的种子就是荷兰生产的，已经用了好多年了。”于海说，“国产种苗的价格是低，但跟国外的种苗相比，茄子在质量、产量方面还是有差距的，所以我们一般都是买荷兰这家公司的种苗。据我了解，在青岛的种植户中，85%以上都会采用国外的种苗。”

对于青岛蔬菜种子市场的情况，2月7日，记者专门采访了青岛市种子站的副站长管明（化名）。管明告诉记者，国外品种所占的比例统计起来比较复杂，并没有最新的统计结果，“但是目前一些茄果类蔬菜，的确是以国外的品种为主。”

调查结果还显示：一些高端的蔬菜品种，是以国外的为主；主要用于出口的蔬菜，如白萝卜、洋葱、胡萝卜等，也是以国外的品种为主；而番茄、茄子、青椒等茄果类蔬菜，国外的蔬菜品种占据大半江山。“近两年，国外的蔬菜品种在青岛所占的比例在不断上升，现在甚至也有不少种植大田菜的菜农开始选用国外的蔬菜品种。”

国外种子虽然在抗病毒性、质量和产量等方面都会有一定的优势，但是它的价格也非常高，甚至可以与黄金的价格相提并论。“国产的蔬菜种子都是按照克来计算的，而国外的蔬菜种子计算价格时都是按粒来计算的。”青岛市钱谷山有机农庄负责生产技术的赵主任告诉记者。钱谷山有机农庄主要从事生态农作物的种植，经常会引进一些新型的蔬菜品种来种植。而据赵主任介绍，钱谷山有机农庄中有20%左右的国外蔬菜品种，有些国外蔬菜种子的价格是国产蔬菜种子的5倍多。“在购买番茄种子时，国产种子都是按照每千粒来计算的，平均每粒种子还不到1毛，而国外的种子有时候每粒要达到3毛多，有些彩椒品种的种子甚至达到每粒1元多，要真按重量来计算的话，价格也快赶上黄金了。”（编者按：每克种子约150～300元）

而国外种子昂贵的价格，对于种植户来说也是种巨大的压力，但是大多数种植户宁肯多投入也要选用国外的蔬菜种子。

中国种业的发展与国外存在一定的差距，这已经是各界专家都认同的事实。青岛市农科院蔬菜花卉研究所的崔所长告诉记者，中国种业相对落后的原因很多，其中有两个重要的因素：研究起步晚以及在研究经费投入上不足。“跟国外相比，国内种业的研究起步太晚，国外种子公司都已经是一些大集团了，而国内的种子企业发展还不完善；而从资金投入来说，尽管这两年的研究经费增加不少，但前几年平均到蔬菜种业研究的经费就只有十几万，跟国外大型企业的研究经费相差太大了。”（来源：中国食品科技网，2012-02-10，题目由编者后加）

1. 为什么蔬菜种子的价格这么高？这么高的价格，农民为什么还会购买？
2. 为什么国产的蔬菜品种不能与国外的蔬菜品种竞争？
3. 本土品种与国外品种的培育方式有什么区别吗？

一、园艺植物遗传育种的概念和任务

（一）概念

从远古时起，人们在生产生活中就注意到了遗传这种普遍现象，遗传和变异是生物进化的最基本属性，是生命世界的一种自然现象。遗传就是植物子一代与亲代间相似的现象，是亲代生物学特征特性延续的方式。遗传是相对的、保守的，遗传的主要作用就是保持物种的相对稳定性，将物种的基本特征传递下去。变异就是子一代与亲代以及子代个体间的差异现象，是亲代生物学特征特性的发展与改良。变异是绝对的，在自然界随时发生，是生物体适应环境变化的结果。遗传与变异是生命运动中的一对矛盾，它们相互对立，相互制约，在一定条件下又相互转化。因此，植物遗传就是研究植物遗传和变异发生、发展的内在机制以及内在关联关系的一门学科。

选择则是物种进化的外在作用，在自然条件下，物种适应环境条件而生存，不适应环境变化就会被淘汰，这就是自然选择。物种适应环境条件的基础就是变异，没有变异，也就不可能有物种的进化和新品种的选育。遗传和变异这对矛盾不断运动，经过自然选择，才形成

形形色色的物种。同时，经过人工培育和选择，可育成适合人类需要的众多品种。因此，遗传、变异和选择是生物进化与新品种选育的三个基本因素，三者缺一不可。

园艺植物遗传育种是研究优良品种选育的具体方法和技术的学科。具体来说，园艺植物遗传育种是一门研究选育新品种方法，保持优良种苗种性，提高优质种苗生产技术，实现优质种苗的科学加工、安全储运和足量供应的综合性学科。园艺植物遗传育种是一门理论性很强的学科，涉及园艺植物遗传、分子生理生化、细胞学等多方面的原理与内容；同时它也是一门应用型技术学科，涉及植物高产栽培、病虫害防治以及种子学、商品管理与营销等学科的原理和规律。

园艺植物遗传育种方法一般分为常规和新技术育种两类，常规方法包括选择育种、引种、常规杂交育种、优势杂交育种等；新技术方法有单倍体育种、多倍体育种、诱变育种、细胞融合、基因导入等。

（二）任务

园艺植物遗传育种是研究园艺植物新品种选育原理和方法的学科，其基本任务是选育适合于市场需要的优良品种，乃至新的园艺植物，并且在繁殖、推广的过程中保持及提高其种性，提供数量足够、质量可靠、成本较低的繁殖材料，最终促进高产、优质、高效园艺业的发展。首先，园艺植物遗传育种工作要依据本地区原有品种基础和主观、客观情况，制订育种目标，保证育种工作科学、先进和切实可行；其次，要广泛征集、评价和利用种质资源，并且研究和掌握性状遗传变异规律及变异的多样性；最后，选择适当的育种途径和方法，获得优良的新品种。获得的新品种通过适当的繁殖手段和保存方法，应用于生产。

二、园艺植物遗传育种的发展与展望

（一）园艺植物遗传的发展现状与趋势

1. 古代遗传的探索阶段

人类在新石器时代就已经开始驯养动物和栽培植物，当时的人类活动是无意识的，只是采食草籽，然后在房前屋后种植，无目的地留种。进入文明社会以后，人们才逐渐学会了改良动、植物品种的方法。西班牙学者科卢梅拉在公元 60 年左右所写的《论农作物》一书中描述了嫁接技术，还记载了几个小麦品种。533—544 年间中国学者贾思勰在所著《齐民要术》一书中论述了各种农作物、蔬菜、果树、竹木的栽培和家畜的饲养，还特别记载了果树的嫁接，树苗的繁殖，家禽、家畜的阉割等技术。从那时起，改良品种的活动从未中断，许多人力图阐明亲代和杂交子代性状之间的遗传规律都未获成功。法国生物学家拉马克（1744—1829）通过对生物遗传变异现象的研究，提出器官的用进废退和获得性遗传等学说，认为环境条件的改变是生物变异的根本原因。1859 年，英国学者达尔文（1809—1882）发表了《物种起源》一书，提出了自然选择和人工选择的生物进化学说，有力地论证了生物是由简单到复杂、由低级到高级逐渐进化的，否定了传统的物种不变的观点，成为 19 世纪自然科学中最伟大的成就之一。19 世纪末，德国学者魏斯曼（1834—1914）提出了种质连续论，这一理论对后来遗传学的发展产生了重大而广泛的影响。但是这些理论并没有从根本上揭示遗传的本质和内在遗传机制。

2. 经典遗传的建立阶段

1865 年，奥地利学者孟德尔（1822—1884）根据他的豌豆杂交试验结果发表了题为

《植物杂交试验》的论文，首次揭示出性状分离和独立分配的遗传规律，他认为性状遗传是受细胞中的遗传因子控制的。这是孟德尔通过8年的豌豆杂交试验并依据细致的后代记载和统计分析所获得的结果，是对遗传规律的重大发现，但当时并未引起人们的重视。直到1900年，它才被人们重新发现，证实了孟德尔的遗传规律，确认了它的重大意义。因此，1900年被公认为是植物遗传学建立和开始发展的一年。随后，细胞学的发展有力地促进了遗传学的发展，1902—1903年，鲍维里和萨顿发现遗传因子的行为与染色体行为呈平行关系。1909年，约翰生发表了“纯系学说”，并称孟德尔假定的“遗传因子”为“基因”。从此“基因”一词开始进入了人们的视野。1910年，美国生物学家摩尔根等以果蝇为材料进行了大量遗传学试验，发现了连锁与交换现象，并结合对染色体的观察，提出连锁遗传规律，有力地促进和发展了孟德尔遗传学。

3. 现代遗传的发展阶段

随着经济的发展和科技的进步，试验技术和条件的发展，人们开始寻找和研究什么是遗传物质。1944年，阿委瑞等在用纯化因子研究肺炎双球菌的转化试验中，证明DNA是遗传物质，奠定了揭示遗传物质化学本质及基因功能的初步理论基础。1953年，沃森和克里克通过X射线衍射分析研究，提出了DNA双螺旋结构模型，拉开了分子遗传学研究的序幕，也奠定了分子遗传学研究的基础。1958年，克里克等提出遗传三联密码的推测，并于1961年通过试验得到证明。1957年，尼伦伯格等开始解译遗传密码，经多人努力至1969年全部解译出64种遗传密码。20世纪60年代，初步阐明了mRNA、tRNA、核糖体的功能及蛋白质的生物合成过程，提出了遗传信息传递的“中心法则”。由于对细菌质粒、噬菌体、限制性核酸内切酶以及人工分离和合成基因的研究取得进展，1973年成功实现了DNA的体外重组，由此兴起了以DNA重组技术为核心的生物工程，使人类进入按照需要设计并能动改造物种和创造物种的新时代。1997年，克隆羊多莉诞生，此后克隆技术又在多种动物中得到重复。1990年，美国发起的人类基因组计划，经美、英、法、德、日、中6国的合作和努力，已于2001年完成全部序列测定。1998年2月，中、日、美、英、韩5国代表制定了“国际水稻基因组测序计划”。2002年12月，我国科学家宣布中国籼稻基因组“精细图”已经完成。

现代遗传学已发展出30多个分支，如细胞遗传学、数量遗传学、生化遗传学、发育遗传学、进化遗传学、微生物遗传学、辐射遗传学、医学遗传学、分子遗传学以及20世纪90年代诞生的分子数量遗传学、生物信息学、基因组学等。遗传学的发展不仅推动了整个生命科学的研究，而且通过广泛应用于生产实践，为造福人类做出了巨大贡献。

综上所述，植物遗传是遗传学中的一个重要分支，经历了一个世纪的发展，取得了非常巨大的成就。21世纪是以植物遗传学为核心的生物学世纪，随着研究手段的不断改进，植物遗传学的发展将更快，人类控制和改变遗传性的能力将更强，植物遗传学在科学试验和生产实践中发挥的作用也将更大。

（二）园艺植物育种的发展现状与趋势

中国是世界农业及栽培植物起源最早，栽培植物数量极大的独立起源中心。我们的祖先在长期改造自然的斗争中把众多的野生植物驯化成栽培类型，培育创造了丰富多彩的果树、蔬菜、花卉品种，为全世界所瞩目，对整个世界的园艺植物育种事业做出了巨大的贡献，如贾思勰的《齐民要术》提出种子混杂的弊端，主张采取穗选，设置专门繁种地及选优、汰劣等措施；以及对无性繁殖的园艺植物采用有性和无性繁殖相结合的方法进行实生选种。新

中国成立以来，党和国家高度重视农业的发展，园艺植物育种事业有了较大的发展。

1. 园艺植物育种的发展现状

（1）重视种质资源的研究与利用　近二三十年以来，育种界逐渐认识到种质资源是育种事业成就大小的关键，普遍开展了大规模的资源调查、征集，建立了不同规模的种质资源库。同时，各个国家纷纷建立了完善的种质资源保存体系，相关部门设置专门机构，负责各类作物种质资源的考察、搜集、保存和评价工作，以及建立管理资料档案，更新繁殖、种苗检疫、分发、交换等制度和法规，并建立了畅通的渠道，使种质资源工作和园艺植物育种工作密切联系，充分和及时地满足育种的需要。据2011年统计资料，中国国家种质库已搜集资源总份数达到39万份，为育种工作打下了良好的基础。

（2）广泛进行了栽培植物的引种工作　新中国成立以来，在资源调查、整理的基础上，广泛进行了国内不同地区间相互引种和国外引种工作，大大丰富了各地栽培植物的种类和品种，扩大了良种的栽培面积。南果北引、北菜南引、南菜北种等项目纷纷启动，并获得了较大的收益和成就。如四川榨菜引种到辽宁省，南方的莴笋、丝瓜、苦瓜等都在北方试种成功，尤其是苦瓜，在北方部分地区已成为了常见蔬菜。北方的大白菜、黄瓜良种在南方广泛栽培等，都是引种的结果。另外，南方的枇杷、番木瓜等果树也开始在北方地区逐渐试种推广，获得了较好的经济效益。近年来，从国外引种的园艺植物种类日益增多，如苹果品种红富士、新乔纳金，葡萄鲜食品种巨峰、乍娜、布朗无核、红瑞宝、晚红等成为我国园艺生产中的主栽品种，而不常见的蔬菜、花卉、果品也已经逐步走进消费者的家庭和餐桌，如果树中的马来西亚红毛丹、面包果、倒捻子、星苹果、腰果，蔬菜中的西芹、球茎茴香、石刁柏、锦葵菜、四棱豆、独行菜、黄秋葵等。

（3）新品种选育成果显著　新中国成立以来，品种选育工作一直受到国家的重视，每年都积极支持扶助育种项目的开展。蔬菜方面自20世纪70年代以来培育了一大批优良的甘蓝、白菜、甜椒的雄性不育系及黄瓜的雌性系等，这些材料的育成，显著促进了杂交种品种的选育和杂种一代种子的大规模商品生产。而主要果树植物的品种已更换过2～4次，比较充分地发挥了品种在生产中的作用。据不完全统计，全国各地通过各种育种途径选育的园艺植物新品种数以千计，其中已育成20种蔬菜杂交种品种4000多个，推广面积达200万hm^2以上，多数增产效应为20%～30%。引进的果树品种达几百个，其中葡萄主栽品种达20多个，在生产中得到了大面积推广。由此可见，我国已建立起学科齐全、配套完整、设施先进的强大品种选育和生产体系。

（4）重视育种基础理论研究　品种选育工作的快速发展，与育种基础理论水平的研究密不可分。近50多年来，育种学家对植物主要经济性状的遗传规律进行了研究，增加了育种工作的科学性和预见性，提高了育种效率。积极开展了多倍体诱变育种探索，以及辐射诱变育种、克服远缘杂交的障碍等现代育种技术的研究，并取得了可喜成就，如三倍体无籽西瓜等。特别是在组织、细胞培养等方面，我国较早地通过花药培养获得了苹果、柑橘、葡萄、白菜、茄子、番茄、辣椒等园艺植物的单倍体，有的获得了后代，苹果、柑橘、葡萄、桃、马铃薯、大蒜的分生组织脱毒培养，苹果、葡萄、草莓、甘蓝、花椰菜、芥菜、石刁柏、百合、水仙等的离体快繁均获得成功。20世纪70年代后期，我国在同工酶及多种分子标记技术应用于研究园艺植物的分类、演化、遗传及品种、杂种亲缘及纯度鉴定方面取得了可喜的进展。通过转基因技术，获得的各种转基因园艺植物，包括苹果、柑橘、葡萄、胡桃、猕猴桃、竹、草莓、番木瓜、番茄、茄子、辣椒、甘蓝、白菜、黄瓜、石刁柏、花芋等，有些已进入大田试验。在提高园艺植物对病虫害、病毒病、除草剂的抗性，改进品质及储藏保鲜性能等方面展现了诱人的前景。

（5）蔬菜种子和果树、花卉苗木产业发展迅速　《中华人民共和国种子法》（以下简称《种子法》）已于2000年12月1日起施行，2015年11月进行了修订，随着《种子法》的实施，我国种业已确立开放的、公平竞争的市场机制，形成了全国统一开放的种苗市场，出现了国有种子公司、农业科研单位、大专院校、集体、个体等多种营销组织并存的种苗营销格局，种苗市场十分活跃。活跃的种苗营销市场促进了种苗产业集团的形成和壮大。国家农业部根据《种子法》的有关规定，又颁布实施了《主要农作物品种审定办法》《农作物种子生产经营许可证管理办法》等5个配套规章。这是我国种苗产业管理制度的重大改革，是我国栽培植物育种及种苗生产经营近50年改革与完善的最大成就。《种子法》及其配套规章的颁布实施，规范了种苗选育者、经营者、管理者、使用者的行为，保障了他们的合法权益，进一步提高了种苗生产经营的市场性，因此必将推动种业各界转变运行机制，完善内部管理，提高服务质量；《种子法》及其配套规章的颁布实施，促进了我国种苗产业向纯商业性质转变，按市场机制运作，步入产业化发展的快车道，形成了较为完善的品种选育与营销体系。

2. 园艺植物育种的发展趋势

（1）以市场需要确定育种目标　种苗产业向纯商业性质转变，按市场机制运作，因此脱离市场的育种目标是没有意义的。育种目标总的趋势是培育优质、高产、高效的品种，其他目标都是为此服务的。多年来，农民主要是通过单位面积产量来获得经济效益，因此园艺植物育种的主要目标是提高产量，但目前这种趋势逐渐减弱。消费者对园艺植物营养保健功能的需求越来越强，而且希望消除产品中的有害成分。植物育种者为了满足这种需求，越来越重视品质育种，注重产品的外观、整齐性、货架寿命等商品性状。培育抗病虫品种已经成了育种的重点，且要降低农药用量，减少对生态环境的严重污染和残留。目前，随着经济的发展，市场的需求越来越多样化，因此育种目标也在不断地改变，但无论如何，只有那些适应市场需要的、有预见性的品种，才能得到真正的应用。

（2）重视种质资源　育种学家逐渐认识到种质资源是育种事业成就大小的关键，这也是衡量一个育种单位育种能力的重要指标，谁拥有的种质资源多，谁就会在激烈的市场竞争中赢得优势。而且随着生产的规模化，种质资源多样性正在不断减少，为此各个国家和许多育种者都非常重视种质资源的调查、搜集工作，许多国家都建立了一定规模的种质资源库。发达国家已经建立起比较完善、规范化的资源工作体系，如美国农业部、日本农林水产省都设置专门机构，负责各类作物种质资源的考察、搜集、保存、评价工作，以及建立管理资料档案、种子种苗检疫、繁殖、分发、交换等制度，使种质资源工作和育种工作密切联系，充分和及时满足育种的需要。

（3）重视育种基础理论和技术的研究，加强多学科协作　要提高育种效率，必须加强与育种关系密切的应用基础学科的研究，只有育种者对他所从事育种的植物，特别是对目标性状的遗传、生理、生态、进化等方面的知识有了深刻的了解，并且以这些知识为基础，采取切合实际的育种方法，才能提高育种效率。近年来，关于植物有关产量、品质、抗病性、株型、雄性不育等主要经济性状遗传研究方面的进展，对提高育种效率起到了积极的推动作用。对新的育种途径和方法的研究，如细胞工程、染色体工程、基因工程和分子辅助育种等

都在积极探索，以现代化的仪器设备改进鉴定手段，提高育种效率。

解决复杂的育种任务，种质资源的评价、筛选，杂种后代的鉴定、选择，品系、品种的比较鉴定等，都以育种工作为中心，需要组织育种、遗传、生理、生化、植保、土肥、栽培等不同学科的专业人员参加，通过统一分工、协同攻关来提高育种效率。

（4）增加国家投入和鼓励企业投资育种　园艺植物育种是一个周期长、投入多、风险大，但对发展现代化农业举足轻重的事业，需要较多的经费投入。许多国家都在《种子法》中以法律形式明确规定对品种选育等工作拨专款予以推动和扶持。如日本实行以工业积累扶植农业的政策，虽然来自农业的财政收入仅占1%，但对农业的投入却占总预算的10%；通过各种渠道用于农业的投资高达农业总产值的150%。同时，大量的企业介入可以使园艺植物育种工作实现产业化，使新品种更快地走向市场，而企业也可以获得较好的经济效益。

三、园艺植物遗传育种的应用

植物遗传规律是进行植物育种实践的理论基础，如果不懂得遗传知识，就进行植物品种改良，必然要走弯路，浪费人力、物力。在过去约100年中，植物育种工作通过植物遗传的理论指导获得了巨大的成就，20世纪30年代，通过玉米杂交种选育并大面积推广，使玉米单产大幅度提高；20世纪60年代，国际玉米、小麦中心和国际水稻中心培育出矮秆丰产小麦品种和IR系列高产水稻品种，都使粮食产量成倍增长，被人们誉为“绿色革命”；1973年，我国率先应用水稻雄性不育系，实现籼稻“三系配套”，后来将植物雄性不育遗传原理推广应用于其他作物；20世纪70年代，随着体细胞遗传学的发展又相继产生了倍性育种、细胞杂交、无性系的筛选与繁殖、细胞突变体培育、染色体工程等育种方法，增加了创造变异的手段和途径，加速了育种进程；利用重组DNA技术的基因工程育种，更是开辟了遗传学应用于育种实践的新纪元。

随着植物遗传学的发展，育种手段日益增多，新品种产量越来越高，品质越来越好，抗性越来越强。目前在园艺植物中80%以上的品种为杂交种，被农户广泛接受，杂交的理念已深入人心。无籽西瓜等新品种、新种类层出不穷，推陈出新的速度越来越快。

因此，植物遗传和农业生产实际紧密联系，指导植物育种工作实践的作用不可替代，植物遗传理论研究必然更加深入。

园艺植物遗传育种是以遗传学、进化论为主要基础的综合性交叉型应用学科，涉及植物学、植物生理学、植物生态学、植物生物化学、植物病理学、农业昆虫学、农业气象学、土壤学、试验设计和生物统计、生物技术、园艺产品储藏加工学等多学科领域的基本理论和试验手段。它的主要内容有：育种对象的选择，育种目标的制订及实现目标的相应策略；种质资源的挖掘征集、保存、评价研究、利用和创新；选择育种的原理和方法；人工创造变异的途径、方法和技术；杂种优势的利用途径和方法；育种性状的遗传研究鉴定和选育方法；育种不同阶段的田间及实验室试验技术；品种审（认）定、推广和繁育等。

四、品种和良种

（一）品种

1. 品种的概念

品种（图1-1）是在一定的生态和经济条件下，经自然或人工选择形成的植物群体。品

种不同于植物学上的变种、变型，它在植物分类上往往属于植物学上的一个种、亚种、变种乃至变型，一般来说属于栽培学上的分类范畴。它具有相对的遗传稳定性和生物学及经济学上的一致性，并可以用普通的繁殖方法保持其恒久性。

图 1-1　不同的李和梨品种

2. 品种的特点

品种是重要的农业生产资料，它一般具有较高的经济价值，符合人类需要，能适应一定地区的自然条件和栽培条件。作为一个品种必须要具备以下几个特征特性：

（1）优良　优良是指园艺植物群体有较高的经济效益，对于某一植物来说，其主要性状或综合经济性状符合市场要求或具有一定的市场应用潜力。如富士苹果，具有晚熟、质优、味美、耐储等优点。

（2）整齐　在实践上要求园艺植物群体的个体间整齐一致，包括品种内个体间在株形、生长习性、物候期等方面的相对整齐一致和产品主要经济性状的相对整齐一致。在实践中，整齐性的要求对不同作物、不同性状应区别对待，如某些观赏植物常在保持主要特性稳定遗传的基础上要求花色多样化以增进其观赏价值。

（3）稳定　稳定是指园艺植物群体的主要经济性状能够在栽培环境中稳定表达，一般不会因环境变化而发生变异。对于苹果、梨、马铃薯等无性繁殖植物可以用扦插、压条、嫁接的方法保持前、后代遗传性状的稳定连续性；某些蔬菜、花卉在生产中利用杂交种品种，使世代间的稳定连续限于每年重复生产杂种一代种子。杂种世代不能继续有性繁殖，它们只能以间接的方式保持前、后代之间的稳定连续。

（4）特异　特异是指作为一个品种，至少有一个以上明显不同于其他品种的可辨认的标志性状。这是品种的最低要求，是进行品种鉴定的主要依据。例如，番茄品种绿宝石，它区别于普通番茄的性状是成熟时果实的颜色，常见的品种为粉色、红色或者黄色，而它的颜色为黄绿色。所以消费者购买时很容易区分，不会与其他番茄品种混淆。

需要注意的是，品种的优良显然有它的时间性和空间性，现阶段优良的品种随着时间的推移会落伍，所以优良是相对的。对于一些过时的、不符合当前要求的老品种和不符合当地要求的外地品种，习惯上仍称为品种。它们可能不完全具备上述优良、整齐、稳定、特异的

要求，也可能在生产上应用面积较少或者已经被淘汰，但它们常常是用于选育新品种的优质原材料。

（二）良种在植物生产中的地位

良种是指优良品种的优质种子，它必须具备两方面的品质。一是品种优良。优良品种具有产量和品质的优越性，生产使用上的区域性，种植表现上的一致性和稳定性，使用时间上的相对持久性。二是种子本身优良，即种子的纯度、发芽率、发芽势、净度、水分、色泽和千粒重等指标必须达到一定的标准。

良种是园艺植物生产中最基本的生产资料，是影响农民经济效益高低的一个重要环节，在农业生产上有着不可替代的战略意义。

人类在很久以前就认识到了良种在园艺植物生产中的重要地位。我国黄河流域的先民们早在春秋时期就懂得选育良种，到南北朝时，先民们对良种重要性的认识就更进了一步，《齐民要术》中写到“种杂者，禾则早晚不均，舂变减而难熟”，这阐述了种子不纯会导致产量低且米质差。但在很长时间内，这种认识只是处于初级阶段，是模糊的、朦胧的，没有科学的理论基础，所以良种的使用与发展是缓慢的。到了20世纪，在西方国家，自然科学发展迅速，极大地促进了育种的发展与繁荣。尤其是第二次世界大战以后，随着经济复苏、人口增长，粮食短缺、食物不足成了世界性的难题。依靠选育优良品种和种子来摆脱这场危机逐渐成为科学家和各缺粮国政府的共识，“绿色革命”应运而生。以良种推广为核心内容的第一次“绿色革命”，使许多国家摆脱了饥荒和贫困，促进了政治、经济、文化、社会的全面发展。随着“绿色革命”的不断深入，世界上许多国家特别是发达国家兴起和发展了种苗产业，形成了从科研到生产直至销售的种苗企业集团。

新中国成立以来，我国的新品种选育和种子生产工作取得了很大的成就，很多的园艺植物优良品种得到推广和应用。尤其是近20年来，在人口持续增长，人民生活水平不断提高，可耕地面积不断缩小的前提下，各类植物产品的持续供给能力大幅度增长，主要植物产品的生产总量已出现结构性剩余，我国的植物生产达到这样的水平，良种的贡献功不可没。而且在植物生产中，优良品种增产的份额占到了30%～35%。因此，新品种的选育工作日益受到国家和广大育种者的重视，极大地促进了园艺植物遗传育种的发展与繁荣。

（三）良种在植物生产中的作用

良种在植物生产发展中的作用是其他任何因素都无法取代的，集中地表现为以下几个方面。

1. 良种可以大幅度提高园艺植物的单位面积产量

良种一般都有较大的增产潜力，这是优良品种的基本特征之一。园艺植物推广高产品种的增产效果一般为20%～30%，有的甚至成倍增长。优良品种的增产能力表现为：在资源环境条件优越时能获得高产，在资源环境条件欠缺时能获得丰产。实际上是品种在大面积推广过程中保持连续而均衡增产的潜力，就是说在推广范围内对不同年份、不同地块的土壤和气候等因素的变化造成的环境胁迫具有较强的适应能力。对多年生果树和花木类植物来说，更重要的是品种本身有较高的自我调节能力。因此，优良品种的科学使用和合理搭配是大幅度提高产量的根本措施。植物遗传改良和耕作栽培技术的改进应该紧密结合，相辅相成，只有这样才能使园艺生产得到更快的发展。

2. 良种可以改进和提高园艺植物产品品质

对于园艺植物来说，提高品质的重要性总是远远超过产量的重要性，尤其近十几年来，对园艺产品品质的要求越来越高。在市场上，果品、蔬菜、花卉由于外观品质、食用品质、加工品质和储运品质方面的差异，市场价格相差几倍到几十倍的情况普遍存在。如北方地区，普通有刺黄瓜的价格在2元/kg左右，而新推出的水果黄瓜可以卖到5～20元/kg的价格，两者年效益差别很大。在经济效益的推动下，提高产品品质已经被广大的农户和育种者所认可。目前我国品质育种已取得重大进展，无刺黄瓜（图1-2）、樱桃番茄、蓝莓、大樱桃等高品质园艺植物品种已经在生产上得到了大面积应用，促进了生产的发展，增加了农民的收益。

图1-2　无刺黄瓜

3. 良种可以增强园艺植物的抗性

病虫害是目前发展园艺生产的突出问题，推广抗病虫和抗逆能力强的品种，已势在必行。抗性强的良种能有效减轻病虫害和各种自然灾害对栽培植物产量的影响，实现稳产、高产。利用抗病虫品种能减少因农药使用而造成在产品、土壤、大气、水源方面的严重污染，实际上也是间接地提高了产品品质，降低了对人们健康的危害。减少农药的使用，也就是降低了生产者每年在防治病虫的农药方面的耗费，节省了人力、物力，从而降低了生产成本。

冬季设施生产经济效益高，但投资大、耗能多，这是因为蔬菜、花卉和果树的一般品种在保护地生产中难以正常开花结果，而光照不够、温度不足是主要的影响因素。为了满足这方面要求，需要采用加温、增光等措施，消耗较多的煤、电等能源。利用适应保护地生产的品种，可显著降低设施园艺的能源消耗，既降低了成本，也扩大了农民的栽培范围，降低了越冬生产的风险。如新近育成的温室黄瓜抗寒品种可以适应10℃左右的低夜温，在不加温的情况下可以完全正常开花结果，在低于10℃而高于5℃的环境中，能够生长而不至于冻死，一旦温度转为正常即可马上进行生产。

4. 延长产品的供应和利用时期

良种的不同成熟期与耐储运能力，可以起到延长产品供应和利用时期的作用。对于一二年生园艺植物，选育不同成熟期的品种可以调节播种时期，利于安排适当的茬口，延长供应、利用时期，解决市场均衡供应问题。例如：番茄的茬口现在有春大棚、越夏大棚、秋冬温室、冬春茬温室栽培等多种形式，品种多样，因此可以实现四季生产、四季供应，淡、旺季节差异逐渐缩小；又如，菊花在原有盆栽秋菊的基础上育成了夏菊、夏秋菊和寒菊新品种，大幅度地延长了它的观赏期及利用方式（切花和露地园林）。因为绝大多数园艺产品都是以多汁的新鲜状态供应市场，耐储藏、耐运输性较差，所以提高品种的耐储运性，也是延长、扩大园艺产品供应时期和范围的重要途径。如苹果晚熟耐储品种供应期可以和第二年早熟品种成熟期衔接，实现周年生产。

5. 适应集约化管理、大幅度提高劳动生产率

园艺生产劳动力高度集约，利用适应集约化生产的良种，则可以大幅度地提高劳动生产率。如在菊花、蔷薇、石竹等插花生产中因为栽植密度大，疏蕾和摘芽作业需要大量劳力。自美国伊利诺伊大学育成了“分枝菊”品种系列后，它很快传入荷兰、英国、日本等国，

除了减少疏蕾、摘芽用工外，随着生育期的缩短还可提高设施利用率，减少管理和包装用工，从而大幅度提高劳动生产率。另外，选育成的切花用无分枝的紫罗兰和菊花品种，可免除摘心和摘芽作业，达到省工的目的。果树如苹果矮化砧和短枝型品种的育成，蔬菜如番茄矮生直立机械化作业品种的育成，也能大幅度地节约整形、修剪、采收等作业的用工量。

五、育种目标

制订一个科学合理的育种目标是成功地实施育种工作计划的前提，也是育种工作成败的关键。这是由于园艺植物种类繁多，育种目标也多，任何育种单位或个人只能选择其中少数几种，不能面面俱到。只有抓住产量、品质、熟期、抗病性等诸多目标性状中的主要矛盾，才能有明确的目的，采用合理的育种途径和手段，选育出品种，否则就会徒劳无功。

（一）育种目标的概念

育种目标就是对育成品种性状的要求，也就是所要育成的新品种在一定的自然、耕作栽培及经济条件下应具备一系列优良性状的指标。育种工作的前提就是要确定好育种目标，其适当与否是决定育种工作成败的关键。我国北方园艺植物遗传育种的共同目标是适期成熟、高产、优质、抗逆性强、适应性广，不同的作物育种目标的侧重点和具体内容有所不同。

（二）园艺植物遗传育种的主要目标性状

1. 产量

丰产是园艺植物遗传育种的基本要求，具有丰产潜力的优良品种是获得高产的物质基础，目前它仍是选育优良品种的第一目标和最基本的目标。

产量可分为生物产量和经济产量两种。前者是指一定时间内，单位面积内全部光合产物的总量，后者是指其中作为商品利用部分的收获量，两者的比值叫作经济系数。经济系数在一定情况下可作为高产育种的选择指标，在不同作物上，经济系数变化较大。用于园林装饰的观赏植物，整个植株乃至群体为利用对象，其经济系数可以是100%，而生产水果、蔬菜、切花等园艺产品的作物则其经济系数较低，且品种类型间变异较大。生物产量高的品种和经济系数高的类型杂交，有可能从杂种中选育出增产潜力更大的高产品种。

园艺植物的产量高低受多种因素限制，要求产量因素和群体结构良好，又要求有高产的生理基础。其影响因素如下：

（1）合理的株形　株形因种类不同而不同，但每种植物都有一个合理株形，能够获得最佳的光照和通风条件，是高产品种必须具备的形态特征。虽然各种作物的合理株形不尽相同，但主要涉及株高、叶形、叶姿、叶色、叶的分布，以及分蘖和果穗的长度等性状。如番茄的株形主要和叶的疏密程度、长度、开展度等相关。在高产栽培中，生长势强、根系强健的品种，丰产潜力就大，而叶片稀疏的品种，往往能在设施栽培中取得较好的效果。当然，株形的改良只是产量的一方面，还需要配合水肥、密度等多方面的栽培措施，才能获得高产。

（2）光合作用效率　生产上的一切增产措施，归根结底是通过改善光合性能而起作用的。农作物产量的干物质，有90%～95%是由光合作用通过碳素同化过程所构成的。当经济系数提高到一定程度后，再以提高收获指数来改良品种的潜力便不大了。因此，进一步的品种改良应以提高光能利用率、增加单位面积的干物质量作为主攻方向，这是当代作物遗传育种的一个重要发展趋势，不是一般地单纯考虑产量构成因素，而是同时重视以光合作用效率为基础的高产生理。从光合作用效率的育种角度考虑，将决定产量的几个要素，归纳为下式：

$$产量 = [(光合能力 \times 光合面积 \times 光合时间) - 呼吸消耗] \times 经济系数$$

式中前三项代表光合产物的生产，减去呼吸消耗，即为生物产量。

（3）产量构成因素　根据产量构成因素进行选择有时比直接根据植株产量进行选择更能反映株系间的丰产潜力。如葡萄产量构成因素包括单株（或单位面积）总枝数、结果枝比率、结果枝平均果穗数、单穗平均重等。园艺植物生产中常采取分批采收的方式，可按采收期划分为早期产量、中期产量和后期产量。由于早期产品价格和中、后期产品价格差异悬殊，所以有时早期产量是比总产量更为重要的选择指标。如春番茄育种，前期产量越高，经济效益就越好。园艺植物的高产育种，也应根据不同地区生产条件对品种的要求，寻求产量因素最大乘积的组合。就黄瓜育种而言，其产量构成因素为栽植密度、雌花数、坐果率、单果重。当品种具有栽植密度高、雌花数多、坐果率高、单果重量大这些特点时，必然获得高产，反之，则品种不具备增产的潜力。

另外，园艺植物丰产潜力的实现还依赖于品种各种特征特性和自然、栽培条件的良好配合。所以，一个优良品种培育出来后，必须提出配套的栽培技术以及该品种的栽培区域，只有这样才能充分发挥品种的特征特性。

2. 品质

随着农业现代化的进展、人民生活的改善，园艺植物品种不仅要有高而稳定的产量，而且应具有更好、更全面的产品品质，尤其是许多园艺产品进入国际市场以后，更应重视改进农产品的品质。在现代园艺植物遗传育种中品质已逐渐上升为比产量更为重要、突出的目标性状。如近年来随着果业的迅速发展，果品市场供应量的增加，品质成为更为突出的矛盾，果价一跌再跌，一些地方出现砍树毁园现象，南方砍柑橘、北方刨苹果。这种相对过剩，实质上是低质量的结构性过剩，主要是品质差的大路品种过剩，而品质优良的高档果品却供不应求。因此，在育种工作中，必须注意在提高产量的同时，加强品质的改良。

园艺产品的品质是指产品能满足一定需要的特征特性总和。品质按产品用途和利用方式大致可分为感官品质、营养品质、加工品质三个方面。

（1）感官品质　感官品质包含园艺产品的外在商品品质和内在商品品质。外在商品品质如能够用肉眼看到的植株或产品器官的大小、形状、色泽等；内在商品品质如通过味觉、嗅觉、口感等感知的风味、香气、肉质等。感官品质的评价有较多的主观成分，受到人们传统习惯和个人喜好的影响。园艺植物中，果品常以内在商品品质为主或外在商品品质与内在商品品质并重，如苹果，颜色美观、大小适中、果形扁圆、口味较甜的品种受到大多数人的喜爱；而蔬菜常常受到外在商品品质的影响，如黄瓜，瓜条顺直、刺密、白刺、长度适中的品种往往是消费者的首选。对于花卉这些观赏植物来说，外在商品品质评价尤为突出，表现为花形、花色、叶形、叶色、株形、芳香等各方面。如菊花，色泽就有艳丽、淡雅之分；花形有莲座、圆球、细叶飞舞等多种形式；香气有浓、淡区别。如果园艺产品经过加工、储运后利用，还要鉴定加工、储运前后（含加工成品）的感官品质。而且随着利用方式和消费习惯的改变，人们对感官品质的评价也会发生某种变化。如黄瓜，北方地区多以食用刺密、瘤多的华北型为主，现在，随着国外品种的引入及南北方交流，华南型黄瓜以及无刺水果黄

瓜开始逐渐增多。

（2）营养品质　园艺植物的营养品质主要针对水果、蔬菜等可食用的产品，常指人体需要的营养、保健成分含量的提高和不利、有害成分含量的下降与消除。众所周知，园艺产品尤其是水果、蔬菜，它们的营养价值不可低估，可提供人体所必需的多种维生素、矿物质、微量元素、碳水化合物、纤维素等有益物质。此外，水果、蔬菜中还有多种植物化学物质是人们公认的对健康有效的成分，如类胡萝卜素、二丙烯化合物、甲基硫化合物等。据报道，红穗醋栗的维生素 C 含量为 300 ~ 400mg/kg，黑穗醋栗的维生素 C 含量为 1000 ~ 2200mg/kg。随着人们生活水平的提高和营养保健科学技术的发展，包括测试手段的改进，果蔬中可以有效预防慢性、流行性疾病的多种物质逐渐被人们研究发现，因此通过育种改进园艺植物的营养品质，已受到越来越多的重视。

值得注意的是，果蔬产品中也存在某些一定量的有害成分，如丹宁类、芥酸和介子甙等，这些物质含量微小，但如果大量食用也会对人体健康造成一定的影响。其他有害物质如黄瓜、甜瓜中形成苦味的葫芦素，菠菜叶片中草酸和硝酸盐的成分等也是如此。近年来育种界开始注意到有害成分在品种间的显著差异，并致力于在育种中降低乃至消除这些成分。

（3）加工品质　加工品质是指产品适于加工的有关特性，如北方地区，腌制酸菜是冬季的一项重要工作，而酸菜的质量受到大白菜品种的影响较大，不适合腌制的大白菜品种常常未到食用期就会烂掉，或者产生的亚硝酸盐含量较高。只有适合腌制的大白菜品种才能获得较好的优质酸菜，其味道好，产量高。又如番茄的茄红素、果色的均匀度等，这一品质对加工类型特别重要。

我国每年苹果产量的 10% 用于加工成果汁出口，但因其酸度过低而产量远低于欧美国家的产品，原因是我国用于加工的苹果品种过少，国外用于加工的主流品种如澳洲青苹，汁液较多，酸度为 5g/L，非常适合高酸度果汁加工。

3. 抗病虫性

病虫害对园艺植物的产量和品质都有严重的影响，尤其是对现在园艺设施的果蔬生产，它已成为了一个很大的障碍。在园艺植物的生产中为防治病虫害而大量使用化学药剂，不仅大幅度地提高了生产成本，而且带来残毒危害和环境污染等严重问题。在与病虫害的斗争中，各地都寄希望于抗病虫品种的选育和应用。因此，通过遗传改良，增强园艺植物品种对多种病虫害的耐性、抗性就成为园艺植物遗传育种中的重要目标。病虫害种类较多，培育全能型品种既是不现实的也是不可行的，抗性育种只能抓住主要矛盾，在危害普遍、严重的区域，选择种内、种间抗耐性差异显著的种类进行选育。以黄瓜为例，设施内发生普遍和严重的病害主要有黄瓜霜霉病、枯萎病、黑星病、细菌性角斑病、病毒病（芜菁花叶病毒等）、白粉病、灰霉病等，选育全抗品种是不可能完成的任务，因此只能选择其中的一部分作为抗病育种的主要对象。从生态学和经济学的观点来看，品种的抗性、耐性一般只要求在病虫害流行时能把病原菌数量和虫口密度压缩到经济允许的阈值以下，对产量和品质不致发生显著影响，就基本上达到了要求。

4. 抗逆性

长期以来，农业生产致力于改变土壤条件以适应作物的需求，如兴修水利、合理施肥等。但近年来大量的研究实践使人们认识到，这种改良的效果是有限的，而且有时候对大面积耕地难以奏效，还存在逐年恢复到未改良状态的趋向。随着人口不断增长、淡水资源紧缺、耕地面积减少、土地肥力下降及受到荒漠化的威胁，人们意识到培育抗逆性强（抗干旱、土壤毒性、病虫草害）的高产品种是当务之急。对于观赏植物常需要某些特殊的对环境的抗性，如地被、草坪植物要求耐阴、耐旱、耐灰尘污染、耐践踏，行道树还要求耐重剪，易从不定芽、隐芽处发出新枝等特性。

近年来，我国园艺植物的保护地栽培，尤其是日光温室、塑料大棚的蔬菜、花卉和果树生产发展很快。原来露地生产的品种常难以适应，这就给园艺植物遗传育种提出了新的要求，培育对保护地栽培的适应性强的品种势在必行。与露地相比，保护地生态条件以弱光照和低温多湿环境为主，品种的选育也因此以抗低温、耐弱光为主。如黄瓜保护地专用品种要求具备以下性状：①在深秋和冬季低温弱光下能形成较高的产量；②在后期出现32℃以上的高温下能保持较高的净同化率；③对保护地常见病害，如枯萎、霜霉、白粉、黑星、角斑、疫病等有较强的抗耐性；④株形紧凑，叶较小、叶量不过大、分枝较少、主侧蔓结瓜、节成性强。培育适应北方保护地栽培的品种，也可以有效地节约能源，降低成本。据报道，荷兰新育成菊花品种对昼夜温度要求已从过去的18℃/15℃降低为10℃/10℃，新育成一品红品种从过去的28℃/25℃下降到14℃/12℃，节约了一大笔加温费用。

5. 成熟期

由于绝大多数园艺产品都不像粮食那样易于储运，生产上需要早、中、晚熟品种配套，加上提前延后的栽培措施，才能基本上做到均衡供应，所以成熟期的早晚对许多园艺植物来说都是重要的目标性状。再者，早熟品种可以提前上市调节淡季，售价较高，给生产者和消费者带来好处。并且早、中熟品种的生育期短有利于减免后期自然灾害造成的损失。品种间生育期长短的差异有利于茬口和劳动力安排，提高复种指数。但是早熟品种由于生育期（或果实发育期）较短，往往产量不高，品质较差，从而在经济效益方面带来一些负面影响。这就要求适当地掌握对熟期的要求，把早熟性和丰产、优质方面的要求结合起来，并按早熟品种的特点实施合理密植等优化栽培措施，克服单株生产力偏低的不足。晚熟品种前期产量低，但生长时间长，总体生长势旺盛，增产的潜力大，尤其对于蔬菜的周年长季节栽培十分有利。花卉植物的成熟期主要是花期的早、晚和延续时间，如菊花花期方面的目标性状是在原有10月底~12月中旬开花的秋菊的基础上选育从10月初~10月下旬开花的早菊，12月中旬以后开花的寒菊，6~10月两次开花的夏菊，尤其是不需要特殊的加光或遮光处理，在“五一”“七一”“十一”等节日开花的品种。梅花除要求培育比自然花期更早或特晚的品种外，还要求培育每年两次或多次开花的新品种。草坪植物则要求能保持绿色时间最长的品种类型等。

6. 适应农业生产机械化

随着农业生产现代化的进展，园艺植物的栽培、管理和收获必将逐步实现机械化，以此来提高农业劳动生产率。所以育种工作应在高产的基础上，选育适合于机械化生产的新品种。涉及的性状包括株高一致、株形紧凑、茎秆坚韧不倒伏、生长整齐、成熟一致、个头均匀、外皮硬度高等，这样的品种才能适应于机械化栽培和收获。

综上所述，园艺植物种类繁多，育种目标涉及适期成熟、高产、稳产、优质、抗病、抗虫、抗逆性强、适应性广和适合于农业机械化作业等综合性状。这些性状中，主要是高产、优质，其他性状，如生育期适当，抗性强且适应性广等都是高产、优质的保证。它们之间是

相互联系、相互影响、相互制约和相互协调的，不能孤立、片面地强调某一性状，而忽视其他性状。因此在园艺植物遗传育种中，应根据不同地区、不同时期的要求，在解决主要问题的基础上，选育综合性状优良的品种。

（三）制订育种目标的一般原则

育种目标体现育种工作在一定地区和时期的方向和要求，任何育种单位或个人只能选择其中少数几种育种对象，从诸多目标性状中抓住主要矛盾，策划自己的育种目标，这是成功地制订和实施育种工作计划的前提，也是育种工作成败的关键。制订作物育种目标的主要根据和原则如下：

1. 重视市场需求以及未来的发展前景

随着社会主义经济体制的逐渐完善，市场竞争越来越激烈，所以制订的育种目标必须满足市场需要，和国民经济的发展及人民生活的需要相适应。选育高产、稳产的品种是当前的主攻方向。随着人民生活水平的提高及工业发展的需要，对农产品品质的要求也越来越高，所以品质育种也是主攻目标。此外，农业生产是不断发展的，而育成一个品种需要较长的时间，所以在制订育种目标时，还要有发展的眼光，既要从当前实际情况出发，又要看到将来的发展趋势。

2. 根据品种栽培区域的自然栽培条件制订育种目标

品种的区域性特征决定了它的局限性和应用范围，育种工作者必须详细调查未来品种应用区域的土壤特点、气候特点、主要自然灾害（干旱、阴雨、寒流、病虫害等）、栽培制度、生产水平和今后发展方向等，了解当地品种的分布、演变历史以及生产对品种的要求等。对调查结果经过分析研究，确定育种目标，并找出应用地区栽培面积较大的几个品种，作为标准品种。根据生态条件和生产需要对标准品种进行分析，明确哪些优良性状应该保持和提高，哪些缺点必须改进和克服，即成为具体化的育种目标，它指导一系列的育种工作，是育种成败的关键所在。一个地区对品种的要求是多方面的，这就要善于抓住主要矛盾，不能面面俱到。例如，某山区气温较低，肥力水平也比较低，因此应突出品种的抗寒力、耐瘠薄力、高生活力；而在肥力水平较高的平原地区，病虫害又是限制产量提高的主要矛盾，因此应选育抗病、丰产的品种。

3. 育种目标要明确并落实到具体性状上

制订育种目标时，必须对影响高产、稳产、优质的性状进行分析，落实到具体性状上，并且目标要具体、确切，以便有针对性地进行育种工作。例如，选育小型高产番茄，必须了解哪些性状与产量相关、主要影响产量的性状是什么、明确选育的选择目标性状是什么，否则将会走弯路，影响育种进程，增加育种年限，严重的会导致育种的失败。

4. 育种目标要考虑品种搭配

由于生产上对品种的要求是不一样的，选育一个完全满足各种要求的品种是不可能的，因此制订育种目标时要考虑品种搭配，选育出多种类型的品种，以满足生产需要。

除上述原则外，制订育种目标时还要充分考虑经济效益、社会效益和生态效益，处理好需要与可能、当前与长远、目标性状与非目标性状、育种目标与组成性状的具体指标，以及育种目标的相对集中、稳定和实施中必要的充实和调整等关系，使育成的新品种既要满足当前农业生产条件的需要，又要满足当地农业生产发展的需要。

复习思考题

1. 如何正确理解遗传、变异和选择三者对生物进化的作用？
2. 请查阅相关的文献，说明植物遗传的发展趋势是什么？
3. 名词解释：园艺植物遗传育种、品种、良种、育种目标。
4. 园艺植物的品种应具备哪些特点？
5. 制订园艺植物遗传育种目标应遵循哪些原则？
6. 园艺植物遗传育种的目标性状是什么？
7. 仔细想一想：你家乡的主要园艺植物品种有哪些？每个品种的优缺点分别是什么？
8. 结合本章案例，搜集网络、图书、期刊等相关媒体资料，写一份与园艺植物遗传育种相关的论文或报告。

植物遗传的细胞基础

学习目标：

1. 了解园艺植物的细胞结构和细胞器种类。
2. 掌握植物细胞有丝分裂和减数分裂的过程及区别。
3. 了解植物生活周期及无融合生殖概念。
4. 理解植物 DNA 分子结构和基因表达调控方式。

猪笼草“捕虫袋”怎么长成：细胞分裂方向决定

猪笼草是著名的捕虫植物，它们长着管状或壶状的“袋子”，用于捕食虫子和吸收营养。日本自然科学研究机构基础生物学研究所与东京大学等机构的研究人员合作，利用扫描电子显微镜观察了一种猪笼草叶片的发育过程。

猪笼草的“袋子”其实是袋状的叶子，其中储存有消化液。猪笼草把掉到消化液中的小虫子作为营养来源。造成猪笼草叶片独特形状的主要原因，是该独特叶片细胞分裂的方向不同于植物通常拥有的扁平叶片。

扁平叶片的细胞分裂方向相对于叶片表面来说是垂直的。而猪笼草叶片的尖端和常见的扁平叶片的细胞分裂方向相同，但是在叶片根部、中央部分的细胞却是以与叶片表面平行的方向发生细胞分裂。叶片尖端部分和根部不同的成长方式结合在一起，就形成了袋状叶子。（来源：科技日报，2015-03-03）

1. 细胞分裂的作用是什么？
2. 不同器官的细胞分裂方式是否一致？

一、植物遗传物质基础

（一）植物细胞结构

所有的植物，不论低等的或高等的，都是由细胞构成的。植物细胞是植物体结构和生命活动的基本单位。遗传物质存在于细胞当中，所以它在遗传上承担着重要的功能和作用，是遗传物质活动的重要场所。植物细胞结构包括细胞壁、细胞膜、细胞质和细胞核四部分（图 2-1）。

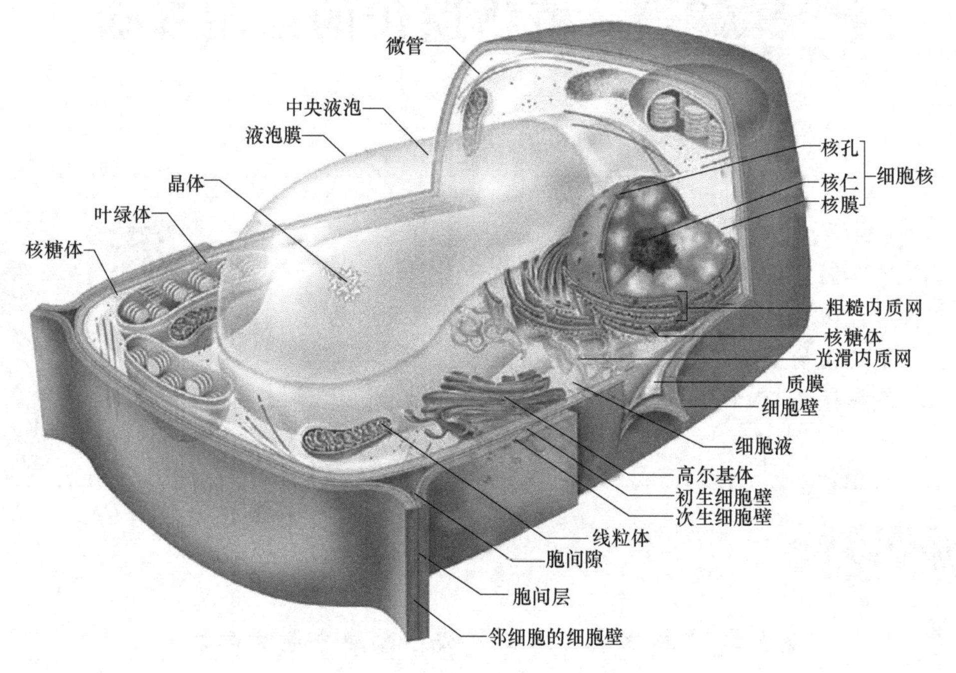

图 2-1　植物细胞结构模式图

1. 细胞壁

细胞壁是植物细胞所特有而在动物细胞中所没有的结构，它对植物的细胞和植物体起着保护和支撑的作用。细胞壁在植物细胞外围由纤维素和果胶质等物质构成。

2. 细胞膜

细胞膜的主要功能是能主动而有选择地通透某些物质，既能阻止细胞内许多有机物质的渗出，又能调节细胞外一些营养物质的渗入。同时，它又行使物质运输、信息传递、能量转换、代谢调控、细胞识别等多方面功能。它是细胞壁以内包被细胞原生质的一层薄膜，连同细胞质、细胞核一起构成原生质体，是生命的基本单元。

3. 细胞质

细胞质是含有许多蛋白质、脂肪、电解质和各种细胞器的胶体溶液，是存在于细胞膜和细胞核外围之间的原生质。细胞质中有很多细胞器，是进行遗传活动的重要场所。细胞质本身不具备遗传功能，但其细胞器的多少对后代有重大影响。

4. 细胞核

植物细胞的细胞核是细胞中最大的由膜包围的最重要细胞器，是遗传物质贮存、复制和转录的场所，主要包括核膜、核液、核仁和染色质四部分。

（1）核膜　核膜是包围细胞核的双层膜结构，是细胞核与细胞质之间的界膜。膜上有核孔，是核与质间物质交流的通道。

（2）核液　核膜内充满着黏滞性较大的液胶体，是核内低电子密度的细小颗粒和微细

纤维。核仁和染色质即在其中。

(3) 核仁　核仁为细胞核内一个或几个折光率很强的球状颗粒，是由核仁组织区脱氧核糖核酸（DNA）、核糖核酸（RNA）和核糖体亚单位等成分组成的球形致密结构。一般认为它与核糖体的合成有关，是核内蛋白质合成的主要场所。

(4) 染色质　未分裂的细胞核中，易于被碱性染料染色的纤细网状物质，叫作染色质。在细胞分裂时，染色质螺旋化形成染色体。染色质与染色体是同一物质在细胞分裂过程中所表现的不同形态。它由 DNA 和蛋白质组成，是调节生物体新陈代谢、遗传和变异的物质基础。染色体具有特定的形态结构，能够自我复制，是核内遗传物质的主要载体。

（二）植物细胞器

植物细胞器是细胞质内具有某些特殊生理功能和一定化学组成的形态结构单位，包括线粒体、质体、核糖体、叶绿体、内质网、高尔基体、溶酶体和液泡等。其中线粒体、叶绿体、核糖体和内质网等携带有一定的遗传物质，具有重要的遗传功能。

1. 线粒体

线粒体（图 2-2）是由光滑的外膜和向内回旋折叠的内膜组成的双膜结构。线粒体是细胞进行有氧呼吸的主要场所，细胞生命活动所需的能量，大约 95% 来自线粒体，所以它又被称为“动力工厂”。它含有少量的 DNA 和 RNA，所以具有相对遗传能力，能够自我复制，能独立合成蛋白质，因此，是遗传物质的载体之一。

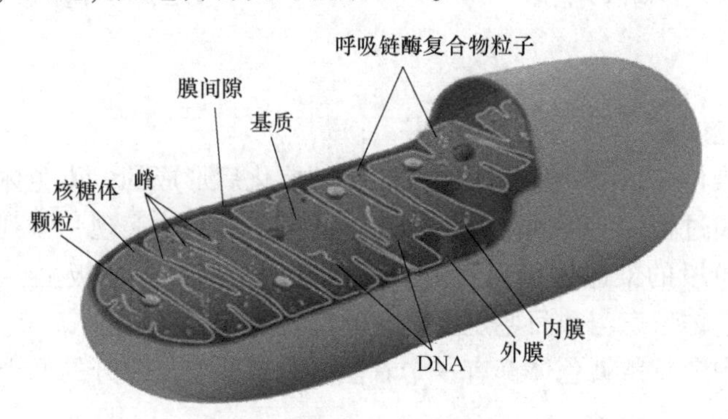

图 2-2　细胞线粒体结构图

2. 叶绿体

叶绿体是绿色植物所特有的一种细胞器（图 2-3），双层膜，形状为扁平椭球形或球形。它是绿色植物能进行光合作用的细胞含有的细胞器，是植物细胞的“养料制造车间”和“能量转换站”。它含有 DNA、RNA 和核糖体等，因此既能分裂增殖，也能合成蛋白质，与线粒体一样具有遗传功能，也是遗传物质的载体之一。

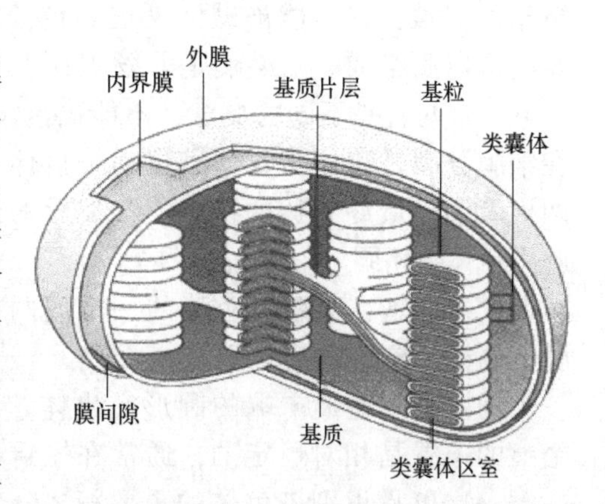

图 2-3　细胞叶绿体结构图

3. 核糖体

核糖体（图 2-4）是由大小两个亚基构成的微小细胞器，是多种酶的集合体。它是蛋白质合成的场所，是由 RNA 和蛋白质构成的，蛋白质在表面，RNA 在内部，并以共价键结合。它位于粗糙型内质网上，在线粒体和叶绿体中也有。

4. 内质网

内质网（图 2-5）是在细胞质中广泛分布的膜结构，有粗糙型（上有核糖体）和光滑型（无核糖体）两种。内质网主要是转运蛋白质合成的原料和最终合成产物的通道。内质网负责物质从细胞核到细胞质，细胞膜以及细胞外的转运过程。

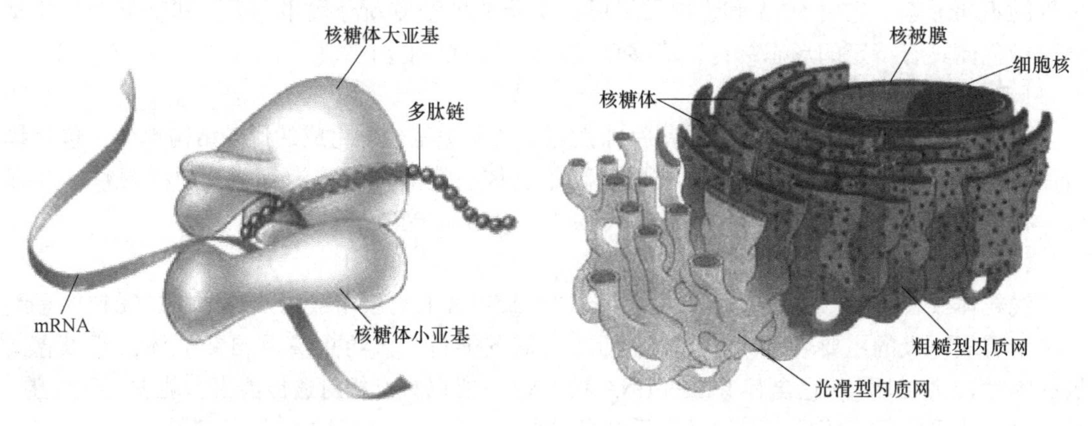

图 2-4　细胞核糖体结构图　　　　图 2-5　细胞内质网结构图

（三）染色体

1. 染色体的形态

如前文所述，染色体是由染色质缩短变粗，螺旋化后形成的。染色体与染色质实际上是同一物质在细胞分裂过程中的不同形态。染色体的形态和结构表现一系列规律性的变化，其中以有丝分裂中期阶段的染色体最粗最短，并分散地排列在赤道板上，表现得最典型。所以，此期是进行染色体形态与数目鉴定的最佳时期。

通常细胞分裂中期每条染色体都有一个着丝点和被着丝点分开的两个臂，以及次缢痕和随体（图 2-6）。

着丝点是指细胞分裂时染色体连接纺锤丝的区域，它不能被碱性染剂染色，主要由蛋白质组成。主缢痕是着丝点所在的区域。这两者是不同的概念，不能搞混淆。在细胞分裂过程中，着丝点拉动染色体向两极牵引，最终到达两极，使分裂后的细胞染色体数相同。

次缢痕是在某些染色体的一个或两个臂上的染色较浅的缢缩部位。

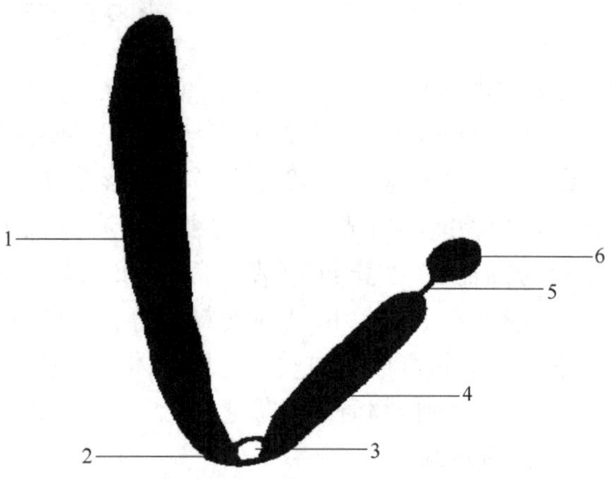

图 2-6　后期染色体形态的示意图

1—长臂　2—主缢痕　3—着丝点

4—短臂　5—次缢痕　6—随体

随体是次缢痕末端的圆形突出体。次缢痕的位置是相对恒定的，通常在短臂的一端。这也是识别染色体的重要标志。染色体的次缢痕一般具有组成核仁的特殊功

能，在细胞分裂时，它常常紧密地联系着一个折光率很强的核仁。

2. 染色体的大小

染色体的大小随着物种不同而不同，即使同一物种染色体的大小也有差异。染色体的大小主要是指长度，同一物种染色体的宽度大致相同。一般染色体长度为0.2～50.0μm，宽度为0.2～2.0μm。一般情况下，染色体数目少的则体积较大，植物染色体大于动物染色体，单子叶植物染色体大于双子叶植物染色体。如鱼类染色体数量多而体积小；玉米、小麦的染色体大于水稻染色体；而苜蓿、三叶草等植物的染色体较小。

3. 染色体的数目

每一种植物的染色体数目都是恒定的，不会随着环境的变化而变化，一旦发生变化，往往由于不适应新的环境而死亡，如果存活下来，往往形成了新的物种。不同植物的染色体数目不同，如番茄为24条，菜豆为22条。但是，染色体数目的多少与该物种的进化程度没有关系。某些低等生物比高等生物具有更多的染色体，或者相反。如人类为46条，而山羊为60条。这说明各物种间的染色体数目往往差异较大，少的只有几条，多的达100多条，甚至近千条。染色体的数目和形态特征对于鉴定系统发育过程中物种间的亲缘关系，特别是对植物近缘类型的分类，具有重要的意义。

各种生物的染色体不仅形态结构相对稳定，数目恒定，而且数目一般在体细胞中是成对存在的，将形态和结构相同的一对染色体，称为同源染色体；而形态和结构不相同的各对染色体之间，则互称为非同源染色体。如人类染色体数是46条，共有23对同源染色体，这23对同源染色体彼此间互称为非同源染色体。一般我们用“$2n$”表示体细胞中的染色体数目；用“n”表示性细胞中的染色体数目。例如，人类体细胞染色体数目为$2n=46$，性细胞染色体数目为$n=23$；普通小麦$2n=42$，$n=21$。

现将一些生物的染色体数目列于表2-1，以供参考。

表2-1　部分生物的染色体数

物种名称	染色体数目（$2n$）	物种名称	染色体数目（$2n$）
水稻	24	甘蓝型油菜	38
一粒小麦	14	圆果种黄麻	14
二粒小麦	28	大麻	20
普通小麦	42	苎麻	28
大麦	14	马铃薯	48
玉米	20	南瓜	40
高粱	20	西瓜	22
粟	18	黄瓜	14
黑麦	14	番茄	24
燕麦	42	洋葱	16
大豆	40	萝卜	18
蚕豆	12	甘蓝	18
豌豆	14	苹果	34
花生	40	桃	16
糖用甜菜	18	桑	14
烟草	48	松	24
白菜型油菜	20	白杨	38
芥菜型油菜	36		

4. 染色体的结构

（1）染色体的组成成分和基本结构　染色体的主要化学成分是DNA和蛋白质，蛋白质包括组蛋白和非组蛋白两类。组蛋白是与DNA结合的碱性蛋白，有H_1、H_2A、H_2B、H_3和H_4五种。非组蛋白蛋白质的种类和含量较不恒定，而组蛋白的种类和含量都较恒定，其含量大致与DNA相等。

Kornberg根据生化资料，特别是根据电镜照相，最先在1974年提出绳珠模型，用来说明DNA蛋白质纤丝的结构。纤丝的结构单位是核小体，它是染色体结构的最基本单位。核小体的核心是由4种组蛋白（H_2A、H_2B、H_3和H_4）各两个分子构成的扁球状八聚体。DNA双螺旋就盘绕在这八个组蛋白分子的表面。连接丝把两个核小体串联起来，它是由两个核小体之间的DNA双链与其相结合的组蛋白H_1所组成的（图2-7）。密集成串的核小体形成了核质中的100Å（1Å$=10^{-10}$m）左右的纤维，这就是染色体的“一级结构”，就像成串的珠子一样，DNA为绳，组蛋白为珠，被称作染色体的“绳珠模型”

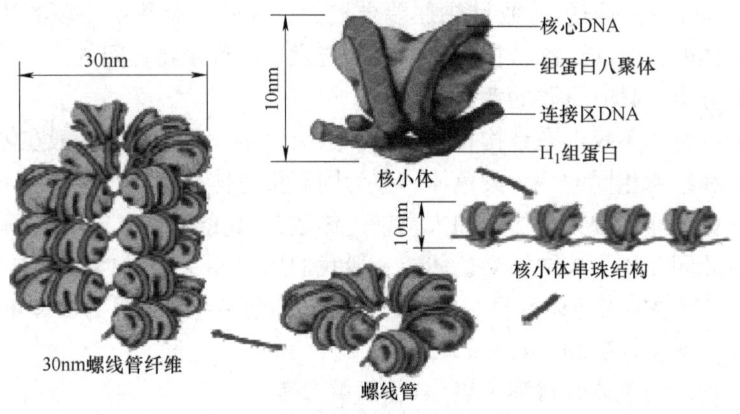

图2-7　染色质的核小体结构模型

（2）染色体的结构模型　在细胞分裂的间期，染色体呈现为一条染色质线，现已证实染色质线是单线的，即每条染色单体就是一条DNA分子与蛋白质结合形成的染色质线。当它完全伸展时，其直径约为10nm，而其长度可达几毫米，甚至几厘米。在细胞有丝分裂的中期，染色质盘绕卷曲，收缩得很短，于是，表现出染色体所特有的形态特征。

那么，在细胞分裂过程中，细长的染色质是怎样变成具有一定形态结构的染色体（图2-8）。

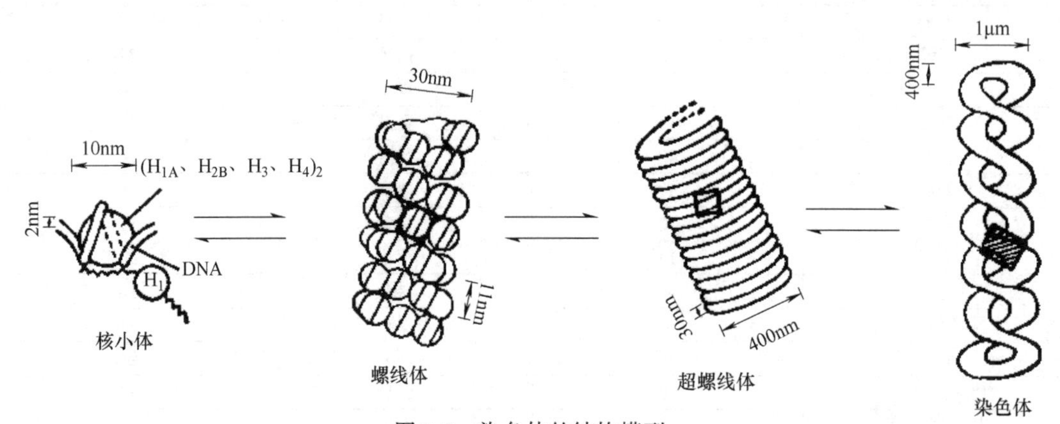

图2-8　染色体的结构模型

首先是染色体的“一级结构”，也就是DNA分子螺旋化形成核小体，产生直径约为10nm的间期染色质线；然后经螺旋化形成中空的线状体，称为螺线体，这是染色体的“二级结构”；通过再进一步螺旋化，形成超螺旋管，这就是染色体的“三级结构”；最后超螺旋体进一步折叠盘绕后，形成染色体的“四级结构”。从染色体的“一级结构”到“四级结构”，DNA分子一共被压缩1/8400以上，例如，人的染色体中DNA分子在染色质阶段完全解螺旋，伸展开来，长度可达几个厘米，经过被缩到染色体就只有几微米长了。

二、植物细胞分裂

生长繁殖是植物生命活动中的一个最重要、最基本特征，随着植物的生长繁殖使生命得以延续，使世界得以繁荣。伴随着生生不息的生命繁衍，世代相传，遗传和变异不断地表现，促进物种的繁衍与进化。细胞分裂是生物生长繁殖的基本活动，无论是无性繁殖还是有性繁殖，都必须通过一系列的分裂过程才能完成。生物遗传和变异的现象与细胞分裂是紧密关联的，亲代的遗传物质就是通过细胞分裂传递给子代的。

（一）有丝分裂

有丝分裂又称为间接分裂，由E. Strasburger于1880年在植物体内发现。这种分裂方式在高等植物中十分普遍，是体细胞产生新细胞时所进行的细胞分裂。由于在分裂过程中有纺锤丝出现，故称为有丝分裂。

1. 细胞分裂周期

高等植物的细胞分裂具有周期性，即连续分裂的细胞，从一次分裂完成时开始，到下一次分裂完成时为止，为一个细胞周期（图2-9）。细胞周期主要包括细胞有丝分裂过程及其两次分裂之间的间期。这两个阶段所占的时间相差较大，一般分裂间期占细胞周期的90%～95%；分裂期占细胞周期的5%～10%。细胞种类不同，一个细胞周期的时间也不相同。据测定，蚕豆根尖细胞的有丝分裂周期共19.5h，而分裂期M全长只有2h。间期虽然在光学显微镜下看不到细胞明显的形态变化，而实际却正是细胞代谢、DNA复制旺盛的时期，并且间期核的呼吸作用很弱，这有利于能量的储备。间期结束后，细胞核中的染色体数目增加1倍；细胞体积增大，RNA大量合成，高能化合物大量积累，为细胞分裂奠定了物质基础。细胞分裂的周期长短因物种、细胞种类、外界环境条件和生理状态而不同。分裂时间也有很大差异，同在25℃条件下，豌豆根尖细胞的有丝分裂时间约为83min，而大豆根尖细胞的有丝分裂时间约为114min；同一蚕豆根尖细胞，在25℃下有丝分裂时间约为114min，而在3℃下，则为880min。

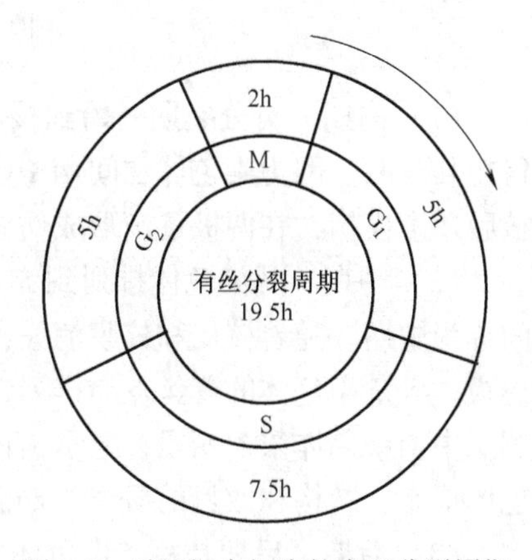

图2-9 蚕豆根尖细胞的有丝分裂周期

2. 有丝分裂过程

有丝分裂是植物细胞生长的主要过程，一般多发生在有分生组织的细胞中，而较为活跃的主要在根尖、茎尖等器官中。有丝分裂包含两个紧密相连的过程：先是细胞核分裂，即核分裂为两个；然后是细胞质分裂，即细胞分裂为两个，各含一个核。为了便于描述，一般根据核分裂的变化特征分为四个时期：前期、中期、后期和末期（图2-10）。

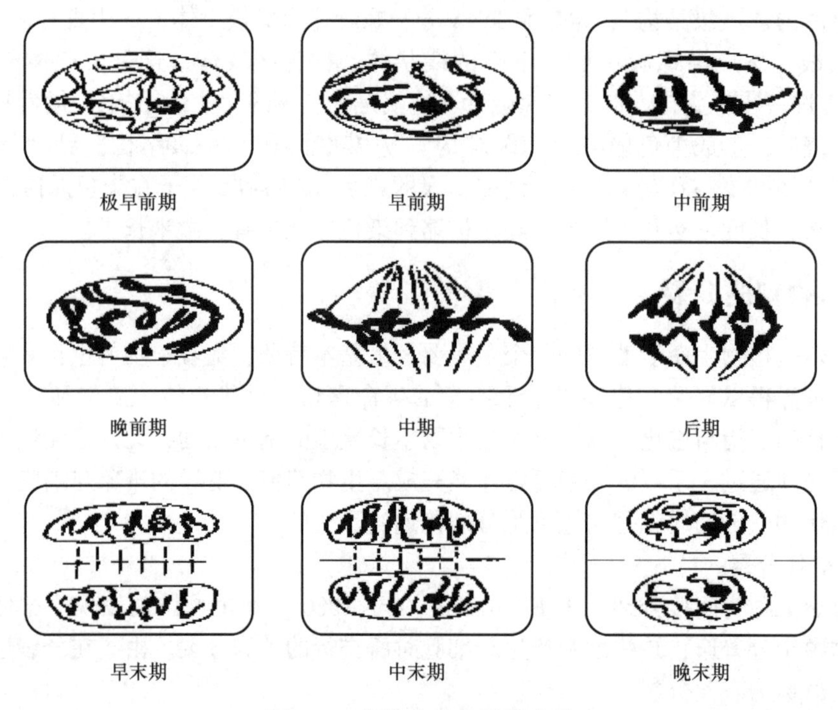

图 2-10　细胞有丝分裂模式图

（1）前期　自分裂期开始到核膜解体为止的时期。细胞核内染色体逐渐缩短变粗，变得粗壮卷曲。因为染色体在间期中已经复制，所以每条染色体由两条染色单体组成。核仁、核膜逐渐模糊，在两极逐渐形成纺锤丝。

（2）中期　从染色体排列到赤道面上，到它们的染色单体开始分向两极之前，这段时间称为中期。随着核仁和核膜消失，纺锤体在细胞内清晰可见，中期染色体在赤道面形成赤道板。各条染色体的着丝点均排列在纺锤体中央的赤道面上，两臂自由地分散在赤道面的两侧。中期染色体浓缩变粗，显示出该物种所特有的数目和形态。因此有丝分裂中期适于做染色体形态、结构和数目的研究，最适于染色体鉴别和计数。

（3）后期　后期是每条染色体的两条姐妹染色单体分开并移向两极的时期。每条染色体的着丝点已分裂为两个，故每条染色单体就成为一条子染色体，随着纺锤丝的牵引，每条染色体分别移向两极，因而，两极各具有与原来细胞同样数目的染色体。

（4）末期　从子染色体到达两极开始至形成两个子细胞为止称为末期。在两极围绕着染色体出现新的核膜、核仁，染色体又变得松散细长。于是在一个母细胞内形成两个子核。接着细胞质分裂，在纺锤体的赤道板区域形成细胞板，分裂为两个子细胞，又恢复为分裂前的间期状态。细胞质中的有关细胞器，如线粒体、叶绿体等不是均等分配的，而是随机进入两个子细胞中。

3. 有丝分裂的遗传学意义

1）核内每个染色体准确地复制并分裂为两个，为形成的两个子细胞在遗传组成上与母细胞完全一样提供了基础。

2）将亲代细胞的染色体经过复制（实质为 DNA 的复制）以后，精确地平均分配到两

个子细胞中。由于染色体上有遗传物质DNA，因而在生物的亲代和子代之间保持了遗传性状的稳定性。这种均等式的有丝分裂既维持了个体的正常生长和发育，也保证了物种的稳定性。

（二）减数分裂

减数分裂仅发生在生命周期的某一阶段，是有性生殖的个体在配子体形成过程中所发生的一种特殊的有丝分裂，因为这种细胞分裂所形成的子细胞核内染色体数目减少一半，故称为减数分裂。减数分裂不仅是保证物种染色体数目稳定的机制，而且也是物种适应环境变化不断进化的机制。

1. 减数分裂过程

减数分裂的整个过程，与有丝分裂一样，也包括间期和分裂期两类。间期与有丝分裂相似，而减数分裂过程中染色体仅复制一次，细胞连续分裂两次，两次分裂中将同源染色体与姐妹染色体均分给子细胞，使最终形成的配子中染色体仅为性母细胞的一半。受精时雌雄配子结合，恢复亲代染色体数，从而保持物种染色体数的恒定。通过观察，将分裂期划分为第一次分裂和第二次分裂两个阶段，第一次分裂包括前期Ⅰ、中期Ⅰ、后期Ⅰ和末期Ⅰ；第二次分裂包括前期Ⅱ、中期Ⅱ、后期Ⅱ和末期Ⅱ（图2-11）。

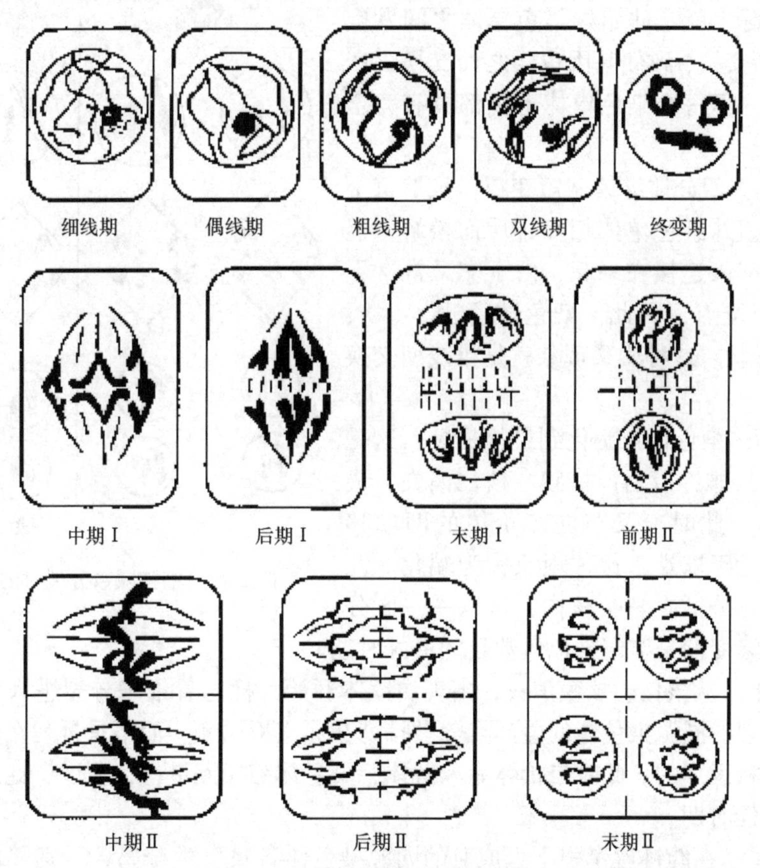

图2-11　细胞减数分裂模式图

（1）第一次分裂

1）前期Ⅰ。减数分裂的这一时期不仅分裂时间长，而且染色体形态变化较多，生理生

化活动活跃，因而和遗传与变异的关系极为密切。为了便于描述，又把前期 I 划分成五个时期，即细线期、偶线期、粗线期、双线期和终变期。

① 细线期。染色体开始螺旋短缩，细胞核内出现细长、线状的染色体，但在显微镜下分辨不清。细胞核和核仁体积增大（图 2-12）。

② 偶线期。又称为配对期。细胞内的同源染色体两两侧面紧密相接进行配对，这一现象称作联会，这是偶线期最显著的特征。这样联会的一对同源染色体叫二价体。有多少个二价体，就表示有多少对同源染色体。二价体中含有四条染色单体，称为四分体。遗传学上把一条染色体中的两条染色单体互称为姐妹染色单体；把四分体内的一对姐妹染色单体与另一对姐妹染色单体之间互称为非姐妹染色单体。

③ 粗线期。二价体不断螺旋化而变得粗短，这一时期还会出现相邻的非姐妹染色单体之间的片段交换，实际上就是非姐妹染色单体之间发生了 DNA 的片断交换，致使基因也随之而交换，产生了基因重组，但每个染色单体上仍都具有完全相同的基因。

④ 双线期。四分体继续缩短变粗，虽然每个二价体中的非姐妹染色单体相互排斥而松解，但仍被一至几个交叉连接在一起，由于交叉常常不止发生在一个位点，因此，染色体呈现 V、X、8、O 等各种形状。这种交叉现象就是粗线期交换的结果。

⑤ 终变期。染色体螺旋化到最粗最短，这是前期 I 终止的标志，以后，核膜、核仁消失，最后形成纺锤体。此时交叉节向二价体的两端移动，并逐渐接近于末端，这种现象称为端化。此时，每个二价体分散在整个核内，可以一一区分开来。所以，终变期是鉴定染色体数目的最好时期。

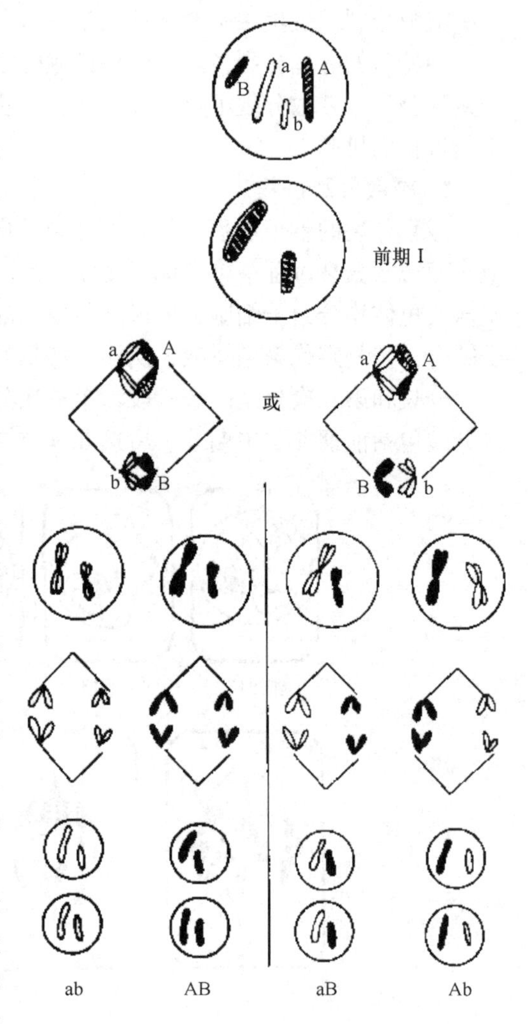

图 2-12 细胞减数分裂时的染色体行为

2）中期 I 。从核仁、核膜消失，出现纺锤体开始，标志着细胞分裂进入中期。需要注意的是减数分裂的同源染色体的着丝点分散排列在赤道板两侧，而不是排列在赤道板上，这是与有丝分裂相区别的。此时二价体尚未解体，染色体缩短到最粗，所以，此期也是鉴定染色体数目的最佳时期。

3）后期 I 。在纺锤丝牵引下，成对的同源染色体各自发生分离，分别移向两极，但着丝点不分裂，故每个染色体仍包含两条染色单体。所以后期就是染色体从赤道板移动到两极的过程，到达每一极的染色体只分到同源染色体中的一个，染色体数目变为原来的一半。而非同源染色体之间自由组合，组合数为 2^n 个，n 为同源染色体的对数。

4）末期Ⅰ。到达两极的同源染色体又聚集起来，松散变细，逐渐形成两个子核，重现核膜、核仁，然后细胞分裂为两个子细胞。这两个子细胞的染色体数目，只有原来的一半。这两个子细胞即二分体，也叫二分孢子。这时减数分裂的第一次分裂结束，细胞不再进入分裂间期或很短的间期即进入第二次分裂。

（2）第二次分裂　第二次分裂实际上相当于一个较为完整的有丝分裂过程，这里只做一个简单的介绍。

1）前期Ⅱ。染色体首先是散乱地分布于细胞之中。而后再次聚集，核膜、核仁再次消失，再次形成纺锤体。每条染色体有两条染色单体，着丝点仍连接在一起。

2）中期Ⅱ。每条染色体的着丝点整齐地排列在各个分裂细胞的赤道面上。此时已经不存在同源染色体了。

3）后期Ⅱ。染色体着丝点分裂为两个，两条染色单体随之分裂，在纺锤丝的牵引下，这两条染色体分别移向细胞的两极。

4）末期Ⅱ。染色体到达两极，重现核膜、核仁，然后细胞质分裂，形成两个子细胞，至此，第二次分裂结束。这样，经过两次分裂，形成四个子细胞，称为四分体（四分孢子）。各细胞的核里只有最初细胞的半数染色体。

2. 减数分裂的遗传学意义

1）减数分裂保证了物种在世代交替的系统发育过程中亲代和子代染色体数目的恒定性和物种相对的稳定性。首先是含有 $2n$ 条染色体的性母细胞分裂产生含有 n 条染色体的性细胞，这一过程中染色体数目减半，然后两个含 n 条染色体的雌雄性细胞经过受精作用形成的合子染色体数目又恢复到 $2n$，染色体数目和体细胞又一致了，使有性生殖的后代始终保持亲本固有的染色体数目。

2）减数分裂为有性生殖过程中创造变异提供了遗传的物质基础。首先非同源染色体的自由组合和非姐妹染色单体的片段交换，是实现基因重组的重要方式，使形成的配子可产生多种多样的遗传组合，雌雄配子结合后就可出现多种多样的变异个体，使物种得以繁衍和进化，使后代对环境条件的变化有更强的适应性，为人工选择和自然选择提供丰富的材料。

（三）有丝分裂与减数分裂的区别

1）减数分裂过程中细胞连续分裂两次，而有丝分裂过程中细胞只分裂一次。因而经过一次分裂过程，有丝分裂产生了两个子细胞，每个细胞中的染色体数目不变；减数分裂产生了四个子细胞，每个细胞染色体数目减半。

2）有丝分裂发生在营养生长时期，分裂过程在体细胞内进行；而减数分裂则发生在生殖生长时期，分裂过程在性细胞内进行。

3）有丝分裂在中期排在赤道面上的单位是一条条染色体，而减数分裂是一对对同源染色体。

4）减数分裂过程中有其特有的同源染色体配对和同源非姐妹染色单体间的局部交换，而有丝分裂没有。

三、植物生活周期

无性生殖和有性生殖是高等植物的基本繁殖方式。无性生殖（营养体生殖）是通过亲本营养体的一部分直接形成新个体的繁殖方法。利用植物的块根、块茎、鳞茎、球茎、芽眼

和枝条等营养体产生后代的，都属于无性生殖。目前，在农业生产上，压条、嫁接、扦插等是常用的营养繁殖方式和手段。例如，马铃薯利用块茎繁殖，草莓利用匍匐蔓繁殖，苹果等果树利用嫁接繁殖。由于它是通过体细胞的有丝分裂而繁殖的，后代与亲代具有相同的遗传组成，因而，后代与亲代总是保持相似的性状。有性生殖是通过亲本的雌配子和雄配子受精而形成合子，随后进一步分裂、分化和发育而产生后代个体。有性生殖是最普遍最重要的生殖方式，大多数植物都是进行有性生殖的，是遗传学研究的主要范畴。

（一）植物雌、雄配子的形成

高等植物在个体发育成熟后，形成生殖器官，其中部分体细胞开始分化成生殖细胞。这一过程常常在花器的雌蕊和雄蕊里进行，首先分化出孢原细胞，它经过减数分裂和一系列的有丝分裂，最后发育成为雌配子（卵细胞）和雄配子（精子）（图 2-13）。

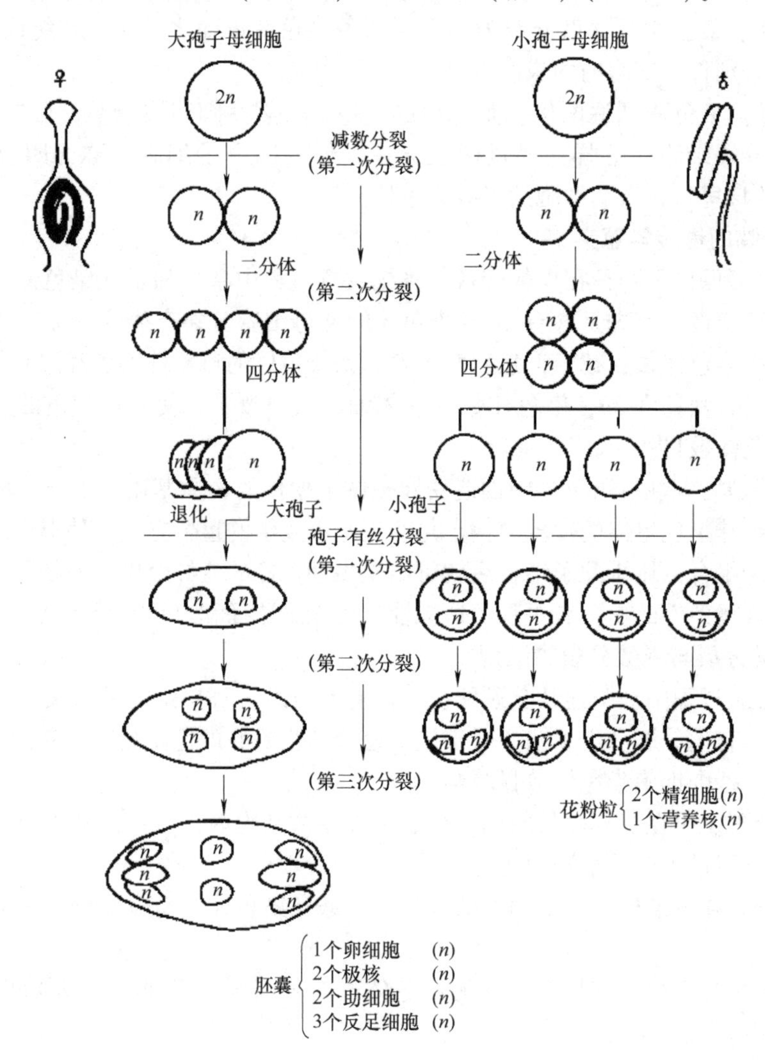

图 2-13　高等植物雌、雄配子形成的过程

1. 雌配子（卵细胞）的形成过程

高等植物有性生殖的全过程都是在花器里进行的，包括减数分裂、受精和产生种子。首

先雌蕊子房中着生胚珠，在胚珠的珠心组织里分化出孢原细胞，进一步分化为大孢子母细胞（$2n$），经过减数分裂形成四分孢子，每个大孢子染色体数为 n，靠近珠孔方向的 3 个退化解体，剩下的 1 个远离珠孔的大孢子又经过 3 次有丝分裂形成雌配子体即胚囊。胚囊包括 8 个单倍体核，其中 3 个为反足细胞、2 个为助细胞、2 个为极核、1 个为卵细胞，其中的卵细胞称为雌配子。胚囊继续发育，体积逐渐增大，侵蚀四周的珠心细胞，直到占据胚珠中央的大部分。

2. 雄配子（精子）的形成过程

高等植物的雄蕊花药是雄配子形成的主要部位，首先体细胞经过分化形成孢原细胞，进一步分化为小孢子母细胞（$2n$），经过减数分裂形成 4 个小孢子（n）。与卵细胞形成过程不同的是每个小孢子不退化，都形成一个单核花粉粒。形成的单核花粉粒经过一次有丝分裂，形成营养细胞（n）和生殖细胞（n），生殖细胞再经一次有丝分裂，才形成一个成熟的花粉粒。这样一个成熟的花粉粒在植物学上被称为雄配子体，包括两个精细胞（n）和一个营养细胞（n），其中的精细胞又称为雄配子。

（二）植物授粉受精过程

高等植物大多经过开花、授粉、受精过程完成有性生殖。授粉是指成熟的花粉粒落在雌蕊柱头上的过程，受精是指雄配子（精细胞）与雌配子（卵细胞）融合成合子的过程。

植物开花后形成完整的雌、雄器官，就是雌蕊和雄蕊。当花粉成熟后，开始散粉，在风、昆虫等外力的作用下，花粉粒落到雌蕊的柱头上，然后在适宜条件下，花粉粒在柱头上发芽，形成花粉管，伸长，穿过花柱、子房和珠孔，进入胚囊。在伸长过程中，花粉粒中的内含物全部移入花粉管，且集中于花粉管的顶部。进入胚囊过程后，花粉管细胞和胚囊中的助细胞同时破裂，释放出精细胞。其中一个精细胞（n）与卵细胞（n）受精结合为合子（$2n$），将来发育成二倍体的胚（$2n$）；另一个精细胞（n）与两个极核（$n+n$）受精结合为三倍体（$3n$），将来发育成胚乳（$3n$），这就是植物的双受精过程。

受精以后，整个胚珠发育为种子。通过双受精而最后发育成种子，这是被子植物的特点。种子一般是由种皮（$2n$）、胚乳（$3n$）和胚（$2n$）三部分组成的。种皮不是受精的产物，而是母体组织的一部分，在不同的植物中来源也有差异。单子叶中的禾本科植物，如玉米，其种皮实际上是果皮和种皮的混合体。双子叶植物的种皮是由母本花器的营养组织，一般是胚珠的珠被形成的，其染色体数目和体细胞是一样的。胚乳是双受精产物之一，胚乳的遗传组成里 $2n$ 来自母本，$1n$ 来自父本。它的主要功能是提供种子萌发和生长所需的营养，当营养消耗尽后即解体，不具遗传效应。胚是双受精作用的另一个产物，遗传组成一半来自母本，一半来自父本，具有遗传效应，将来种子播种后发育成 $2n$ 的植株。所以，应该明确的是，在遗传学上，种子是不同世代组织的嵌合体，种皮与胚、胚乳不属于同一个世代。

（三）胚乳直感现象

在农业实践中，有一种现象引起了人们的注意，即将玉米黄粒植株的花粉给白粒玉米植株授粉，当代所结籽粒就表现父本的黄粒性状。后来人们还发现，以胚乳为非甜质的植株花粉给甜质的植株授粉，或以胚乳为非糯性的植株花粉给糯性的植株授粉，在杂交当代所结的种子上都会出现这种现象。后来，把在胚乳上由于受精核的影响而直接表现出父本的某些性状的现象叫作胚乳直感现象。

除了胚乳直感现象以外，人们还发现了果实直感现象。即种皮或果皮组织在发育过程中

由于花粉的影响而表现父本的某些性状，称为果实直感现象。例如，棉的纤维是由种皮细胞延伸而形成的。用长纤维父本的花粉给短纤维母本授粉，杂交当代种子上的纤维就会长长。

（四）无融合生殖

无融合生殖方式中，有些可以形成单倍体胚，从而分离出各种遗传组成的后代，在植物育种中，可利用这一特点，大量培育单倍体植株；有些可以形成二倍体胚，从而产生与亲本遗传组成相同的后代，在植物育种中，可利用这一特点，固定杂种优势的遗传组成。所以无融合生殖是遗传研究中的一个热点。

无融合生殖（无融合结子）是指不经精卵融合，而产生胚并形成种子的生殖方式。这一现象在植物界较为普遍，无融合生殖实质上是无性生殖，但其中很多类型又是有性生殖的变态。

无融合生殖可分为单倍配子体无融合生殖、二倍配子体无融合生殖、不定胚和单性结实四种。

1. 单倍配子体无融合生殖

单倍配子体无融合生殖（单性生殖）是指雌雄配子体不经过正常受精而产生单倍体胚（n）的一种生殖方式。凡由卵细胞未经受精而发育成有机体的生殖方式，称为孤雌生殖。在这一生殖过程中授粉仍是必要的条件，授粉后精子进入卵细胞后未与卵核融合即发生退化、解体，因而卵细胞单独发育成单倍体的胚，但是它的两个极核和精细胞正常地经过受精结合发育成胚乳。大多数植物的孤雌生殖都是这样产生的。

与孤雌生殖相对的是孤雄生殖。精子入卵后尚未与卵核融合，而卵核即发生退化、解体，雄核取代了卵核地位，在卵细胞内发育成仅具有父本染色体的胚。近年来，通过花药或花粉的离体培养，利用植物花粉发育潜在的全能型而诱导产生单倍体植株，就是人为创造孤雄生殖的一种方式。

2. 二倍配子体无融合生殖

二倍配子体无融合生殖（不减数的单性生殖）是指从二倍的配子体发育成为新个体的生殖方式。胚囊是由造孢细胞形成或者由邻近的珠心细胞形成的，由于没有经过减数分裂，故胚囊里所有核都是二倍体（$2n$）。

3. 不定胚

不定胚是指直接由胚珠的珠心或珠被的二倍体细胞产生为胚，完全不经过配子阶段。这种现象在柑橘中往往是与配子融合同时发生的。柑橘中常出现多胚现象，其中一个胚是正常受精发育而成的，其余的胚则是由珠心组织的二倍体体细胞进入胚囊发育的不定胚。

4. 单性结实

卵细胞不受精，但在花粉的刺激下，果实也能正常发育。葡萄和柑橘常有自然发生的单性结实现象。黄瓜即使不用花粉刺激，依然能够正常形成果实。番茄利用生长素或类似生长素的物质如2，4-D，代替花粉的刺激也可能诱导单性结实。单性结实不能产生后代，只产生果实。

（五）高等植物的生活周期

任何生物都具有一定的生活周期，生活周期就是个体发育的全过程。玉米是一年生的禾本科植物，同株异花，杂交手续简便，一个果穗可产生大量的后代种子，而且变异类型丰富，染色体大，且数目不多，$2n=20$，所以玉米一直是植物遗传学研究的好材料。现以玉米为例说明高等植物的生活史（图2-14）。

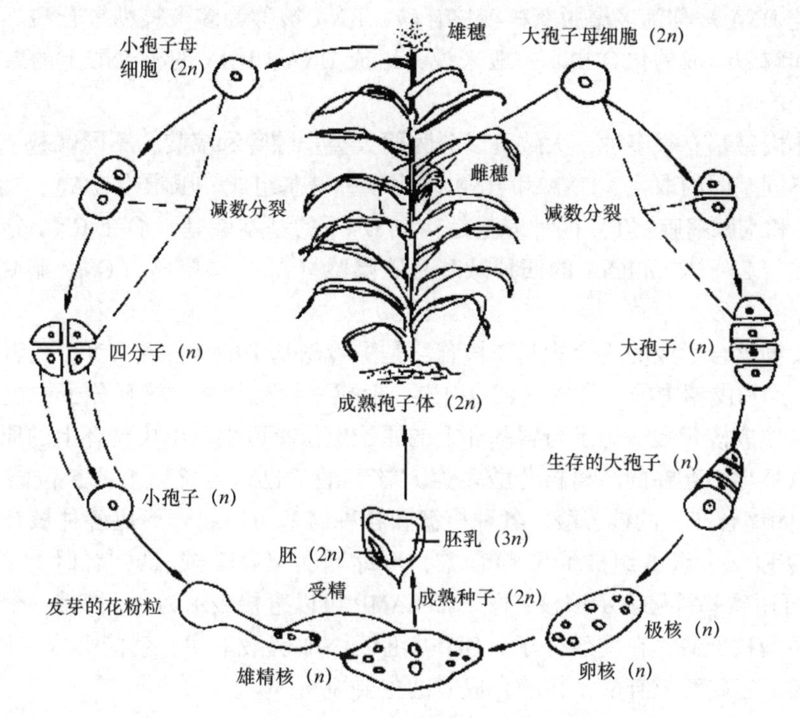

图 2-14　玉米的生活史

高等植物从一个受精卵（合子）发育成为一个孢子体，长成一个完整的绿色植株，称为孢子体世代，是无性世代。这个世代中体细胞的染色体是二倍体（2n），每个细胞中都含有来自雌性配子和雄性配子的一整套染色体。孢子体经过一定的发育阶段，某些细胞特化，进行减数分裂，使染色体数目减半，形成配子体，产生雌配子和雄配子，称为配子体世代，也就是有性世代。雌雄配子受精结合形成合子后即完成有性世代，又进入下一个无性世代。由此可见，高等植物的配子体世代是很短暂的，而且它是在孢子体内度过的。在高等植物的生活史中，大部分时间是进行孢子体体积的增长和组织的分化。

由此可知，高等植物的一个完整生活周期是指从合子至个体成熟和死亡所经历的一系列发育阶段。有性生殖的植物生活史大多数包括一个有性世代和一个无性世代，两者交替发生，称为世代交替。伴随着世代交替，染色体数目也呈现有规律的变化。

四、分子遗传学基础

（一）遗传物质的化学本质

细胞核中的染色体是由核酸和蛋白质组成的，它们是生物体中最基本的两类生物大分子。核酸分为 DNA、RNA 两种。试验证明大多数生物体都是以 DNA 为遗传信息的原初载体；少数的 RNA 病毒是以 RNA 为遗传信息的原初载体；而蛋白质主要是生物体遗传信息的体现者，与生物体遗传信息所规定的功能息息相关。

1. 核酸的化学结构和空间结构

无论是 RNA 还是 DNA，都是由数量巨大的核苷酸分子组成的具有复杂三维结构的大分子化合物。核苷酸是核酸的基本结构单位，DNA 由脱氧核糖核苷酸组成，RNA 由核糖核苷酸组成。因此 DNA 被称为多聚脱氧核糖核苷酸，RNA 被称为多聚核糖核苷酸。核苷酸是由碱基、戊糖和磷酸组成的化合物。一般来说，组成 DNA、RNA 的核苷酸上的碱基、戊糖是有区别的。

在生物体内碱基有很多种，大致可以分为两大类：嘌呤和嘧啶，不同碱基上指示嘌呤环和嘧啶环有不同基团的取代。DNA 和 RNA 均由 4 种碱基组成。腺嘌呤（A）、鸟嘌呤（G）、胞嘧啶（C）和胸腺嘧啶（T）四种碱基是构成 DNA 的基本碱基。而在 RNA 分子中一般不存在胸腺嘧啶（T），构成 RNA 的四种碱基是腺嘌呤（A）、鸟嘌呤（G）、胞嘧啶（C）和尿嘧啶（U）。

碱基与戊糖缩合形成的化合物叫作核苷，是嘌呤碱基中的 9 位氮（N）或者嘧啶碱基中的 1 位氮（N）和戊糖中的 1 位碳（C）相连，形成 N－糖苷键。核苷分子中戊糖上的羟基被磷酸酯化后形成核苷酸。为了与碱基环上的原子定位相区别，给戊糖环上的原子定位时加“′”表示。自然界中存在的游离核苷酸多为 5′核苷酸。也就是戊糖上的 5 位碳（C）上的-OH 与磷酸基团缩合产生的核苷酸。各种核糖和各种碱基可以组合形成各种核苷酸。如脱氧核糖与腺嘌呤和一个磷酸组成脱氧腺苷酸，可缩写为 dAMP 或 dA。有时为了方便书写，DNA 序列也可用碱基符号表示该核苷酸。即 dAMP 可以直接表示为 A。携带一个磷酸基团的核苷酸叫一磷酸核苷酸，在磷酸分子－OH 处继续添加磷酸基团，就能形成二磷酸核苷酸、三磷酸核苷酸。三磷酸核苷酸是核酸合成时的主要原料。

2. DNA 的一级结构和二级结构

DNA 的一级结构就是数量庞大的四种脱氧核糖核苷酸通过 3′，5′-磷酸二酯键连接起来的直线或环形多聚体（图 2-15、图 2-16）。两个脱氧核糖核苷酸由于脱氧核糖中 2 位碳（C）上没有羟基，只有 3′羟基与 5′磷酸基团结合形成 3′，5′-磷酸二酯键。大多数天然 DNA 分子长链两端总有一端带有一个 5′磷酸基团，而另一端带有一个 3′-OH。

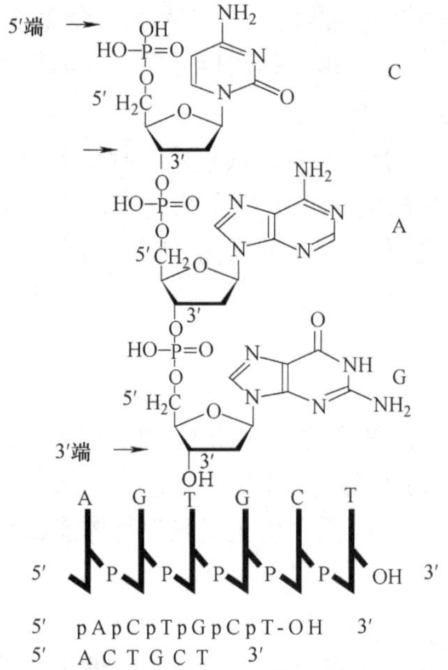

图 2-15　DNA 的一级结构

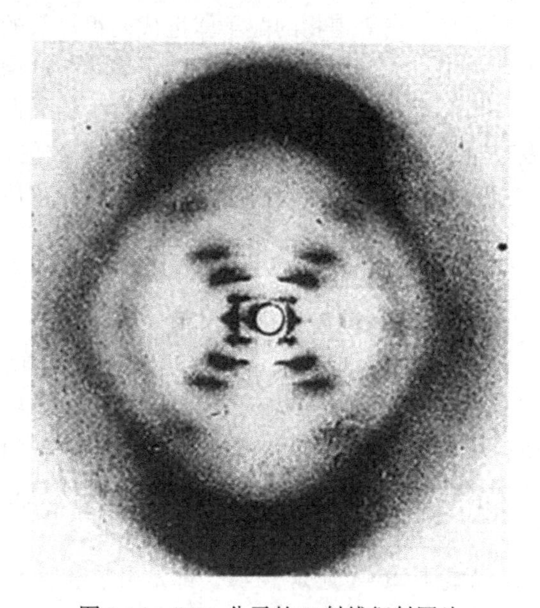

图 2-16　DNA 分子的 X 射线衍射图片

DNA 的二级结构指的是 DNA 的双螺旋结构（图 2-17）。DNA 的双螺旋结构模型是 Watson 和 Crick 两位科学家于 1953 年提出的。他们认为 DNA 是两条平行的脱氧多核苷酸链，共同围绕一个假想的中心轴形成右手双螺旋结构。两条链走向相反，一条为 3′→5′走向，另一条为 5′→3′走向。磷酸和戊糖在双螺旋的外侧，碱基分布在双螺旋的内侧。DNA 双链同一水平位置的碱基之间存在互补配对的规律，A 与 T 配对，C 与 G 配对。配对碱基之间形成氢键。DNA 结构的稳定离不开互补碱基间氢键之间的作用。

3. DNA 的高级结构

染色体是 DNA 和蛋白质的复合物，染色体 DNA 是经过了高度螺旋的 DNA 结构。DNA 的双螺旋链再次的扭曲螺旋就形成了的 DNA 的三级结构。如质粒 DNA 的超螺旋结构就是一种 DNA 的三级结构（图 2-18）。染色质是真核细胞细胞核中的遗传物质在分裂间期的存在形式。它是由 DNA、组蛋白和其他蛋白和核酸组成的 DNA 的高级结构，在遗传发育中起重要的作用。

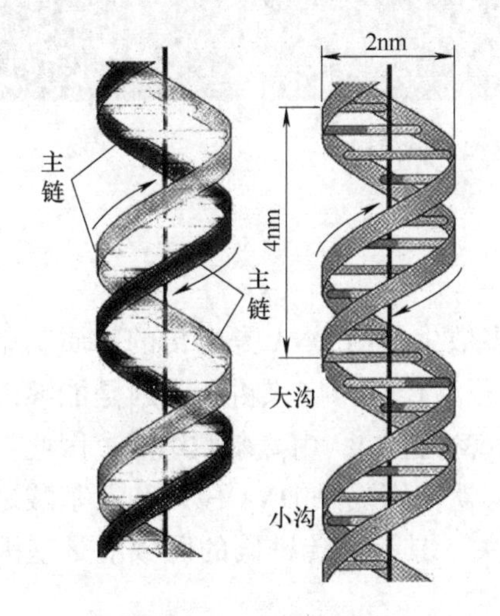

图 2-17 DNA 的双螺旋结构

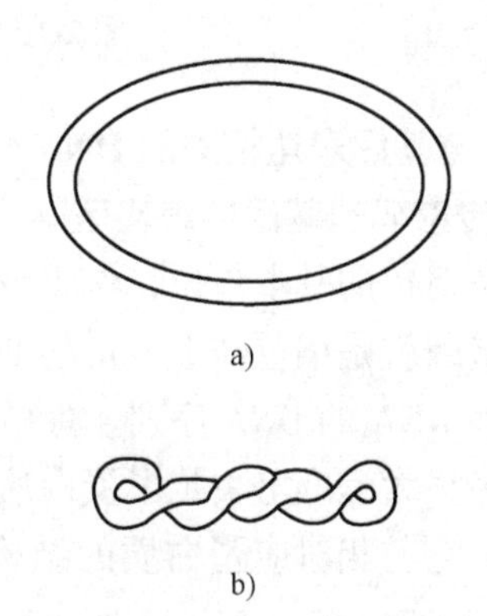

图 2-18 质粒 DNA 二级、三级结构

a）质粒 DNA 环状二级结构 b）质粒 DNA 超螺旋三级结构

4. RNA 的结构

与 DNA 类似，RNA 的一级结构也是核苷酸的排序序列，为多聚核糖核苷酸。动物、植物、微生物细胞中都含有三种主要 RNA：mRNA、tRNA 和 rRNA。mRNA 是信使 RNA，DNA 上的遗传信息通过转录形成 mRNA，蛋白质的 Aa 组成和 mRNA 上的遗传信息密切相关。tRNA 是转运 RNA，可以携带一个氨基酸，参与蛋白质合成。rRNA 是核糖体 RNA，它是核糖体的一个重要组成部分。其中 tRNA 的三维结构研究得比较清楚。tRNA 的基本二级结构是三叶草形，RNA 分子也遵循碱基互补配对的原则。两个单链区域在折叠后部分互补区域可以形成局部的双链结构。三叶草形中与翻译直接相关的是氨基酸接受臂和反密码子环。反密码子环上有三个重要的核苷酸序列组成反密码子，与 mRNA 上的翻译氨基酸的密码子序列互补。氨基酸接受臂末端可以接受与反密码子对应的氨基酸。其三级结构是倒 L 形，氨基酸接受臂和反密码子环在分子的相对两端，这与它们在翻译中的作用是一致的（图 2-19）。

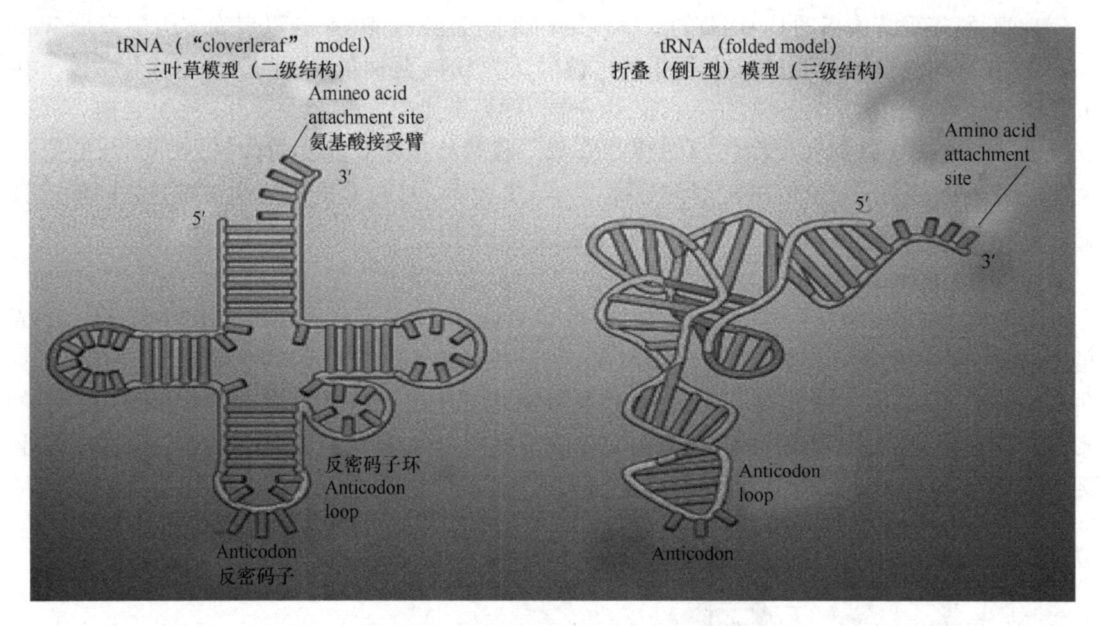

图 2-19　tRNA 的二级结构和三级结构

（二）与基因表达相关的 DNA 分子结构

1. 遗传密码和基因的编码区

基因是遗传的基本单位，位于染色体上，而大多数生物的 DNA 是遗传的物质基础，因此实际上基因就是染色体上一定的 DNA 序列。从分子遗传学角度来讲，基因是能够编码特定蛋白质和 RNA 的 DNA 序列。蛋白质是遗传信息的表现形式，由氨基酸组成，因此氨基酸的排列顺序很大程度上决定了蛋白质的结构和功能。遗传密码是 DNA 序列和氨基酸之间的对应关系，它与相对应蛋白质的结构和功能密切相关。具有遗传密码的区域就是基因的编码区。

2. 基因间隔区

在原核生物中，基因是由连续的密码组合而成的，中间没有间隔。但是基因与基因之间是有间隔的。基因与基因之间没有编码功能的这部分区域叫作间隔区也就是基因间 DNA。间隔区 DNA 的总长度很长，其中包括一些调控基因复制转录和翻译的一些信号，这些信号是调控基因表达的特殊 DNA 序列。

3. 启动子和终止子

细胞中的 DNA 不是时刻表达全部基因的，基因的表达受到严格的调控，在编码基因的上游存在一个调控基因表达的 DNA 序列叫作启动子。启动子是能够被 RNA 聚合酶识别并结合的特殊 DNA 序列。启动子与基因表达的快慢程度以及 RNA 的合成与否密切相关。当 RNA 合成完毕，在基因的下游有一个终止继续合成 RNA 链的结构叫作终止子。

4. 外显子和内含子

真核高等生物不仅基因与基因之间存在间隔，而且基因内部也存在间隔。也就是编码信息通常被分割为一系列不连续的 DNA 片断。含有用信息的 DNA 序列叫作外显子，不含有用信息的序列叫作内含子。

5. 密码子

除极少数之外，所有生物的遗传密码都是相同的，即遗传密码是通用的。遗传密码是由3个核苷酸组合而成的，每个三核苷酸序列叫作一个密码子，因此又叫作三联体密码。每个氨基酸对应着一个或者几个密码子，因为DNA或者RNA的四种核苷酸可以组成$4^3=64$种的组合方式，而组成蛋白质的氨基酸只有20余种（图2-20）。

遗传密码表

第一位（5′端）	第二位 U	第二位 C	第二位 A	第二位 G	第三位（3′端）
U	UUU phe UUC phe UUA leu UUG leu	UCU ser UCC ser UCA ser UCG ser	UAU tyr UAC tyr UAA 终止 UAG 终止	UGU cys UGC cys UGA 终止 UGG trp	U C A G
C	CUU leu CUC leu CUA leu CUG leu	CCU pro CCC pro CCA pro CCG pro	CAU his CAC his CAA gln CAG gln	CGU arg CGC arg CGA arg CGG arg	U C A G
A	AUU ile AUC ile AUA ile AUG 起始	ACU thr ACC thr ACA thr ACG thr	AAU asn AAC asn AAA lys AAG lys	AGU ser AGC ser AGA arg AGG arg	U C A G
G	GUU val GUC val GUA val GUG val	GCU ala GCC ala GCA ala GCG ala	GAU asp GAC asp GAA glu GAG glu	GGU gly GGC gly GGA gly GGG gly	U C A G

氨基酸密码子个数

氨基酸	个数	氨基酸	个数
丙氨酸	4	亮氨酸	6
精氨酸	6	赖氨酸	2
天冬酰胺	2	甲硫氨酸	1
天冬氨酸	2	苯丙氨酸	2
半胱氨酸	2	脯氨酸	4
谷氨酰胺	2	丝氨酸	6
谷氨酸	2	苏氨酸	4
甘氨酸	4	色氨酸	1
组氨酸	2	酪氨酸	2
异亮氨酸	3	缬氨酸	4

图2-20　密码子

编码甲硫氨酸的密码子只有一个，是AUG，该密码子也是一种蛋白质合成的起始信号，因此AUG也被称为起始密码子。有了起始密码子就可以顺利地将遗传密码解读为一段氨基酸序列。编码氨基酸的密码子可以是一个，也可以是几个。密码子编码同一种氨基酸的现象被称为密码子的简并性。编码同一个氨基酸的密码子叫作简并密码子或同义密码子。如AGU、AGC都编码丝氨酸，UGG只编码色氨酸。在64种密码子中有3种密码子是不编码任何氨基酸的，而是蛋白质合成结束的信号，叫作终止密码子。UAA、UGA、UAG就是终止密码子。

（三）遗传信息的传递规律

著名的中心法则揭示了基本的遗传信息传递规律。DNA和RNA都是遗传信息的载体。DNA可以转录为RNA，DNA又可以复制形成DNA。RNA可以翻译为蛋白质，也可以逆转录形成DNA。在酶的作用下以RNA为模板形成的与RNA序列互补的DNA分子称为cDNA，这种合成的过程称为反转录过程也可以叫作逆转录过程。而遗传信息的表现形式——各种蛋白质，则与生物的生长、分化、发育和代谢过程密切相关。

1. DNA的复制

（1）半保留复制（图2-21）　DNA的复制是细胞中一项非常重要的过程。通过复制和细胞分裂，亲本将遗传信息传递给子代细胞。在复制过程中，DNA聚合酶作用于单链DNA，

并合成一条与原来单链互补的DNA新链。复制后，DNA分子都有一条来自亲代分子的链和一条新合成的链。称这种复制方式为半保留复制。

(2) 复制起始位点　在DNA的复制过程中，不是细胞中任何的DNA区段都可以解旋打开形成单链结构，双螺旋的解旋起始于特定的DNA序列（图2-22）。这种能起始DNA复制的序列叫作复制起始位点或者复制原点，通常用*ori*表示。在原核生物中生物体基因组较小，往往只有一个复制起始位点。而在真核生物中，DNA上常有多个复制起始位点。

(3) DNA聚合酶　DNA的复制过程是在与DNA复制相关的酶系统作用下完成的。其中最重要的一个酶是DNA聚合酶。DNA聚合酶可以将核糖上的3′-OH与另一个脱氧核苷酸的5′-磷酸基团化合，形成3′，5′-磷酸二酯键。新生DNA链合成方向通常是以5′→3′方向发生的。在DNA聚合酶作用时，通常需要一小段引物来提供3′-OH末端，并按照模板链的互补序列形成新链（图2-23）。

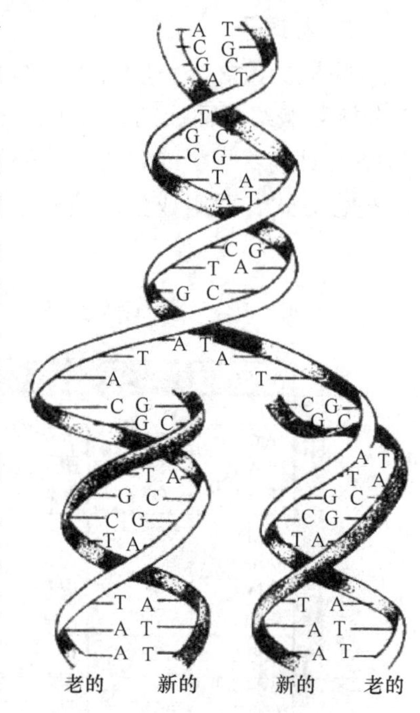

图2-21　DNA的半保留复制

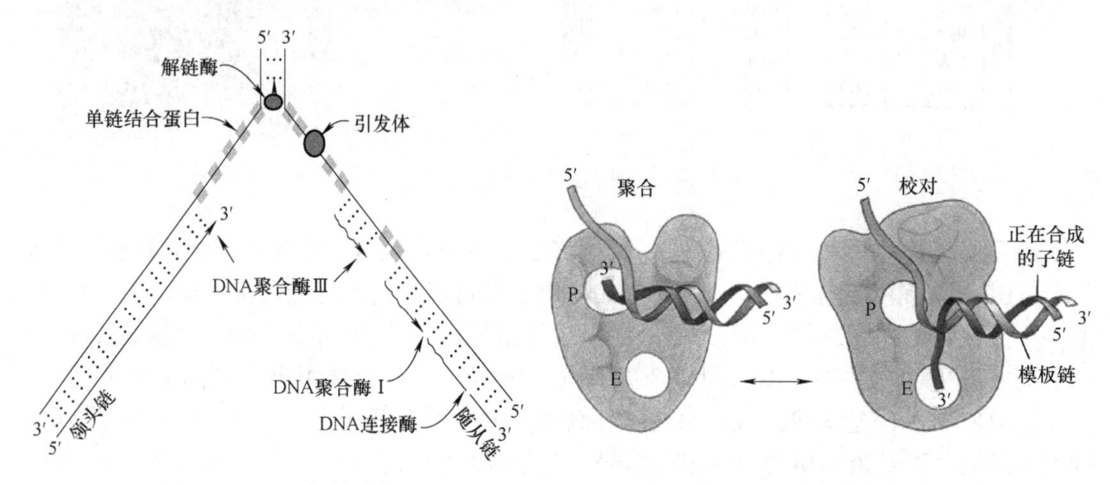

图2-22　DNA复制过程

图2-23　DNA聚合酶的聚合和校对
P—聚合酶活性中心
E—3′→5′外切酶活性中心

2. 转录

转录是指以DNA为模板，在RNA聚合酶的催化下，以4种核糖核苷酸为原料，合成RNA的过程。按理说DNA双螺旋的任何区域均可转录出两条序列相反的RNA链。但事实上在一定DNA区域内只有一条链作为转录的模板。至于在转录区域到底哪条链作为模板，则取决于将要转录的基因及其启动子。

(1) 转录的起始　游离的RNA聚合酶随机地碰撞染色体，只与多数的DNA微弱地接触。但是当RNA聚合酶与有效的启动子序列接触并与之紧密结合时，才能开始转录。无论是原核生物还是真核生物，启动子控制转录起始的序列，并决定着某一基因的表达强度。在

细胞中启动子在启动转录的速度上是不同的，有的 10 分钟或者十几分钟启动一次，有的 1～2 秒内启动一次。强启动子是使 RNA 聚合酶高效转录基因的启动子。

（2）转录和转录后加工　当 RNA 聚合酶与启动子序列紧密结合开始转录后，通常以一条 DNA 为模板，沿着 5′→3′的方向不断合成 RNA。但是当它遇到一些特定的序列时转录终止。基因下游 DNA 分子上具有终止转录核苷酸序列信号的 DNA 结构叫作终止子或者终止信号。

转录后，大多数的 RNA 还要经过修饰和加工才能形成成熟的 RNA。如对于真核生物的 mRNA 来说，要在 3′末端加上一段 180～200 个腺苷酸序列（polyA）；在 5′端加上一个帽子结构（m7GpppN）；除掉内含子序列，对 RNA 进行剪接等。

3. 翻译

翻译就是蛋白质的合成过程，细胞中有一套非常复杂的翻译体系。翻译过程需要 tRNA、各种氨基酸、mRNA、核糖体以及各种酶的参与才能完成。核糖体由大小亚基组合而成，小亚基用于结合 tRNA 和 mRNA，大亚基主要催化肽键的形成。大小亚基结合后形成的 A 位、P 位空间结构恰好可以容纳 6 个核苷酸——两个连续的密码子序列。翻译之前各种氨基酸需要激活，在氨基酰-tRNA 合成酶的作用下，tRNA 可以与其反密码子相应的氨基酸结合形成氨基酰-tRNA。翻译过程在真核和原核生物中都分为三步：肽链的起始、肽链的延伸和肽链的终止（图 2-24）。蛋白质合成的每一步都涉及很多的辅助蛋白因子，需要 ATP 和 GTP 水解提供能量。

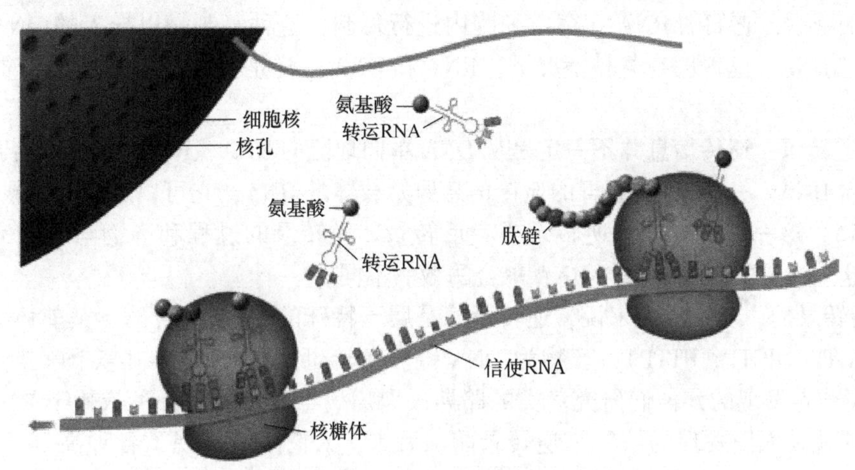

图 2-24　翻译（蛋白质合成）过程

（1）肽链的起始　肽链的起始指的是 mRNA 与游离的核糖体小亚基结合，携带经修饰（限制了氨基的活性）的甲硫氨酸基团的 tRNA 与已经结合在小亚基上的 mRNA 起始密码子位置（P 位点）结合，形成起始复合物。起始复合物一旦形成，核糖体大亚基就结合上去，若此时进入 A 位点的氨基酰 - tRNA 反密码子与 mRNA 密码子对应，则甲硫氨酸的羧基和 A 位点的氨基酰 - tRNA 所携带的氨基酸氨基基团在肽基转移酶的催化下形成肽键。

（2）肽链的延伸　在 tRNA 脱酰酶的作用下，P 位点 tRNA 与甲硫氨酸分离，核糖体移至下一个密码子位置，携带二肽的 tRNA 由 A 位点进入 P 位点。如此循环往复，多肽链不断延伸。

（3）肽链的终止　当终止密码子进入A位点时标志着翻译过程的结束。细胞中任何tRNA反密码子环上都没有与终止密码子对应的序列，因此没有tRNA进入A位点。此时在各种辅助多肽链合成终止的因子作用下，多肽链、mRNA被释放出来，核糖体大小亚基解体。

翻译完毕的多肽链还要经过甲基化、磷酸化等一系列的修饰才能成为有功能的蛋白质。

4. 中心法则

1953年，Watson和Crick提出著名的DNA双螺旋后，接着提出DNA半保留复制的复制方式，提示了遗传信息贮存和复制的分子基础，解决了DNA的自我复制问题，巩固了DNA是遗传物质并作为遗传信息载体的地位。1958年，Crick又提出了分子生物学的中心法则，即遗传信息从DNA—mRNA—蛋白质的转录和翻译过程以及遗传信息从DNA—RNA的复制过程（图2-25）。

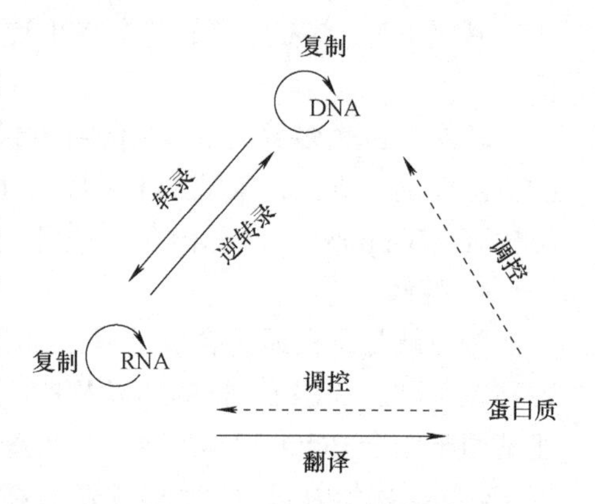

图2-25　中心法则的遗传信息流向

中心法则所阐述的是基因的两个基本属性，即自我复制和基因表达。这一法则被认为是从噬菌体到真核生物的整个生物界共同遵守的规律。

（1）RNA的复制　发现RNA依赖的RNA聚合酶，催化以RNA为模板的RNA合成，即RNA复制。许多RNA病毒，如流感病毒、双链RNA噬菌体及多数单链RNA噬菌体，在感染宿主细胞后，它们的RNA在宿主细胞内进行复制，这种复制是以导入的RNA为模板，而不是通过DNA。这说明在某种情况下，RNA和DNA一样是可以复制的，这是对中心法则的一种补充。

（2）逆转录　遗传信息并不一定是从DNA单向地流向RNA，RNA携带的遗传信息同样也可以流向DNA。一些RNA病毒的遗传信息原始载体是RNA，它可以通过逆转录酶将信息传递给DNA，这一过程被称为逆转录或者反转录。逆转录的过程和产物与转录完全相反，而且介导这一过程的逆转录酶与RNA聚合酶截然不同。

1）逆转录酶。从本质上来说，逆转录酶是属于特殊的DNA聚合酶，其前体物为dNTP（dATP、dGTP、dCTP、dTTP），产物为DNA链。逆转录酶是1960年由美国威斯康星大学Temin等人首先发现的，他们研究鸟类的路斯氏肉瘤病毒时发现了一种依赖于RNA的DNA聚合酶，这就是人们发现的第一个逆转录酶。后来，人们陆续发现了各种高等真核生物的RNA肿瘤病毒都有逆转录酶。逆转录酶被逆转录病毒RNA所编码，在逆转录病毒的生活周期中，负责将病毒RNA逆转录成一条DNA与一条互补的RNA形成的核酸分子，最后形成两条互补的DNA链构成的双链分子。

2）转录病毒的生活周期。逆转录病毒具有单链RNA基因组，通过双链DNA中间体进行复制。首先病毒感染宿主细胞，释放出病毒RNA。在病毒释放的逆转录酶的作用下，宿主细胞的细胞质中进行以RNA为模板的逆转录作用，合成病毒DNA。继而病毒双链DNA整合到宿主细胞染色体DNA中，成为原病毒。逆转录病毒只能在增殖的细胞中复制，因为进入细胞核需要细胞经过有丝分裂过程，这时病毒基因组才能够接近核物质。内源性的原病毒通常是不被表达的，有时在外部因子的作用下病毒DNA被激活。首先病毒DNA转录生成病毒基因组RNA。同时病毒DNA也转录生成病毒基因组mRNA，进而翻译生成病毒蛋白质，

随后包装成子代病毒。

3）DNA 指导的蛋白质合成。在 20 世纪 60 年代中期，McCarthy 和 Holland 发现在他们加入抗生素等条件下，变性的单链 DNA 在离体情况下可以直接与核糖体结合，指导合成蛋白质。但这种 DNA 控制的蛋白质合成是否在活细胞体内也存在，至今仍不清楚。

5. 朊病毒

迄今为止还没有发现蛋白质信息逆向的流向核酸。朊病毒不是通常意义上的病毒，而是不含核酸的蛋白质，它最初被认识到是源于羊瘙痒病的病原体。后来发现人类的中枢神经系统退化性疾病如库鲁病、克—杰氏综合征、疯牛病即牛脑的海绵状病变、水貂脑软化病以及马鹿与鹿的慢性萎缩病等都与朊病毒有关，所有这些病目前都是无药可救的。朊病毒是一种传染性的，抗蛋白酶的，分子量为 27～30kDa（千道尔顿）的蛋白质。在正常的哺乳动物脑部有一种结构蛋白 PrP^c，它对蛋白酶敏感。抗蛋白酶的朊病毒可表示为 PrP^{sc}，它与 PrP^c 在一级结构上是完全相同的，但在化学二级结构上不同；PrP^{sc} 比 PrP^c 具有很高的 β 折叠结构。这种蛋白质病原体 PrP^{sc} 一旦与 PrP^c 结合，就可以自身为模板将 PrP^c 的二级结构转变为 PrP^{sc} 的形式。所以朊病毒的繁殖就是指它把自身的立体构象信息传入 PrP^c 的结果。

（四）基因的表达调控

生物体的生存并不需要每时每刻都转录所有的基因。为了保存能量及资源，就要对其基因的活性进行调节，在生命周期的不同阶段和不同类型的细胞核组织中，只产生完成细胞活动所必需的基因产物。蛋白质的合成速度可以被一系列潜在的因素所调控，如基因转录速度，转录后的加工、翻译速度等。

1. 基因转录水平的调控

RNA 聚合酶与一些启动子之间的结合还会受到细胞内一些信号的调控。这些信号因子或者诱导或者阻遏基因的表达。转录水平的基因调控是基因表达调控的第一步，可以避免浪费能量合成不必要的产物。

（1）正负调控和操纵子　通常将调节某一基因表达的蛋白质叫作调节蛋白，将负责表达调节蛋白的基因叫作调节基因。调节基因通常位于被调控表达基因的上游。如果没有调节蛋白存在，基因是表达的，而调节蛋白作用后基因表达活性被关闭，这样的控制系统叫作负控制系统；相反，如果没有调节蛋白存在，基因是关闭的，加入调节蛋白后基因活性开启，这样的控制系统叫作正控制系统。正控制系统中的调节蛋白叫作诱导蛋白，负控制系统中的调节蛋白叫作阻遏蛋白。正控制系统中促进基因转录表达的小分子信号叫作诱导物，负控制系统中抑制基因转录表达的小分子信号叫作辅阻遏物。

原核生物的基因表达调控研究得比较早。1961 年，Jacob 和 Monod 提出了操纵子模型。除个别基因外，原核生物的基因都是按照功能相关性聚集成簇串联在一起组成一个转录单位的。所谓操纵子就是几个基因（通常是表达蛋白质的基因）组成的转录单位以及上游的调控序列。调控序列包括启动子和调节蛋白结合位点。阻遏蛋白结合位点也称作操纵基因（图 2-26）。下面就以乳糖操纵子和色氨酸操纵子为例介绍基因在转录水平的调控。

（2）乳糖操纵子　乳糖操纵子包含三个基因，它们编码大肠杆菌利用乳糖所需要的酶类。Lac Z，Lac Y，Lac A 分别编码 β-半乳糖苷酶、β-半乳糖苷透性酶和 β-半乳糖转乙酰酶，它们的产物都与乳糖合成代谢有关（图 2-27）。

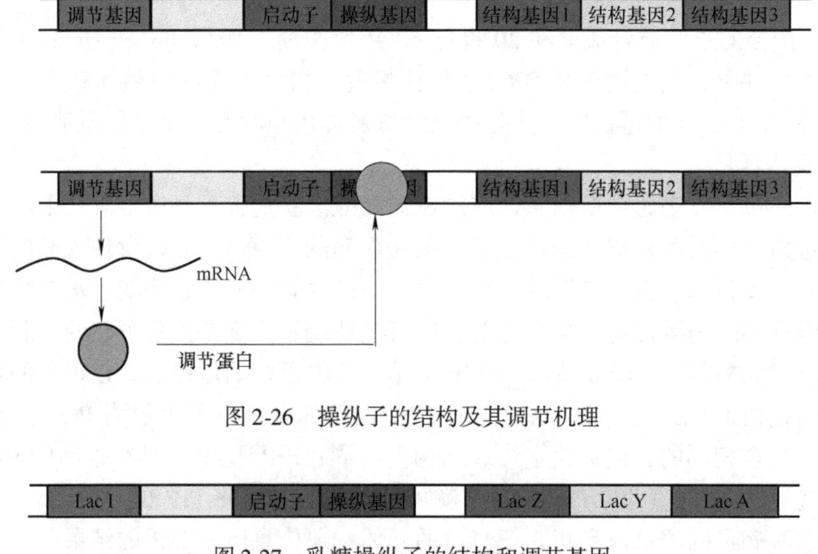

图 2-26　操纵子的结构及其调节机理

图 2-27　乳糖操纵子的结构和调节基因

正常情况下，这些酶在大肠杆菌中含量较低，但在乳糖存在的情况下，它们的含量迅速上升。因为这三个基因统一受乳糖操纵子控制，从单一启动子转录为一条 mRNA。在乳糖操纵子上游，有另一个调节基因 Lac I，它可以编码抑制乳糖操纵子表达的阻遏蛋白。在缺乏乳糖的情况下调节基因表达阻遏蛋白，并且蛋白结合于乳糖启动子和 Lac Z 基因之间的操纵基因处，这样就阻止了 RNA 聚合酶与乳糖启动子结合，制止乳糖基因的转录。但是当环境中有乳糖或者其他诱导物存在时，它们可以结合在阻遏蛋白上，改变其构象，使其无法再与操纵基因结合。RNA 聚合酶就可以与乳糖操纵子上游的启动子结合，开始转录，经翻译后产生大量吸收和利用乳糖的酶分子。乳糖的存在诱导了乳糖代谢所需酶的表达。乳糖耗尽后，阻遏蛋白又恢复原来的构象，重新结合到乳糖操纵基因上，阻止转录并关闭操纵子。

（3）色氨酸操纵子　色氨酸操纵子五个基因共用一个启动子，每个基因都编码与色氨酸生物合成有关的酶。该操纵子的表达由细胞内色氨酸含量调控。色氨酸操纵子上游含有一个编码色氨酸阻遏蛋白的调节基因，阻遏蛋白结合在色氨酸操纵基因的 DNA 序列上，该序列位于色氨酸启动子下游并与其部分重叠。当细胞中存在色氨酸时，色氨酸辅阻遏物与色氨酸阻遏蛋白结合，结合之后的构象能使得该复合物顺利结合在色氨酸操纵基因上，抑制 RNA 聚合酶与色氨酸启动子的结合。当色氨酸不存在或含量较低的情况下，色氨酸阻遏蛋白不能与色氨酸操纵基因结合，操纵子可以进行转录，产生合成色氨酸的酶类。

2. 基因转录后调控

真核生物除了在转录水平调控基因的活性外，还要在转录完毕后对新生成的 RNA 进行加工。如细胞可以在不同情况下有选择性地将不同的 RNA 前体加工成具有 polyA 和帽子结构的 mRNA。而且高等真核生物的蛋白质基因大多数是不连续基因，原初的转录产物中包含有内含子，必须通过 RNA 的剪切和拼接除去才可以。mRNA 有选择性地拼接后可以形成不同的成熟的 mRNA，使一个基因转录产物能生成不同的蛋白质。

3. 基因翻译水平的调控

基因在翻译水平的调控主要受以下几个方面的影响：反义 RNA 的调控、mRNA 本身的

二级结构、mRNA 的寿命、蛋白质合成的自体调控以及应急调控等。

反义 RNA 指某基因序列产生一种 RNA，其核苷酸序列与其对应的另一基因 mRNA 上的序列互补，两个单链 mRNA 结合形成双链结构，使 mRNA 无法与其结合，从而抑制蛋白质的翻译。与反义 RNA 类似，细胞中也存在一些可以结合于 mRNA 上的蛋白质，它们的存在也阻止了基因转录后的 mRNA 与核糖体的结合。有时这种抑制翻译作用的蛋白质就是翻译的产物，也就是说蛋白质直接控制自身 mRNA 的可翻译性。如果 mRNA 单链的部分核苷酸序列也是互补的，那么这个分子也可以形成二级结构。这种 mRNA 本身的二级结构也会影响核糖体的结合作用。mRNA 的寿命与翻译有关。一般情况下，原核生物 mRNA 的寿命很短（2～3 分钟），mRNA 的寿命影响了基因的表达效率。而在一些真核生物高度分化的细胞中，一些基因的 mRNA 相当稳定。mRNA 寿命的延长，增加了细胞中 mRNA 的有效浓度，提高了蛋白质的合成速度。

复习思考题

1. 名词解释：细胞器、染色质、染色体、同源染色体、非同源染色体、有丝分裂、无丝分裂、细胞周期、双受精、授粉、受精、胚乳直感、无融合生殖、世代交替、生活史。

2. 绘图说明植物细胞的主要结构与功能。

3. 哪些细胞器具有重要的遗传功能？

4. 简述染色体的形态与类型。

5. 简述染色体的结构。

6. 简述主要植物的染色体数目。

7. 玉米的体细胞为二倍体，具有 20 条染色体，在下列细胞分裂阶段中，每个细胞里下列成分的数目为多少？（假定细胞质分裂发生在末期）①有丝分裂后期的着丝点；②减数分裂后期Ⅰ的着丝点；③减数分裂中期Ⅰ的染色单体；④有丝分裂后期的染色单体；⑤有丝分裂后期的染色体；⑥ 减数分裂中期Ⅰ的染色体；⑦减数分裂末期Ⅰ结束时的染色体；⑧减数分裂末期Ⅱ结束时的染色体。

8. 大豆的体细胞染色体数为 40。在下列有丝分裂的不同时期，各个细胞里下列成分的数目各为多少？①前期的着丝点；②前期的染色单体；③前期的染色体；④G_1期的染色单体；⑤G_2期的染色单体。

9. 一般认为每一个未复制的染色体中具有一个 DNA 分子，玉米的二倍体染色体数为 20 条。下列时期一个核中 DNA 分子数和二价体数各为多少？①粗线期；②双线期；③终变期；④末期Ⅰ；⑤前期Ⅱ；⑥末期Ⅱ。

10. 水稻的体细胞含 24 条染色体，下列细胞中，有多少条染色体？①成熟卵子；②精细胞；③精子；④初级精母细胞；⑤脑细胞；⑥次级卵母细胞；⑦精原细胞。

11. 一个细胞有 4 对同源染色体（Aa、Bb、Cc 和 Dd），它能产生多少种不同类型的配子？

12. 简述有丝分裂与减数分裂的过程、特点和意义。

13. 简述有丝分裂和减数分裂的区别。

14. 绘图说明植物配子的形成过程。

15. 在玉米中：

① 5 个小孢子母细胞能产生多少配子？

② 5 个大孢子母细胞能产生多少配子？

③ 5 个花粉细胞能产生多少配子？

④ 5 个胚囊能产生多少配子？

16. 许多植物可以通过分根、扦插、压条等进行营养繁殖，也可以通过相互传粉受精进行有性繁殖。

营养繁殖的后代和有性繁殖的后代在遗传上有何不同？为什么？

17. DNA 与 RNA 在化学结构上有何区别？

18. 比较终止密码子和终止子的异同。

19. 解释什么是密码子的简并性。

20. 简述逆转录的过程。

21. 举例说明基因在转录水平的表达调控。

实训一　植物根尖细胞有丝分裂过程的制片与观察

一、实训目的

学习和掌握植物细胞有丝分裂制片技术；观察植物细胞有丝分裂过程中染色体的形态特征及染色体的动态行为变化。

二、实训材料与用具

1. 材料

大蒜（*Allium sativum* 染色体数目 $2n=16$），玉米（*Zea mays* 染色体数目 $2n=20$），洋葱（*Allium cepa* 染色体数目 $2n=16$），蚕豆（*Vicla faba* 染色体数目 $2n=12$）等根尖为试验材料。

2. 试剂

95%乙醇，冰乙酸，石炭酸品红，1 mol/L HCl。

3. 器材

恒温培养箱，显微镜，水浴锅，载玻片，盖玻片，单面刀片，镊子，培养皿，量筒，吸水纸。

三、实训方法与步骤

1. 生根

植物根尖是植物的分生组织，取材容易，操作方便。植物根尖细胞分裂旺盛，因此，它是细胞有丝分裂象制备与观察的理想选取部位。大蒜、洋葱易于在水培、沙培、土培条件下生根。采用水培时要注意在暗处培养，以满足根的生长条件，使根系生长旺盛。玉米和蚕豆种子可先用温水浸泡 1 天之后，再转入铺有多层吸水纸或纱布的培养皿中，上面盖双层湿纱布，置于 24～26℃温箱中培养，每天换水两次。

2. 取材

待根长至 1.5～2.0 cm 时，将根取下。若试验只需观察细胞有丝分裂的过程和各时期的特征，可将根尖直接放入 Carnoy 固定液（95%乙醇：冰乙酸＝3：1）中固定；如果要观察染色体形态和数目，则必须对根尖进行前处理后才能固定。取材和固定必须要在细胞分裂高峰期进行，即分裂细胞占细胞总数最大值时进行，这样分裂细胞比例大，便于选择和观察。

不同的植物在不同的环境条件，其细胞分裂高峰的时间是不同的。大蒜和洋葱的细胞分裂高峰期通常是在上午 9：00～11：00，下午 3：00～5：00。

3. 前处理

前处理一般采用低温处理和化学药剂处理两种方法。

（1）低温处理　将取材的根尖放入盛有蒸馏水的烧杯或其他容器内，将容器放在 1～4℃的冰箱或其他低温条件下处理 24h。不同的植物对低温的敏感程度不同，效果也不同。

对低温较为敏感的植物是小麦。

（2）化学药剂处理　常用的药剂有0.05%～0.1%的秋水仙素水溶液，饱和对二氯苯溶液，0.002～0.004 mol/L 8-羟基喹啉等。

秋水仙素溶液对纺锤体的抑制效果最好，一般在室温条件下处理2～4h可达到理想的效果。如果处理时间过长，染色体会变得更短，不利于对染色体的结构进行研究。

对二氯苯和8-羟基喹啉对不同的植物处理效果也不相同。植物染色体数目多，个体小的适合于使用对二氯苯；而染色体中等长度的更适合于8-羟基喹啉，同时能使缢痕区更为清晰。

4. 固定

固定是指用化学药剂将细胞迅速杀死的过程。固定的目的是把细胞生活状态的真实情况保存下来，避免在对细胞操作中使生活状态发生改变。植物常用的固定剂是Carnoy固定剂。Carnoy固定剂是用3份95%的乙醇和1份冰乙酸配制成的。这两种药品都具有迅速穿透细胞致细胞死亡的特点，但是乙醇是脱水剂，可使细胞脱水变形；冰乙酸又是一种膨胀剂，可使细胞膨胀改变生活状态，把这两种药品按照3∶1的比例配制使用，既可达到迅速杀死细胞又可保持细胞真实生活状态的目的。

固定的时间可根据被固定的材料大小而定，根尖组织固定4～24h可达到固定效果。固定时间过长，可去掉细胞中的一些脂肪油滴等，便于染色体观察。但是若固定时间过长，材料易变脆、变硬，给试验操作带来一定困难。

5. 解离

解离的目的是将分生组织细胞之间的果胶质和纤维素等物质破坏掉，便于细胞在制片过程中容易散开。常用的解离方法有以下两种：

（1）酸解　将1 mol/L HCl放在60℃恒温水浴锅中预热，当HCl温度达到60℃时，将根尖放入HCl溶液中。解离的时间要根据材料来确定。大蒜、洋葱是百合科植物，其纤维素、果胶质的含量相对较低，解离时间约为45分钟。如果是禾本科植物的根尖，酸解时间要相对加长些。解离时要注意观察，如果解离时间过长，分生组织会与伸长区脱离，这时分生区已经被解离过软，很难操作，而且染色效果不好。

（2）酶解　酶解时根尖的伸长区要去掉，只留下分生区。酶的含量以果胶酶和纤维素酶为例均以2%～3%为宜，等量混合后使用。酶解时温度条件非常重要，温度与解离时间成反比。温度高，解离时间就短，但是温度不得超过45℃，否则酶会失去作用。

6. 水洗与低渗

解离后的材料要用清水或蒸馏水冲洗3～5次；酶解的材料洗后还要在水中浸泡10～15分钟。水洗的另一个作用是后低渗，对于压片有好处。水洗时一定要洗净，否则会影响染色效果。

7. 染色与压片

取根尖分生组织的1/3左右置于载玻片上，先用镊子或解剖针将分生组织碾碎，尽量铺开。然后，再滴上石炭酸品红染液，染色5分钟左右；醋酸洋红或醋酸地衣红要染15～30分钟。为了增强染色效果，可在酒精灯上加热几秒钟后继续染一段时间。压片时先盖上盖玻片，在没有用力压之前，先用手固定住盖玻片，用镊子尖在材料部位垂直轻敲几下之后，再用拇指用力按压盖玻片。

8. 镜检

压好的片子要先放在低倍镜下观察，寻找不同分裂时期的典型细胞分裂象，然后，再转换成高倍镜观察。注意观察细胞核内染色质与染色体结构的特点。选择典型的细胞分裂象绘图。

9. 永久装片的制作

将制作好的片子放在冻片机上或液氮容器中将片子冻透，之后迅速用双面刀片将盖玻片揭开。空气干燥后，用二甲苯透明，再用中性树胶或加拿大树胶封片。冻片子时至冻透为止，切不可时间过长，否则细胞会冻裂。封片时要注意胶量不宜过多，以树胶既能达到盖片的边缘又没有多余是最适量的。

四、实训报告与作业

观察两个显微镜下的视野并绘图。

实训二　植物花粉母细胞减数分裂过程的制片与观察

一、实训目的

1. 学习和掌握植物细胞减数分裂制片方法。

2. 了解植物生殖细胞的形成过程及减数分裂过程各期的细胞学特征。

二、实训材料与用具

1. 材料

玉米（*Zea mays* 染色体数目 $2n=20$）。

2. 试剂

95%乙醇，冰乙酸，硫酸高铁铵，苏木精。

3. 器材

酒精灯，镊子，解剖针，50mL 烧杯，10mL 烧杯，载玻片，盖玻片，吸水纸，量筒，显微镜。

三、实训方法与步骤

1. 取材

采集正处于减数分裂时期的玉米雄花，此时雄花序尚未抽出旗叶，约 10cm 长。用手摸植株的上部（喇叭口下部），有松软弹性感觉，便可将旗叶一起抽出，扒开旗叶，剥离出雄花序。取材的时间一般应在上午 8：30～10：30，下午 2：00～4：00。取材时透过颖片可看到花药，如果发现花药是黄色的，说明减数分裂已经结束，取材已晚。

2. 固定

将采集来的玉米雄花序放入新配制的 Carnoy 固定液（3 份 95%乙醇∶1 份冰乙酸）中固定一周（中间换两次固定液）。

3. 保存

采集玉米雄花是有季节性和时间性的，因此每次要多采集一些，保存起来备用。固定好的材料先用 95%乙醇洗 3 次，然后转入 70%乙醇中可长期保存。保存材料时要注意使用封口严密的容器，最好使用广口瓶，避免乙醇挥发。保存材料的乙醇每年要更换两次，以保证乙醇的浓度和材料的质量。

4. 花药剥离

每朵玉米雄性小花中的所有花药几乎都处于同一个减数分裂时期。不同小花花药之间可能处于不同的减数分裂时期。因此，在剥离花药时要尽可能地多剥离一些大小不等的花药，以保证能够在试验中观察到减数分裂各个不同时期的图像。剥离花药时要注意将小花颖片剥离干净，使用的镊子和解剖针不可刺破花药，否则花粉母细胞可能会从伤口处外流，影响试验效果。

5. 媒染

剥离出来的花药放进4%硫酸高铁铵（铁矾）水溶液中进行媒染，媒染的时间需4～24小时。媒染的目的是让花药中的花粉母细胞中浸入铁离子，这些铁离子可以和染色液发生反应，增强染色体的染色效果。

6. 水洗

媒染后的花药要经彻底水洗，洗净花药表面的铁离子，否则花药表面的铁离子会与染色液反应发生沉淀，影响染色效果。为了水洗彻底，可用尼龙网做一个小口袋，把花药装入口袋里，把口袋固定在水龙头上，流水冲洗5～10分钟。

7. 染色

将洗净的花药放入0.5%的苏木精染色液中染色4～24小时。为了增强染色效果，可以在25～30℃的恒温箱里进行染色。若染色时间不足，染色液就很难通过花药壁细胞而进入花粉母细胞中，影响观察效果。

8. 水洗

染色后的花药还须清水冲洗，主要是洗净花药表面的染料。

9. 压片

用解剖针和镊子截取1/2枚花药置于载玻片上，然后滴上一滴45%冰乙酸，并在酒精灯上加热3～5秒，注意切不可将冰乙酸加热至沸腾。45%冰乙酸的作用是软化花药壁细胞，使花药壁破裂。另一个作用是使细胞质褪色，起到将细胞质与染色体分色的作用。如果加热时间过长，也会把染色体上的颜色全部褪掉。因此，45%冰乙酸也是一种褪色剂。

材料加热后，盖上盖玻片，用吸水纸折叠两层覆盖在盖玻片之上，用以吸收多余的醋酸，然后，在盖有花药的部位用镊子垂直轻轻敲打，使花药内的花粉母细胞扩散出来，肉眼观察到花药周边有很多云雾状细小颗粒即可。最后，在材料部位用大拇指用力垂直按压，将载玻片与盖玻片之间压实。

10. 镜检

显微镜下的细胞群中既有花粉母细胞，也有花药壁细胞。而且花药壁细胞中的绒毡层细胞也在进行有丝分裂。因此，在观察时要首先区分花粉母细胞和花药壁细胞。花粉母细胞呈圆形，个体较大；花药壁细胞呈长方形，个体较小。一个花粉母细胞相当于4～5个花药壁细胞的体积。另外，多核细胞是绒毡层细胞。

四、实训报告与作业

观察两个显微镜下的视野并绘图。

第三章 植物遗传基本规律

学习目标：

1. 掌握植物分离规律和独立分配规律。
2. 了解植物连锁遗传规律。
3. 了解植物性别决定和伴性遗传。
4. 理解和掌握植物数量遗传规律。
5. 掌握园艺植物细胞质遗传定义和特点。

孟德尔生平

孟德尔（Groegor Mendel，1822—1884）出生于捷克摩拉维亚（当时属奥地利）的一个农民家庭，从小就在家里帮助父亲嫁接果树，在学习上已经表现出非凡的才能。1844—1848 年，孟德尔在布隆大学哲学院学习神学，曾选修迪博尔（Diebl，1770—1859）讲授的农学、果树学和葡萄栽培学等课程。1848 年在维也纳大学期间，孟德尔先后师从著名物理学家多普勒（C. Doppler，1803—1853）、物理学家埃汀豪生（A. Ettinghausen）和植物生理学家翁格尔（F. Unger，1800—1870），这三个人对他的科学思想无疑产生了很大影响。当时大多数科学家所惯用的方法是培根式的归纳法，而多普勒则主张，先对自然现象进行分析，从分析中提出设想，然后通过试验来进行证实或否决。埃汀豪生是一位成功地应用数学分析来研究物理现象的科学家，孟德尔曾对他的大作《组合分析》仔细拜读。孟德尔后来做豌豆试验，能坚持正确的指导思想，成功地将数学统计方法用于杂种后代的分析，与这两位杰出物理学家不无关系。翁格尔当时正从事进化学说的研究，他认为研究变异是解决物种起源问题的关键，并且用这种观点去启发他的学生孟德尔。通过翁格尔，孟德尔了解了盖尔特纳的杂交工作。盖尔特纳是一位经济富裕的科学家，他能不受拘束地在自己的花园内实施有性杂交的宏伟计划，曾用 80 个属 700 个种的植物，进行了万余项的独立试验，从中产生了 258 个不同的杂交类型，这些成果都记录在1849 年出版的盖尔特纳的著作《植物杂交的实验与观察》中，虽然这本

书写得既单调又重复，但涉及的范围很广，包含着一些极有价值的观察结果。达尔文和孟德尔都曾仔细地读过这本书。孟德尔读过的书至今还保存在捷克布隆的孟德尔纪念馆内，书中遍布记号和批注，有的内容正是以后孟德尔的试验计划里的组成部分。由此可见，一个伟大科学思想的形成绝非偶然。

1854 年以后，在布隆修道院做神甫的孟德尔同时还在布隆国立德文高级中学代课，讲授物理学和博物学，长达 14 年之久。在此期间他完成了著名的豌豆试验，并成为摩拉维亚农业协会自然科学分会的会员。1867 年，布隆修道院老院长纳普（Napp）去世，孟德尔继任。从此，孟德尔为宗教职务所累，告别了教学和研究工作，直至 1884 年去世。来源：中国科普博览，2011-10-28，题目由编者后加）

1. 孟德尔成功的依据是什么？
2. 选择豌豆作为试验材料成功了，它有什么特性？

一、分离规律

1865 年奥地利的修道士孟德尔发表了《植物杂交试验》的论文，提出了遗传单位是遗传因子（现代遗传学称为基因）的论点，并揭示出遗传学的两个基本规律——分离规律和自由组合规律。这两个重要规律的发现和提出，为遗传学的诞生和发展奠定了坚实的基础，这也正是孟德尔名垂后世的重大科研成果。分离规律和自由组合规律都是从一对相对性状遗传试验中总结出来的，后人为了纪念孟德尔的伟大成就，将它们统称为孟德尔定律。

（一）基本概念

孟德尔杂交试验的对象是严格的自花授粉豌豆，通过观察性状的表现来进行详细的记载和统计分析。性状是生物体所表现的形态特征和生理特性的总称。孟德尔从豌豆中选取了许多稳定的、易于区分的性状作为观察分析的对象，如豌豆的花色、种子形状、子叶颜色、豆荚形状、豆荚颜色、花序着生部位和植株高度等性状，这些被区分开的每一个具体性状称为单位性状。不同的单位性状有着各种不同的表现，如豌豆花色有红花和白花，种子形状有圆粒和皱粒，子叶颜色有黄色和绿色等。这种同一单位性状在不同个体间所表现出来的相对差异，称为相对性状。孟德尔通过对多对相对性状遗传试验的统计分析，总结出了分离规律。

（二）孟德尔的豌豆杂交试验

为了更好地理解分离规律，先将孟德尔的一个豌豆杂交试验过程进行重演。首先选用红花豌豆与白花豌豆作为杂交亲本，其中花色为单位性状，红花和白花互为一对相对性状。杂交过程如图 3-1 所示，图中，P 表示亲本，♀表示母本，♂表示父本，×表示杂交。F_1 表示杂交第一代，是指杂交当代母本所结的种子及由它所长成

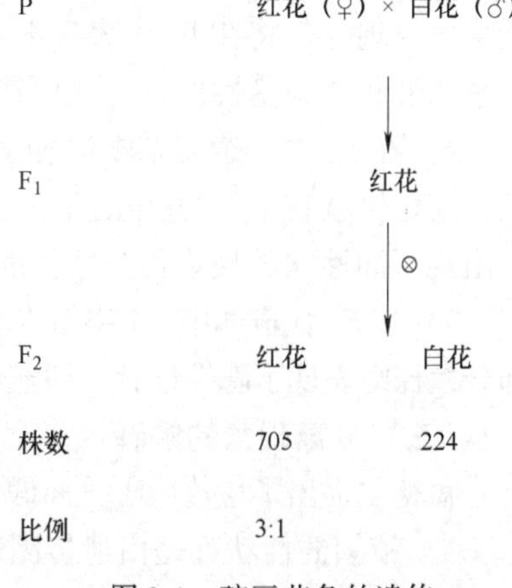

图 3-1　豌豆花色的遗传

的植株，在杂交时先将母本的雄蕊完全摘除（去雄），然后将父本的花粉授到母本的柱头上（人工授粉），去雄和授粉后还必须套袋隔离，防止其他花粉授粉。⊗表示自交，是指同一植株上的自花授粉或同一植株上的异花授粉。F_2 表示杂种第二代，是指由 F_1 自交产生的种子及由它所长成的植株。依次类推，F_3、F_4 分别表示杂种第三代和杂种第四代等。

杂交结果：①花色表现，红花×白花所产生的 F_1 植株全部开红花。F_1 自交后，在 F_2 群体中出现了开红花和开白花的两种类型。②两种花色的株数表现，共929株，其中705株开红花约占总数的3/4，224株开白花约占总数的1/4，两者的比例接近于3∶1。

孟德尔还反过来进行白花（♀）×红花（♂）的杂交试验，所得结果与前一杂交组合完全一样，F_1 全部开红花，F_2 群体中红花与白花的比例也同样接近于3∶1。如果把前一杂交组合称为正交，则后一杂交组合为反交。正、反交的结果完全一样，说明 F_1 和 F_2 的性状表现不受亲本杂交组合方式的影响。

孟德尔在做豌豆的杂交试验时，共选用有明显差异的7对相对性状的品种作为亲本，分别进行杂交，按照杂交后代的系谱关系进行详细的记载，并采用统计学的方法对杂种后代表现相对性状的株数进行计算，最后分析了它们的比例关系。除花色外，其他6对相对性状的杂交试验中，也获得了同样的结果。现将其试验结果汇总于表3-1。

表3-1　孟德尔豌豆7对相对性状杂交试验结果

性　状	杂交组合	F_1 表现的显性性状	F_2 的表现		
			显性性状	隐性性状	显性：隐性
花色	红花×白花	红花	705 红花	224 白花	3.15∶1
种子形状	圆粒×皱粒	圆粒	5474 圆粒	1850 皱粒	2.96∶1
子叶颜色	黄色×绿色	黄色	6022 黄色	2001 绿色	3.01∶1
豆荚形状	饱满×不饱满	饱满	882 饱满	299 不饱满	2.95∶1
未熟豆荚色	绿色×黄色	绿色	428 绿色	152 黄色	2.82∶1
花着生位置	腋生×顶生	腋生	651 腋生	207 顶生	3.14∶1
植株高度	高的×矮的	高的	787 高的	277 矮的	2.84∶1

孟德尔从以上7对相对性状的杂交结果中得出了以下3个结论：

1）F_1 所有植株的性状表现都是一致的，都只表现一个亲本的性状，而另一个亲本的性状隐而未现。他将在 F_1 中表现出来的性状称为显性性状，如红花、圆粒等；在 F_1 中未表现出来的性状称为隐性性状，如白花、皱粒等。

2）在 F_2 中，杂交亲本的相对性状——显性性状和隐性性状又都表现出来了，由此可见，隐性性状在 F_1 中并没有消失，只是暂时被遮盖而未能得以表现。孟德尔把同一个体后代出现不同性状的现象称为性状的分离现象。

3）在 F_2 代群体中，植株个体之间在性状上表现不同，一部分植株表现了显性性状，另一部分植株则表现了隐性性状，即显性性状和隐性性状都同时表现出来，两者之比大约为3∶1。

（三）分离现象的解释

孟德尔提出了遗传因子分离假说，科学地解释了分离现象产生的原因，假说的要点如下：

1）植物的性状都是由遗传因子决定的。遗传因子后来被称为基因。

2）每个植株的体细胞内控制一对相对性状的遗传因子是成对存在的，其中一个成员来

自父本，另一个成员来自母本，两者分别由精卵细胞带入。在形成配子时，成对的遗传因子又彼此分离，并且各自进入到一个配子中。

3）在杂种 F_1 体细胞内成对的遗传因子各自独立，互不混杂、互不影响、互不干扰。

4）雌雄配子结合，形成合子或新的个体是随机的、机会均等的。

现以豌豆红花 × 白花的杂交试验为例，按照孟德尔的遗传因子假说进行解释。

在豌豆花色这对相对性状中，以 A 表示红花因子，为显性；以 a 表示白花因子，为隐性。在体细胞内控制一对相对性状的遗传因子是成对存在的，所以纯系红花亲本在体细胞中应具有一对红花因子 AA，白花亲本应具有一对白花因子 aa。形成的雌雄配子就只有一种类型，红花亲本产生的配子中只有一个遗传因子 A，白花亲本产生的配子中只有一个遗传因子 a。雌雄配子结合后 F_1 所有个体的合子的体细胞具有 A 和 a 两个遗传因子，即组合为 Aa。由于 A 对 a 为显性，所以 F_1 植株的花色表现显性性状，隐性性状被遮盖，全部为红色。当 F_1 植株自交产生配子时，由于减数分裂，A 与 a 又彼此分离，各被分配到一个配子中（基因分离），所以，产生的雌配子有两种：一种带有遗传因子 A，另一种带有遗传因子 a，两种配子数目相等。同样，产生的雄配子也是一样的。最后含有不同遗传因子的雌雄配子随机结合产生 F_2。F_2 代有 4 种组合，但实际上遗传因子组合只有 3 种：1/4 个体带有 AA，2/4 个体带有 Aa，1/4 个体带有 aa。其中 1/4AA 和 2/4Aa 都开红花，而只有 1/4aa 开白花，所以，F_2 群体中红花植株与白花植株的比例为 3∶1。该交配过程如图 3-2 所示。

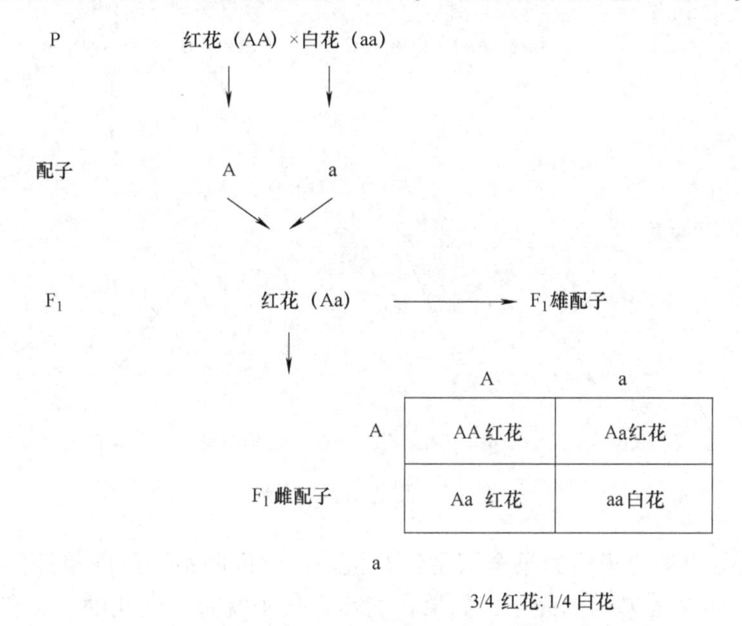

图 3-2　孟德尔对分离现象的解释

（四）分离规律的验证

分离规律是完全建立在一种假设的基础上，这个假设的实质就是成对的基因在配子形成过程中彼此分离，互不干扰，因而配子中只有成对基因的一个。在遗传学上，把这样的成对基因称为等位基因，如红花基因 A 和白花基因 a，相互为等位基因。植物个体细胞内的基因组合称为基因型，例如，决定红花性状的基因型为 AA 和 Aa，决定白花性状的基因型为 aa。

从基因的组成看，等位基因一样的，在遗传学上称为纯合基因型，如AA和aa；具有纯合基因型的个体称为纯合体。在纯合体中，只含有显性基因的叫显性纯合（AA），只含有隐性基因的叫隐性纯合（aa）。等位基因不同，由一个显性基因和一个隐性基因组成的基因型，称为杂合基因型，如Aa，含有杂合基因型的个体称为杂合体。而生物的性状表现称为表现型，如红花和白花、高和矮等。基因型是生物性状表现的内在遗传基础，是肉眼看不到的，只能根据杂交试验通过表现型来确定。表现型是基因型和外界环境共同作用下的具体表现，是可以直接用肉眼观察到的。

1. 测交法

在遗传和育种中，测交的方法是确定某种植物基因型的常用方法。测交是指被测检的个体与隐性纯合个体间的杂交。根据测交子代所出现的表现型种类和比例，来推断未知个体的基因型。因为隐性纯合体只能产生一种含隐性基因的配子，它和含有任何基因（无论是显性基因还是隐性基因）的配子结合，其杂交子代都只能表现出被检测个体配子所含基因的表现型。因此，测交子代表现型的种类和比例恰好反映了被测个体所产生的配子种类和比例，从而可以确定被测个体的基因型。

例如，一株开红花的豌豆，依据前面知识所述，可知基因型是AA或Aa，为了明确其基因型，可与开白花的豌豆杂交。由于白花豌豆是隐性纯合体，所以基因型可知为aa，只产生一种含a基因的配子。测交比例与表现如图3-3所示。

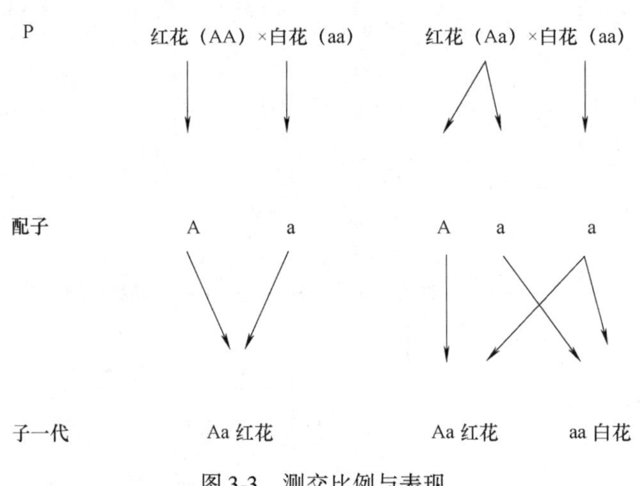

图3-3　测交比例与表现

由图3-3可知，测交子代如果全部是红花植株，就说明被测红花植株的基因型是AA，因为它只产生一种含A基因的配子；如果在测交子代中既有开红花的，又有开白花的，且两者比例为1∶1，说明被测红花植株的基因型是Aa，因为它能产生带有A和a的两种配子。

2. 自交法

根据被测植株自交后代的表现型推断被测植株的基因型。

例如，红花豌豆自交后，如果自交后代全部开红花，则可推断被测植株是显性纯合体，基因型为AA；如果自交后代有3/4开红花，1/4开白花，两者的比例为3∶1，则可推断被测植株是杂合体，基因型为Aa。

3. F_1花粉鉴定法

等位基因发生分离的时间，是在杂种的细胞进行减数分裂形成配子时发生的。随着染色体减半作用的发生，各对同源染色体分别分配到两个配子中去，位于同源染色体上的等位基因也随之分开，从而被分配到不同的配子中去。因此，对某些植物，如玉米、水稻、高粱等可用花粉粒进行观察鉴定基因型。

例如，玉米的籽粒有糯性和非糯性两种。已知它们是受一对等位基因控制的，分别控制着籽粒及花粉粒中的淀粉性质。糯性的为支链淀粉，由隐性基因 wx 控制；非糯性的为直链淀粉，由显性基因 Wx 控制。通常用稀碘液处理非糯性玉米的花粉，呈现蓝黑色反应。如以稀碘液处理玉米糯性×非糯性的 F_1（Wxwx）植株上的花粉，则在显微镜下，可以明显地看到花粉粒具有两种不同的染色反应，而且是红棕色和蓝黑色的花粉粒大致各占一半，清楚地表明了 F_1 产生了带有 Wx 基因和带有 wx 基因两种类型的配子，而且它们的数目是1∶1。这就验证了 F_1 的基因型为 Wxwx，是杂合体。

（五）分离规律的应用

根据分离规律，如果选用纯合亲本杂交时，其 F_1 表现一致，F_2 出现性状分离，所以在杂交育种工作中，就应在 F_2 群体中，根据育种目标的要求选择所需要的类型；如果选用双亲不是纯合体的进行杂交，F_1 即出现分离现象，此时就应在 F_1 群体中进行选择。在生产中应用的杂交种多为 F_1 代，F_2 代性状由于分离而退化，往往表现出减产等不良性状，所以不能留种再用。

在生产上为了保持良种的种性和增产作用，在良种繁育过程中，必须防止品种因天然杂交而发生变异及性状分离造成的退化，因此，需要进行经常性的选择，做好去杂去劣和适当的隔离，防止生物学混杂。

另外，分离规律表明，杂种通过自交将产生性状分离，同时也使基因型纯合。在杂交育种工作中，要在杂种后代连续进行自交和选择，目的就是促使个体基因型的纯合，并且，根据各性状的遗传表现，可以比较准确地预计后代分离的类型及其出现的频率，从而可以有计划地种植杂种后代，提高选择效果，加速育种进程。

二、独立分配规律

孟德尔在豌豆杂交试验中，通过对两对和两对以上相对性状之间的遗传关系研究，进一步发现了第二个遗传规律，即独立分配规律，也称为自由组合规律。

（一）两对相对性状的遗传

1. 两对相对性状的豌豆杂交试验

孟德尔在研究豌豆两对相对性状的遗传时，选取具有两对相对性状差异的两个纯合亲本进行杂交，一个亲本的子叶为黄色、种子的形状为圆粒；另一个亲本的子叶为绿色、种子的形状为皱粒。豌豆两对相对性状杂交试验结果如图 3-4 所示：

由图 3-4 可知：两亲本杂交的 F_1 全部是黄色子叶圆粒种子，表明黄色子叶对绿色子叶为显性，圆粒对皱粒为显性。由 F_1 自交，得到 F_2 的种子，共有 4 种类型，其中两种类型与亲本相同，而另外两种类型为黄色皱粒和绿色圆粒，与亲本不同，是亲本性状的重新组合。

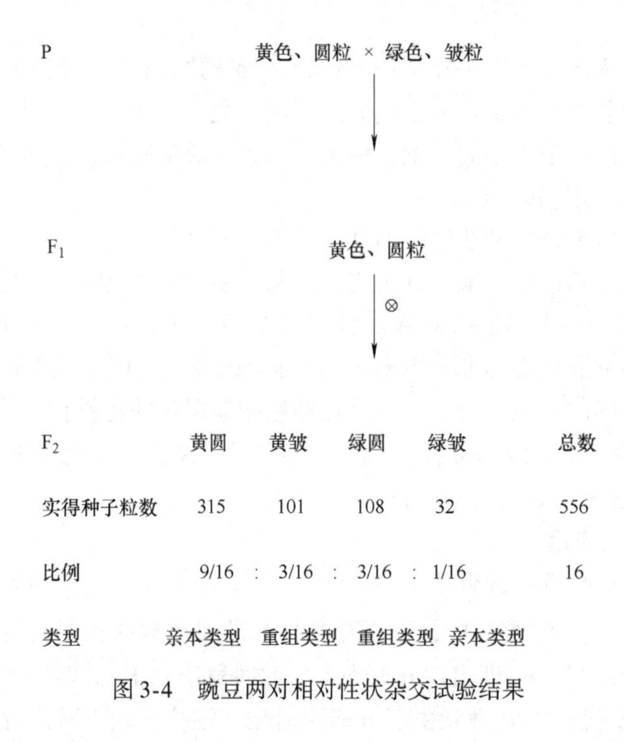

图 3-4 豌豆两对相对性状杂交试验结果

2. 独立分配现象

孟德尔把以上两对相对性状个体杂交试验的结果，分别按一对性状进行分析，其结果如下：

$$黄色子叶:绿色子叶=(315+101):(108+32)=416:140=2.97:1\approx3:1$$

$$圆粒种子:皱粒种子=(315+108):(101+32)=423:133\approx3:1$$

结果表明：每对性状在 F_2 的分离仍符合 3∶1 的分离比例，与分离规律相同。说明一对相对性状的分离与另一对相对性状的分离是彼此独立地由亲代遗传给子代，两对相对性状之间没有发生任何干扰，两者在遗传上是独立的。

（二）独立分配现象的解释

孟德尔依据遗传因子假说提出了独立分配规律：当两个纯种杂交时，子一代全为杂合体，只表现亲本的显性性状。当子一代自交时，由于两对等位基因在子一代形成性细胞时的分离是互不牵连、独立分配的，同时它们在受精过程中的组合又是自由的、随机的。因此，子一代产生 4 种不同配子，16 种配子组合；产生 9 种基因型，4 种表现型，表现型之比为 9∶3∶3∶1。

以上述杂交试验为例，用 Y 和 y 分别代表子叶黄色和子叶绿色的基因，R 和 r 分别代表种子圆粒和种子皱粒的基因。黄色、圆粒亲本的基因型为 YYRR，绿色、皱粒亲本的基因型为 yyrr。两者杂交产生的 F_1 的基因型为 YyRr，表现型为黄色子叶圆粒。

从图 3-5 可以看到，F_1 产生的雌配子和雄配子都是 4 种，即 YR、Yr、yR、yr，其中 YR 和 yr 称为亲型配子，Yr 和 yR 称为重组型配子，且 4 种配子数相等，为 1∶1∶1∶1。雌雄配子结合，共有 16 种组合。F_2 群体中共有 9 种基因型，4 种表现型，其表现型比例为 9∶3∶3∶1。

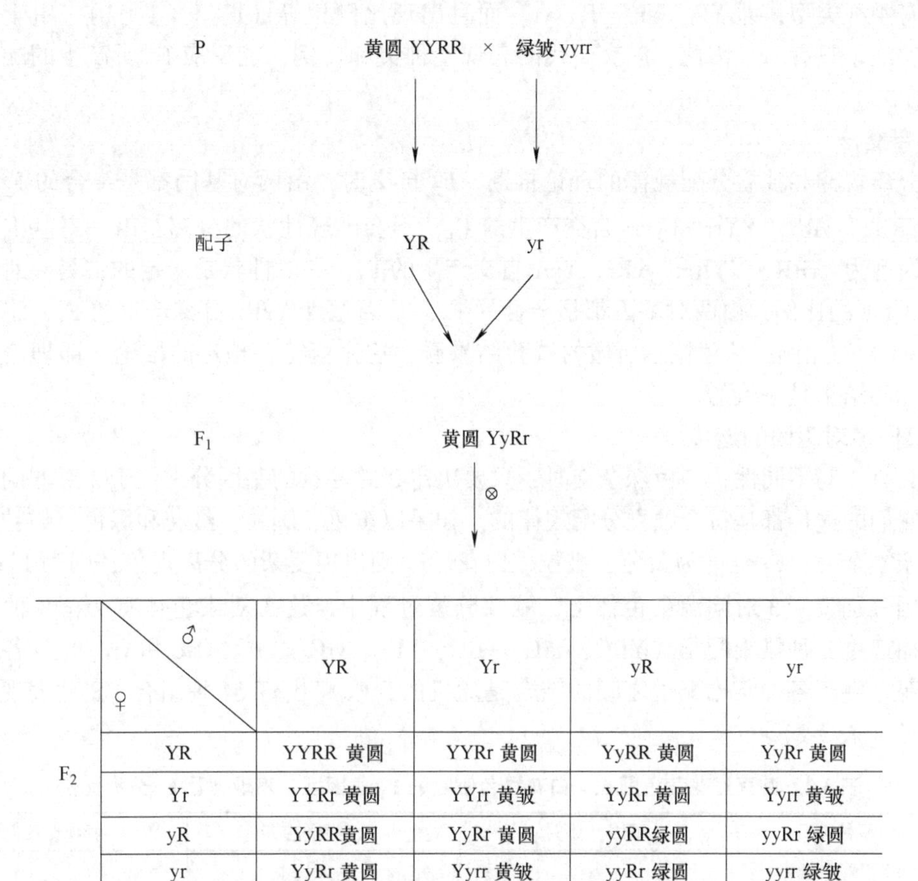

♂ / ♀	YR	Yr	yR	yr
YR	YYRR 黄圆	YYRr 黄圆	YyRR 黄圆	YyRr 黄圆
Yr	YYRr 黄圆	YYrr 黄皱	YyRr 黄圆	Yyrr 黄皱
yR	YyRR黄圆	YyRr 黄圆	yyRR绿圆	yyRr 绿圆
yr	YyRr 黄圆	Yyrr 黄皱	yyRr 绿圆	yyrr 绿皱

图 3-5　豌豆黄色、圆粒×绿色、皱粒的 F_2 分离图解

从细胞学角度分析这 4 种配子的形成过程如下：Y 与 y 是一对等位基因，位于同一对同源染色体的相对应位点上；R 与 r 是另一对等位基因，位于另一对同源染色体的相对应位点上。当 F_1 的孢原细胞进行减数分裂形成配子时，随着这两对同源染色体在后期 I 的分离，两对等位基因也彼此分离，而各对等位基因中的任何两个基因都有相等的机会自由组合，即 Y 可以与 R 组合，也可以与 r 组合，y 可以与 R 组合，也可以与 r 组合，故形成 4 种不同的配子，而且数目相等，成为 1∶1∶1∶1 的比例。雌雄配子都是这样。雌雄配子相互随机结合，因而有 16 种组合，在表现型上出现 9∶3∶3∶1 的比例。

但是，值得注意的是，因为每个生物所带的一套基因包括许许多多基因，这些基因分别位于一定数目的单倍染色体上，所以位于同一条染色体上的基因彼此之间一般可以看到连锁，这些基因不能自由组合。在这一点上它与分离定律不同，所以独立分配定律缺乏普遍性。由于孟德尔时代细胞学知识不发达，因此后来出现了违背该规律的现象，无法得到解释，导致了孟德尔遗传规律没有得到正确的认识。

（三）独立分配规律的验证

1. 测交法

测交法是指用双隐性纯合个体与 F_1 进行杂交。当 F_1 形成配子时，无论雌配子还是雄配子，都有4种类型，即YR、Yr、yR、yr，而且出现比例相等（1∶1∶1∶1）。由于双隐性纯合体的配子只有yr，因此，测交子代的表现型种类和比例，能反应F_1所产生的配子种类和比例。

2. 自交法

按分离规律和独立分配规律的理论推断，F_2自交时，由两对基因都是纯合的F_2，基因型为YYRR、yyRR、YYrr和yyrr自交产生的F_3，不会出现性状的分离；由一对基因杂合的F_2，基因型为YrRR、YYRr、yyRr、Yyrr自交产生的F_3，一对性状是稳定的，另一对性状将分离为3∶1的比例；由两对基因都是杂合的F_2，基因型为YyRr自交产生的F_3，将分离为9∶3∶3∶1的比例。从孟德尔所做的试验结果看，这完全符合预定的推论，即理论推断和自交实际的结果是一致的。

（四）多对基因的遗传

当具有3对不同性状的植株杂交时，只要决定3对性状的基因分别位于3对非同源染色体上，它们的遗传都是符合独立分配规律的。如果以黄色、圆粒、红花和绿色、皱粒、白花的两个亲本杂交，F_1全部为黄色、皱粒、白花。F_2则出现复杂的分离现象，因为F_1的3对杂合基因分别位于3对同源染色体上，减数分裂过程中，这3对染色体有$2^3=8$种分离方式，因而产生8种雌雄配子（YRC、YrC、yRC、YRc、yrC、Yrc、yRc和yrc），且各种配子数目相等。由于各种雌雄配子之间的结合是随机的，F_2将出现64种组合，8种表现型，27种基因型（表3-2）。

表3-2　豌豆红花黄色圆粒×白花绿色皱粒的F_2基因型、表现型及F_2分离比例

基因型种类	基因型比例	表现型种类	表现型比例
YYRRCC	1	Y-R-C- 黄色、圆粒、红花	27
YyRRCC	2		
YYRrCC	2		
YYRRCc	2		
YyRrCC	4		
YyRRCc	4		
YYRrCc	4		
YyRrCc	8		
yyRRCC	1	yyR-C- 绿色、圆粒、红花	9
yyRrCC	2		
yyRRCc	2		
yyRrCc	4		
YYrrCC	1	Y-rrC- 黄色、皱粒、红花	9
YyrrCC	2		
YYrrCc	2		
YyrrCc	4		
YYRRcc	1	Y-R-cc 黄色、圆粒、白花	9
YyRRcc	2		
YYRRcc	2		
YyRRcc	4		

（续）

基因型种类	基因型比例	表现型种类	表现型比例
yyrrCC	1	yyrrC- 绿色、皱粒、红花	3
yyrrCc	2		
YYrrcc	1	Y-rrcc 黄色、皱粒、白花	3
Yyrrcc	2		
yyRRcc	1	yyR-cc 绿色、圆粒、白花	3
yyRrcc	2		
yyrrcc	1	绿色、皱粒、白花	1

随着两个杂交亲本相对性状数目的增加，杂种分离将更为复杂，但并不是没有规律可循，只要各种基因是独立遗传的，在亲代一对基因有差别的基础上，每增加一对基因，F_2表现型种类及其比例和基因型种类仍存在一定比例关系（表3-3）。

表3-3 杂种杂合基因对数与F_2表现型和基因型种类的关系

杂种杂合基因对数	显性完全时F_2表现型种类	F_1形成的不同配子种类	F_2基因型种类	F_1产生的雌雄配子的可能组合数	F_2纯合基因型种类	F_2杂合基因型种类	F_2表现型分离比例
1	2	2	3	4	2	1	$(3:1)^1$
2	4	4	9	16	4	5	$(3:1)^2$
3	8	8	27	64	8	19	$(3:1)^3$
4	16	16	81	256	16	65	$(3:1)^4$
5	32	32	243	1024	32	211	$(3:1)^5$
⋮	⋮	⋮	⋮	⋮	⋮	⋮	⋮
n	2^n	2^n	3^n	4^n	2^n	3^n-2^n	$(3:1)^n$

由表3-3可见，只要各对基因都是属于独立遗传的，其杂种后代的分离就有一定规律可循。也就是说，在一对等位基因的基础上，每增加一对等位基因，F_1形成的不同配子种类就增加为2的倍数，即2^n；F_2的基因型种类就增加为3的倍数，即3^n；F_1的配子的组合数就增加为4的倍数，即4^n。

（五）独立分配规律的应用

按照独立分配规律，可知生物的表现是多样的、复杂的。在显性作用完全的条件下，亲本之间有2对基因差异时，F_2有$2^2=4$种表现型；有3对基因差异时，F_2有$2^3=8$种表现型；有4对基因差异时，F_2有$2^4=16$种表现型；而人类有23对染色体，即使每条染色体只有一个基因，也有$2^{23}=8388608$种表现型。

不同基因的独立分配是自然界生物发生变异的重要来源之一，生物有了丰富的变异类型，就可以广泛适应于各种不同的自然条件，有利于生物的进化。因此，可通过杂交产生基因的重新组合，来改良原来品种具有某些缺点的遗传原理。

根据独立分配规律，在杂交育种工作中，除有目的地组合两个亲本的优良性状外，还可预测在杂种后代中出现优良性状组合及其大致的比例，以确定育种的规模。

例如，某水稻品种无芒而感病，另一水稻品种有芒而抗病。已知有芒（A）对无芒（a）为显性，抗病（R）对感病（r）为显性。在有芒抗病（AARR）和无芒感病（aarr）的杂交组合中，可以预见在 F_2 中分离出来无芒抗病（aaR -）植株的机会占 3/16，其中纯合的（aaRR）植株占 1/3，杂合的（aaRr）占 2/3。在 F_3 中纯合的不再分离，而杂合的将继续分离。因此，如果在 F_3 希望获得稳定遗传的无芒抗病（aaRR）株系，那么，可以预计在 F_2 中至少要选择 30 株无芒抗病的植株，供 F_3 株系鉴定。

三、连锁遗传规律

1866 年孟德尔的两大规律发表后，并没有受到公认，直到 1900 年后才被重新重视。但随后 1901 年美国动物学家摩尔根同其他工作者进行试验研究时，运用很多遗传材料，却发现了与遗传规律不一致的现象。他们最初开始怀疑孟德尔遗传规律，因为有的 F_2 出现独立分配规律的分离比例，有的却不出现比例，后来经证实这是一种新的遗传类型，为连锁遗传。这一理论的发现和创建，丰富和发展了孟德尔遗传规律。

（一）连锁遗传现象的发现

1. 杂交试验

连锁遗传现象最早由贝特生（W. Bateson）和柏乃特（R. C. Pumett）在香豌豆两对性状的杂交试验中发现。杂交试验过程和结果如图 3-6 所示：

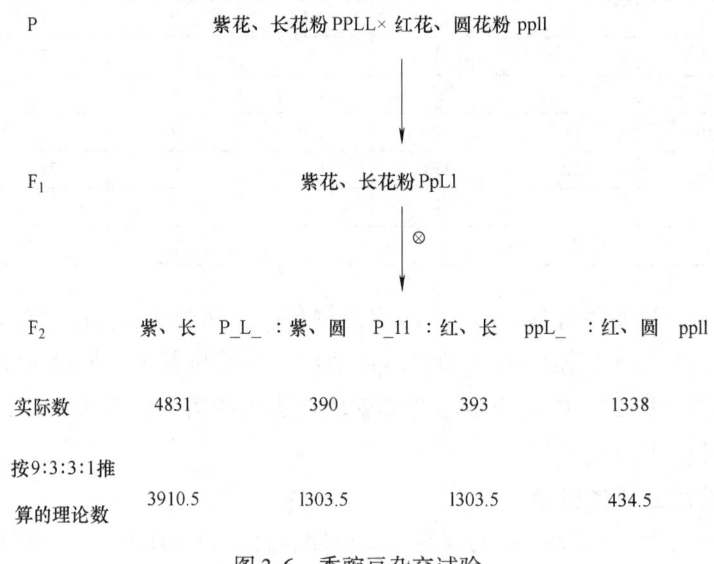

图 3-6　香豌豆杂交试验

从图 3-6 可知，试验用的两个亲本中，紫花（P）对红花（p）为显性，长花粉（L）对圆花粉（l）为显性，F_1 代仍然全部表现为双显性性状，F_2 代也出现四种表现型，但是分离比例不是 9∶3∶3∶1，且差距很大，其中亲组合性状（紫、长和红、圆）实际数值多于理论数值，而重组合性状（紫、圆和红、长）实际数值少于理论数值，不符合独立分配规律。

根据图 3-6 中数据计算如下：

$$紫花:红花 = (4831 + 390):(1338 + 393) = 5221:1731 \approx 3:1$$

$$长花粉:圆花粉 = (4831 + 393):(1338 + 390) = 5224:1728 \approx 3:1$$

由此可见，虽然两个单位性状的综合分离不符合独立分配规律，但针对每个单位性状而言，仍是受分离规律支配的。

如果利用紫花、圆花粉和红花、长花粉进行杂交，杂交试验结果如图 3-7 所示：

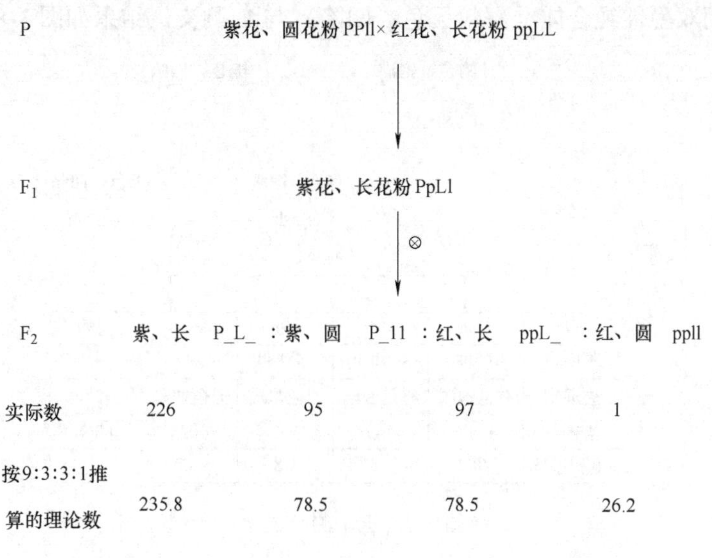

图 3-7　紫花、圆花粉与红花、长花粉的杂交试验

试验结果同样显示出，在 F_2 出现四种表现型与 9∶3∶3∶1 的分离比例相比，仍然是亲组合性状（紫、长和红、圆）偏多，而重组合性状（紫、圆和红、长）偏少。而对于单位性状：紫花对红花、长花粉对圆花粉的分离比例仍旧是 3∶1。

2. 连锁遗传的概念

后来，通过摩尔根等多位科学家的进一步研究，逐渐形成了较完整的连锁遗传学说。

（1）连锁遗传　原来为同一亲本所具有的两个性状，在 F_2 中常常有连在一起遗传的现象，这种现象称为连锁遗传。

（2）相引组　在遗传学上，把两个显性性状连在一起遗传，两个隐性性状连在一起遗传的杂交组合，称为相引组。

（3）相斥组　把一个显性性状和一个隐性性状连在一起遗传，一个隐性性状和一个显性性状连在一起遗传的杂交组合，称为相斥组。

（二）连锁遗传的解释与验证

1. 连锁遗传的解释

摩尔根以果蝇为试验材料进行研究，最后确认不符合独立遗传规律的一些例证，实际上不属于独立遗传，而属于另一类遗传，即连锁遗传。

在独立遗传情况下，F_2 四种表现型所呈现 9∶3∶3∶1 的分离比例，是以 F_1 个体通过减数分裂过程中形成同等数量的配子为前提的，如果 F_1 形成的四种配子数不相等，就不可能获得 F_2 的 9∶3∶3∶1 的比例。据此可以这样推论，在连锁遗传中 F_2 不表现独立分配的比例，可能是由于 F_1 形成的四种配子的比例是不同数目也不相等的缘故。

2. 连锁遗传的验证

通过测交并根据测交后代的表现型种类及其比例可以确定 F_1 产生的配子种类及其比例。

现以玉米为材料，测定 F_1 产生的四种配子的比例。

已知玉米籽粒的糊粉层有色（C）对无色（c）为显性；饱满（Sh）对凹陷（sh）为显性。以玉米籽粒的糊粉层有色（C）、饱满（Sh）的纯种与无色（c）、凹陷（sh）的纯种杂交得 F_1，然后用双隐性纯合体（籽粒无色、凹陷）与 F_1 测交，结果如图 3-8 所示：

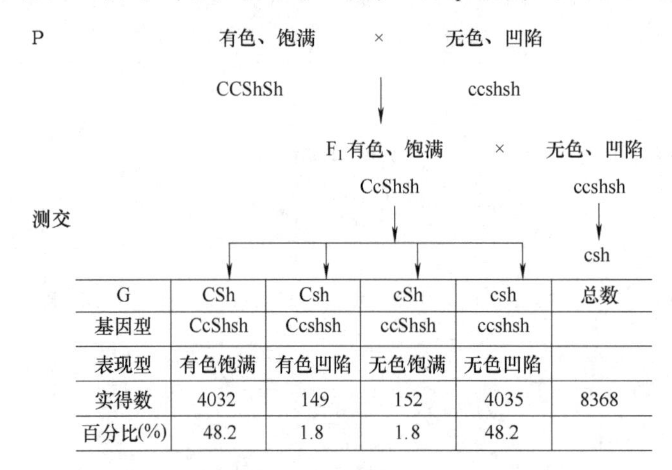

G	CSh	Csh	cSh	csh	总数
基因型	CcShsh	Ccshsh	ccShsh	ccshsh	
表现型	有色饱满	有色凹陷	无色饱满	无色凹陷	
实得数	4032	149	152	4035	8368
百分比(%)	48.2	1.8	1.8	48.2	

图 3-8　玉米测交试验

$$\text{亲本组合类型} = \frac{4032 + 4035}{8368} \times 100\% = 96.4\%$$

$$\text{重新组合类型} = \frac{149 + 152}{8368} \times 100\% = 3.6\%$$

从试验中看出 F_1 能够形成四种配子，但数目不像独立分配规律那样为 1∶1∶1∶1，而是数目不等，比例为 48.2∶1.8∶1.8∶48.2，这样就证明原来亲本具有的两对非等位基因（Cc 和 Shsh）不是独立分配，而是连锁遗传的，亲组合中所得的配子数目偏多，而重组合中所得的配子数目偏少，若用百分率表示，就是重组合类型的配子数占配子总数的百分比，则叫重组率。在两对基因为连锁遗传时，其重组率总是小于 50%。

（三）连锁和交换的遗传机理

通过贝特生和摩尔根等科学家的多次试验证明，具有连锁遗传关系的一些基因，是位于同一染色体上的非等位基因。现代细胞学的发展，已经完全证实了这一点。因此，一种生物的性状较多，控制这些性状的基因自然也较多，而各种生物的染色体数目有限，必然有许多基因位于同一染色体上，这就会引起连锁遗传的问题。

1. 完全连锁和不完全连锁

（1）完全连锁　当基因 A-a 和基因 B-b 位于同一对染色体上，其个体 AABB 与另一个体 aabb 杂交，得到 F_1 AaBb 的遗传，如图 3-9 所示：

图中双线══表示一对同源染色体，双线上下的字母表示位于该染色体上的连锁基因，并以此区别于独立基因。为了书写方便也可省去一条线以——表示。在横向书写时常写成 AB/ab。由于连锁基因位于同一染色体上，当细胞减数分裂时，染色体移到哪个配子，则该染色体上的基因也就跟随着一起移到哪个配子，不能进行非等位基因间的自由组合。如果 AB/ab 杂合体自交或测交其后代中只表现亲本类型，而无重组类型，则这种遗传称为完全连锁。图 3-9 中表明在完全连锁时，基因 A 与 B 始终联系在一起，杂合体只产生亲型配子没有

重组型配子，遗传表现就相当于一对等位基因的遗传，即 F_2 表现型比为 3∶1，测交后代表现型比为 1∶1。

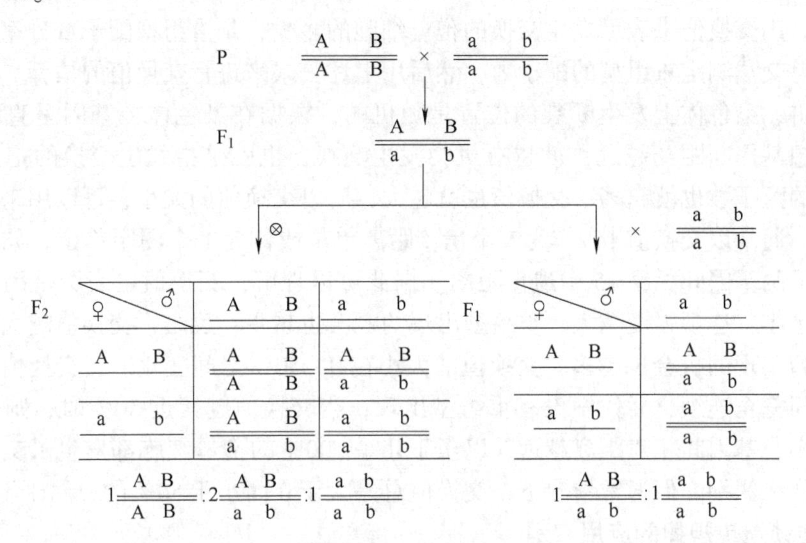

图 3-9　完全连锁遗传的自交后代和测交后代的比较

（2）不完全连锁　在生物界中，完全连锁遗传现象非常罕见，一般都是不完全连锁。当连锁的非等位基因，在形成配子过程中发生了互换，F_1 不仅产生亲本型配子，也产生重组型配子。就相引组的杂种 F_1AB/ab 而言，若交换发生在两基因连锁区段之外，所形成的配子全部为亲型配子；若交换发生在两基因连锁区段之内，所形成配子的 50% 为亲型配子，50% 为重组型配子。

2. 连锁和交换形成

生物性状的连锁与互换遗传关系同细胞中染色体的行为完全一致。当减数分裂过程进入粗线期时，每对同源染色体的非姐妹染色单体之间经常发生某些区段的交换。在染色体上除了着丝点不能发生交换以外，其他位置均可发生交换。如果交换位置发生在两对连锁基因相连的区段以外，则连锁关系没有改变；如果交换位置发生在两对连锁基因区段之内，则出现重组型配子（图 3-10）。

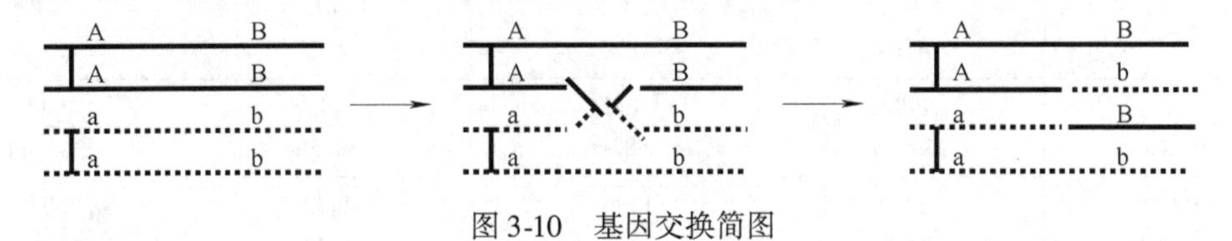

图 3-10　基因交换简图

在连锁遗传中，重组型配子比亲型配子少，而且不超过 50%。一个原因是孢母细胞在减数分裂时，交换在染色单体上发生的位置不定而导致的，如果发生在该两对基因连锁区段之外，就等于没有重组。另一个原因是有部分的细胞染色单体根本未发生交换。即便是发生了交换的细胞中，四条染色单体中还有两条没有发生交换。所以重组型配子数总是比亲型配子数少，一般会少得很多。两对基因交换的数量与两对基因间的距离远近有密切的关系，距离远的，产生的重组型配子多；距离越近，重组型配子越少，如果近到无法交换，就成为完全连锁了。所以重组型配子最多也不会超过50%。

杂种所产生的重组型配子数占总配子数的百分数，称为交换值或重组率。它代表基因间的距离单位。用交换值来表示发生交换的孢母细胞的多少，是重组型配子百分率的2倍。通过测交法和自交法测定重组型的配子数，然后用上述公式来进行交换值的估算。

一般来讲，染色体上发生断裂的位置是随机的，根据在染色体上基因呈直线排列的理论，可以设想基因间距离越远，就越有机会发生交换，也就是指发生交换的孢母细胞数越多，新组合的配子数也就越多，交换值也就越大，所以交换值的大小，可以用来表示基因间的相对距离。通常以交换值1%作为1个遗传距离单位或称为1个图距单位。如果交换值为15%时，表示两基因间相距15个遗传距离。据此可以理解，交换值也表示基因间的连锁强度。交换值越小，连锁强度越大，重组型出现的机会也越少；反之，交换值越大，连锁强度越小，重组型出现的机会也越多。交换值的大小在0~50%之间变化。当交换值为0时，则表示两基因间完全连锁，后代中没有重组型出现；当交换值越接近50%时，则表示两基因连锁强度越小，基因间相对距离越远，以至于几乎100%的孢母细胞都发生了交换，这与独立遗传没有什么区别。但通常情况下，交换值总是大于0而小于50%的，属于不完全连锁。

（四）连锁遗传规律的应用实例

已知水稻的两个连锁基因抗稻瘟病（$Pi\text{-}z^t$）与晚熟（Lm）是显性，感病与早熟是隐性，交换值是2.4%。如果用抗病、晚熟亲本与感病、早熟的另一亲本杂交，计划在F_3中选出抗病、早熟的5个纯合株系，计算F_2在这个杂交组合的群体中至少要种植的株数。

根据上述杂交组合，F_1的基因型应该是$Pi\text{-}z^t$ Lm/$pi\text{-}z^t$ lm，简写成P L/p l。首先根据交换值求得F_1形成配子的类型与比例。已知交换值为2.4%，表明F_1的两种配子（P l）和（p L）应各为交换值的一半，即为1.2%，两种亲型配子（P L）和（p l）各为（100－2.4)%/2＝48.8%。求得了各类配子及其比例，即可知F_2可能出现的基因型及其比例（表3-4）。

从表3-4中知道，在F_2群体中出现理想的抗病、早熟类型共计$\frac{118.56}{10000}\times100\%$＝1.1856%，其中属于纯合体的仅有$\frac{1.44}{10000}$株，即在10000株中，只可能出现1.44株。

表3-4　水稻抗稻瘟病性与成熟连锁遗传结果

♂ \ ♀	P L 48.8	P l 1.2	p L 1.2	p l 48.8
P L 48.8	PPLL 2381.44	PPLl 58.56	PpLL 58.56	PpLl 2381.44
P l 1.2	PPLl 58.56	[PPll]※ 1.44	PpLl 1.44	Ppll※ 58.56
p L 1.2	PpLL 58.56	PpLl 1.44	ppLL 1.44	ppLl 58.56
p l 48.8	PpLl 2381.44	Ppll※ 58.56	ppLl 58.56	ppll 2381.44

注：※表示理想类型；□表示理想类型中的纯合体。

由此得知，要从F_2群体中选出5株理想的纯合体，按10000：1.44＝x：5的比例式计

算，其群体至少要种 3.5 万株才能满足计划的要求。

实践表明，当基因间连锁强度越大时，F_2 中出现重组型的机会越少，需要种植的 F_2 群体也就越大，所以在育种工作中，要尽量避免选用优良性状与不良性状紧密连锁的材料作为杂交亲本。

从育种实践得知，可以利用性状间连锁的关系来提高选择效果。例如，大麦抗秆锈病基因与抗散黑穗病基因是紧密连锁的，只要选择抗锈病的优良单株，也就等于同时得到了抗散黑穗病的材料，可提高选择效果的目的。

四、性别决定与伴性遗传

性别决定，从生物育种学上看，指有性繁殖生物中，产生性别分化，并形成种群内雌雄个体差异的机理。从细胞分化与发育上看，由于性染色体上性别决定基因的活动，胚胎发生了雄性和雌性的性别差异。从遗传学上看，则是指在有性生殖生物中决定雌、雄性别分化的机制。伴性遗传是指性染色体上基因所控制的某些性状总是伴随性别而遗传的现象，是连锁遗传的一种表现形式，所以也将其称为性连锁。

（一）性别决定

1. 性染色体

多数生物体细胞中有一对同源染色体的形状相互间往往不同，这就是直接与性别决定有关的一对染色体，称为性染色体。与此对应的其余各对染色体则统称为常染色体，通常以 A 表示。一般情况下，常染色体的每对同源染色体一般都是同型的，即形态、结构和大小等都基本相似；而性染色体在形态、结构和大小以及功能方面都有所不同。

2. 性别决定的类型

不同的生物，性别决定的方式也不同。性染色体决定雌、雄性别的方式主要有以下两种类型：

（1）XY 型（雄杂合型）　此决定类型在生物界中较为普遍，像很多雌雄异株植物、昆虫、某些鱼类、某些两栖类和全部哺乳动物等的性别决定都是 XY 型。这类生物中，雌性体细胞中含有 2 个相同的性染色体，记作 XX；雄性体细胞中则含有 2 个异型性染色体，记作 XY。如人的体细胞中有 23 对染色体（$2n=46$），其中 22 对在男性和女性中是相同的，称为常染色体，另外一对是性染色体，含有 XX 性染色体的是女性，含有 XY 性染色体的是男性。

有些蚱蜢、蟋蟀和蝗虫等直翅目昆虫，雄性的性染色体没有 Y 染色体，只有 X 染色体，不成对。在形成配子时，雄性个体产生含有 X 和不含有性染色体的两种配子，称为 XO 型，因为雄性也为异配性别，故也属于 XY 型。

（2）ZW 型（雌杂合型）　这类生物中，恰好与 XY 型相反，雄性是同配性别 ZZ，雌性是异配性别 ZW，也有特殊类型的为 ZO 型。即雌性的性染色体组成为 ZW，雄性的性染色体组成为 ZZ。鸟类、鳞翅目昆虫、某些两栖类及爬行类动物的性别决定属于这一类型。

另外，高等动物的性别决定除上述两种类型之外，还有一种类型，即取决于染色体的倍数，也就是说与是否受精有关。如蜜蜂，雄蜂由未受精的卵发育而成，为单倍体；雌蜂由受精卵发育而来，是二倍体；营养差异决定了雌蜂是发育成可育的蜂王还是不育的工蜂，若整个幼虫期以蜂王浆为食，幼虫则发育成体大的蜂王，若幼虫期仅食 2 ~ 3 天蜂王浆，则发育

成体小的工蜂。

（3）植物的性别　植物的性别决定比较复杂，有些植物性别由性染色体决定，如菠菜就属于 XY 型；而有些植物既可以是雌雄同株，也可以是雌雄异株，这类植物的性别往往是靠某些基因决定的。如玉米因为 2 对基因的转变，引起雌雄同株和雌雄异株的差异。

3. 性别分化与环境条件

性别除了受染色体的组成或基因的作用以外，也受环境条件的影响。也就是说，性别作为一种性状，其发育既有内因根据，又有外因的条件。

动物的性别和其他性状一样，也受遗传物质控制。但有时环境条件也可以影响甚至转变性别，但不会改变原来决定性别的遗传物质。例如，青蛙等低等脊椎动物，即使性染色体组成为 XY，但在温度较高的环境中也会发育成雌蛙，在温度较低的环境中，即使性染色体组成为 XX，也会发育成雄蛙。“牝鸡司晨”是我国农民很早就发现的一种母鸡打鸣现象。研究发现，这只性别已经转变的母鸡性染色体仍然是 ZW 型，起了决定性的作用是雄性激素。原来生蛋的母鸡因患病或创伤而使卵巢退化或消失，促使精巢发育并分泌出雄性激素，从而表现出母鸡打鸣的现象。

植物的性别分化也受环境条件的影响。例如，雌雄同株异花的黄瓜，若早期发育中大量施氮肥，可有效地提高雌花的形成数量；如果育苗期间夜间温度低于 15℃，并且时间较长，就会形成较多的雌花；若适当地缩短日照时间，也可以形成较多的雌花。

（二）伴性遗传

伴性遗传是摩尔根与他的学生于 1910 年在果蝇杂交试验中发现的。遗传研究表明，性染色体中的 X 染色体和 Y 染色体所载的基因数量有很大不同，而各对常染色体则没有类似情况。

最典型的伴性遗传是人类中的红绿色盲遗传，该基因只存在于 X 染色体上，而 Y 染色体上则不存在它的对等基因。色盲为隐性基因（b）控制，视觉正常为显性基因（B）控制。对于隐性性状的色盲来说，女性（XX）必须在两个染色体上都存在 b 基因，即 X^bX^b 才能表现色盲，而 X^BX^b 的女性只是色盲基因携带者，但表现为正常；而男性（XY）只要在一个 X 染色体上存在 b 基因，即 X^bY 就是色盲。所以色盲患者在男性中出现的概率大，而在女性中出现的概率小。据调查，我国男性色盲患者为 7%，而女性色盲患者仅为 0.5%，其原因就在于此（图 3-11）。

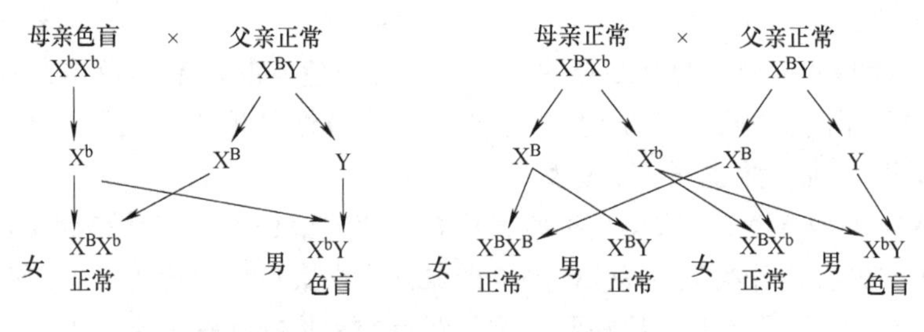

图 3-11　人类色盲伴性遗传举例

性连锁遗传在动植物中较为普遍，在人类中已发现有 20 多个性连锁遗传基因，其中有些属于致病基因，其遗传方式与色盲的遗传相似。另外，在 X 染色体上发现的基因较多，而在 Y 染色体上发现的基因较少。

五、数量性状遗传

（一）数量性状的概念与特征

1. 数量性状的概念

孟德尔遗传规律获得人们的认可以后，遗传学获得了极大的发展，很多的科技工作者利用多种材料进行了深入的研究。研究结果表明，生物界存在两种类型的遗传性状变异，一类遗传性状，其表现型和基因型具有不连续的变异，称为质量性状；另一类遗传性状，其表现型变异是连续的、不间断的，称为数量性状。质量性状在杂种后代的分离群体中，各个体具有相对性的差异。可以采用经典遗传学的分析方法，通过对群体中各个体分组并求不同组间的比例，研究它们的遗传动态。而对于生物界广泛存在的数量性状，例如，人的身高、牲畜的体重、植株的生育期、果实的大小，以及种子产量的多少等，这类性状在自然群体或杂种后代群体内，很难对不同个体的性状进行明确的分组，求出不同级之间的比例，所以不能采用质量性状的分析方法，即通过对表现型变异的分析推断群体的遗传变异。要想有效地分析数量性状的遗传规律需借助于数理统计的分析方法。但需要注意的是，质量性状和数量性状的划分不是绝对的，同一性状在不同的亲本杂交组合中可能表现不同。例如，植株高度是一个数量性状，但在有些杂交组合中，高株和矮株却表现为简单的质量性状遗传。

2. 数量性状的特征

Emerson 和 East 对不同长度的两个玉米果穗品系进行过系统的杂交研究分析。他们选择平均穗长为 6.6cm 和平均穗长为 16.8cm 的两个品种作为杂交亲本，对其后代进行了详细的记载和统计分析，见表 3-5，如图 3-12 所示。

表 3-5 玉米穗长的均值和标准差

长度	5	6	7	8	9	10	11	12	13	14	15	16	17	18	19	20	21	N	X	S	V
P_1频率	4	21	24	8														57	6.63	0.816	0.666
P_2频率									3	11	12	15	26	15	10	7	2	101	16.8	1.887	3.561
F_1频率					1	12	12	14	17	9	4							69	12.1	1.519	2.307
F_2频率			1	10	19	26	47	73	68	68	39	25	15	9	1			401	12.9	2.252	5.072

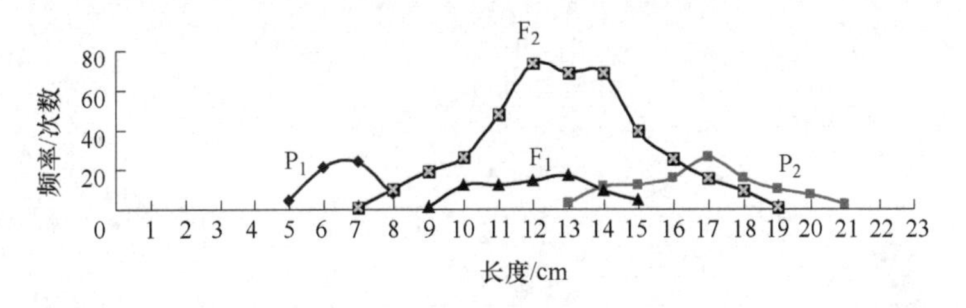

图 3-12 玉米穗长遗传的曲线图

从图 3-12 中可以看到，F_1各植株结的果穗长度范围为 9 ~ 15cm，平均长度为 12cm，介于亲本之间的；F_2各植株结的果穗长度范围为 7 ~ 19cm，表现明显的连续变异，不容易分组，F_2的连续分布比亲本和 F_1都更广泛。同时，由于环境条件的影响，即使基因型一致的群体（如 P_1，P_2，F_1）中各个体的穗长也呈现连续的分布，而不是只有一个长度。

通过上面的例子，可以总结出数量性状的以下几个特点：

1）数量性状是可以度量的，可以用一定的工具进行测量，但无法用语言准确描述；如玉米果穗长度，植物的产量，植株的高矮等都可以测量。

2）数量性状在一定的范围内呈连续性变异，杂交后的分离世代不能明确分组。例如，黄瓜的单瓜重、果实长度等性状，不同品种间杂交后的 F_2、F_3 等后代存在连续性变异，不能明确分组，但可以用统计的方法进行分析。

3）数量性状的表现容易受到环境的影响；环境影响所导致的变异不能遗传。基因与环境存在着互作，对于某一性状来说，环境的影响程度不同，其变异程度不同，在不同的环境表现也不同。

（二）数量性状遗传的解释

1908 年，瑞典植物育种学家尼尔逊·爱尔（Nilson-Ehle，H.）对小麦种皮颜色进行多年遗传研究后，认为数量性状在本质上没有否定孟德尔遗传，数量性状也是由染色体上的基因控制的，遗传规律也符合孟德尔遗传规律，但其遗传规律与质量性状遗传规律有一定的区别，研究的方法也有所不同。综合前人研究成果，尼尔逊·爱尔在 20 世纪初建立微效多基因假说，提供了对数量性状遗传研究的途径。该假说的要点如下：

1）数量性状是由大量的效应微小而类似的基因控制的，这些基因在世代相传中服从遗传学三大基本规律。

2）数量性状同时受到基因型和环境的作用，而且数量性状的表现对环境影响相当敏感。

3）控制性状的微效多基因间没有显隐性区别作用可以叠加。

4）控制性状的每一个微效多基因的作用是相当的。

举一个简单的例子来讲，假设黄瓜的果实长度性状由三对等位基因（A_1-a_1，A_2-a_2 和 A_3-a_3）控制，$A_1A_1A_2A_2A_3A_3$ 基因型的果长为 30cm，$a_1a_1a_2a_2a_3a_3$ 基因型的果长为 12cm。依据多基因假说，等位基因间无显性效应，非等位基因间无上位效应，基因的效应相等且可叠加。可知一个 A 基因的效应值（$A_1 = A_2 = A_3$）为 5cm，一个 a 基因的效应值 $a_1 = a_2 = a_3$ 为 2cm。因此，每用一个 a 基因替换一个 A 基因，果长将减少 3 cm。若不考虑环境效应的影响，杂交试验的结果如下如图 3-13 所示：

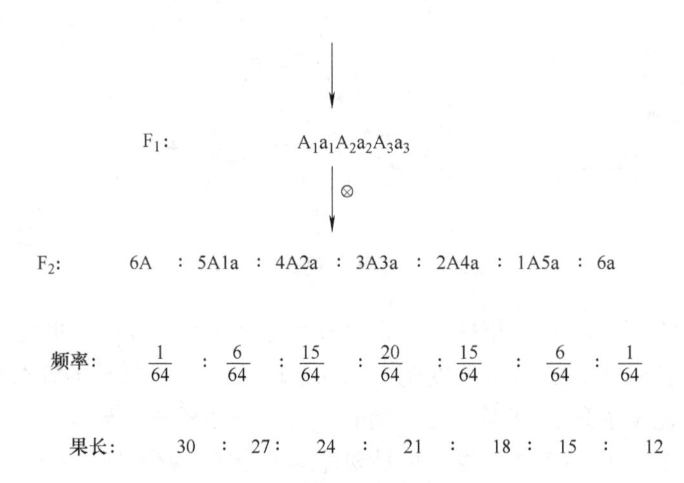

图 3-13 黄瓜果实杂交试验

从这一结果可以看出，黄瓜果实长度在 F_2代的表现接近正态分布，这一点与实际情况是非常吻合的，是对该假说的一个强有力印证。如果控制性状的等位基因为 k 对时，随着 k 的增大，相邻基因型间的差异逐渐减小，而且加上环境因素对数量性状的影响，使得基因型间的差异进一步减小，表现为一条连续变异的正态分布频率曲线。因此，尼尔逊·爱尔的多基因假说在理论上统一了数量性状和质量性状的遗传机制，两者都受基因制约，只是所受基因数目的多少不同而已。由于控制数量性状的基因数量多，每个基因对表现型的影响较微小，所以不能把它们个别的作用区别开来，通常称这类基因为微效多基因或微效基因，以区别于控制质量性状的主基因。主基因对于性状的作用比较明显，容易从杂种分离世代中鉴别开来。

近些年来的生产实践也间接地印证了多基因假说，在进行植物杂交时的一些现象也可以用多基因假说加以解释。例如，两个黄瓜品种，一个长果型和一个短果型，杂种第一代表现为中间型，果实长度介于两亲本之间，但其后代可能出现比短果型亲本更短的黄瓜，或比长果型黄瓜亲本更长的植株，这就是超亲现象。假设该性状由 4 对独立基因决定，长果型亲本的基因型为 AABBccdd，短果型亲本的基因型为 aabbCCDD，则两者杂交的 F_1基因型为 AaBbCcDd，表现型则介于两亲本之间，比长果型的亲本短，比短果型的亲本长。由于基因的分离和重组，F_2群体的基因型在理论上应有 81 种，其中基因型为 AABBCC 的个体，将比长果型亲本更长，基因型为 aabbccdd 的个体，将比短果型亲本更短。把在 F_2或以后世代中，由于基因重组而在某种性状上出现超越亲本的个体现象称为超亲遗传。

尼尔逊·爱尔的多基因假说还不能完全解释数量性状遗传的规律，它也没有为数量遗传学开辟一条完全正确的研究途径。因为控制数量性状的基因数目有很多，在基因与性状的关系中还存在着“多因一效”和“一因多效”的现象。在控制同一性状的多个基因中，有的作用是直接的，有的作用是间接的，间接程度也不一样，所以不可能完全用此假说来解释。例如，牛的花斑毛色是由一对隐性基因控制的，但花斑的大小则是由一组修饰基因控制的。这种决定性状是否出现的基因，称为主基因。另外还有一组效果微小，能增强或削弱主基因对表现型作用的基因在遗传学上称为修饰基因。这些修饰基因的作用要在主基因存在下才能表现出来，而其作用的性质主要是影响主基因作用的程度，而自己不发生主要作用。

近年来数量性状的深入研究进一步丰富和发展了早年提出的“多基因假说”。借助于分子标记和数量性状基因位点（QTL）作图技术，已经可以在分子标记连锁图上标出单个基因位点的位置，并确定其基因效应。对动植物众多的数量性状基因定位和效应分析表明，数量性状可以由少数、效应较大的主基因控制，也可由数目较多、效应较小的微效多基因或微效基因所控制。各个微效基因的遗传效应值不尽相等，效应的类型包括等位基因的加性效应、显性效应，以及非等位基因间的上位性效应，还包括这些基因主效应与环境的互作效应。

（三）数量性状遗传研究统计分析方法

1. 遗传效应与遗传方差

在一个群体内，数量性状的表现常常受到环境的影响，有些变异是可以遗传下来的，而有些则不能。这些生物群体的表现型变异包括不可遗传变异和遗传变异两种，数量性状的遗传变异是由群体内各个体间遗传组成的差异所产生的。如果基因的表达不受环境的影响，个体的表现型值（P）是基因型值（以 G 表示）和非遗传的随机误差（以 E 表示，简称机误）的总和，$P=G+E$。其中，随机机误是个体生长发育过程所处的微环境中不可预测性的随机效应。而控制数量性状的基因具有各种效应，主要包括加性效应（以 A 表示）和显性效应（以 D 表示）。加性效应是基因位点内等位基因的累加效应，是可遗传的效应。显性效应则是基因位点内等位基因之间的互作效应，是不能固定的效应。因此，遗传群体的表现型方差可分解为归因于加性效应、显性效应和机误效应的 3 种方差分量，$V_P = V_A + V_D + V_E$。对于某些性状，不同基因位点的非等位基因之间还可能存在相互作用，即上位性效应（以 I 表示）。

2. 遗传率

遗传率也叫遗传力，是度量性状的遗传变异占表现型变异相对比率的重要遗传参数，是遗传方差在总方差中所占的比例。在简单的数量遗传分析中，一般假定遗传效应只包括加性效应和显性效应，而且不存在基因效应与环境效应的互作，表现型方差简单地分解为 $V_P = V_G + V_E$。因此，把总的遗传方差占表现型方差的比率定义为广义遗传率，通常表示为百分数：

$$h_B^2 = \frac{V_G}{V_P} \times 100\% = \frac{V_G}{V_G + V_E} \times 100\%$$

对于遗传方差又可分解为加性方差、显性方差和上位性方差，其中加性方差是可固定的遗传方差，能在上下代之间遗传，而显性方差和上位性方差是不能固定的遗传变异量。因此，把加性遗传方差占表现型方差的比率，定义为狭义遗传率，计算公式为

$$h_N^2 = \frac{V_A}{V_P} \times 100\% = \frac{V_A}{V_A + V_D + V_E} \times 100\%$$

3. 遗传率的实质

实质上，遗传率并非指个体表现型值中多大比率是可遗传的，而是意味着将当代表现型值变异遗传给后代的能力。例如，番茄的产量遗传率为 85%，并不是说表现型值为 10000 kg 的产量中有 8500kg 是可遗传的，而是指在表现型值的变异中可遗传的部分是 85%，针对这种性状对杂交子代进行选择，实现目标有 85% 的把握。同一群体内，各种性状都各具一个相对稳定的遗传率，这是遗传率的一个十分重要的特征，是利用“遗传率”建立合理的选种方案的重要依据之一。在一定的条件下，一个性状的遗传率就是一个相对的定值。而对于不同的性状而言，由于各个性状的基因型值和在群体中的基因频率各有差异，这就使得不同性状的加性方差不同，故不同性状具有不同的遗传率。按遗传率的大小，可将性状分为以下三类：

1）高遗传率性状，$h^2 \geqslant 0.4$，此类性状受环境影响较小。

2）中遗传率性状，$0.2 < h^2 < 0.4$。

3）低遗传率性状，$h^2 \leqslant 0.2$，这类性状受环境影响比较大，子代获得遗传变异的可能性较小，变异性状不易固定。

4. 遗传率的估算方法

遗传率的估算方法有很多种，因不同种类、不同性状而不同，估算的结果精确度也有差异，简单的方法是利用 F_2、F_1和亲本群体估算广义遗传率，利用回交群体估算狭义遗传率。

（1）广义遗传率的估算方法　利用两个纯合的亲本 P_1、P_2进行杂交获得 F_1代，然后进行自交获得 F_2代。根据观测的资料就可以估算广义遗传率。理论依据是利用基因型纯合的（如自交系亲本）或基因型一致的杂合群体（如 P_1）来估计环境方差，利用遗传基础不同的 F_2群体估算总方差（表现型方差），然后从总方差中减去环境方差即得遗传方差（基因型方

差），由此即可估计出广义遗传率。理论上亲本品种（或自交系）的基因型都是纯合的，杂种 F_1 的基因型是一致的，在亲本和 F_1 中不存在基因型方差，个体间的表现型方差可以说是单纯由环境条件的影响造成的。因此，可用亲本品种（或自交系）和 F_2 的表现型方差估计分离世代的环境方差。广义遗传率估算公式如下：

$$h_B^2 = \frac{V_G}{V_{F_2}} \times 100\% = \frac{V_{F_2} - V_{F_1}}{V_{F_2}} \times 100\%$$

根据表3-5可知，$V_{F_2} = 5.072$，$V_{F_1} = 2.307$，计算广义遗传率如下：

$$h_B^2 = \frac{5.072 - 2.307}{5.072} \times 100\% = 54\%$$

利用亲本、F_1 及 F_2 的表现型方差估算遗传率是简便易行但比较粗放的。为保证遗传率估算的可靠性，必须注意要尽可能减少试验误差，降低环境的影响，应将 F_1 或亲本种植在与 F_2 代相对一致的条件下。

（2）狭义遗传率的估算方法　狭义遗传率主要是利用回交群体估算，设计方法是利用两个纯合亲本杂交，获得 F_1 代，然后再与两个亲本分别回交，获得两个回交群体 B_1、B_2。其理论依据是根据 F_2 代和回交后代遗传方差组成的差异，通过一定的数学运算可求出加性效应和显性效应，因此可以估算狭义遗传率。其计算公式为

$$h_N^2 = \frac{2V_{F_2} - (V_{B_1} + V_{B_2})}{V_{F_2}} \times 100\%$$

式中　V_{B_1}、V_{B_2}——分别为 F_1 与两个亲本回交所获得群体的方差。

利用此法估算遗传率具有以下几个优点：①方法比较简单，只要根据 F_2 及两个回交子代表现型方差，就可以估计出群体的狭义遗传率，不需要用不分离的群体来估计环境方差。②特别适用于估算玉米等异花授粉作物的遗传率，因为在这些作物中用自交系作亲本时，因自交系往往发育不良，用它们来估算环境偏差就会偏高。采用本法，就不存在这种问题。

此法的不足是：进行回交时要增加一些工作量。当基因存在连锁和互作时，可能使狭义遗传率大于广义遗传率。同时，采用这种方法估算，仍然不能去掉上位性作用的影响。

采用单一组合的分离后代表现型方差估算遗传群体的各项方差分量，虽然试验简单、计算容易，但是上述方法没有考虑基因型与环境互作的方差分量，所估算的基因型方差分量也只能用于分析特定组合的遗传规律，而不能用于推断其他遗传群体的遗传特征。20世纪50年代以来发展的多亲本杂交组合世代均值的分析方法，如北卡罗来纳设计Ⅰ（NCI设计）和北卡罗来纳设计Ⅱ（NCII设计）的分析方法（Comstock和Robinson，1952）、双列杂交（Dialle cross）的分析方法（Grifling，1956）等，可以分析一组亲本及其杂交 F_1 的遗传变异。这些遗传交配设计均采用方差分析的统计方法，分析遗传群体的试验资料。如果这一组亲本是从某遗传群体抽取的随机样本，可把群体表现型的方差分解为各项试验方差分量，并进一步估算群体的遗传方差分量。这种分析方法，可以克服单一组合分离后代分析方法的局限性。随着现代计算机技术的普及，估算遗传参数的软件也被开发出来，可以根据实际工作的需要设计相应的杂交方法，直接输入数据就可以得到结果。

5. 遗传率在育种上的应用

在数量遗传分析中可以按所选用的遗传模型，估算表现型方差的各项方差分量，进一步估算出遗传率。估算性状的各种遗传效应分量的变异量的相对大小，对于选择育种有重要的

指导意义。

遗传率在本质上区分出了生物性状可遗传的变异和不能遗传的变异，揭示了这一极其重要的特性。它体现出生物的遗传性状（表现型）是由基因型和环境共同作用的结果，对某一性状能分清它的遗传作用和环境影响在其表现型中各占多大的比重，这对于杂交育种关系极其重要。可以根据这一特性来制订育种计划，一般来说，凡是遗传率较高的性状，在杂种的早期世代进行选择，收效比较显著；而遗传率较低的性状，则要在杂种后期世代进行选择才能收到较好的效果。根据遗传性状的遗传传递规律的研究，了解遗传变异和环境条件影响的相互关系，可提高选种工作的效率，增加对杂种后代性状表现的预见性。对杂种后代进行选择时，根据某些性状遗传率的大小，就容易从表现型鉴别出不同的基因型，从而较快地选育出优良的新类型。

目前，根据多数试验结果，对遗传率在育种上的应用，总结了如下的几种规律：①不易受环境影响性状的遗传率比较高，易受环境影响性状的遗传率则较低。②变异系数小的性状的遗传率高，变异系数大的较低。③性状差距大的两个亲本的杂种后代，一般表现较高的遗传率。④遗传率并不是一个固定的数值，在不同的环境下可能结果不同。

六、细胞质遗传

细胞质遗传是细胞遗传学上重大的理论问题，在遗传学上有悠久的研究历史。这是因为按照前面所讲的内容，植物的性状都是由基因控制的，在交配时无论两个亲本中的哪一个作母本，F_1 代的基因型应该是一致的，表现型也应该是一样的，但实际结果却有出入。实际上这是另外一种遗传现象，即细胞质遗传。

（一）细胞质遗传的概念和特点

1. 细胞质遗传的概念

前几节所介绍的遗传现象和规律是以染色体是遗传基因的载体这个前提介绍的，染色体位于细胞核内，所以它们都是属于细胞核遗传体系。而植物细胞质里的细胞器上，也有少量的 DNA 等遗传物质。这些遗传物质同细胞核内的遗传物质一样能够决定生物某些性状的遗传与表现。在植物体内，线粒体、叶绿体是细胞核外基因的主要载体，这些存在于细胞器上的基因叫作细胞质基因，也叫作核外基因。所以细胞质遗传是指由细胞质基因引起的遗传现象。在一定的情况下，细胞质遗传又称为非染色体遗传、非孟德尔遗传、染色体外遗传、核外遗传、母体遗传等。

2. 细胞质遗传的特点

1）正交与反交的结果不同，并且 F_1 的表现型总与母本一致。这是因为植物的花粉进入胚囊后，父本的精细胞只是释放出核基因，不提供或很少提供细胞质基因，而卵细胞含有核基因和细胞质基因。所以，形成的合子中大部分是母本提供的细胞质，那么由细胞质基因控制的遗传性状，就通过母本传递给子代，故细胞质遗传又称为母性遗传。

2）通过连续回交能把母本的核基因全部置换掉，但母本的细胞质基因及其控制的性状仍不消失。

3）遗传方式为非孟德尔遗传，杂交后代不表现特定的分离比例。其原因是受精卵中的细胞质几乎全部来自卵细胞，而在减数分裂过程中，细胞质中的遗传物质随机不均等分配，也就是叶绿体等这些含遗传物质的细胞器不是平均分配的。

（二）母性影响

1. 母性影响的概念和特点

母性影响又称为母性效应，是指子代某一性状的表现由母体的核基因型或积累在卵子中的核基因产物所决定，而不受本身基因型的支配，从而导致子代表现型与母本表现型相同的现象。因此其正反交不同，但不是细胞质遗传，与细胞质遗传类似，这种遗传不是由细胞质基因组所决定的，而是由核基因的产物积累在卵细胞中的物质所决定的。其特点是下一代的表现型受到上一代母体基因的影响。

2. 母性影响举例

在锥实螺的遗传研究中，曾观察到持久性母性影响的现象。椎实螺是一种雌雄同体的软体动物，一般通过异体受精进行繁殖（两个个体相互交换精子，各自产生卵子）。但若单个饲养，它能进行自体受精。椎实螺外壳的旋转方向有左旋和右旋之分，它们是一对相对性状，右旋（D）对左旋（d）是显性。如果把具有这一对相对性状的纯合子椎实螺进行正反交，F_1 代外壳的旋转方向总是与各自的母本相似，但其 F_2 代却都表现右旋。到第三代才出现左、右旋的分离，且符合孟德尔一对相对性状的分离比数 3∶1（图 3-14）。这表明螺壳的旋转方向符合孟德尔的分离规律，只是分离延迟了一个世代。研究发现实螺外壳的旋转方向是由受精卵第一次和第二次卵裂时纺锤体分裂的方向决定的。受精卵纺锤体向中线右侧分裂时为右旋，向左侧分裂时为左旋，纺锤体分裂的方向由母体基因型决定。这种由母体基因型决定子代性状表现的母性影响又叫前定作用或延迟遗传。

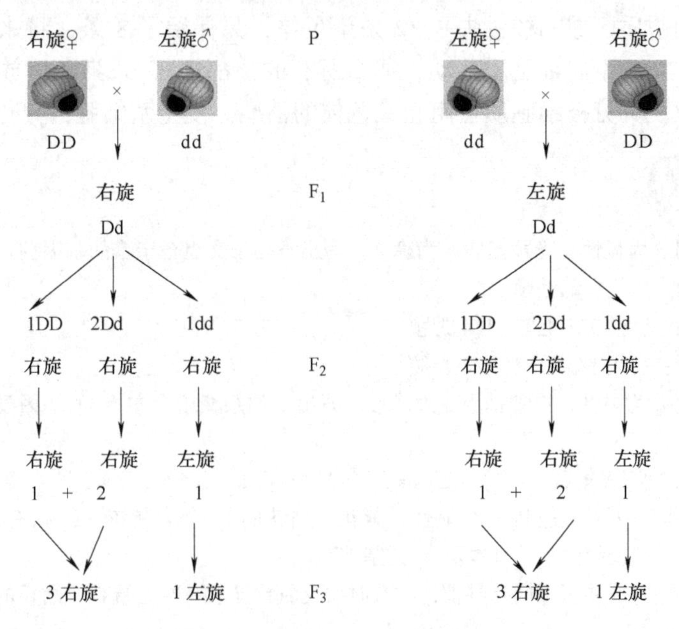

图 3-14　椎实螺外壳旋转方向的母性影响

（三）细胞质基因和细胞核基因的关系

1. 核基因、细胞质基因与性状表现

在生物遗传性状中，有两个主要的遗传系统——核遗传和质遗传，它们除了有相对的独立性，核基因起主导作用外，还有密切的联系，互相协调，在遗传上综合地发挥作用。在基

因对性状的控制上，两者是相互依赖、相互联系和相互制约的。细胞质基因在个体发育中的作用是必需的，不可缺少的，但是与核基因相比，它的功能不完善。细胞核基因在个体发育中起主导作用，但受到细胞质基因的调节与修饰。例如，细胞核内的细胞器如线粒体的建造，是由核基因与细胞质基因共同控制的。线粒体上的大部分蛋白质是由核基因编码的，而少量内膜上的蛋白质是由细胞质基因决定的。

2. 核基因对细胞质基因的控制

玉米埃型条斑的遗传就是一个典型的例子。玉米条纹叶，受第七染色体上基因 ij 的控制。纯合的 ijij 植株的叶片不能全部形成叶绿素，表现为白色和绿色相间的条纹。以正常绿色株为母本和条纹植株为父本进行杂交，并将 F_1 自交，F_1 全部表现正常绿色，F_2 出现绿色与白色（或条纹）3∶1 的分离，表明绿色与非绿色为一对基因的差别。但是以条纹叶植株为母本，正常绿色植株为父本时，F_1 出现 3 种表现型：正常绿色、条纹、白色，并且不表现一定的比例。可以看出，条纹叶未形成之前，属于核基因遗传特点，一旦形成条纹 ijij 基因型，就表现出细胞质遗传特点。因此认为，隐性核基因 ij 引起了叶绿体的变异，便呈现条纹性状。变异一旦发生，便能以细胞质遗传的方式稳定遗传。

3. 胞质基因对核基因作用的调节

受精的细胞质中内含物的分布（色素、卵黄粒、线粒体等）是不均匀的，对染色体的影响也不一样。如小麦瘿蚊的个体发育中，瘿蚊卵跟果蝇相似，其卵的后端含有一种特殊的细胞质—极细胞质，在极细胞质区域的核内，保持了全部 40 条染色体，以后分化为生殖细胞。但位于其他细胞质区域的核丢失了 32 条染色体，只保留了 8 条，将来成为体细胞。如果用线把卵结扎，使核不向细胞质移动，那么所有的核都把 32 条染色体放弃到核外，最后发育成不育的瘿蚊。可见极细胞质可阻止染色体的消减，使生殖细胞的分化成为可能。

复习思考题

1. 小麦毛颖基因 P 为显性，光颖基因 p 为隐性。写出下列杂交组合亲本的基因型：

（1）毛颖 × 毛颖，后代全部毛颖

（2）毛颖 × 毛颖，后代 3/4 毛颖∶1/4 光颖

（3）毛颖 × 光颖，后代 1/2 毛颖∶1/2 光颖

2. 小麦无芒基因 A 为显性，有芒基因 a 为隐性。写出下列杂交组合中 F_1 的基因型和表现型。表现型的比例如何？

（1）AA × aa　（2）AA × Aa　（3）Aa × aa　（4）Aa × Aa　（5）aa × aa

3. 大豆的紫花基因 P 对白花基因 p 为显性，紫花 × 白花的 F_1 全为紫花，F_2 共有 1653 株，其中紫花 1240 株，白花 413 株。试说明父本、母本及 F_1 的基因型。

4. 纯种甜玉米和纯种非甜玉米间行种植，收获时发现甜粒玉米果穗上结有非甜粒的籽实。如何解释这种现象？怎样验证解释？

5. 试写出以下 6 种基因型的个体各能产生哪几种配子：

AABB、Aabb、aaBB、AaBB、AABb、AaBb

6. 花生种皮紫色（R）对红色（t）为显性，厚壳（T）对薄壳（t）为显性。它们是独立遗传的。指出下列各种杂交组合的：①亲本的表现型、配子种类和比例；②F_1 的基因型种类和比例、表现型种类和比例。

TTrr × ttRR　TTRR × ttrr　TtRr × ttRr　ttRr × Ttrr

7. 设有3对独立遗传、彼此没有互作并且表现完全显性的基因Aa、Bb、Cc，在杂合基因型个体AaBbCc（F_1）自交所得的F_2群体中，试求具有5个显性基因和1个隐性基因个体的频率以及具有2个显性性状和1个隐性性状的频率。

8. 已知大麦的矮生性状基因（br）与抗条锈能力（T）有较强连锁关系，他们的交换值为12%。如果用矮生抗病（brbrTT）材料作为一个亲本，与正常感病（BrBrtt）的另一个亲本杂交，计划在F_3选出正常株高、抗病能力的5个纯合株系，这个杂交组合的F_2群体至少要种植多少株？

9. 在果蝇中，有一品系对3个常染色体隐性基因a、b、c是纯合的，但不一定在同一条染色体上。另一品系对显性野生型等位基因A、B、C是纯合体，把这两品系交配，用F_1雌果蝇与隐性纯合果蝇亲本回交，观察到下列结果：（表3-6）

表3-6　F_1雌果蝇与隐性纯合果蝇亲本回交

表现型	数目
Abc	211
ABC	209
aBc	212
Abc	208

（1）问这三个基因中哪两个是连锁的？

（2）连锁基因间的交换值是多少？

10. a和b是连锁基因，交换值为16%，位于另一染色体上的d和e也是连锁基因，交换值为8%。假定AABBDDEE和aabbddee都是纯合体，杂交后的F_1又与纯隐性亲本测交，其后代的基因型及其比例如何？

11. 在大麦中，带壳（N）对裸粒（n），散穗（L）对密穗（l）为显性。今以带壳散穗与裸粒密穗的纯种杂交，F_1表现如何？让F_1与双隐性纯合体测交，其后代为带壳散穗201株，裸粒散穗18株，带壳密穗20株，裸粒密穗203株。试问：这两对基因是否连锁？如果连锁，其交换值是多少？要使F_2出现纯合的裸粒散穗20株，F_1至少应种多少株？

12. 有一视觉正常的女性，她的父亲是色盲。这个女性与视觉正常的男性结婚，但这位男性的父亲也是色盲，问这对配偶所生的子女如何？试总结出人类色盲患者的家庭中有什么特点？

13. 质量性状和数量性状的区别是什么？研究方法有什么区别？

14. 什么是表现型方差和基因型方差？它们的关系怎样？

15. 什么是广义遗传率和狭义遗传率？它们在育种实践上有何指导意义？

16. 根据表3-7资料估算其广义遗传率和狭义遗传率。

表3-7　水稻莲塘早（P_2）×矮脚南特（P_1）组合的F_1，F_2，B_1，B_2及亲本的生育期

世　代	平均数	方　差
P_1（矮脚南特）	38.36	4.6852
P_2（莲塘早）	28.13	5.6836
F_1	32.13	4.8380
F_2	32.49	8.9652
B_1	35.88	9.1740
B_2	30.96	5.3804

17. 什么叫细胞质遗传？有何特点？与母性影响有什么不同？

18. 正交与反交的结果不同，其原因可能是①细胞质遗传，②性连锁，③母性影响。怎样用试验方法来确定它属于哪一种类型？

19. 细胞质遗传与核基因有何异同？两者在遗传上的相互关系如何？

20. 玉米条纹叶（ijij）与正常叶（IjIj）植株杂交，以 F_1 的条纹叶（Ijij）作母本与正常绿色叶（IjIj）回交。将回交后代作母本，进行下列杂交，①绿叶（Ijij）♀×♂条纹叶（Ijij）；②条纹叶（IjIj）♀×♂绿叶（IjIj）；③绿叶（Ijij）♀×♂绿叶（Ijij）。请写出后代的基因型及表现型，为什么？

实训三　一对相对性状的遗传分析

一、实训目的

通过一对相对性状的遗传杂交实验，分析杂种后代的性状表现，验证分离规律的方法，掌握对植物材料杂种后代分离情况进行分析的基本方法。

二、实训材料与用具

1. 实训材料

玉米雄穗：糯质（wx）与非糯质（WX）F_1 植株的花粉；各种分离的玉米果穗标本；玉米不同杂交组合的 F_1 自交果穗。

2. 仪器用具

显微镜、镊子、解剖针、载玻片、盖玻片、大培养皿、吸水纸等。

3. 试剂

1%碘-碘化钾溶液。

三、实训方法与步骤

1. 观察玉米花粉粒

从糯质（wx）与非糯质（WX）F_1 植株的雄穗上取花药一枚放在载玻片上，用镊子（或解剖针）将花粉粒压出，散开，加1滴1%碘-碘化钾溶液染色，盖上盖玻片。在低倍镜下观察花粉粒的颜色反应，并记录10个观察数，计算出平均值并将统计数字填入一对性状的遗传分析表，并进行适合度测定，检查其是否符合一对基因的分离比例。

2. 观察一对基因杂种

如 Susu，Cc 等自交与测交果穗标本并计数，将统计数字填入一对性状的遗传分析表，并进行适合度测定，检查其是否符合一对基因的分离比例。

四、实训报告与作业

将观察结果填入表3-8，然后进行 X^2 测验验证。

表3-8　一对相对性状的遗传分析表

表　现　型	花粉粒（F_1）		F_2果穗　　果穗号____	
	显性（非糯质）	隐性（糯质）	显性（有色或非甜）	隐性（无色或甜）
观察数（o）				
预期数（e）				
偏差（$d=o-e$）				
差方 $d^2=(o-e)^2$				
$X^2=\sum d^2/e$				
df				
P				

实训四　两对相对性状的遗传分析

一、实训目的

通过两对相对性状的遗传杂交试验，分析杂种后代的性状表现，验证独立分配规律。并了解基因互作的现象。

二、实训材料与用具

不同类型的玉米品系（有色与无色，甜与非甜，糯与非糯等）F_1 植株的自交、测交果穗，统计杂交后代各性状的籽粒。

三、实训方法与步骤

1）确定自己桌面上的试验材料属于何种材料。

测交＝1∶1∶1∶1

自交＝9∶3∶3∶1

无色：有色＝13∶3（抑制作用）

2）分别计数（按各材料要求）填表，X^2 测验验证。

四、实训报告与作业

分析杂交结果，并对结果进行 X^2 测验，检验是否符合遗传学的独立分配规律，对各性状的遗传表现做出解释，并写出书面报告。

将观察结果填入表3-9，然后进行 X^2测验验证。

表3-9　两对相对性状的遗传分析表

表现型				
观察数（o）				
预期数（e）				
偏差（$d=o-e$）				
差方 $d^2=(o-e)^2$				
$X^2=\sum d^2/e$				
df				
P				

第四章 近亲繁殖与杂种优势

学习目标：

1. 了解园艺植物近亲繁殖的概念、遗传效应及其在育种上的应用。
2. 掌握回交的遗传效应。
3. 了解园艺植物杂种优势的表现。
4. 掌握园艺植物杂种优势的利用。
5. 掌握植物雄性不育的概念及应用。

不能留种的作物都是转基因的吗?

常有人把不能留种作为转基因种子的“罪状”。

好的种子意味着长出来的作物抗虫、抗病、抗旱、抗涝性强，产量高，育种产业的核心就是如何选育出拥有优良性状的种子。正是因为转基因种子往往会经过杂交育种这一步，“不能留种”在一些不明就里的人眼中成了种子是转基因的“罪证”。

常有人把不能留种作为转基因种子的“罪状”。其实并非不能留种的种子都是转基因种子，不能留种的种子是由于利用了杂种优势。转基因种子的判断要依靠分子检测等科学的办法，这并非通过简单观察就能做到的。杂交育种在农业生产上不仅极大地提高了粮食产量，而且促进了整个种子行业的发展。

流言：不能留种的种子都是转基因的，转基因种子都是不育的。农民千百年来都自己留种，不能留种是对于农民的剥削。

真相：能否留种可以作为判断种子是否是转基因的标准吗？其实，作物能否留种只取决于育种的方式，与转基因技术没有关系。使用了杂交技术、利用了杂种优势的种子就不适合留种。并非所有不能留种的种子都是转基因种子，从技术角度来说，转基因作物也并不是都不能留种，只是在一些国家，由于存在法律协议，让农民不要留种。

种植业生产中种子是非常重要的。

好的种子意味着长出来的作物抗虫、抗病、抗旱、抗涝性强，产量高，育种产业的核心就是如何选育出拥有优良性状的种子。目前世界上很多优良作物品种都是通过杂交育种的方式培育出来的，这些杂交种子有一个很显著的特点，就是它们的后代不适合再次投入生产中，也就是常说的“不能留种”。有人说这样就剥夺了农民的种子主权，还有人将其与转基

因技术联系了起来。这与转基因技术又有什么关系呢？

因为转基因种子往往会经过杂交育种这一步，“不能留种”在一些不明就里的人眼中成了种子是转基因的“罪证”。现在我们可以知道，能否留种和是否转基因之间是不能画等号的，要想确定一种作物是否是转基因品种，最好的办法还是拿到专业检测机构进行分子检测，用能否留种或者各种流传的观察外观等方法来判断都是不靠谱的。

还有一种看起来很有道理的，将不能留种与转基因联系起来的说法是关于“终结者基因”的。“终结者基因”是由美国农业部和某公司开发的一种基因，含有这种基因的种子长成的植物仍然会结种，但是新一代种子将无法发芽。这种技术非常具有争议性，正是由于争议很大，目前还没有人将这项技术应用于生产实践，因此拿这个说法来指责转基因种子不能留种同样是不正确的。

从技术上来说，转基因种子留种是完全可能的，因为转基因技术导入的新性状属于显性性状，耗时耗力地对杂种的后代进行选择也可能获得符合要求的种子。但是一旦种子同时也利用了杂种优势，从保持高产的角度来说，留种就不现实，因为后代会性状分离。没有利用杂种优势的种子，由于研发转基因种子往往投入了大量的财力、人力，在美国、加拿大等大量种植转基因作物的国家，种子公司会要求农民购买种子时签订协议不要留种，这样做看起来是逼迫农民不得不向种子公司不断购买新种子，但实际上这是保护知识产权的重要措施，也是促进种子研发行业不断开发新品种的动力。

如果种子行业有足够的竞争，让种子的价格不会过于昂贵，每年购买种子并不是对农民的剥削，而是免除了农民每年留种的负担，且可以每年获得优质高质的种子。相反，不给种子行业创造一个良好的竞争环境，不支持制种行业的发展，放着已有的技术不用，强迫农民年复一年留用低产的种子，这才是对农民的剥削。

结论：并非不能留种的种子都是转基因种子，只是利用了杂种优势的种子不适合留种。转基因种子的判断要依靠分子检测等科学的办法来判断，这并非通过简单观察就能做到的。杂交育种在农业生产上不仅极大地提高了粮食产量，而且促进了整个种子行业的发展。转基因育种在备受争议的同时则在不断为全世界农民提供各种各样的实惠。（来源：果壳网，2012-10-25）

农民第二年后利用自己留的种子进行生产会出现什么问题？

一、近亲繁殖

（一）近亲繁殖的概念

近亲繁殖是动植物育种和良种繁育中常用的交配形式。近亲繁殖是指亲缘关系相近的两个个体间的交配；也指基因型相同或相近的两个个体间的交配，又称为近亲交配，简称近交。近亲繁殖按其亲缘关系的远近和结合方式的不同分为以下几种形式：

（1）自交　指单株的同花或异花产生的雌雄配子的受精结合，这是一种极端的近亲繁殖方式。在植物中，菜豆、豌豆等作物为严格的自花授粉植物，是近亲繁殖的典型代表。

（2）回交　指杂种后代与其两个亲本之一的再次交配。如 F_1 与母本杂交，获得回交一代；再与母本杂交，为回交二代。

（3）全同胞交配　指同父母本兄妹株之间的交配。

（4）半同胞交配　指同父异母或同母异父的兄妹株之间的交配。

群体或个体的近交程度取决于亲本或双亲亲缘关系的远近，常用近交系数来表示。近交系数（F）是指一个合子中两个等位基因来自双亲共同祖先的某一基因的概率。近交系数介于0～1之间，在这个范围内，近交系数越小，亲缘关系越远；近交系数越大，表示亲缘关系越近。例如，在畜牧业中，从配种双方到共同祖先的总代数在6代以内，或所生后代的近交系数大于0.78的，都属于近交。

而对于植物来说，通常根据发生天然杂交率的高低划分杂交类型，如菜豆、番茄、茄子、水稻、小麦、凤仙花、紫罗兰、半支莲等天然杂交率较低，属于自花授粉植物；如辣椒、蚕豆、棉花、高粱等天然杂交率介于4%～50%之间的，属于常异花授粉植物；如白菜、黄瓜、玉米、矮牵牛、百合等作物天然杂交率很高，有的为100%的，属于异花授粉植物。

（二）近亲繁殖的遗传效应

近交是选育、保持和繁殖优良植物原种（包括自交系）的重要方法之一。对某些作物常利用多代高度近交的方法，结合选择培育不同基因型的近交系（包括自交系），并择优交配以产生杂种优势强的杂交种。玉米应用此法，明显提高了产量。其原因是通过近亲繁殖或自交，植物的杂合体后代群体发生了巨大变化，遗传表现如下：

1）近交能导致后代基因发生分离，使群体的杂合性降低，基因型迅速趋于纯合化，遗传性状逐渐稳定。每一代杂合性降低的速率因近交形式的不同而异：自交为1/2，全同胞交配为1/4，半同胞交配为1/8，同祖后代间交配为1/16。在一个群体中进行多代近交，能使群体分化成多个由不同基因型组成的小群，并导致各小群逐渐纯化。选择可使各小群的纯化程度得以保持或继续提高；如果不进行选择，则小群的变异就会扩大。

下面以一对杂合基因为例加以说明：Aa通过第一次自交后，下一代将会出现1/4AA，2/4Aa和1/4aa，其中AA和aa为纯合体，占群体的50%，杂合体Aa也占50%；自交第二代，纯合体只产生纯合体的后代，杂合体Aa才出现分离，所以，纯合体达到了3/4，杂合体占1/4。随着自交代数的增加，纯合体AA、aa逐代增加，杂合体Aa逐代减少。其遗传动态见表4-1。

表4-1　一对杂合基因（Aa）连续自交的后代基因型比例的变化

世代	自交代数	基因型的比数	杂合体（Aa）		纯合体（AA+aa）	
			比数	%	比数	%
F_1	0	Aa		100		0
F_2	1	1AA　2Aa　1aa	2/4	$1/2^1=50$	2/4	$1-1/2^1=50$
F_3	2	4AA　2AA　4Aa　2aa　4aa	4/16	$1/2^2=25$	12/16	$1-1/2^2=75$
F_4	3	24AA　4AA　8Aa　4aa　24aa	8/64	$1/2^3=12.5$	56/64	$1-1/2^3=87.5$
F_5	4	112AA　8AA　16Aa　8aa　112aa	16/256	$1/2^4=6.25$	240/256	$1-1/2^4=93.7$
⋮	⋮			⋮	⋮	⋮
F_{r+1}	r			$1/2^r \to 0$		$1-1/2^r \to 100$

2）近交虽可使显性有益性状的基因纯合，但也可使隐性有害性状的基因纯合。如“卡拉库尔卷曲”式犊牛被毛、犊牛的一种先天性水肿，以及一种短头侏儒牛，就都是由隐性基因纯合造成的。因此，近交常用以发现和淘汰群体中的隐性有害性状的基因。

3）正常异交繁殖的植物进行近亲交配时，常产生近交衰退现象，即近交后代表现生活力、生产力、繁殖力、抗逆性、适应性的下降和生长发育缓慢等。尤其是异花授粉植物自交后代的退化现象尤为突出，而自花授粉植物自交后代的衰退现象不明显。其原因是：①由于近亲繁殖或自交使基因型的纯合程度增加，从而减弱了杂合基因的互补作用；②由于近亲繁殖或自交使不良的隐性基因被分离出来，表现了不良性状。

4）杂合体通过近亲繁殖或自交可以导致后代遗传性状趋于稳定。例如，杂合体 AaBb 通过自交后会分离出 AABB、AAbb、aaBB、aabb 四种纯合的基因型，一般情况下其后代的遗传性状会出现稳定性。因此，近亲繁殖或自交对于物种和品种的保纯具有重要意义。

（三）回交的遗传效应

回交是指杂种后代与其两个亲本之一的再次交配，也是近亲繁殖的一种方式。图 4-1 所示：甲 × 乙→F_1，F_1 × 乙→BC_1，BC_1 × 乙→BC_2…或甲 × 乙→F_1，F_1 × 甲→BC_1，BC_1 × 甲→ BC_2…其中 BC_1 表示回交第一代，BC_2 表示回交第二代，依次类推。被用来连续回交的亲本称为轮回亲本，未被用来连续回交的亲本称为非轮回亲本。回交的遗传效应有以下两个方面。

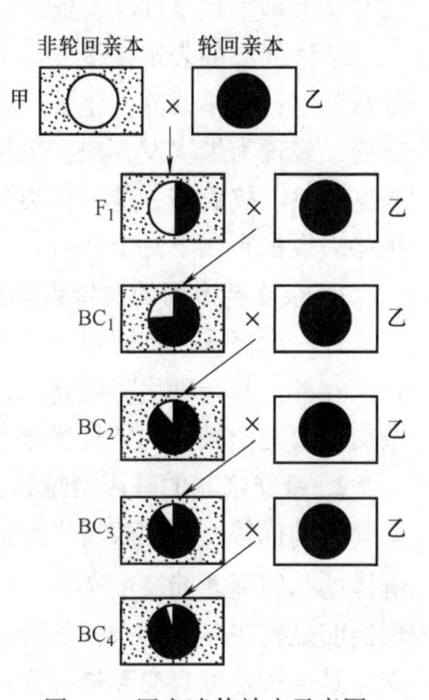

图 4-1　回交遗传效应示意图

1. 连续回交使后代基因组成被轮回亲本所置换

通过连续回交，其后代的细胞核基因将逐渐被轮回亲本的核基因所置换，后代的性状表现将趋同于轮回亲本，如图 4-1 所示。

当轮回亲本与非轮回亲本杂交后，其 F_1 的基因组成各占双亲的 1/2；一次回交后的 BC_1，其轮回亲本的基因组成将达到 3/4；在 BC_2 中，轮回亲本的基因组成达到 7/8；依次类推，BC_3 将达到 15/16，多次连续回交以后，其后代将基本上恢复为轮回亲本的基因组成。

2. 连续回交使后代基因型趋于定向纯合

在回交中，只要轮回亲本一旦确定，其基因型纯合的方向也就确定了，即将逐渐趋向于轮回亲本的纯合基因型，基因型纯合的速度比自交快。

回交在改进某品种的个别缺点方面效果最好，即将野生近缘植物的抗性基因通过杂交转移给栽培种，再多次与栽培种回交，即可得到改良。回交还可以转育雄性不育系。

（四）近亲繁殖在育种上的利用

近亲繁殖是育种工作的重要方法之一，其主要意义是使异质基因发生分离，导致基因型纯合，达到后代性状的稳定。

近亲繁殖主要是自交和兄妹交，其应用根据授粉方式和育种方法的不同而异。对于自花授粉植物本身就是天然自交，所以杂交育种时只要对其后代逐代种植，选择符合需要的分离个体，即可培育出稳定而纯合的新品种。在良种繁育中要近亲繁殖，保持遗传的稳定性，防止发生天然杂交造成品种的劣变。异花授粉植物由于天然杂交率高，群体内基因型是异质结合，所以在杂交育种和繁种时，要注意隔离方法的应用，控制传粉，防止发生非目的杂交。

在杂种优势利用方面，要求亲本的基因型必须纯合，性状具有典型性，使 F_1 具有高度整齐一致的优势。所以，亲本都要进行多代自交和选择形成自交系，然后测定各自交系的配合力，选择出最好的杂交种。那么，在自交系繁殖时，也要采用近亲繁殖的方法，防止发生天然杂交，保持亲本纯度。

二、杂种优势

（一）杂种优势的表现

杂种优势是生物界的普遍现象，它是指两个遗传组成不同的亲本杂交产生的杂种一代，在生长势、生活力、繁殖力、抗逆性、产量和品质上比其双亲优越的现象。杂种优势所涉及的性状大多为数量性状，通常以 F_1 超过双亲平均数的百分率来表示优势强度。

杂种优势的表现是多方面的，也是复杂的，按其性状表现的性质可分为三种类型：第一是营养型，就是营养体生长旺盛，植株高大，叶片肥厚；第二是生殖型，就是生殖器官发育旺盛，表现为果实发育快，数量多，种子和果实的产量高；第三是适应型，表现为抗旱、抗寒、耐热、抗病等。这三种类型的划分是相对的，它们的表现是综合的，不论哪种类型，其优势表现都有以下几个特点：

1. 杂交亲本间的遗传差异越大，杂种优势越明显

在一定范围内，双亲间的亲缘关系、生态类型和生理特性上差异越大，相对性状上的优缺点互补，其杂种优势就越强，反之则较弱。例如：玉米马齿型与硬粒型的杂交比同类型的杂交都表现出较强的杂种优势；圆叶菠菜与尖叶菠菜杂交，其后代都有较强的杂种优势。

2. 杂交亲本的基因型越纯，后代杂种优势越明显

杂种优势一般都表现出群体一致性强、株间整齐，这只有在双亲基因型高度纯合时，F_1 群体的基因型才能高度杂合。没有纯合基因型的出现，整个群体不会分离出混杂的植株，表现出明显整齐一致的杂种优势。如玉米自交系的杂种优势比品种间的杂种优势要强，因为自交系是通过连续自交和选择而成的基因型纯合的系统，所以杂交后的 F_1 群体中基因型具有整齐一致的异质性。

3. 杂种优势的大小与环境条件有密切的关系

性状的表现是基因型与环境条件共同作用的结果，不同的环境条件对于杂种优势表现的强度有很大的影响。经常可以看到同一杂交种在甲地表现出明显优势，但在乙地却表现不明显；即使是同一地区由于土壤环境、栽培技术、管理水平的不同，其杂种优势表现的程度都有很大的差异。一般来说，在相同不良的环境条件下，杂交种比双亲具有较强的适应能力。

（二）F_2 杂种优势的衰退

根据性状的遗传规律，F_2 是性状剧烈分离的世代。所以 F_2 与 F_1 相比较，在生长势、生活力、抗逆性和产量等方面都明显地表现下降，即衰退现象。并且，两个亲本基因型纯合程度越高，F_1 的杂种优势越强，其 F_2 的杂种优势衰退越明显。因为 F_1 基因型高度杂合，产生多种类型的配子，它们相互结合就会形成多种基因型和表现型的个体，基因型和表现型出现了严重分离，造成 F_2 群体极不整齐，差异较大，失去了商品和经济价值。所以，杂交种只

能用 F_1 代，F_2一般不能利用，必须重新配制杂交种，只有这样才能满足生产的需要。

（三）杂种优势的遗传理论

杂种有优势，近亲繁殖有害，这已经在生产实践中被证实，并广泛利用。但对于杂种优势的遗传理论，目前只有被公认的显性假说和超显性假说。

1. 显性假说

显性假说是由布鲁斯和琼斯在 1910 年首先提出的。他们认为杂种优势是由于双亲的显性基因全部集聚在杂种中所引起的互补作用。因为生物个体基因处于杂合状态时，由于显性基因的存在，消除了隐性基因的有害或不利的效应，如图 4-2 所示。

在图 4-2 这五对基因中，亲本各为三个显性位点和两个显性位点，而 F_1的五个位点都存在显性基因掩盖隐性基因的作用，使不良的隐性基因得不到表现，双亲的有利基因得到了互补，从而使杂种产生了超越双亲的优势。

P　$\frac{aBC}{aBC}\ \frac{dE}{dE} \times \frac{Abc}{Abc}\ \frac{De}{De}$

↓

F_1　$\frac{aBC}{Abc}\ \frac{dE}{De}$

图 4-2　显性假说示意图

在生物细胞内的各对基因中，有的是有利的基因，有的是有害无益的基因，有害基因多呈隐性状态存在。对一个杂交亲本来说，有一些优良的显性基因，也有一些不良的隐性基因，并具有一定的连锁关系，这样，杂交后各对基因都呈杂合状态，隐性基因被显性基因掩盖，而表现优势，并且 F_1基因型高度一致，表现了性状的整齐一致性，但它不能解释数量性状的遗传。

2. 超显性假说

超显性假说也称为等位基因异质结合优势假说，它是由沙尔和伊斯特于 1908 年提出的。他们一致认为基因型的杂合性可引起某些生理刺激，因而产生杂种优势。伊斯特于 1936 年对超显性假说做了进一步的说明，指出杂种优势来源于双亲基因型的异质结合所引起的基因间的互作。根据这一假说，等位基因间没有显隐关系，从而使杂合基因多的杂种 F_1代优于纯合基因多的亲本（图 4-3）。

P　$\frac{a_1b_1}{a_1b_1}\ \frac{c_1d_1}{c_1d_1} \times \frac{a_2b_2}{a_2b_2}\ \frac{c_2d_2}{c_2d_2}$

(1+1+1+1=4)　↓　(1+1+1+1=4)

F_1　$\frac{a_1b_1}{a_2b_2}\ \frac{c_1d_1}{c_2d_2}$

(1+1+1+1+1+1+1+1=8)

图 4-3　超显性假说示意图

从图 4-3 看出，a_1 只支配一种代谢机能，a_2 能支配另一种代谢机能，则 a_1a_1 和 a_2a_2 各自分别支配一种代谢机能，而杂合的 a_1a_2则能同时具有两种代谢机能。那么，亲本 1 的遗传效能为 4，亲本 2 的遗传效能也是 4，杂交后 F_1的遗传效能增大为 8，这就是杂种优势。这样的杂合基因越多，它们共同发挥的遗传效能就越大。

上述两种假说从不同角度解释了杂种优势，其不同点在于：显性假说认为，杂种优势是由于双亲的显性基因间的互补，即 $AA = Aa > aa$；超显性假说认为，杂种优势是由于异质等位基因间的互作，即 $A_1A_1 < A_1A_2 > A_2A_2$。育种实践证明，两种假说均在一定程度上解释了杂种优势，但都有一定的片面性。杂种优势的遗传是复杂的，遗传机制尚未真正了解，需要继续深入地研究。

（四）杂种优势的利用

杂种优势在农业生产上已经广泛利用，是提高产量、改进品质和增强抗性的重要措施之一，杂种优势的利用程度因植物授粉繁殖方式的不同而异。

1. 有性繁殖植物

在有性繁殖的植物中主要是一、二年生的草本植物，它们利用杂种优势时通常只能利用F_1，因此需要每年配制杂交种，这就比较费工费时，增加种子的生产成本。为提高经济效益，降低成本，应从以下三方面加以考虑：

（1）保持和提高杂交亲本的纯合度　只有亲本的基因型高度纯合，F_1的基因型才能高度杂合，使性状表现出高度的一致性。

（2）选配优良的杂交组合　不同的亲本、不同的杂交组合，其产生的杂种优势强度不同，为了充分利用杂种优势，必须进行杂交亲本的选择和杂交组合的选配，以便把最优良的杂交种选育出来，获得大幅度的增产效果。

（3）采用简便易行的制种技术　杂交种子需要年年配制供生产上应用，工作量较大，有的还需要人工去雄、授粉，费时费力。所以，采用简便易行、省工省力的制种技术，对于提高经济效益，降低制种成本意义重大。现在生产中利用雄性不育系、自交不亲和系、雌性系等在有些植物中已经实施。

2. 无性繁殖植物

对于无性繁殖植物，如果树、部分园林植物、甘薯、马铃薯等，只要通过品种间杂交产生杂种第一代，然后选择杂种优势强的单株进行无性繁殖，即可形成一个新的优良无性系品种。

无性繁殖是固定杂种优势的方法之一。此外，利用组织培养可将优良F_1的体细胞培养成幼苗，再进行生产；也可采用无融合生殖，即由胚珠或珠心细胞进行无孢子生殖，形成二倍体胚或种子，或者由珠心组织在胚珠中形成不定胚（$2n$），使F_1的杂合性及杂种优势得以延续。但固定杂种优势的方法有待进一步完善，一些复杂的细胞学技术尚未成熟，需要深入地研究和解决。

（五）雄性不育与杂种优势

1. 雄性不育的概念

植物雄性不育是由于生理上或遗传上的原因所造成的花粉败育。前者被称为生理性雄性不育，是不遗传的。后者被称为遗传性雄性不育，遗传学上主要探讨遗传性雄性不育。植物雄性不育是指雄蕊发育不正常，不能产生有功能的花粉，但雌蕊发育正常，能够接受正常花粉而受精结实的现象。

雄性不育在植物界是很普遍的现象。人们已经在21个科的200种植物中发现了雄性不育性的存在。根据雄性不育发生的遗传机制不同，将雄性不育分为核不育型、质不育型和质核互作不育型3种。其中质核互作不育型的实用价值较大，在杂种优势利用上具有重要价值。如果杂交的母本具有这种不育性，就可以免除人工去雄的手续，节约人力，从而降低杂交种子的制种成本，保证杂交种子的杂合一致性。目前，在水稻、玉米、高粱、蓖麻、甜菜、油菜、洋葱、萝卜等作物上，已经广泛利用雄性不育进行杂交种子的生产。

2. 雄性不育的类别及其遗传特点

（1）核不育型

1）隐性雄性不育。这是一种由细胞核内染色体上的隐性基因所决定的雄性不育型，在较大的植物群体内，有可能找到由隐性雄性不育基因控制的雄性不育株（rfrf），一般是正常

植株（RfRf）发生自然突变产生的杂合可育株（Rfrf）自交后分离出的隐性纯合体（rfrf）。在含有这种不育株的群体中，不育株没有正常花粉，不能自交。用雄性可育株（RfRf）与雄性不育株（rfrf）杂交，F_1杂合雄性可育，F_2的育性3∶1分离出雄性可育株和雄性不育株。用不育株（rfrf）与杂合可育株（Rfrf）杂交，子代按1∶1分离出雄性不育株和杂合可育株。因为这种杂合可育株能够保持不育株子代群体一半左右的雄性不育株，所以把这种杂合可育株称作半保持系。把杂合可育株与不育株称作两用系（图4-4）。

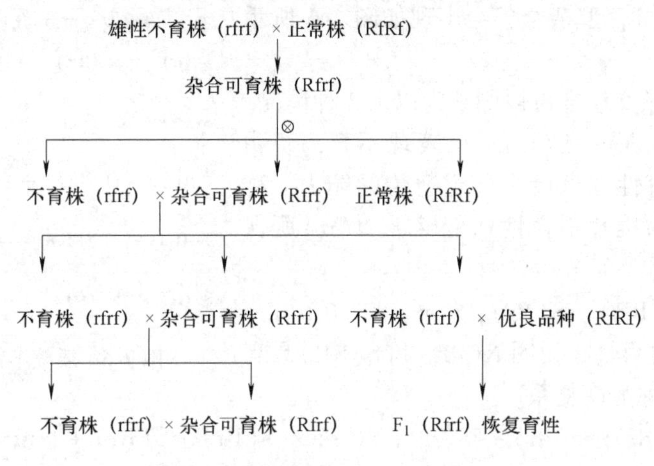

图4-4　隐性雄性不育的遗传与利用

2）显性雄性不育。在棉花、小麦、马铃薯、亚麻、谷子、莴苣等植物中已发现了显性核不育。一般表现为单基因不育，这种不育性是基因突变的结果。正常植株（msms）发生突变成为显性不育植株（Msms），具有显性不育基因（Ms），不能产生花粉。它的两种卵细胞都有受精能力，能够接受隐性可育株（msms）的花粉，其子代出现显性不育株（Msms）和隐性不育株（msms）1∶1分离，正常植株自交后代育性正常（图4-5）。如20世纪70年代末在山西省太谷发现了由显性雄性不育基因所控制的太谷显性核不育小麦，其不育性的表现是完全的，是最有价值的显性雄性不育种质资源。

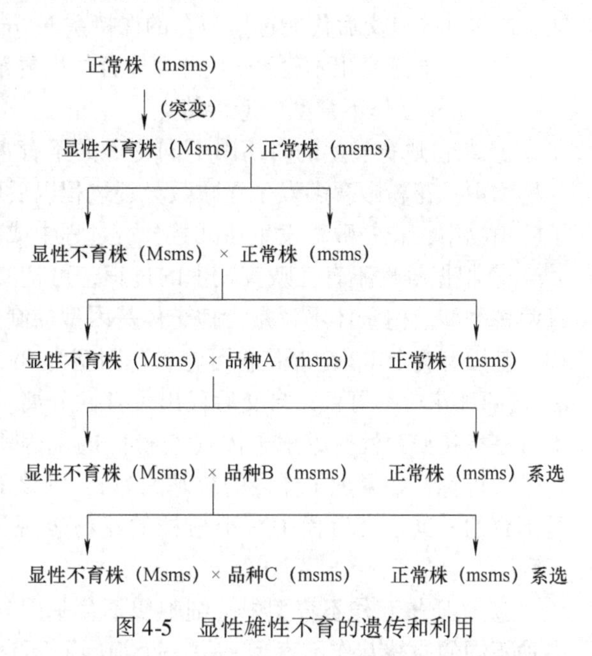

图4-5　显性雄性不育的遗传和利用

（2）质不育型　这是由细胞质基因控制的不育类型。现已经在80多种高等植物如玉米、小麦中发现这种不育类型。用这种不育类型作母本，与雄性可育株杂交，后代仍然不育。质不育型容易保持但不易恢复，因此这种类型的不育在生产上是难以利用的。

（3）质核互作不育型　这是由细胞质基因与核基因相互作用共同控制的雄性不育类型，简称质核型，一般用CMS表示。在玉米、水稻、高粱、矮牵牛、胡萝卜等作物中均有发现。

遗传研究证明，质核不育型是由不育的细胞质基因和相对应的核基因所决定的。当细胞质不育基因S存在时，核内必须有相对应的一对隐性基因（rr），只有这样个体才能表现不育。在杂交或回交时，只要父本核内没有R基因，则杂交子代一直保持雄性不育，表现了细胞质遗传的特征。如果细胞质基因是正常可育基因N，即使核内基因是rr，个体仍然是正常可育的；如果核内存在显性基因R时，不论细胞质基因是S还是N，个体均表现正常可育。

1）质核互作不育型的遗传原理。以不育个体为母本，分别与5种可育型杂交，会出现如图4-6所示的结果。

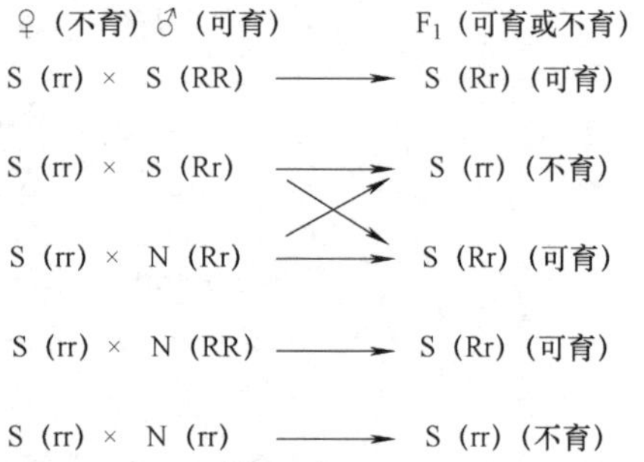

♀（不育）♂（可育）		F_1（可育或不育）
S（rr）× S（RR）	→	S（Rr）（可育）
S（rr）× S（Rr）	↘↗	S（rr）（不育）
S（rr）× N（Rr）	↗↘	S（Rr）（可育）
S（rr）× N（RR）	→	S（Rr）（可育）
S（rr）× N（rr）	→	S（rr）（不育）

图4-6　质核不育型遗传示意图

图4-6中各种杂交组合可以归纳为以下3种情况。

① S(rr) × N(rr)→S(rr)。F_1表现不育，说明N(rr)具有保持不育性在世代中稳定遗传的能力，称为保持系。S(rr)的雄性不育性状能够被N(rr)所保持，称为不育系。

② S(rr) × N(RR)→S(Rr)，S(rr) × S(RR)→S(Rr)。F_1全部恢复育性，说明N(RR)和S(RR)具有恢复育性的能力，称为恢复系。

③ S(rr) × N(Rr)→S(Rr) + S(rr)，S(rr) × S(Rr)→S(Rr) + S(rr)。F_1表现育性分离。说明了N（Rr）和S（Rr）都具有杂合的恢复育性的能力，称为恢复性杂合体。由此可知，N(Rr)的自交后代能选出纯合的保持系N(rr)和纯合的恢复系N(RR)；而从S(Rr)的自交后代中，能选育出不育系S(rr)和纯合的恢复系S(RR)。

2）质核互作不育型的遗传特点。

① 花粉败育发生的时期因不同物种的不育遗传系统而异。在小麦、玉米和高粱等单子叶植物中，花粉败育多发生在减数分裂过程以后的雄配子形成期；而在矮牵牛、胡萝卜等双子叶植物中，花粉败育发生在减数分裂过程中或减数分裂之前。

② 根据雄性不育性败育发生的过程，可把质核互作不育型分为孢子体不育和配子体不育两种类型。孢子体不育是指孢子体基因型控制的花粉不育，与花粉本身的基因型无关。例如，基因型为RR，全部花粉可育；基因型为Rr，产生两种花粉，一种含有R，另一种含有r，这两种花粉都可育，自交后代出现育性分离。玉米的T型不育系属于这种类型。配子体不育是指花粉育性受雄配子体（花粉）的基因所决定。如果配子体内的核基因为R，则该配子体可育；如果配子体内的核基因为r，则该配子体不育。因此杂合体植株的花粉有一半是不育的。其自交后代中一半植株的花粉表现为半不育。玉米的M型不育系就是配子体不育。

③ 在质核互作不育型中，细胞质不育基因与核不育基因有对应关系。同一植物可以有多种不同的质核互作不育型。每一个细胞质不育基因在细胞核内有与之相对应的核不育基因。由于细胞质不育基因和核基因的来源和性质不同，在表现特征和育性恢复反应上可能有明显的差异。这种情况在小麦、玉米、水稻中均有发现。由于这种对应关系，对每一种不育类型来说，都需要与之对应的特定恢复基因来恢复育性。

④ 单基因不育性和多基因不育性。核遗传性的不育性多数表现单基因的遗传，很少有多基因控制的报道。但是，质核遗传型则既有单基因控制的，也有多基因控制的。单基因不

育性是指一个细胞质基因与相对应的一对核基因共同决定不育性，一个恢复基因就可以恢复。但是有些不育系则由两对以上的核基因与相对应的细胞质基因共同决定，恢复基因间的关系则比较复杂，其效应可能是累加的也可能是其他的互作形式。有的恢复基因的效应较大，有的则起微效修饰作用。在质核互作不育型中，由多基因控制的不育性较为普遍。

⑤ 环境条件影响不育性和育性的恢复，特别是由多基因控制的育性。例如：高粱3179A 不育系是在高温季节开花的个体，经常出现正常的黄色花粉；法国小麦品种“Primepi”对提莫菲维不育系的恢复能力在瑞士可达100%，而在苏联则仅达80%。

3. 雄性不育性的利用

雄性不育主要应用在杂种优势上，在生产上种植杂种 F_1，需要年年配制杂交种，对于水稻、小麦等两性花的作物，依靠人工去雄授粉杂交的方法获得杂交种子，就会使制种成本高，难于在生产中推广。而利用雄性不育系作杂交母本，就可以免除人工去雄的工作，能够得到大量的杂交种子，并能够保证杂交种子的纯度。

目前在生产上应用推广的主要是质核互作不育型。利用这种雄性不育时必须要“三系”配套（三系法），即雄性不育系、保持系和恢复系，缺一不可。三系配套的制种原理如图 4-7 所示。

用简式表示如下：

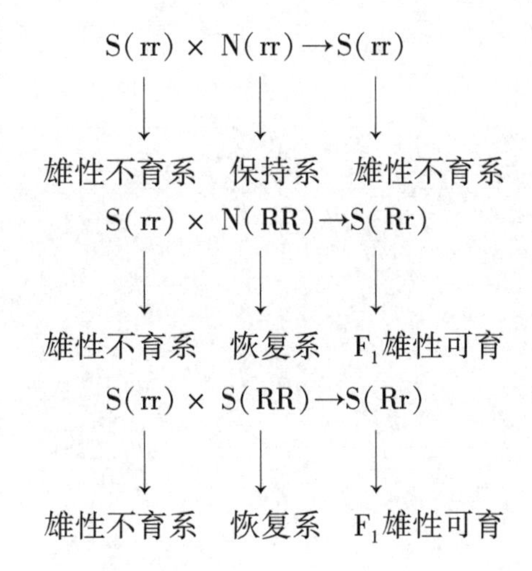

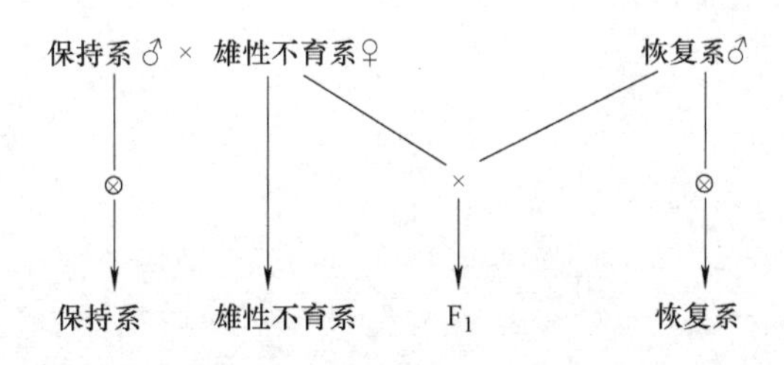

图 4-7　三系配套的制种原理示意图

复习思考题

1. 什么是近亲繁殖？近亲繁殖有几种交配形式？
2. 近亲繁殖有什么遗传效应？在育种上有何作用？
3. 回交在品种选育方面有什么利用价值？
4. 什么是杂种优势？杂种优势有哪些表现？
5. 显性假说与超显性假说的基本内容是什么？它们之间有何区别？
6. F_2为什么会出现衰退？
7. 举例说明杂种优势在生产上的应用价值。
8. 植物的雄性不育类别及遗传特点是什么？
9. 如果发现一株雄性不育植株，你如何确定它是单倍体、远源杂交 F_1、生理不育、核不育？
10. 用雄性不育系与恢复系杂交，得到 F_1全部正常可育。F_1的花粉再给雄性不育系授粉，后代中出现80 株可育株和 240 株不育株。试分析该雄性不育系的类型及遗传基础。

第五章 遗传变异

学习目标：

1. 了解基因突变的概念和特征。
2. 掌握植物基因突变的性状表现。
3. 了解植物基因突变的鉴定与诱发。
4. 掌握植物染色体形态结构变异。
5. 掌握植物染色体数目变异。

揭开克隆植物外观差异之谜 源于基因突变

科学家找到了克隆植物外观差异之谜的原因——再生植物的基因组中携带了出现频率相对较高的新DNA序列变异，科学家们已经知道，克隆生物并不总是外观一致的：尽管事实上克隆生物是源于基因一致的生成细胞，但是它们的外观特征可能发生变化，而且这种变化可以被传递到下一代。

一支来自英国牛津大学和沙特阿卜杜拉国王科技大学的研究小组提出，他们找到了植物发生这种现象的原因——再生植物的基因组中携带了出现频率相对较高的新DNA序列变异，而这些变异并没有出现在供体植物的基因组中。“科学家从亲本植物上提取部分组织并从这个小碎片中培养出新的植物，实际上都是在利用植物能够自我再生的能力，”文章通信作者、牛津大学植物系教授尼古拉斯·哈伯德认为，“但是有些时候再生植物并非是外表一致的，即使它们来自同一个亲本植物。我们的工作揭示了这种表观变化的一个原因。”该小组在7月28日出版的《当代生物学》（Current Biology）杂志上发表了他们的研究成果。DNA测序技术可以一次性将生物完整的基因组解码，即全基因组测序，使用这种技术，研究人员分析了小型开花植物拟南芥的克隆体。他们发现，再生植物的表观变化主要是由于自身基因序列的高频率变异，而这种变异并不存在于亲本植物的基因中。“这些变异来自哪里仍是一个谜，”哈伯德教授说，“它们或许产生于自身再生的过程中，也可能产生于亲本植物进行细胞分裂产生根细胞的过程中，而再生植物就是从这些根细胞培育来的。我们正在制订进一步的研究计划以确定到底是哪个过程中产生了这些变异。我们可以确定地说，数百万年来在植物繁殖上，自然界一直在可靠地使用大家称的‘克隆’方式，并且这些变异的引入必定有着有利于进化方面的原因。”

这个新的研究结论暗示，克隆植物差异的产生与克隆动物差异的产生或许有着不同的根本原因，关于后者，通常认为环境因素对动物基因如何表达的影响是最重要的，并且类似的高频率变异并没有被观察到。哈伯德教授认为：“我们的研究结论强调，克隆植物和克隆动物有很大的区别，它们有助于我们去了解细菌和癌细胞都是怎样自我复制的，以及在这个最终对人体健康产生影响的过程中变异是如何产生的。”（来源：科学时报，2011-08-18）

1. 基因突变对育种有益有害？
2. 基因突变与性状表达的关系？

一、基因突变

（一）基因突变的概念和特征

1. 基因突变的概念以及作用

1910年摩尔根首先发现大量野生的红眼果蝇中存在一只白眼果蝇，经研究肯定其是基因突变造成的。此后大量的研究表明，基因突变并非罕见的现象，而是在动物、植物以及细菌、病毒中广泛存在的现象，如水稻的矮生型、棉花的短果枝、玉米的糯性胚乳等性状，都是基因突变的结果。基因突变就是指染色体上某一基因位点内部发生了化学性质的变化，与原来基因形成对性关系，又叫作点突变。由于基因突变而表现突变性状的细胞或个体，称为突变体，或称为突变型。基因突变为人类进行育种提供了有利的条件，在果树当中有一些品种就是经过基因突变所形成的。不过自然突变出现的频率较低，远不能满足工作的需要。因此，如何提高突变的频率是育种者首先关心的问题。现在研究表明，在理化因素作用下人工可诱发基因突变，而且诱发突变出现的频率较高，能增加物种的多样性，为育种提供了更多的可选择资源。

2. 基因突变率

自然条件下，基因的突变率是很低的，这也是物种稳定的一个重要原因。一般来说，基因突变率在高等生物中为$1\times10^{-8}\sim1\times10^{-5}$；低等生物与高等生物相比，突变率因种类不同而不同，变异幅度较大，如细菌，基因突变率为$1\times10^{-10}\sim1\times10^{-4}$，即在1万～100亿个细菌中可以看到一个突变体。在有性生殖的生物中估算基因突变率通常是用每一配子发生突变的概率表示。在无性繁殖的细菌中，突变率是用每一细胞世代中每一细菌发生突变的概率表示，即用一定数目的细菌在分裂一次过程中发生突变的次数表示。

突变可以发生在生物个体发育的任何时期，性细胞的突变频率比体细胞的高。当发现体细胞的突变时，需将它从母体上及时地分割下来加以无性繁殖，许多植物的芽变就是体细胞突变的结果。育种上每当发现性状优良的芽变就要及时地采用扦插、压条、嫁接或组织培养等方法加以繁殖，使它保留下来，否则将会消失。

3. 基因突变的一般特征

（1）突变的重演性和可逆性　同一突变可以在同种生物的不同个体间多次重复发生，

这称为突变的重演性。例如：果蝇的白眼突变在多个个体中发现。基因突变像许多生物化学反应过程一样是可逆的，即显性基因可以突变为隐性基因；隐性基因可以突变为显性基因。前者称为正突变，后者称为反突变或恢复突变。例如，水稻有芒基因 A 可以突变为无芒基因 a，而无芒基因 a 又可突变为有芒基因 A。但正突变与反突变发生的频率一般是不一样的，在多数情况下，正突变率总是高于反突变率，通常以 u 表示正突变率，以 v 表示反突变率。这是因为一个正常野生型基因内部许多座位上的分子结构，都可能发生改变而导致基因突变；但是一个突变基因内部却只有那个被改变了的结构恢复原状，才能恢复为正常野生型。不过，除了基因内部结构发生缺失而引起基因突变以外，一切突变基因都有可能恢复为原来的基因结构，这也就是基因突变可逆性的机理。

（2）突变的多方向性和复等位基因　突变的多方向性是指基因突变的方向可以多方向发生，自然条件下的变异是不定向的。例如，基因 A 可以突变为 a，也可以突变为 a_1、a_2、a_3等。这些基因和基因 A 形成对性关系，彼此之间也都存在有对性关系，并且都是隐性基因，但 a_1、a_2、a_3等基因之间的生理功能不同，所表现出的性状也各不相同。位于同一基因位点上的各个等位基因在遗传学上称为复等位基因。它们普遍存在于同一生物类型的不同个体里，复等位基因并不同时存在于同一个体里（同源多倍体是例外）。在每一个体里，复等位基因位于同一个基因位点上，彼此之间具有对性关系。遗传试验表明，复等位基因间用其中表现型不同的两个纯合体杂交，F_2都呈现等位基因的分离比例 3∶1 或 1∶2∶1。例如，人的 ABO 血型就是由 I^A、I^B和 i 这 3 个复等位基因所决定的，其关系为 I^A基因、I^B基因分别对 i 基因为显性，I^A与 I^B为共显性。任何一个人不会同时具有这 3 个复等位基因，只具有其中任意两个而表现出一种特定的血型。当基因型为 I^AI^A、I^Ai 时，血型为 A；当基因型为 I^Bi、I^BI^B时，血型为 B；当基因型为 I^AI^B时，血型为 AB；当基因型为 ii 时，血型为 O。其中，根据 ABO 血型的遗传规律可进行亲子鉴定。以父母亲均为 A 型血为例，可推测出其后代不会出现 B 型血（遗传模式如图 5-1 所示）。

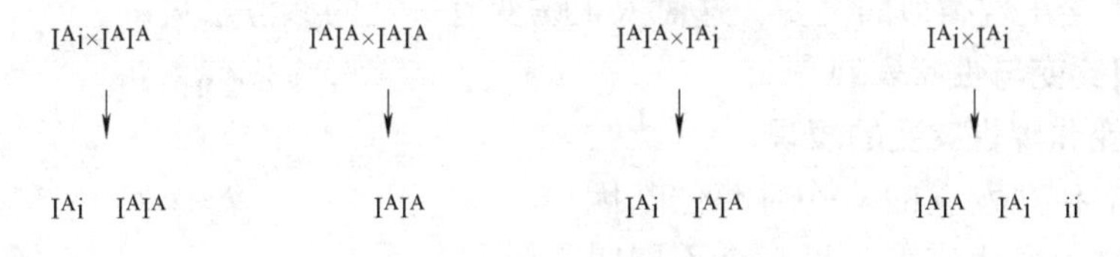

图 5-1　父母均为 A 型血的遗传图解

复等位基因的出现，增加了生物的多样性，为生物的适应性和育种工作提供了丰富的资源。

（3）突变的有害性和有利性　目前自然界存在的生物都是经历长期自然选择进化而来的，它们的遗传物质及其控制下的代谢过程，都已达到相对平衡和协调状态。因此如果某一基因发生突变，原有的协调关系不可避免地要遭到破坏或削弱，生物赖以正常生活的代谢关系就会被打乱。大多数时候的改变使生物对自然环境的适应性降低，而引起程度不同的危害。危害程度因不同作物不同种类而异，一般表现为生理代谢能力降低，生育异常，极端的会导致死亡，这种导致个体死亡的突变，称为致死突变。致死突变现象最初是在小鼠的毛色遗传中发现的，黄色鼠对于黑色鼠来说是一种基因突变型（图 5-2）。研究表明，突变的黄色基因 A^Y对黑色基因 a 为显性，但 A^Y具有纯合致死的效应。因此，在黄色鼠为杂合体 A^Ya时，可以正常存活，但黄色鼠为纯合体 A^YA^Y时即死亡。

由图 5-2 可知，正常情况下黄色鼠杂合个体杂交其分离比例是 3：1，但在实际工作中其分离比例是 2：1，而且从未获得纯合的黄色个体，说明了 A^Y 具有纯合致死的效应。后来进一步的解剖分析也证实，这种纯合突变体的胚胎在母体内就已死亡了。

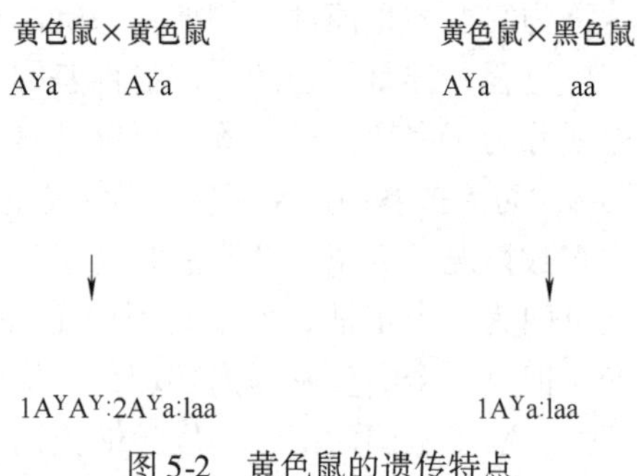

图 5-2　黄色鼠的遗传特点

虽然多数基因突变是有害的，但还有少数基因突变不仅对生物的生命活动无害，反而对它本身有利，如抗病性、优质、早熟性等。另外在自然界中控制一些次要性状的基因即使发生突变，也不会影响生物的正常生理活动，因而仍能保持其正常的生活力和繁殖力，为自然选择保留下来，这类突变一般称为中性突变，如小麦粒色的变化、水稻芒的有无等。而这些突变可能是对人类有益的，可以作为选择育种的标记性状或用作特殊用途育种的原始材料。

在一定的条件下，突变的有害性与有利性可以相互转化，有害可以变为有利。例如，作物的高秆性状突变为矮秆，当周围都是高秆作物个体时矮秆植株因受光不足，发育不良，表现为有害性。但矮秆植株有较强的抗倒伏能力，可以在多风或高肥地区生长表现较好，有害反而变为有利。有的突变性状对生物本身有利，而对人类则有害，如谷类作物的落粒性等。相反地，有些突变对生物本身有害而对人类却有利，如十字花科作物的雄性不育等，它可作为人类利用杂种优势的一种良好材料，免除人工去雄的繁重劳动。

（4）突变的平行性　突变的平行性是指亲缘关系相近的物种因遗传基础比较近似，往往发生相似的基因突变。当了解到一个物种或属内具有哪些变异类型，就能预见到近缘的其他物种或属也同样存在相似的变异类型。例如，小麦有早熟、晚熟变异类型，属于禾本科其他物种的品种如大麦、黑麦、燕麦、高粱、玉米、黍、稻、冰草等也同样存在这些变异类型。由于突变平行性的存在，如果在某一个物种或属内发现一些突变，可以预期在同种的其他物种或属内也会出现类似的突变，这对人工诱变有一定的参考意义。

（二）基因突变与性状表现

1. 显性突变和隐性突变的表现

基因突变是独立发生的，一对等位基因一般总是其中之一发生突变，另一个不同时发生突变。基因突变表现世代的早晚和纯化速度的快慢，因显隐性而有所不同。在自交的情况下，相对地说，显性突变表现得早而纯合得慢；隐性突变与此相反，表现得晚而纯合得快。前者在第一代就能表现，第二代能够纯合，而检出突变纯合体则有待于第三代。后者在第二代表现，第二代纯合，检出突变纯合体也在第二代（图 5-3）。

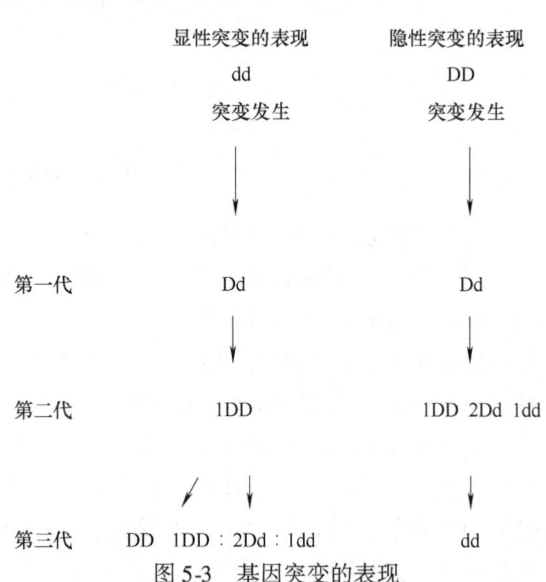

图 5-3　基因突变的表现

突变发生的部位以及繁殖的方式决定了突变性状的表现形式，体细胞中的隐性基因

如果发生显性突变，当代个体就以嵌合体的形式表现出突变性状，要从其中选出纯合体，还须通过有性繁殖自交两代。如果发生隐性突变，虽然当代已成为杂合体，但突变性状因受显性基因掩盖并不表现，要使表现还须通过有性繁殖自交一代。突变性状的表现既因作物繁殖方式而不同，又因授粉方式不同而有别。当显性基因突变为隐性基因时，自花授粉植物只要通过自交繁殖，突变性状就会分离出来。异花授粉植物则不然，它会在群体中长期保持异质结合而不表现，只有进行人工自交或互交时，纯合的突变体才有可能出现。

2. 大突变和微突变的表现

基因突变引起性状变异的程度是不相同的。有些突变效应表现明显，容易识别，这叫大突变。控制质量性状的基因突变大都属于大突变，如豌豆籽粒的圆形和皱形、玉米籽粒的糯性和非糯性等。有些突变效应表现微小，较难察觉，这叫微突变。控制数量性状的基因突变大都属于微突变，如玉米的长果穗和短果穗、小麦的大粒和小粒等。为了鉴别微突变的遗传效应，常需要借助统计方法加以研究分析。控制数量性状遗传的基因是微效的、累加的，因此，尽管微突变中每个基因的遗传效应比较微小，但在多基因的条件下可以积小为大，最终可以积量变为质变，表现出显著的作用。试验表明，在微突变中出现的有利突变率高于大突变，所以在育种工作中要特别注意微突变的分析和选择，在注意大突变的同时，也应重视微突变。

（三）基因突变的鉴定与诱发

1. 植物基因突变的鉴定

（1）突变发生的鉴定　在处理材料的后代中，一旦发现与原始亲本不同的变异体，就要鉴定它是否真实遗传。变异分为可遗传的变异与不遗传的变异两类，实质上就是这种变异是由环境所导致的还是由基因遗传所造成的。由基因本身发生某种化学变化而引起的变异是可遗传的，而由一般环境条件导致的变异是不遗传的。例如，某种高秆植物经理化因素处理，在其后代中发现个别矮秆的植株，为探明其变异体是可遗传变异还是不遗传变异，需要把发现的变异体连同原始亲本一起种植在土壤和栽培条件基本均匀一致的条件下，仔细观察比较两者的表现。如果变异体与原始亲本大体表现相似，即都是高秆，说明它是不遗传的变异；反之，如果变异体与原始亲本不同，仍然表现为矮秆，说明它是可遗传的变异，是基因发生了突变。

（2）显隐性的鉴定　突变体究竟是显性突变还是隐性突变，可利用杂交试验加以鉴定。让突变体矮秆植株与原始亲本杂交，如果 F_1 表现高秆植株，F_2 既有高秆植株，又有因分离而出现的矮秆植株，这说明矮秆突变是隐性突变，而不是显性突变。如果属于显性突变，也可用同样方法加以鉴定。

2. 基因突变的诱发

自然条件下各种植物和动物发生基因突变的频率总是比较低的。基因表现的这种相对稳定性，对生物种性的稳定是非常重要的，但对植物和动物的育种工作来说，却是获得大量变异类型的一个障碍。人工诱发基因突变可以大大提高突变率，增加群体的变异程度，创造新的变异类型。诱发突变是 1927 年穆勒和斯特德勒用 X 射线开始研究的。此后，利用各种物理的、化学的诱变因素进行诱变工作在世界范围内展开了。

（1）物理因素诱变　这里所指的物理因素只限于各种电离辐射和非电离辐射。辐射是一种很好的能量来源，如 X 射线、γ 射线、β 射线、中子等粒子都是能量很高的辐射。经过

这些高能量物质辐射的基因除产生热能和使原子激发外，还能使原子电离，产生突变。应该指出，辐射诱变的作用是随机的，方向不能确定，是不存在特异性的。性质和条件相同的辐射，可以诱发不同的变异，相反，性质和条件不同的辐射，可以诱发相同的变异。因此，当前只能通过辐射处理得到变异，还不能通过辐射处理得到变异。

1）电离辐射诱变。电离辐射包括β射线、α射线和中子等粒子辐射，还包括γ射线和X射线等电磁辐射。Co^{60}和Cs^{137}是γ射线的主要辐射源，中子的诱变效果最好，近年来应用次数日见增多。经中子照射的物体带有放射性，人体不能直接接触，必须注意防护。X射线、γ射线和中子都可用于外照射，即辐射源与接受照射的物体之间要保持一定的距离，让射线从物体之外透入物体之内，在体内诱发基因突变。α射线和β射线的穿透力很弱，故只能用于内照射。在实际内照射时，β射线常用的辐射源是P^{32}和S^{35}，尤以P^{32}使用较多。一般可用浸泡或注射的方法，使其渗入生物体内，在体内放出β射线进行诱变。

电离辐射的结果，轻则造成基因分子结构的改组，产生突变了的新基因，重则造成染色体的断裂，引起染色体结构的畸变。所以在电离辐射作用下，基因突变和染色体畸变常常是交织在一起的。

2）非电离辐射诱变。这里所说的非电离辐射就是紫外线。紫外线的波长为15～380nm，只比可见光略短，集中在DNA的特定部位，显示了诱变作用的特异性。由于紫外线的波长较长，限制它往组织内部穿透的能力，所以紫外线一般只用于微生物或以高等生物配子为材料的诱变工作。即使如此，也只有30%的紫外线能够穿透玉米花粉粒的外壁。最有效的紫外线诱变波长为260nm左右，而这个波长正是DNA所吸收的紫外线波长。

（2）化学因素诱变　电离辐射的诱变作用是随机的，是不存在特异性的。化学药物的诱变作用与电离辐射不同，某些化学药物的诱变作用是有特异性的。因此，一定性质的药物能够诱发一定类型的变异。目前已经发现的化学诱变剂种类繁多，根据它们化学结构或功能的不同，可分为烷化剂、碱基类似物、抗生素等，以及一些零星的化学诱变剂，如5-氨基尿嘧啶、8-乙氧基咖啡碱、6-巯基嘌呤、5-溴尿嘧啶（5-BU）、5-溴去氧尿核苷、2-氨基嘌呤等。

二、染色体变异

染色体是由细胞中DNA和蛋白质组成的染色质高度螺旋化后形成的细胞核中的重要组成部分。作为重要的遗传物质，染色体的形态、结构和数目极为稳定，从而使得染色体上的全部基因以及其他序列稳定地遗传给子代细胞。然而，生物染色体的结构和数目并不是绝对一成不变的。自然条件下，染色体的结构和数目存在着一定的异常变化概率；而在营养条件、外界温度、生理因素以及理化因素的影响下，细胞中染色体的变异概率会大大增加。例如，暴露在紫外线、X射线、γ射线、中子下的细胞染色体容易受到损坏而折断，使结构发生改变，而秋水仙素等化学试剂则会改变细胞染色体的数目。

（一）染色体形态结构变异

染色体形态结构变异是指染色体片段折断—重接的变化过程，可分为缺失、重复、倒位、易位四种类型。缺失、重复属于一条染色体上染色体片段数目上的变异；倒位、易位属于一条染色体上染色体片段排列上的变异。而在发生缺失、重复、倒位、易位的过程中染色体的形态也可能随之改变。

1. 缺失

缺失是指一个正常染色体上某区段的丢失。丢失的染色体片段可以是几个基因或者是一个基因，也可以是基因的一部分。但是如果缺失的片段过长，对于正常二倍体生物来说通常是相当不利的。某一个片段缺失了染色体就是缺失了该片段上的基因，基因的缺失就会影响到这些基因所控制的植物生长发育过程。在个体发育中，缺失发生得越早，影响越大；缺失的片段越大，其缺失部分的基因越重要，对个体的影响也越严重。含缺失染色体的配子体通常是败育的，花粉尤其如此。

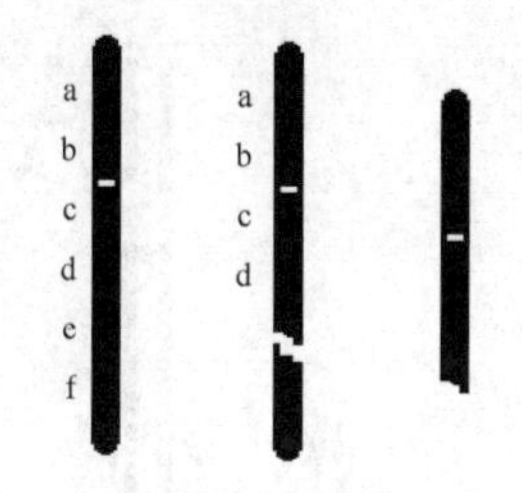

图 5-4　顶端缺失染色体的形成过程

例如：某染色体各区段的正常序列是 ab · cdef（·代表着丝点）。当该染色体缺失了端部 ef 时，所在的片段只剩余 ab · cd，就成为顶端缺失染色体（图 5-4）；当该染色体缺失了臂内部的 de 时，片段只剩余 ab · cf，就成了中间缺失染色体（图 5-5）；该染色体也可能缺失一条臂 ab 而余下 · cdef，这样就形成了顶端着丝点染色体（图 5-6）。缺失的无着丝点的区段称为断片。

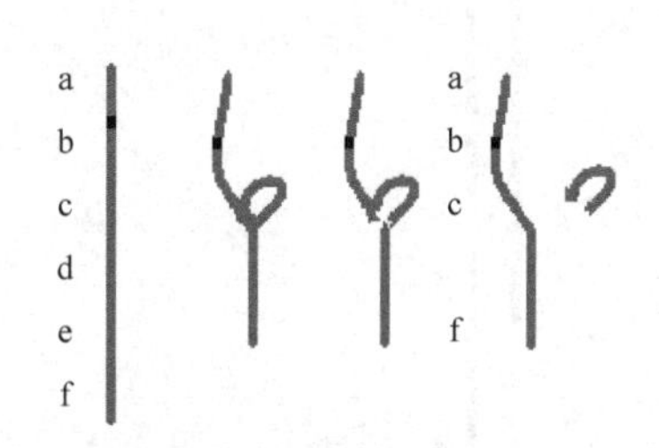

图 5-5　中间缺失染色体的形成过程

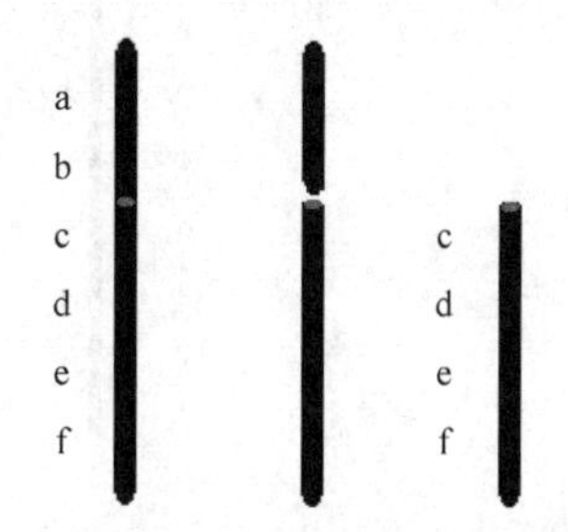

图 5-6　顶端着丝点染色体的形成过程

对于一个植物细胞来说，当同源染色体中只有一条发生缺失时，这样的细胞称为缺失杂合体；而同源染色体成对发生缺失的现象，则形成了缺失纯合体。对于缺失片段较长的发生中间缺失的缺失杂合体来说，可以通过减数分裂前期Ⅰ的偶线期和粗线期表现的异常加以鉴定。因为此时正常染色体和缺失染色体联会会表现出类似环状的结构。对于缺失片段较长的发生顶端缺失的缺失杂合体来说，可以通过检查双线期同源染色体末端是否等长来判断。对于最初发生缺失的细胞，一般看得到细胞质中无着丝点的断片。但是对于经过了多次分裂的子代细胞，要鉴定染色体结构的缺失现象，还要参照正常染色体的长度、着丝点的位置等依据。

2. 重复

重复是指一条正常染色体上多了本身的某一区段。一般来说，重复不像缺失那样对植物有害，在进化过程中有些重复还是有利的。因为重复可以免除缺失带来的负面影响，而且还能够引起显著的表现型效应。而且重复区段中的一套基因维持个体的正常机能，而“多余”的一套基因可能向多个方向突变。突变的最终结果为生物适应新环境提供了更多的机会。

（1）重复的形成过程及分类　对于重复可归纳为两大类型：顺接重复和反接重复。顺接重复是某区段按照本身在染色体上的顺序重复，如 ab · cdef 染色体中 de 区段发生重复后形成 ab · cdedef（图 5-7）。反接重复是某区段在重复时本身位置发生颠倒，如 ab · cdef 染色体中 de 区段发生重复后形成 ab · ceddef（图 5-8）。一般重复区段内不含着丝点，因为若含着丝点部位发生重复会形成双着丝点染色体，这种结构不稳定，还会继续发生染色体变异。重复和缺失有时总是共同出现，一条同源染色体的某一区段转移到另一条同源染色体上时，则一个染色体成为重复染色体，而另一个染色体则成为缺失染色体。

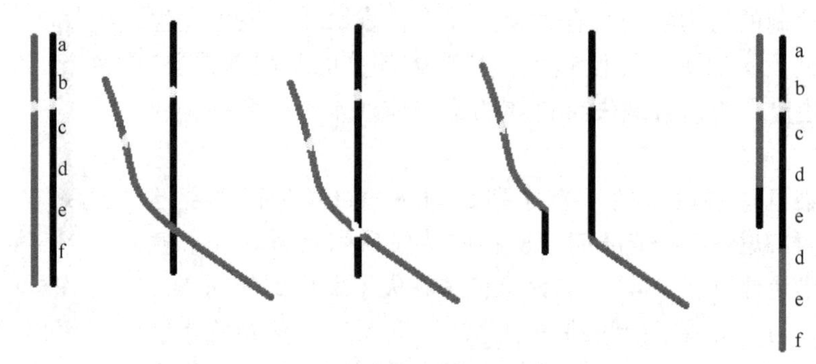

图 5-7　顺接重复的形成过程

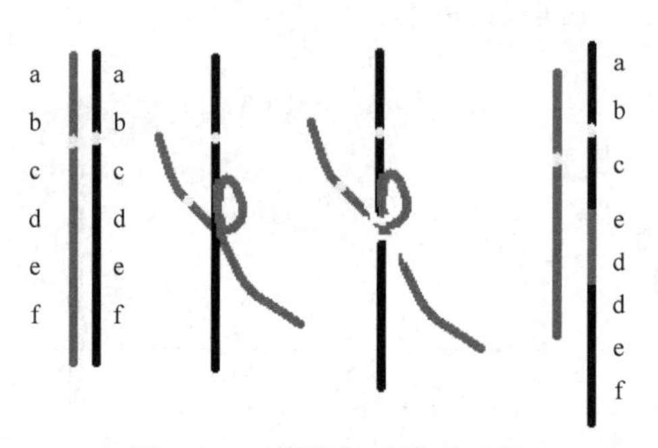

图 5-8　反接重复的形成过程

（2）重复的细胞学鉴定　鉴定重复染色体的方法与鉴定缺失相似。若重复区段较长，正常染色体和重复染色体联会时也会表现出类似环状的结构。但是，还要参照正常染色体的长度、着丝点的位置等依据以区别缺失杂合体的环状结构。若重复区段较短，则很难鉴定是否发生过重复，因为此时该区段只是伸长，不形成环状结构。

3. 倒位

倒位是指染色体上某一区段的顺序颠倒。当染色体发生倒位之后，倒位区域的基因与原来的排布也发生了变化。倒位区段内的各个基因和倒位区段外的各个基因之间的重组率也随之发生了改变。倒位杂合体形成的配子大多是异常的，从而影响了个体的育性。但是倒位的发生在进化角度上是有益处的，因为某些生物的倒位个体在一定环境下更容易生存，而且在一次次的倒位发生后，倒位纯合体通常也不能与原种个体间进行有性生殖，使倒位纯合体与原来物种之间形成生殖隔离，因而形成新物种或新种群，促进了物种的进化。

（1）倒位的形成过程及分类　倒位的形式有两种：臂间倒位和臂内倒位。如某染色体各区段的正常排列是 ab · cdef，若染色体变异后各区段形成 ab · cedf，说明该染色体发生了臂内倒位现象（图 5-9）；若染色体变异后各区段形成 adc · bef，说明该染色体发生了臂间倒位现象（图 5-10）。这也就是说，臂内倒位现象是倒位区段发生在某一个染色体臂上，而臂间倒位现象则是倒位区段包含染色体两个臂上的位点，倒位区段含有着丝点。

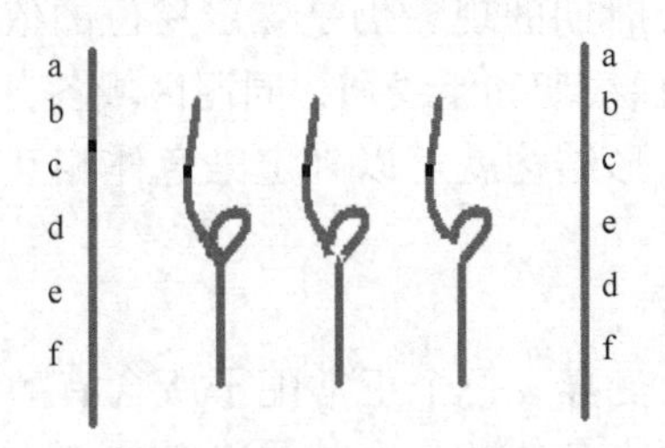

图 5-9 臂内倒位的形成过程

图 5-10 臂间倒位的形成过程

（2）倒位的细胞学鉴定 用细胞学方法鉴别倒位发生的常用途径是观察其与同源染色体的联会情况。若染色体上的倒位区段很长，则该染色体倒位区段将与其正常的同源染色体此区段联会，而两条染色体其他部分保持分离；若染色体上的倒位区段较短，则该染色体与其正常的同源染色体联会时，倒位区段会形成一个环形的圈。与重复、缺失所不同的是，此环状结构是由两条染色体共同形成（图 5-11）；而发生重复或缺失现象时，只有一条染色体形成环状结构（图 5-12）。

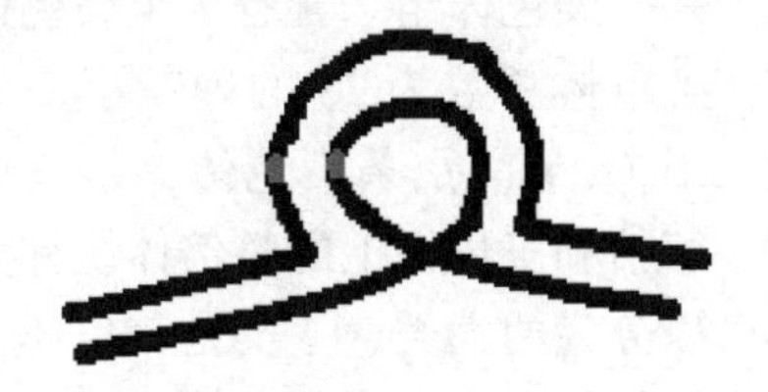

图 5-11 倒位环

图 5-12 重复或缺失环

4. 易位

易位是指一条染色体的某个区段移接在另一条非同源染色体上的现象。也就是说非同源染色体之间转移片段的现象称为易位。人们发现，许多的植物变种实际上就是由于染色体在进化过程中不断发生染色体易位现象而形成的。

（1）易位的形成过程及分类 易位是一种较复杂的染色体变异，同时涉及两个非同源染色体。对于某正常植物体中的 ab · cde 和 wx · yz 两条染色体，如果两个非同源染色体的某部分相互进行交换，这种易位称为相互易位（图 5-13），形成 ab · cdz 和 wx · ye 两条易位染色体；如果只是 ab · cde 染色体上的 d 区段嵌入 wx · yz 染色体，最后形成 ab · ce 和 wx · ydz，那么这种易位方式叫作简单易位，也叫转移（图 5-14）。简单易位是很少见的，常见的现象是染色体之间的相互易位。相互易位的遗传效应主要是产生部分异常的配子，使配子的育性降低。

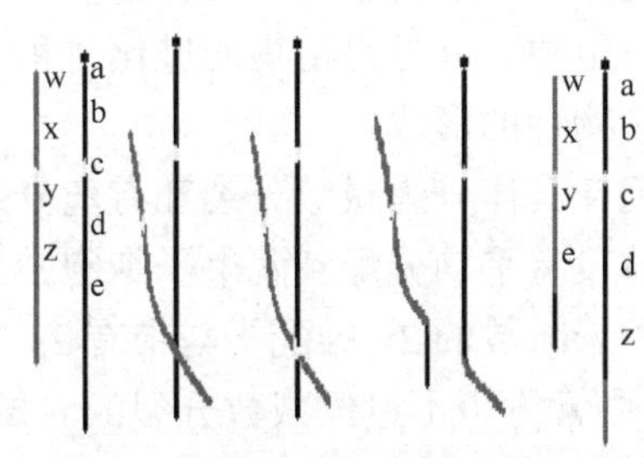

图 5-13 相互易位的形成过程

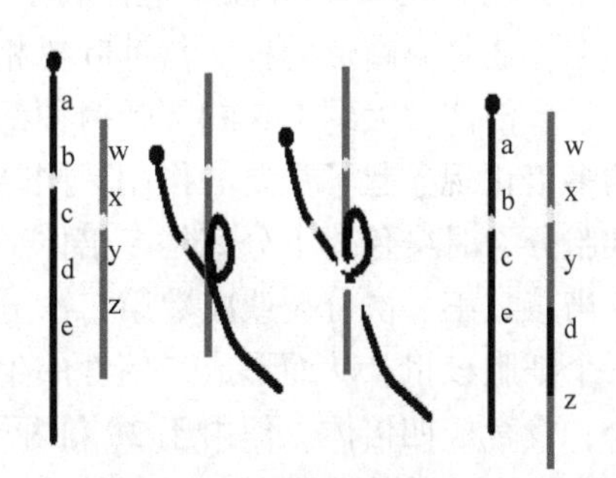

图 5-14 简单易位的形成过程

（2）易位的细胞学鉴定　在光学显微镜下，联会时期的现象仍是鉴定易位的依据。发生了易位的两条染色体及其同源染色体在减数分裂的偶线期和粗线期，同源区域各自相互配对，最终形成了一种“十字形”结构，通过这种十字形结构就可以判定染色体相互易位的发生。

（二）染色体数目的变异

遗传学研究发现，细胞中染色体数目也可以发生变异。一个正常配子所含有的所有形态、结构、功能以及连锁基因群都各不相同的非同源染色体的集合就是染色体组。也就是说，染色体组是植物为了维持其生活机能最低限度数目的一组染色体。在正常的染色体组基础上，如果细胞或植物个体所含有的染色体数量是染色体组数量的整数倍，那么称此细胞或个体为整倍体；如果其含有的染色体数量不是染色体组数量的整数倍，则把这样的细胞或个体称为非整倍体。

1. 整倍体

整倍体的植物染色体数目都是在某个基数上变化的。如小麦属各种：一粒小麦染色体数为14，即7×2；硬粒小麦染色体数为28，即7×4；普通小麦染色体数为42，即7×6。综合细胞学观察，认为小麦属细胞中由7个染色体组成了一个染色体组。含有7个染色体的小麦是一倍体，染色体总数为14的一粒小麦是二倍体，染色体总数为28的硬粒小麦为四倍体。以此类推，一粒小麦与硬粒小麦杂交的子代含有21（7+14）条染色体，是三倍体植物；六倍体小麦和四倍体小麦杂交后的子代为五倍体。三倍和三倍以上的整倍体统称为多倍体。单倍体是指具有配子染色体组数的个体。单倍体可以分为两大类，一类是一倍体，即由二倍体物种产生的单倍体；另一类是多单倍体，即由多倍体物种产生的单倍体。

（1）一倍体　大多数的生物都是二倍体，因此狭义上的单倍体就是一倍体。一倍体植物的产生起源于植物孢子体（无性世代）减数分裂后的配子体。植物界中只有一些低等的藻类植物、苔藓植物等以一倍体（单倍体）为主要的生活世代。二倍体是高等植物的主要生活世代。在高等植物（水稻、大麦、棉）中，也曾发现过一些植株弱小的一倍体，但是它们一般无法进行有性生殖繁殖后代。由于一倍体植株只有二倍体植株一半的染色体，无论它来源于纯合亲本还是杂合亲本，其基因型总是纯合的，没有等位基因显隐性的干扰，只要使其染色体自发或人为地加倍，便可获得正常纯合的二倍体，以便遗传学和育种学研究使用。

（2）多倍体　多倍体在植物界中很普遍。被子植物中蔷薇科、锦葵科、五加科、禾本科和鸢尾科中经常见到四倍体和六倍体。如禾本科植物，70%以上的物种都是多倍体。在木本植物中，北美红杉有66条染色体属于六倍体，但是这种多倍体却比正常二倍体裸子植物矮小很多，还具有畸形的根。与针叶树相比，多倍化现象在阔叶树中更常见，杨、桦、白蜡等都属于多倍体，大约1/3的阔叶树种都是多倍体的衍生种。可见在植物的进化过程中，染色体的多倍化现象起了重要的作用，同时也参与了许多物种的形成。

细胞分裂时染色体不分离是多倍体形成的根本原因，具体分为减数分裂和有丝分裂两种情况。当减数第一次分裂或减数第二次分裂时，染色体没有平均分配到两个子细胞中，仍停留在一个细胞核里，从而形成二倍性的生殖细胞，这种未减数的$2n$雄配子与带有$2n$的雌配子结合，发育成四倍体；但由于$2n$雄配子在授粉过程中常竞争不过经减数分裂的n雄配子，因而会出现未减数的雌配子与减数的雄配子相结合，形成天然三倍体植物（图5-15）。有丝

分裂过程中，染色体虽然复制了，但是细胞没有相应地发生分裂，从而使细胞中染色体数目发生改变，形成多倍体细胞。

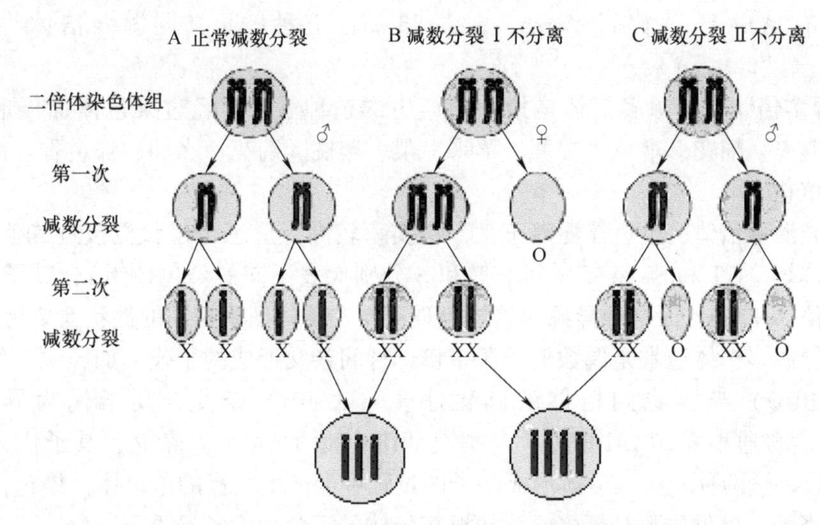

图 5-15 不正常的减数分裂过程及三倍体、四倍体形成的细胞学机制

随着人们对染色体数加倍可以导致遗传性状的深入研究，发现一些多倍体植物染色体组的性质是相同的，另一些多倍体植物染色体组的性质是不同的。根据其染色体组的来源将多倍体分为同源多倍体和异源多倍体两类。

1）同源多倍体。同源多倍体是指由同一物种经过染色体加倍形成的多倍体。如 A 代表水稻的一个染色体组，那么四倍体水稻就表示为 AAAA。同源多倍体在植物界是比较常见的。雌雄同株植物、雌雄同花植物，其两性配子可能有同时发生异常减数分裂的机会，使配子中染色体数目不减半，然后通过自交形成多倍体。同源多倍体有以下几个特征：

① 很多同源多倍体是无性繁殖的、多年生的。如香蕉是同源三倍体，一般只有果实，种子退化，以营养体进行无性繁殖。对于一年生植物，在其变异为多倍体之后，当年如果不能开花结实，就会因为没有繁殖就死亡而绝代。而多年生植物变异为多倍体，尽管当年不能开花结实，还可以等到第二年甚至更长的时间。

② 同源多倍体的细胞体积增大，有时出现某些器官的巨型化，其某些代谢物的含量也较高。如三倍体的西瓜、香蕉和葡萄与二倍体的品种相比，不仅果实大、品质好，而且无籽便于食用；大麦同源四倍体与二倍体相比，籽实中的蛋白质含量提高 10% 以上，玉米同源四倍体籽实中胡萝卜素含量比二倍体原种增加 43%。但这种变异却很少导致整个植株的巨型化，因为很多同源多倍体的生长速率比二倍体亲本低，因而大大限制了生长过程中细胞数目的增加。

③ 同源多倍体的育性差，结实率低。在二倍体减数分裂前期Ⅰ，两条同源染色体联会形成二价体，分裂后期Ⅰ两条染色体会平均分配到子细胞中（一个细胞一条）。同源三倍体联会时要形成局部联会的三价体，而后期Ⅰ染色体只能不均衡地分配到子细胞中去。无法正常联会的染色体都可能形成单价体，单价体或者随机进入某一极，或者停留在赤道板上，随后在细胞质中消失。无论是哪种方式，最终得到的全部染色体都是成对配子的概率只有 $(1/2)^n$，即生物染色体组中染色体数目越多这种分配越不均衡。

④ 同源多倍体的基因型种类比二倍体多。对于二倍体某同源染色体上一对等位基因 A－a，其基因型只有 AA、Aa、aa 三种；而对于该物种同源四倍体中，该等位基因所对应的基因型就有 AAAA、AAAa、AAaa、Aaaa 和 aaaa 五种；而其同源六倍体将有七种基因型。

2）异源多倍体。异源多倍体是指杂交产生的杂种后代，经过染色体加倍形成的多倍体。小麦、燕麦、棉花、烟草、甘蔗、苹果、梨、樱桃、菊花、水仙、郁金香等都是常见的异源多倍体植物。

偶数倍异源多倍体的染色体配对正常，结实率较高，形态与性状更接近二倍体。例如，将两种二倍体烟草 TT 和 SS 杂交（其中 T 和 S 分别代表不同的染色体组），其子代 TS 加倍得到异源四倍体 TTSS，而这种异源四倍体表现出与二倍体烟草相同的性状遗传规律。

奇数倍异源多倍体通常是偶数倍异源多倍体种间杂交形成的子代。如异源六倍体的普通小麦（AABBDD）与异源四倍体的圆锥小麦（AABB）杂交，其子代为异源五倍体（AABBD）；若普通小麦（AABBDD）与提莫菲维小麦（AAGG）杂交，其子代为异源五倍体（AABDG）。这两种异源五倍体形成配子的过程中会产生大量的单价体，染色体分配不均而育性大大降低。单价体数量越多，该异源多倍体的不育程度越严重。

（3）多单倍体　通常情况下，偶数倍的多倍体可以得到其多单倍体。既然多倍体根据来源可以分为同源多倍体和异源多倍体，那么其产生的多单倍体也可分为同源多单倍体和异源多单倍体。如同源四倍体水稻（AAAA）的多单倍体为 AA，异源六倍体普通小麦（AABBDD）的配子形成单倍体是含有三个染色体组的 ABD。在育性上，由于异源多单倍体 ABD 的染色体在结构、形态和遗传上有一定的差距，减数分裂时无法联会，所以不育；而同源多单倍体 AA 则是可育的。

2. 非整倍体

根据植物物种非整倍体中与正常合子染色体数量之间的关系，可将非整倍体分为超倍体和亚倍体。由于染色体数目的增减，导致了基因剂量的改变，使得非整倍体在形态性状上都有所变异。

非整倍体植株（或细胞）中含有染色体数量大于正常合子染色体数（$2n$）的称为超倍体；非整倍体植株（或细胞）中含有染色体数量小于正常合子染色体数（$2n$）的称为亚倍体。自然界中二倍体植物很难存在其亚倍体。形成亚倍体过程中，因一条或者几条染色体的丢失，使得染色体组和整个基因组遭到严重的破坏，其配子无法正常发育。而对于多倍体的亚倍体或者超倍体以及二倍体的超倍体等非整倍体类型则由于染色体组的相对完整性而可以正常存在。如圆锥小麦（AABB）属于异源四倍体植物，如果其分裂时 A 染色体组少了一个染色体而形成 $n-1$ 个配子，由于 B 染色体组是完整的，B 染色体组中的某个染色体及其基因在一定程度上会弥补缺失染色体所带来的影响，因此这种配子可以正常发育。

非整倍体的出现说明染色体在减数分裂或者有丝分裂过程中应该分离而没有分离，或者应该配对联会却过早地分离。非整倍体的种类很多，在遗传学中经常用到的主要有单体、缺体、三体、双三体、四体等。为了区别各种非整倍体，把正常的个体（$2n$）也称为双体。

（1）单体　丢失了一整条染色体的生物称为单体。正常生物体的染色体数为 $2n$，而单体的细胞中染色体数变异为 $2n-1$，即在形成配子过程中，一条染色体无法配对，联会时单

独存在于细胞中。因此单体形成的配子有两种，一种具有 n 条染色体，而另一种具有 $n-1$ 条染色体。如果丢失的染色体不同那么所形成的单体也就不相同。例如，普通烟草是异源四倍体植物（TTSS），其正常体细胞中有48条染色体，4个染色体组，染色体组中有T和S两种不同的染色体组。因此，普通烟草每个染色体组含有12条染色体，具有24（12×2）条在形态和遗传上不相同的染色体。每一个染色体在分裂过程中都可能丢失，因而普通烟草可以形成24种类型的单体。烟草不同类型的单体之间，以及单体与正常双体之间都会存在若干的差异，如花、果的大小，植株高矮，生长速度，叶片形状和颜色等方面都不尽相同。那么对单体的分析就会在一定程度上帮助人们认识染色体对遗传性状的影响。

（2）缺体　缺失了一对染色体的个体叫作缺体。缺体的细胞中染色体数变异为 $2n-2$，一般的缺体都是源于单体自交[$(n-1)\times(n-1)$]的结果。大多数缺体的种子活力较差，育性很低，个体难以长大，但也有能够开花结果的植株。这与缺失的染色体有关。根据得到的缺体来揭示单位点性状的基因所在的染色体。

（3）三体和双三体　多一条染色体的二倍体被称为三体。三体的细胞中染色体数变异为 $2n+1$，即在形成配子的过程中，其他染色体都是两两配对形成二价体，而只有一组染色体不是两条配对，而是三条染色体联会配对，形成一个三价体。如果一个二倍体细胞中多了两条不同的染色体，也就是当联会时出现两个三价体，则这样的细胞或植株被称为双三体，双三体中的染色体数目是 $2n+2$。获得三体的一般途径是从三倍体与单倍体或二倍体杂交的后代中分离出来的，育性较低，植株的生长习性、叶片和花果等形状与正常的双体也具有一定差别。

（4）四体　四体是指正常二倍体细胞中多了两条相同染色体的变异个体。四体中的染色体数目也是 $2n+2$，四体与双三体的区别在于联会时不是出现两个三价体，而是出现一个四价体。四体个体来之不易，它是从三体的子代群体[$(n+1)\times(n+1)$]中筛选到的。研究普通小麦的三体发现，三体子代群体中正常双体占54%，三体占45%，而四体植株只有1%左右。然而四体在遗传学上较稳定，因为其染色体总数是偶数倍，容易形成均衡的分离，即大部分配子会形成 $n+1$ 条染色体的配子。

复习思考题

1. 举例说明自发突变和诱发突变、正突变和反突变。
2. 什么叫复等位基因？人的ABO血型复等位基因的遗传知识有什么利用价值？
3. 为什么基因突变大多数是有害的？
4. 突变的平行性说明什么问题，有何实践意义？
5. 试述物理因素诱变的方法与简单的机理。
6. 名词解释：缺失，重复，倒位，易位。
7. 怎样用细胞学方法鉴别发生倒位和重复或缺失的染色体？
8. 比较整倍体与非整倍体，单倍体与一倍体、多倍体的区别。
9. 同源多倍体有哪些特征？
10. 异源四倍体的圆锥小麦（AABB）的多单倍体育性如何，为什么？圆锥小麦与提莫菲维小麦（AAGG）杂交，后代是几倍体，其染色体组情况如何？
11. 普通小麦（AABBDD）正常体细胞中有42条染色体，它可以形成多少个单体？

实训五　植物多倍体的诱导及其生物学鉴定

一、实训目的

1. 了解人工诱发同源多倍体植物的原理，初步掌握秋水仙素诱发多倍体的方法。

2. 观察同源多倍体植物植株（器官）形态特征与细胞学特点，了解同源多倍体的鉴定方法。

二、实训材料与用具

1. 材料

玉米（$2n=20$）或大麦（$2n=18$）、水稻（$2n=24$）、西瓜（$2n=22$）的种子及幼苗。

2. 用具

普通显微镜，目镜测微尺，镜台测微尺；剪刀，镊子，刀片，解剖针，载玻片，盖玻片；烧杯，广口瓶，培养皿，恒温箱，纱布，吸水纸等。

3. 试剂

0.05%～0.1% 秋水仙素溶液，无水乙醇，冰乙酸，1% 碘-碘化钾溶液，1mol/L 盐酸；改良碳酸品红染色液，苏木精，醋酸龙胆紫（或结晶紫）；0.1%～0.2%硝酸银溶液等。

配方Ⅰ：石炭酸品红，先配母液 A 和母液 B。

母液 A：称取 3g 碱性品红，溶解于 100mL 的 70%酒精中（此液可长期保存）。

母液 B：取母液 A 10mL，加入 90mL 的 5%石炭酸水溶液中（2 周内使用）。

石炭酸品红染色液：取母液 B 45mL，加入 6mL 冰醋酸和 6mL 37%的甲醛。此染色液含有较多的甲醛，在植物原生质体培养过程中，观察有丝分裂比较适宜，在此基础上，加以改良的配方Ⅱ，称改良石炭酸品红，可以普遍应用于植物染色体的压片技术。

配方Ⅱ：改良石炭酸品红。

取配方Ⅰ中石炭酸品红染色液 2～10mL，加入 90～98mL 45%的醋酸和 1.8g 山梨醇。此染色液初配好时颜色较浅，放置两周后，染色能力显著增强，在室温下不产生沉淀而较稳定。

三、实训方法与步骤

1. 植物根尖多倍体的诱发

1）将玉米、大麦、西瓜等种子洗净后用水浸泡 1～2 天，然后摆放在铺有湿润滤纸（或纱布）的培养皿中置于 25～28℃条件下发芽，芽越壮越好。当根长到 1cm 以上时取出洗净，将水吸干。

2）移至 0.01%～0.2% 的秋水仙素溶液中，使根部浸在药液中，根尖朝下，于 25℃条件下处理直到明显膨大为止（24h～36h）；另设一清水处理对照。处理过程中注意勿使药液干涸。

注意：在处理洋葱、大蒜时，必须先剪去老根，然后置于盛满水的瓶口上，待长出新的不定根后，再行处理。

3）取出材料洗净，用卡诺氏液固定 1h，以备镜检。

2. 多倍体植物的诱发

（1）种子处理

1）取玉米等植物种子置 0.05%～0.1% 秋水仙素溶液中（20～25℃）浸种 24h，取出

种子用自来水冲洗2~3次。

2）将种子移至放有被0.025%秋水仙素溶液润湿下吸水纸的培养皿中加盖，放入20℃培养箱内发芽，一般处理两天就可长出幼苗。干燥种子要比浸过种的种子多处理1天，种皮厚、发芽慢的种子应先催芽后进行处理。由于秋水仙素能阻碍根系发育，所以对已发芽的种子应用较低浓度的秋水仙素溶液处理较短的时间。

3）处理后取出幼苗，用自来水缓慢冲洗以免损伤，然后将幼苗移栽到大田或盆钵内，同时播种未经处理的种子幼苗作为对照。

（2）幼苗处理

1）水稻、大麦。取已有5~6片叶的水稻或大麦幼苗，洗净根部，用刀片在分蘖处割一个浅伤口，然后浸入0.05%秋水仙素溶液中，在20~25℃条件下处理4~5天，并保持足够的光线。处理后用水洗净幼苗进行盆栽，以便与对照观察比较。

2）西瓜。先将二倍体西瓜种子浸种催芽，当胚根长到1~1.5cm时，将胚根倒置于0.2%~0.4%秋水仙素溶液的培养皿中置25℃温度下浸渍20~24h，注意处理时需要用湿滤纸将根盖好，避免失水。处理后的幼苗，经水洗进行栽种或沙培。另外也可以采用田间处理幼苗的方法，即当幼苗子叶展平时，每天早晚用0.25%或0.4%秋水仙素溶液滴浸生长点各一次，每次1~2滴，连续处理4天，遮阴保持湿度。以上两种方法获得四倍体西瓜，用四倍体作母本与二倍体西瓜杂交，在四倍体植株上结出三倍体种子（$3n=33$）。为了保证所结的种子是三倍体，常用具有黑条纹瓜皮色显性基因作为标记性状的$2n$品种作为父本，这样在$4n\times2n$的后代中，凡是长出黑条纹瓜的都是$3n$植株，以区别$4n$株间偶然授粉产生的$4n$西瓜。

3. 多倍体鉴定

（1）植株形态特征的观察与鉴定　观察比较水稻、大麦等植物二倍体和同源多倍体的植株、穗、种子等标本或照片；比较鉴定二倍体和多倍体在形态上的主要区别。

（2）叶片气孔保卫细胞的测定

1）保卫细胞测量。仔细撕取二倍体和同源多倍体植株的叶片下表皮，置于载玻片上，并加1~2滴1%碘—碘化钾溶液，盖上盖玻片。在高倍镜下用测微尺测量气孔保卫细胞的大小，分别测量10个保卫细胞的长度和宽度，求其平均值。保卫细胞的形态因物种而异，双子叶植物的保卫细胞多呈肾形，单子叶植物的保卫细胞多呈哑铃形。

2）气孔密度测定。将叶片表皮制片于显微镜下检查，计算每个视野的气孔数，转换视野重复10次，求出平均值。视野面积的计算，用目镜测微尺量出视野直径，按公式$S=\pi r^2$求视野面积，得每平方毫米叶面积的气孔数。

3）保卫细胞内叶绿体数目测定。取叶片下表皮于载玻片上，滴加硝酸银溶液，数秒后加盖玻片，在显微镜下观测保卫细胞内的叶绿体数目。

（3）花粉粒鉴定　取新鲜或已固定的二倍体和同源多倍体植株花蕾或颖花，将花粉涂抹于载玻片上，加1~2滴1%碘—碘化钾溶液，盖上盖玻片。镜检观察花粉粒的形态和大小是否整齐，有无畸形。测量10~20个花粉粒直径的数值，求其平均值。

（4）细胞学观察与鉴定　将用秋水仙素处理和对照材料的根尖固定，按根尖压片法（参见根尖压片法）进行解离、染色、制片。镜检进行染色体数目鉴定。

取二倍体和同源多倍体植株的花蕾或幼穗分别固定（或取已固定材料），采用压片或涂抹制片方法（参见花粉母细胞涂抹片制作）。镜检进行染色体计数及染色体联会配对行为的观察。

4. 注意事项

秋水仙素属于剧毒药品，具麻醉作用，操作时切勿使药液接触皮肤和溅入眼内。

四、实训报告与作业

1. 观察比较二倍体与多倍体在植株（器官）形态特征上的主要区别。

2. 观察大麦根尖中期分裂细胞（15～20 个/人），记载其中染色体加倍及未加倍的细胞数目，综合全班（组）结果，测算秋水仙素诱发多倍体细胞的频率。

3. 绘制所观察到的能够计数染色体数目的多倍性细胞图像。

第六章 种质资源

学习目标：

1. 了解园艺植物种质资源的相关概念、重要性及利用现状。
2. 掌握开展种质资源调查的方法。
3. 掌握种质资源的收集途径和研究方法。
4. 掌握种质资源的保存方法以及种质资源的利用途径。

案例导入

作物种质资源保护与利用驶入快车道

中国农业科学院作物科学研究所作为我国作物种质资源领域的牵头组织单位，通过申请国家重大项目，组织全国有关单位开展了作物种质资源考察收集、鉴定评价、安全保存、提供利用和对外交换等工作，成果丰硕。尤其近10年来，在国家作物种质资源保护与利用专项资助下，取得了显著成绩。

首先，国家作物种质资源保存与供种平台得到进一步发展完善。在原有的1个国家长期库、1个复份库、10个中期库和32个种质圃基础上，新建了无性繁殖蔬菜、猕猴桃、木薯、棕榈、野生苹果等11个种质圃，保存设施增至55个。

其次，新收集引进种质资源6.7万余份，进一步丰富了我国种质资源宝库。新收集引进作物种质资源67012份，隶属1594个物种。目前种质资源长期保存总份数达43万份，在美国之后位居世界第二位。

第三，筛选和创制出一批优异种质，并应用于育种实践。研制了200种农作物种质资源鉴定描述技术规范，研究建立了农作物种质资源精准鉴定和种质创新技术体系；完成了水稻、小麦、玉米、大豆、棉花、油料、蔬菜等作物14500份的抗病虫、抗逆和品质性状的特性鉴定，评价筛选出3170份特性突出、有育种价值的种质资源；创制了各类作物新种质500余份，并已广泛应用于育种实践。

最后，繁殖更新了30余万份种质资源，极大地提升了分发供种能力。针对中期库种子量少、活力低且部分优异种质无种可供的局面，加大了中期库和种质圃的繁殖更新工作，繁

殖更新300195份，为分发利用奠定了坚实的物质基础。（来源：中工网-工人日报（北京），2012-08-10）

1. 收集与保存种质资源有什么价值？
2. 种质资源和育种有什么关系？

植物种质资源的多样性是人类赖以生存和农、林、牧业得以持续发展的最基本物质基础，也是各种育种途径的原始材料。长期以来，人类在这方面的认识远远落后于形势，致使种质资源的多样性受到人为的破坏，从而面临严重危机。现代育种所取得的成就固然和科学技术、育种手段的发展有关，但育种者所拥有的种质资源数量和质量是育种的必要基础条件，缺少了种质资源，育种很难持续长久地进行下去。因此必须提高认识，切实加强种质资源工作，保持经济效益、社会效益和环境效益相统一，实现园艺植物遗传育种的可持续发展。

一、种质资源的概念和重要性

（一）种质资源的概念

种质，又叫遗传质，是能从亲代传递给子代的遗传物质。以种为单位群体内的全部遗传物质就构成了种质库，又称为基因库，它由许多个个体的不同基因组成。如番茄的基因库应是由该物种的所有个体组成，即番茄植株体内所有基因的总和。

在植物遗传育种领域把具有一定种质或基因的所有生物类型（原始材料）统称为种质资源。它包括小到具有植物遗传全能性的细胞、组织和器官以及染色体的片断（基因），大到不同科、属、种、品种的个体。所以，也可将种质资源称为遗传资源、基因资源；在育种工作中也常把种质资源称为育种资源。

种质资源是培育新品种的原始材料，是培养和改良植物品种的物质基础，所以一个育种者或育种单位所拥有的种质资源数量，决定了其育种水平的高低。

种质资源工作的内容包括收集、保存、研究和利用。其工作方针是广泛征集、妥善保存、深入研究、积极创新、充分利用，为植物育种服务，为加速农业现代化服务。

（二）种质资源的重要性

1. 种质资源的多样性是育种的物质基础

自然界的种质资源是丰富的，多种多样的，各类种质资源在育种中都是同等重要的，因为它们是经过长期的自然选择和人工选择不断进化而形成的，是遗传组成比较广泛的群体。而人类现在栽培利用的植物种类，其基因资源只是自然界种质资源中可利用的一小部分。如果不对种质资源加以保护，一旦部分基因从地球上消失，就再也无法重新创造出来。最危险的是一旦环境条件发生变化，或气候发生变化，或发生新的流行病害，假如没有原始品种或野生资源的支持，庄稼可能会颗粒无收。如19世纪中叶欧洲马铃薯晚疫病大流行，几乎毁掉了整个欧洲马铃薯种植业，后来利用从墨西哥引入的抗病野生种杂交育成抗病品种，才挽

救了欧洲马铃薯种植业。从19世纪末到20世纪中叶，美国栗疫病、大豆孢囊线虫病先后大发生，使栗和大豆受到严重摧残，后来从中国引入抗原华栗和北京小黑豆，才使这些病虫害得到有效控制。实际上目前在农业方面，少数品种能够大幅度提高经济效益，就可以满足生产的需要，但必须看到以单一基因型替代数以千万计基因型的负面效应。由于种植单一型作物，导致病虫害蔓延，每年造成很大的经济损失，而且为了防治病虫害，每年大量使用农药，对于农药使用造成的二次污染是无法估计的。

2. 种质资源具有改进栽培品种的作用

利用种质资源是人类开展育种工作的基础，没有好的种质资源，就不可能育成好的品种，这已成为所有育种者的共识。随着人类需求的多元化发展以及育种新技术的不断出现，多种多样的种质资源被发掘出来，并作为现代育种的物质基础而被充分地利用，从而培育出适应于现代农业所需要的新品种。例如：20世纪70年代，由于野败型雄性不育籼稻种质的发现和从国外引入强恢复性种质资源，使我国的籼稻杂种优势利用有了突破性发展，处于世界领先水平；玉米高赖氨酸突变体奥派克2号的发现和利用，极大地推动了玉米营养品质的改良，成为高赖氨酸玉米宝贵的基因资源。

现代的育种是人工促进植物向人类需要的方向进化，从而使优良品种迅速扩大推广。栽培植物品种化的过程，越来越明显地使植物群体和个体的遗传基础变窄，也就是说，栽培品种的基因型越来越单一化。这种单一化栽培极大地满足了当前的生产需求，可以提高产量或增强品质。但值得注意的是环境条件和病害随时发生着变化和变异，品种对不良环境的适应性和抗性逐渐变弱，如果发生较大的改变就会造成病害的流行而对生产造成不利的影响。如果仅局限于栽培品种的改良，不能够消除这种影响。因此，为了保证农业生产持续稳定地发展，在育种上，可采用来源不同、能实现育种目标的各种种质资源，按照尽可能理想的组合，采用合适的育种方法和技术，将一些有利的基因（目的基因）组装到现有优良品种的基因型中，以改造和丰富其遗传基础。例如，目前已成功地将抗性基因Bt转入棉花，育成了抗虫棉新品种。现在的茄子品种对病害的抗性都比较低，在栽培种中已经很难找到高抗或免疫的基因，而在自然界野生品种中对各种病害的抗性基因就比较多，因此利用野生品种与栽培品种进行杂交可以提高茄子的抗性。

3. 保护种质资源是人类生存发展的迫切需要

在相当长的历史时期中，环境和人类的发展基本上是协调的，或者是相互依存、相互促进的。随着人口的增长，人类活动范围的扩大，对资源的需求越来越多，超过了有限环境的承受能力，逐渐造成生态环境的破坏和生物资源的流失。近些年来，异常天气逐渐增多，全球变暖的趋势加强，对生态环境和植被的破坏日益严重，加强环境保护已得到了共识。环境保护中一个重要的环节就是加强植被和生态环境的保护。如1998年长江流域发生了特大洪灾，根本原因就在于长江中、上游曾经吸纳雨季大量雨水的森林植被85%已不复存在。经测定长江一些河段洪水流量表明，1998年与20世纪50年代相比，每秒钟的流量没有增加，而是降低了，但是水位却比20世纪50年代高出几十到200cm。因此人们认识到生态环境的破坏是导致洪涝灾害加重的重要因素。而随着生态环境的恶化，大量的植物物种消失，种质资源的多样性受到破坏。对于农业生产来说，种质资源的减少导致了品种在选育与生产中的遗传基础狭窄化的危险趋势，使人类生存面临严重危机。如果不在种质资源方面采取有效措施，大量的种质资源面临绝种、消失的危险，其造成的严重后果是无法用金钱来计算的。因此，抢救种质资源刻不容缓。

二、种质资源的分类

园艺植物的种类较多，在生产上主要利用的种就达几百种，如何分类一直是育种学家探讨的问题。按照植物种类的自然属性，可以划分为科、属、种，如萝卜属于十字花科芸薹属萝卜种；按照作物类别，可划分为果树资源、蔬菜资源、花卉资源乃至桃资源、菊花资源等，每类资源中常包括育种中可利用的近缘种。按育种利用特点，国际水稻研究所曾把稻的种质资源细分为现代优良品种（高产为主）、主要商用品种、次要品种、过时类型、特长类型、育种材料、突变体、原始类型、野草类和野生种等。但这种归类方法过于烦琐，实际应用不方便，也不具备通用性，现在多数人主张将种质资源归为以下四类。

（一）本地种质资源

本地种质资源是指原产于本地的或在本地长期栽培的各种植物种，是育种工作最基本的原始材料，包括地方品种、过时品种和当前推广的主栽品种。其主要特点是这些植物对本地的自然生态环境具有高度的适应性，对当地不良气候和病虫害有较强的抗性。

1. 地方品种

地方品种是指那些在局部地区内栽培的没有经过现代育种手段改良的品种。这类种质资源在某些方面不符合市场的要求，或者适应性不够广泛，往往因为优良新品种的大面积推广而被逐渐淘汰。它们虽然在某些方面有明显的缺点，但是往往也有某些罕见的特殊种质，如适应特定的地方生态环境，特别是抗某些病虫害，适合当地人们的特殊生活需要等。因此地方品种不会轻易地被育种者所淘汰，收集和保存地方种质资源是其工作的重要内容之一。同时以地方品种为亲本进行杂交育种，往往在某些方面表现出其特有的优势，通过进一步的培育，可获得在某些性状上表现特殊的品种。

2. 过时品种

过时品种是指原来生产上的主栽品种。由于生产条件的改善、种植制度的变化、人们需求的日益提高、新品种的不断出现，而逐渐被淘汰。但这些品种仍是选择改良的好材料，也应予以保存。如番茄的品种 L－402 曾经在 20 世纪 90 年代全国推广，栽培面积很大，是当时的主栽品种，目前虽有栽培但面积已经很少。

3. 主栽品种

主栽品种是指那些经过现代育种手段育成，在当地大面积栽培的优良品种。既包括在本地育成的，也包括从外地（国）引种成功的。它们具有良好的植物学性状、农业性状、经济性状和适应性，是育种的基本材料。实践表明，以本地主栽品种作为亲本是杂交育种的成功经验之一。例如，苹果品种红富士在辽宁南部地区有大面积栽培，它就是目前生产上的主栽品种之一。

（二）外地种质资源

外地种质资源是指从其他国家或地区引进的品种或类型。这些种质来自不同的生态环境，具有不同的生物学、经济学和遗传性状，其中有些性状是本地种质资源所不具备的，是植物育种工作中不可缺少的，是改良本地品种的重要材料。外地种质资源引入本地后，由于生态环境的改变，种质的遗传性可能发生变异，也可以作为选择育种的基础材料，进行简单的试种后，再用于生产。如果不能直接利用，可以应用外地种质作为杂交亲本，丰富本地品

种的遗传基础。

我国从20世纪20年代起，便开始引进国外种质资源。在生产上经过试种鉴定，有的直接或间接被利用。我国公认较好的苹果品种金冠、国光、红玉、红富士，葡萄品种玫瑰香、无核白、巨峰等都是从国外引进直接利用的优良品种。此外，我国引入的水稻材料，经测选、杂交等途径获得的籼稻杂交水稻强优势恢复系，如泰引1号、明恢63等66个品种，对我国籼稻杂交水稻的培育和发展起到了重大作用。

（三）野生种质资源

野生种质资源主要是指各种植物的近缘野生种和有价值的野生植物。它们在特定的自然条件下，经过长期的自然选择而形成。野生植物在农业生产上一般没有直接利用的价值，但通过栽培驯化，可发展成新的栽培植物，具有极大的开发价值。例如，黑龙江野生浆果类果树资源有10个科7个属33个种；我国野生蔬菜有213个科1822个种；新疆野生花卉资源丰富，仅有观赏价值的植物资源有400余种。近年来，对于野生蔬菜的开发利用比例越来越高，如野生蒲公英，原来只在露地自然生长，最近被广大的消费者所喜爱，育种者已经将其驯化栽培，形成了栽培种。另外，野生的种质资源具有一般栽培品种所缺少的某些重要性状，如顽强的抗逆性、对不良环境的高度适应性、独特的品质等。例如，东北野生大豆的蛋白质质量分数可以达到50%以上，是大豆高蛋白育种的重要种质。因此，对野生种质资源的考察、研究和利用是植物育种中提高产量、品质和增强抗逆性的重要途径。

（四）人工创造的种质资源

随着经济的发展和育种技术的提高，原有的天然种质资源已不能满足育种的需要。人工创造的种质资源是指人们通过各种途径和方法创造产生的各种突变体或中间材料，供进一步培育新品种所利用的种质资源。现代生物技术的发展，如杂交、理化诱变、远缘杂交、基因工程等，使创造出新型的人工种质资源变为了可能，缩短了育种的进程和周期。这类资源虽不一定能直接在生产上应用，但一般具有某些特异性状，是培育新品种的十分珍贵的原始材料，有很高的利用价值。例如，我国利用普通小麦与天兰偃麦草远缘杂交，形成了以中4、中5为代表的一系列中间型材料，具有高抗黄矮病、抗寒、耐盐碱等特异性状，成为人工创造的种质资源，用它与普通小麦杂交可培育出优质、高产、抗性强的品种。还有一些是育种过程中产生的中间材料，也不可轻易抛弃。这些材料可能由于综合性状不符合要求，或存在某些缺点不能成为商品化栽培的品种，但是其中有些具有明显优于一般品种或类型的专长性状。如番茄耐储运品种选育方面，近年来国外发现和保存了多种影响果实成熟的突变体，其共同特点是果实成熟极慢，常温下可储藏2~3个月不变质腐烂，但由于综合经济性状不佳，只能用作育种材料。过去不少育种单位因为缺少长远考虑，在育种过程中常把综合性状不符合育种目标的大量杂种付诸一炬，其中不乏育种价值较高的类型，殊为可惜。

三、种质资源的收集与整理

为了较好地保存和利用植物的多样性，丰富和充实植物育种的物质基础，必须把广泛发掘和收集种质资源作为育种工作的首要任务。

（一）制订计划

因为种质资源的种类繁多，完成一种植物种质资源的收集都要耗费大量的人力、物力，因此盲目进行是不可取的。首先要有一个明确的计划，包括目的、要求、方法、步骤，拟征集植物的种类、数量和有关资料，拟征集的地区和单位等。为此必须事先进行初步调查摸底，查阅有关资料，通信联系等。如收集黄瓜有刺类型，必须知道收集哪类品种、到哪里去、行走路线、每一样品保留多少株等。

（二）收集与取样

目前代表性园艺植物的种质资源收集主要包括栽培品种和野生品种资源收集，现已不同程度地被各级资源机构或育种单位收集和保存起来，收集工作常常从这里开始。收集的材料应包括植株、种子和无性繁殖器官。栽培品种的收集比较简单，以品种为对象，主要着重品种的典型性，而取样策略主要是在最小容量的样本中获得最大的变异。育成品种以向育种单位收集更为可靠，且便于弄清它们的系谱来源及收集系统资料。不能只征集看上去性状好的材料，而应该征集一切能征集到的品种或类型。因为经验表明，当时认为无价值的资源，以后可能发现很有用。

当相关机构的种质资源不能满足育种需要时，可进行野外考察。野外考察首先考虑以收集对象的多样性为中心。种内多样中心常集中在该植物的发源中心及栽培悠久的生产区；而种间多样中心决定于种的自然分布，有时远离作物发源地。种质资源的收集应尽力争取样本的遗传多样性，因此在选择考察路线时应争取途经各种不同的生态地区以及种植方式和管理技术差别较大的不同地区。野生类型的收集以变种、变型为对象，在注意类型基本特征的基础上力争获得遗传上最大的多样性。对于野生群体，特别是薯类植物的收集较为困难，因为群体中常有很多个彼此不同的基因型，要得到足够的多样性，就必须增加取样点；而营养繁殖体体积大，保存运输较难；再就是地下根茎类植物营养繁殖体埋藏在地下，不挖出来看不到其变异情况。一般来说，如果生态环境变化不大，取样点不宜过密，以免造成过多不必要的重复。考察征集的时间应安排在可采集繁殖材料的季节和产品成熟的季节。

收集的数量，总的原则是应在注重类型基本特征的基础上力争获得遗传上最大的多样性和最多的变异，收集一切能收集到的品种或类型。

（三）登记

资源征集工作必须细致周到，做好登记核对，防止错误、混杂和遗漏以及不必要的重复。征集工作应有专人负责，做好验收、保存、繁殖等一系列工作。资源征集人在征集资源的同时给每份资源附上一份征集登记卡。在征集登记卡中须提供有关资源征集场所，资源本身以及有关征集的其他信息。其主要内容如下：

1. 征集场所

应记录征集场所自然及行政区域的地理位置，包括经度、纬度和海拔，所属国家及一级、二级行政区划的名称。以最近城镇的方向和距离标明征集场所的确切地理位置。按规定的项目记录土壤及气候等自然条件，以及对该类资源主要胁迫因素。野生资源必须记录伴生植物及群体密度。栽培类型记录耕作制度及主要栽培项目的季节等。

2. 资源本身信息

资源本身信息包括资源的类别（野生树、自然实生树、地方品种、育种材料、育成品种等）、来源（野外、农田、市场、科研单位等）、名称（原名、别名、地方名等）、资源编号（征集编号、原有编号等）、用途（鲜食、加工、观赏、药用等）、对各主要胁迫因素的反应等。

3. 其他信息

其他信息包括征集人及其所属单位名称，征集的材料（种子、枝条、植株等）及数量，与该资源有关的照片、标本的数量、编号及征集人认为有必要提供的其他信息。

不同种类作物描述征集登记卡的内容大同小异，项目繁简有所不同。如苹果19项，茄子21项，葡萄、豇豆均26项等。

（四）种质资源的整理

将收集到的种质资源及时进行整理，整理方法可按国家种质资源库的系统进行分类；也可根据育种者自己的习惯进行分类。中国农业科学院国家种质资源库对种质资源的编号办法如下：

（1）将作物划分为若干大类　Ⅰ代表农作物；Ⅱ代表蔬菜；Ⅲ代表绿肥、牧草；Ⅳ代表园林、花卉。

（2）各大类又分为若干类　1代表禾谷类作物；2代表豆类作物；3代表纤维类作物；4代表油料作物；5代表烟草作物；6代表糖类作物。

（3）具体作物编号　I1A代表水稻；I1 B代表小麦；I1 C代表黑麦；I2 A代表大豆等。

（4）品种编号　I1 A00001代表水稻某个品种；I1B00001代表小麦某个品种，依此类推。

随着计算机及网络技术的日益普及，及时建立种质资源信息检索数据库将会大大地提高种质管理使用效率。

四、种质资源的保存

种质资源的保存是指利用天然或人工创造的适宜环境保存种质资源。收集到的种质资源经过整理分类后要妥善保存，使之能维持样本一定的数量，保持纯度、生活力和原有的遗传特性。其主要作用在于防止资源流失，便于研究和利用。保存方法主要有种植保存、种子储藏保存、离体保存和基因文库保存等。

（一）种植保存

为了保持种质资源的种子或无性繁殖器官的生活力，并不断补充数量，种质材料必须每隔一定时间播种一次，即为种植保存。对于有性繁殖植物，繁殖时间因种子寿命不同而有较大的差异；对于无性繁殖的园艺植物，如苹果等，需年年繁殖。这种保存方法主要用于果树和无性繁殖的园艺植物。种植保存可分为就地保存和移地保存两类。

1. 就地保存

就地保存是指种质在原产地，通过保护其生态环境达到保存资源的目的。例如，我国1956—1991年已建成各种类型的自然保护区707处，其中长白山、卧龙山和鼎湖山三处已被列为国际生物圈保护区。这些保护区是自然种质资源保存的永久性基地。就地保存还包括栽培的古树木和花木，如陕西楼观台的古银杏、山东无棣的唐枣、河北邢台的板栗等都要就地保存原树，并进行繁殖，使其能得到长久利用。它们经历了长期的自然考验，大多具有丰富的遗传基础，具有很高的研究利用价值。

2. 移地保存

移地保存是指把整个植株迁移到植物园、树木园或育种的种质资源圃进行种植，以此达到保存的目的。常因资源植物的原生环境变化很大，难以正常生长及繁殖、更新的情况，选择生态环境相近的地段建立迁地保护区，能有效地保存种质资源。各地建立的植物园、树木园、药物园、花卉园、原种场、种质资源圃等都是移地保存的场所。我国共建成32个国家级种质资源圃，共保存数10种作物的45000余份种质，包括1000多个种（表6-1）。

表6-1　国家级作物种质资源圃（包括试管苗库）**保存多年生无性繁殖作物种质资源份数及种类**

序号	种质圃名称	面积/亩	保存作物	保存份数	保存的种、变种及近缘野生种
1	国家种质广州野生稻圃	6.7	野生稻	4300	21个种
2	国家种质南宁野生稻圃	6.3	野生稻	4633	17个种
3	国家种质广州甘薯圃	30.0	甘薯	950	1个种
4	国家种质武昌野生花生圃	5.2	野生花生	103	22个种
5	国家种质武汉水生蔬菜圃	75.0	水生蔬菜	1276	28个种3个变种
6	国家种质杭州茶树圃	63.0	茶树	2527	17个种5个变种
7	国家种质镇江桑树圃	87.0	桑树	1757	11个种3个变种
8	国家种质沅江苎麻圃	30.0	苎麻	1303	16个种7个变种
9	国家果树种质兴城梨、苹果圃	196.0	梨	731	14个种
		180.0	苹果	703	23个种
10	国家果树种质郑州葡萄、桃圃	30.0	葡萄	916	17个种3个变种
		40.0	桃	510	5个种
11	国家果树种质重庆柑橘圃	240.0	柑橘	1041	22个种
12	国家果树种质泰安核桃、板栗圃	73.0	核桃	73	10个种
			板栗	120	5个种2个变种
13	国家果树种质南京桃、草莓圃	60.0	桃	600	4个种3个变种
		20.0	草莓	160	4个种
14	国家果树种质新疆名特果树及砧木圃	230.0	新疆名特果树及砧木	648	31个种
15	国家果树种质云南特有果树及砧木圃	120.0	云南特有果树及砧木	800	98个种
16	国家果树种质眉县柿圃	46.0	柿	784	5个种
17	国家果树种质太谷枣、葡萄圃	126.0	枣	456	2个种3个变种
		20.61	葡萄	361	4个种1个野生种
18	国家果树种质武昌砂梨圃	50.0	砂梨	522	3个种（含野生和半野生种各1个）
19	国家果树种质公主岭寒地果树圃	105.0	寒地果树	855	57个种
20	国家果树种质广州荔枝、香蕉圃	80.0	荔枝	170	3个种（含野生和半野生种各1个）
		10.0	香蕉	130	1个种
21	国家果树种质福州龙眼、枇杷圃	32.33	龙眼	236	3个种1个变种
		21.0	枇杷	251	3个种1个变种
22	国家果树种质北京桃、草莓圃	25.0	桃	250	5个种5个变种
		10.0	草莓	284	6个种
23	国家果树种质熊岳李、杏圃	160.0	杏	600	9个种
			李	500	11个种

（续）

序号	种质圃名称	面积/亩	保存作物	保存份数	保存的种、变种及近缘野生种
24	国家果树种质沈阳山楂圃	10.0	山楂	170	8个种2个变种
25	中国农科院左家山葡萄圃	3.0	山葡萄	380	1个种
26	国家种质多年生牧草圃(呼和浩特市)	10.0	多年生牧草	2454	265个种
27	国家种质开远甘蔗圃	30.0	甘蔗	1718	16个种
28	国家种质徐州甘薯试管苗库	118.7(m^2)	甘薯	1400	2个种15个近缘种
29	国家种质克山马铃薯试管苗库	100(m^2)	马铃薯	900	2个种3个亚种
30	中国热带农科院橡胶热作种质圃	313.2	橡胶	6900	6个种1个变种
		337.8	热作	584	20多个种
31	中国农科院海南野生棉种质圃	6.0	野生棉	460	41个种
32	中国农科院多年生小麦野生近缘植物圃(北京)	8.0	小麦近缘植物	1798	181个种18个亚种(变种)

（二）种子储藏保存

种子储藏保存是以种子为繁殖材料的植物，通过种子储藏保存种质资源的方法。种子容易采集、数量大而体积小，便于储存、包装、运输、分发。所以种子保存是以种子为繁殖材料的种类最简便、最经济、应用最普遍的资源保存方法。

大多数作物种子的寿命，在自然条件下只有3~5年，多者10余年。由于内外因素的差异，种子寿命会有较大的变化。如莲藕、雅莲、合欢、山扁豆、湿地百脉根、红车轴草等都发现有百年以上仍保持正常发芽能力的种子，Posild等（1967）报道，冻结在北极冻土带中的北极羽扇豆的种子，1万年后仍能发芽并长成健全植株。种子寿命的长短主要取决于植物种类、种子成熟度及储存条件等因素。研究表明，低温，干燥、缺氧是抑制种子呼吸作用从而延长种子寿命的有效措施。因此，种子储藏保存主要是通过控制储存温度、湿度、气体成分等措施来维持种子的生活力。一般而言，种子的含水率在4%~14%范围内，含水率每下降1%，种子寿命可延长1倍；在储存温度为0~30℃范围内，每降低5℃，种子寿命可延长1倍。一般情况下，禾谷类种子的寿命高于油料作物，成熟适度的种子比未成熟种子的寿命长（表6-2）。

表6-2　不同种类种子寿命的估测值

种子寿命/年	植物种类
2~3	白苏、蒜叶婆罗门参
3~4	峨参、药天门冬、无芒雀麦、大豆、狭叶羽扇豆、皱叶欧芹、林地早熟禾
4~5	旱芹、毛雀麦、黄瓜、牛尾草、羊茅、欧防风、粗茎早熟禾、黑麦、葛缕子、林生川断续
5~6	洋葱、大头蒜、燕麦草、大麻、菊苣、向日葵、独行菜、梯牧豆、车轴草
6~7	大看麦娘、鸭茅、胡萝卜、莴苣、黄羽扇豆、驴豆、雅葱、小缬草、草地早熟禾
7~8	花椰菜、普通小麦、大麦、黑麦草、荞麦、多花菜豆、救荒野豌豆
8~9	圆锥小麦、燕麦、亚麻、马铃薯、天蓝苜蓿、白车轴草、大黄
9~10	玉米、多花黑麦草、大剪股颖、绒毛花、菘蓝
10~11	尖叶菜豆、紫苜蓿、兵豆、绒毛草
11~12	黍、具棱豇豆、苦野豌豆、大爪草

（续）

种子寿命/年	植物种类
12～13	菠菜、燕麦
13～14	萝卜、白芥、香豌豆、金甲豆、蓖麻
14～16	法国野豌豆、菜豆、豌豆、蚕豆、鹰嘴豆
16～18	甜菜
19～21	绿豆、长柔毛野豌豆、具梗百脉根
24～25	番茄
33～34	白香草木樨

用于保存种子的种质库按照保存的时间可以划分为以下三种类型：

1. 短期库

短期库一般由育种工作者或综合性大学临时建立，主要任务和功能是临时储存应用材料，并分发种子供研究、鉴定、利用，也称为“工作收集”。保存时库温为室温或稍低，在10～15℃或稍高，相对湿度维持在50%～60%，种子存入纸袋或布袋，一般可存放5年左右。

2. 中期库

中期库一般由省级主管部门或综合性大学建立，相对规模较小，但比较稳定，又叫作“活跃库”，任务是进行定期的繁殖更新，并对所收集到的种质进行整理、描述、鉴定，并建立相关档案，向育种学家提供种子。种质库库温为0～10℃，相对湿度60%以下，种子含水量在8%左右，种子存入防潮布袋、硅胶的聚乙烯瓶或螺旋口铁罐，要求安全储存10～20年。

3. 长期库

长期库一般由国家相关部门建立，主要工作是防备中期库种质丢失，一般不分发种子，只进行种质的储备；只有在必要时才进行繁殖更新，确保遗传完整性，所以也称为“基础收集”。长期库的库温终年维持在－10℃、－18℃或－20℃，相对湿度50%以下，种子含水量为5%～8%，种子存入盒口密封的种子盒内，每5～10年检测一次种子发芽力，要求能安全储存种子50～100年。

20世纪80年代以来，各国为长期保存种质已陆续建成现代化国家级种质库225个。为了更有效地保存种质资源，我国国家作物种质库于1986年在北京建成并投入使用。该库是世界一流的，库容量可达40余万份，常年温度控制在－18℃±2℃，相对湿度50%±7%。库内种子可维持50年或更长。至2005年底该库已保存各种作物（包括蔬菜）的种子50余万份，按植物学分类统计有191种作物，分属32个科，183个属，800多个种。为防止意外的天灾人祸发生，20世纪90年代在我国青海省西宁建立了复份保存库，该库温度－10℃，由于西宁环境干燥，故库内不控制湿度，该库是目前世界上库容量最大的节能型国家级复份种质库，并在世界上首次安全转移了30余万份种质。

对于种质库来说，除了保存资源本身外，还应保存每份资源的档案资料，包括编号、名称、来源以及不同年度调查及鉴定评价资料等，输入计算机，建立资源数据库，以便随时检索、查阅。

（三）离体保存

离体保存就是利用试管保存组织或细胞培养物的方法，通过离体保存可有效地保存种质资源材料。如高度杂合性的、不能产生种子的多倍体和不适合长期保存的无性繁殖器官（球茎）等。作为保存种质资源的细胞或组织培养物有愈伤组织、悬浮细胞、幼芽生长点、花粉、花药、体细胞、原生质体、幼胚和组织块等。离体保存方法的技术含量高，需要设置专门的管理机构和人员，而且每种作物的保存方法不同，因此此法目前主要针对一些比较珍贵的种质资源。目前采用的主要方法如下两种。

1. 缓慢生长系统

缓慢生长系统主要是利用离体培养的方法使植物缓慢生长，延长植物的生长发育周期，适用于短期保存和中期保存。如甘薯腋芽的培养物在温度从28℃降到22℃时，继代培养的间隔从6周增加到55周，采用防止培养基蒸发的措施后，继代培养的期限增加到83周。再如，陈振光于1985年将一批柑橘试管苗培养在20℃、12h光照条件下，不做继代培养，经过13年，小苗处于生长停滞状态，但仍存活，用上述方法保存的试管苗进行继代培养后，可立即恢复生长。在培养基中加入化学抑制剂（如甘露醇）或激素类物质（如脱落酸）可提高延缓效果。缓慢生长系统由于需继代培养，时间周期长，加上培养基和激素类物质的影响，细胞继续分裂后，难以排除遗传变异的可能。

2. 超低温保存系统

超低温长期保存是指在干冰（-79℃）、超低温冰箱（-80℃）、氮的气相（-140℃）或液态氮（-196℃）条件下保存植物组织或细胞。其保存原理：在超低温条件下，细胞处于代谢不活动状态，从而可防止或延缓细胞的老化；由于不需要多次继代培养，也可抑制细胞分裂和DNA的合成，细胞不会发生变异，因而能保证种质资源的遗传稳定性。

（1）悬浮培养细胞和愈伤组织超低温保存　在培养基内加入适量渗透剂（甘露醇、脯氨酸等），以提高细胞的抗寒力，然后将悬浮细胞和愈伤组织放在超低温条件下保存。现已成功保存悬浮培养细胞的有胡萝卜、玉米、水稻、蔷薇、单倍体烟草、人参等；已保存成功的愈伤组织有杨树、甘蔗等。

（2）生长点超低温保存　植物茎尖的分生组织一般长0.25~0.3mm，在胚胎发育时期首先形成，并在整个营养生长时期都处于各级分裂状态，遗传性稳定。茎尖保存时需要结合茎尖培养技术，首先将茎尖放在含有5%二甲基亚砜（DMSO）的培养基内预培养数天，然后以每分钟下降1℃左右的速度冷却到-40℃，再放入液氮中。如苹果、胡萝卜、豌豆、草莓、花生、马铃薯、番茄、康乃馨等植物冷冻保存后仍有50%以上的培养物分化形成植株，有的分化率达100%。

（3）体细胞胚和花粉胚的超低温保存　体细胞胚和花粉胚处于球形期时较为耐寒，超低温保存的存活率在30%左右，解冻后经过2~4周的停滞期，就可恢复生长，通过以后的各个发育时期，最终可形成单倍体植株。

（4）原生质体超低温保存　其保存操作复杂，技术难度大，故成功的例子较少。

（四）基因文库保存

面对遗传资源大量流失，部分资源濒临灭绝的情况，建立和发展基因文库技术，为抢救种质提供了一个有效的途径。这一技术的要点是从资源植物提取大分子的DNA，用限制性内切酶切成许多DNA片段，再通过一系列步骤将DNA片段组装在载体上，通过载体把DNA

片段转移到繁殖速度快的大肠杆菌中，通过大肠杆菌的无性繁殖，增殖成大量可保存在生物体中的单拷贝基因。这样建立起来的基因文库不仅可长期保存该物种的遗传资源，而且可以通过反复的培养增殖，筛选出各种需要的基因。当需要某个基因时，可通过现代基因工程技术的方法重新获得。

五、种质资源的研究和利用

（一）植物学性状鉴定

种质资源的植物学性状，是长期自然选择和人工选择形成的稳定性状，是识别各种种质资源的主要依据。农艺性状（产量、品质、抗性等）是选用种质资源的主要目标性状，在鉴定研究种质资源时，首先要在田间条件下，观察鉴定上述性状的表现。对于不同的作物，观察鉴定的主要性状标准有所不同，如苹果观察鉴定的主要性状有生长类型、株高、生育期、单果重、果实形状、每株结果枝数、每结果枝果数、果色、果实品质、抗病性等；对于大白菜，观察鉴定的主要性状包括生育期、结球类型、叶片抱合方式、球型指数、净菜率、叶球重、软叶率、抗病性及品质等。对于鉴定完的种质资源进行登记，明确每种资源的产量、品质等性状特征特性，以备育种使用。

（二）植物学性状遗传规律研究

对于种质资源特征特性的鉴定和研究属于表现型鉴定。只有在表现型鉴定的基础上进行基因型鉴定，才能了解和掌握种质性状的基本遗传特点，更好地为育种服务。目前利用分子标记技术可以在较短时间内找到目标基因。各种主要作物中均有一批重要的农艺性状基因被定位和作图，如产量性状、抗逆性等都是数量性状，对这样的性状用传统的方法很难进行深入研究，利用分子标记技术，可以像研究质量性状一样对数量性状基因位点进行研究。

（三）种质资源利用

对收集到的优良野生种质和栽培品种、类型，在鉴定研究的基础上，应积极利用或有计划有目的地改良，使种质资源尽快发挥生产效益。种质资源的利用主要有以下几个途径。

1. 直接利用

收集到的种质资源有些综合性状优良，经过适应性对比试验并经审定后可直接在生产中应用。一般来说，本地的种质资源对于气候、土壤、环境的适应性较好，直接利用的价值较高，但这类种质资源所占比例较小。外地种质资源由于环境的不同，往往不能直接利用。

2. 间接利用

对于不能直接利用的种质资源一般要进行筛选，对有突出特点、能克服当地推广品种某些缺点的种质资源，可通过杂交、转基因技术等手段将有突出特点的性状转移到推广品种中，以改良推广品种，使其具有更丰富的遗传基础。如野生的种质资源，往往抗病性较强，但栽培性状较弱（产量低、品质差），可作为抗病育种的原材料，通过杂交、回交方法加以利用。

3. 潜在利用

对于经济性状不突出，暂时没有任何价值的材料，不要轻易地淘汰，应就地保存并移入种质资源圃，进行进一步的鉴定研究、改良，发现其潜在的基因资源，便于以后育种利用。

复习思考题

1. 简述种质资源在培育新品种中的重要意义。
2. 简述各种种质资源的特点和利用价值。
3. 收集种质资源的原则和方法有哪些？
4. 保存种质资源有哪些方法，各有什么特点？
5. 如何研究和利用种质资源？

实训六　园艺植物生物学性状调查

一、实训目的

通过调查园艺植物生物学性状，了解主要园艺植物的种质资源，学会园艺植物品种形态特征的描述方法；并根据品种的主要形态特征练习鉴别瓜、果等园艺植物品种，学会识别一些主要品种。

二、实训材料与用具

1. 材料

本地区主要栽培的蔬菜、果树、花卉各2种，如黄瓜、番茄、苹果、桃、矮牵牛、一串红等。

2. 用具

笔记本、铅笔、卷尺、游标卡尺、标本夹、有关工具书、托盘、天平等。

三、实训方法与步骤

1）选择当地具有代表性的园艺植物，每一种类应至少有2个品种，并对典型植株进行标记。

2）信息采集。首先建立调查小组，将参加调查的同学划分为若干小组，全组分工协作。调查小组的人数，应根据调查对象、活动范围而定。各组查阅调查植物的有关参考资料，制订调查计划。应采集的参考资料包括植物的起源、栽培历史，调查植物的生产概况、分布特点，当地土壤、降水情况，当地温度、日照情况，植物分类地位等。调查计划包括调查项目、要求、内容、时间、地点、方法、途径等。

3）园艺植物种类品种代表植株的调查。

① 生物学特性，包括生长习性、开花结果习性、物候期、抗病性、抗旱性、抗寒性等。

② 形态特征，包括株形、枝条、叶、花、果实、种子等。

③ 经济性状，包括产量、品质、用途、储运性、效益值。

4）用图表标注标本资源的采集和制作。除按各种表格进行记载外，对叶、枝、花、果等要制作浸渍或腊叶标本。根据需要对枝叶、花、果实和其他器官进行绘图和照相，以及进行产量和优良品质的分析鉴定。

5）调查资料的整理与总结。

四、实训报告与作业

1. 填写园艺植物的调查登记表

调查表格的内容因不同作物而有所不同，表6-3是以黄瓜为例的调查登记表，其他植物可以依据具体情况进行调整。

表 6-3　黄瓜调查登记表

记载项目	特征描述	调查地点	调查时期	备　注
生长习性				
开花结果习性				
物候期				
抗病性				
株形				
枝条				
叶				
花				
果实				
种子				
产量				
品质				
储运性				
效益值				

2. 根据调查记录，做好最后的资料整理和总结分析工作

1）写出调查总结，首先要说明调查品种的栽培历史、品种种类、分布特点、面积、栽培管理措施、市场前景、自然灾害、存在问题、解决途径、资源利用和发展建议；其次要说明调查的树种和品种情况。

2）说出品种表现型中至少一个明显不同于其他品种的可辨认的标志性状，同时要附上照片或图片。

第七章　引　种

学习目标：

1. 了解主要园艺植物引种的概况，引种的相关概念及重要性。
2. 了解引种与生物入侵的关系。
3. 掌握引种的遗传学基础、生态学因子对引种的影响。
4. 掌握引种的原则，引入材料的收集、选择方法。

大胆引种，一颗葡萄演童话

一串晶莹的葡萄，挂着一个个传奇，演绎江南吐鲁番的神话，酒堡，庄园，果农新村，悄然在秀美的澧阳平原茁壮成长……

洞庭湖流入万里长江前留下的一片沃土，它就是湖南省最大的平原——澧阳平原，勤劳的先祖们在那片土地上点燃了稻作文明的火种，敢为人先的今人则又在平原上谱写了一个神奇的葡萄童话，让传统的“南方不适应栽种欧亚种葡萄”的论断被颠覆。短短几年间，常德市发展优质葡萄2万多亩，其中仅澧县就有1.7万亩，其中10000亩欧亚种葡萄亩平年纯收入过万元，被老百姓称为“万元地”。澧县形成了覆盖13个乡镇、年产量3000万kg、年产值近1.5亿元的葡萄产业带。澧阳平原，成为了江南吐鲁番，成为了葡萄童话王国。

是谁，引来第一颗葡萄的种粒，演绎出一个美丽的吐鲁番传奇？

“葡萄王子”王先荣与葡萄的美丽约定，让我们找到了答案。

与葡萄没有结缘之前，王先荣只是澧县小渡口镇曾家村的一个普通农民。1986年他到四川峨眉山游玩，当地水果摊上出售的巨峰葡萄引起他的注意。大伙感叹着葡萄好吃，王先荣则想如果能在家乡培育出如此好看好吃的葡萄，那销路一定会很好。王先荣放弃了游玩，在葡萄商贩的带领下找到了西南农业大学陈建国教授组建的基地——乐山市建国葡萄园，毫不犹豫地拜陈教授为师学艺。两年之后，王先荣从陈教授那里离开，带回了从育苗、栽培、整枝、病虫防治到采摘每一个环节的技术，还带了陈教授赠送的2000株巨峰葡萄苗。他没有想到，24年前结缘葡萄，一个决定不仅改写了自己的人生，还使澧县农业产业结构调整走出了一条新路。他带回的葡萄苗竟然奏响了江南吐鲁番葡萄品牌传奇的序曲。

20世纪90年代末期，王先荣因为葡萄结识了湖南农业大学的果树专家石雪晖教授，在教授的指导和鼓励下，他大胆引进国内外200多个优良葡萄品种和20多个砧木品种，进行新品种试验示范和无公害配套栽培技术探索，打破了红色品种不能在南方着色的惯例。2003年，由湖南农业大学、澧县农康公司共同研究的“葡萄引种及无公害栽培技术”成功地打破了欧亚种葡萄不能在南方种植的论断。

依托湖南农业大学为技术后盾，聘请石雪晖教授为首席专家，成立科技组，从植保、土肥、栽培、环境监测等方面进行技术支持，制定了澧县葡萄绿色食品标准化生产地方标准；进行基地登记管理、实行农户生产联保、进行生产资料使用备案，强化生产监管，防止产品污染；组成专业技术服务团，对葡萄种植经营户和技术骨干进行技术培训；成立澧县葡萄协会、常德农康葡萄专业合作社，采取统一供种、统一标准、统一销售的产业化发展模式；通过举办品评会、葡萄节等全力打造澧县葡萄品牌，将葡萄产业营造出更广阔的发展平台……

经过多年的积淀，全县葡萄种植面积发展到1.7万亩，年产值超过2亿元，造就了几百个年收入近百万的葡萄专业户，葡萄成为农民致富的金果。

尤为可贵的是，尝到葡萄甜头的澧县人没有满足取得的成绩，他们建起了有2000多个品种的葡萄种质资源圃；建起了葡萄产期调控技术研究基地，让葡萄“一年两熟”；建起了年产3000t的葡萄酒厂，让丰收的果实转化为更具价值的佳酿；建起了占地318亩的葡萄观光休闲娱乐园，一个集产、学、研和加工、旅游于一体的现代农业产业已经初步形成。

澧阳平原，万亩果园里，红地球、红宝石、美人指、维多利亚……美丽的品牌串起甜蜜的果实，串起农人们香甜的梦、串起一园神奇的葡萄童话。（来源：中国经济网，2010-04-14）

1. 引种是不是很简单？
2. 引种和地域有关系吗？
3. 引种会不会引起当地的生态变化呢？有没有危害呢？

一、引种的概念及意义

（一）引种的概念

植物引种不仅是古老农业中不可缺少的组成部分，而且对农业生产的发展和栽培植物的进化都起到了重大作用，在发展现代化农业中仍然是潜力很大的领域。

引种驯化，简称为引种，一般采取种植种子或幼苗的方法，加强培育，经过逐渐迁移或多代连续播种，使植物在新的环境中适应，并能生长发育、开花结实，而品种的产品质量保持原有的特性和风味，并且能繁殖后代的过程。广义的植物引种是指人类为了满足自己的需要，把植物从其原分布地区移种到新的地区。狭义的引种是通过人工选择、培育使外地植物成为本地植物，使野生植物成为栽培植物的措施和过程。通过引种，可以把外地或国外的优良品种、类型引入本地，经试种成功后可以直接作为推广品种或类型进行生产栽培，是一种简单快捷的提高经济效益的办法。如果引入的品种不能直接利用，可以把外地、国外的品种

或种质资源作为培育新品种的亲本材料，然后通过选择、杂交等方法培育成新的品种，这是改良现有品种的一种快捷的育种手段和途径。

（二）引种的意义

引种能充分利用现有的品种资源，在解决生产对新品种的需求上具有简单易行、迅速有效的特点，是获得新品种的一条重要途径。中国虽然是很多园艺植物的起源中心，种类和品种极其丰富，但是幅员辽阔，自然条件复杂多样，一个地区往往受条件所限，不可能拥有丰富的植物种类和品种，所以引种是必不可少的。在生产中占重要地位的苹果、葡萄、番茄、甘蓝、马铃薯、悬铃木、茉莉花等很多品种都是在不同时期从国外引入的。新中国成立以来引种工作取得了很大进展，据统计，到2009年止，从世界各地引入的植物有302科1205种，占栽培植物的20%～30%，丰富了我国的植物种类，促进了农业生产的发展。

引种还可以开辟新的种植区，扩大良种的种植面积，提高植物的生产水平。如冬小麦种植区北移已经到了长城以北，苹果种植区在地理上已经向北扩大了100多千米。

引种不但为生产提供了产量高、抗逆性强、品质优良的新品种，而且丰富了育种资源，扩大了现有品种的遗传基础，为今后培育新品种打下了良好的物质基础。引入时期较晚的种类，如洋梨、甜樱桃、青花菜、石刁柏等生产上至今仍以直接利用外引品种为主；引入时期较早的种类，已选育出不少当地的品种类型。至于国内地区间的引种，更对丰富生产上的种类及品种组成起着非常重要的作用。仅杭州植物园在近30年时间内，从国内外引种累计4720多个品种，截止1979年5月实际保存种类4000种，对其中50种城市绿化树种进行鉴定和评价，为城市绿化丰富了新的种类。即使是生产上已具有较丰富种类品种的主产区，仍可从国内外引入比现有品种更为优良的品种直接用于生产。果树生产中大面积推广的着色系富士苹果和巨峰系葡萄，便是典型的事例。所以，引种是实现良种化的一个重要手段。

二、引种的基本原理

历史上园艺植物引种在取得大量成功的同时，也有许多因盲目引种造成生产上重大损失的事例。引种不当对多年生果树植物造成的经济损失尤为严重，如果引入一些生命力旺盛的植物，还可能造成生态环境的破坏。因此，必须认真总结前人引种的经验教训，用科学理论指导引种实践。科学引种必须深入研究相互联系的两个因素：一是植物本身的遗传特性及其适应能力；二是生态环境条件对植物的制约。

（一）引种的遗传学基础

无论何种植物性状的表达都是由基因型所决定的，基因型严格制约着植物的适应范围，而引种应是在植物基因型适应范围内的迁移。不同的植物种类、不同品种其适应范围有很大差异，引种后的表现也就不同，例如：垂柳的适应性就较强，无论在夏季温度26.5℃或43℃，还是冬季温度－6.5℃或－29℃下都能正常生长，在亚热带或温带的日照长度下也都能良好生长；津研系黄瓜的适应性也非常广泛，它的栽培范围很广，南到广州，北至黑龙江，东到上海，西至西安，都表现出丰产、抗病的优良性状。但有的品种或类型适应范围窄，如榕树引种到1月平均温度低于8℃的地区就不能正常生长，山东肥城的桃引到江苏、辽宁都不适应。品种的自体调节能力与品种基因型的杂合性程度有关，适应性广的种类或品种杂合性高，具有较强的自体调节能力，对变化的外界环境条件的影响有某种缓冲作用。果树中亲缘关系复杂、杂合性高的种类，如贵妃梨、温州蜜柑等表现较大的适应范围，因为杂合程度高的类型具有更高的合成能力和较低的特殊要求。

（二）引种与生态环境的关系

植物的生长发育离不开自然环境和栽培条件，在整个环境中对植物生长发育有影响的因素称为生态因素，包括生物因素和非生物因素，它们相互影响和相互制约的复合体对植物产生综合性的作用，这种对植物起综合作用的生态因素复合体称为生态环境。植物生态学是研究植物与自然环境、栽培条件相互关系的学科。植物与环境条件的生态关系包括温度、光照、水分、土壤、生物等因子对植物生长发育产生的生态影响，以及植物对变化着的生态环境产生各种不同的反应和适应性。生态型是指植物对一定生态环境具有相应的遗传适应性的品种类群，是植物在特定环境的长期影响下，形成对某些生态因子的特定需要或适应能力，这种习性是在长期自然选择和人工选择作用下通过遗传和变异而形成的，所以也叫生态遗传型。同一生态型的个体或品种群，多数是在相似的自然环境或栽培条件下形成的，因而要求相似的生态环境。引种的生态学研究，既要注意各种生态因子总是综合地作用于植物，也要看到在一定时间、地点条件下，或植物生长发育的某一阶段，在综合生态因子中总是有某一生态因子起主导的决定性作用。引种时应找出影响引种适应性的主导因子，同时分析需引入品种类型的历史生态条件，做出适应可能性的判断。

1. 引种与综合生态因子的关系

（1）气候相似论　一般来说，在引入品种原产地与新栽培地区气候条件相似的情况下，引种成功的可能性较高。在园艺植物的综合生态因子研究中，常根据不同地区之间某些主要气候特征的相似程度，将果树、蔬菜、观赏植物分布在世界各地的产区，划分成相应的生态地区（带）。属于同一生态带内的不同地区之间，由于主要生态因子近似，即使两地相距遥远，彼此间相互引种时仍较易获得成功。如中国长江流域地区、朝鲜南部、日本南部的沿海地区、美国东南部地区（佛罗里达、佐治亚、阿拉巴马、密西西比、得克萨斯等州）同属夏湿带，在这些地区之间相互引种远比从夏干带引种成功的可能性大。如中国江浙地区引进日本育成的水蜜桃品种，一般适应良好，而引入西北、华北地区的地方品种，多数难以适应。我国辽宁南部从北美洲北部引入其原产的22个苹果品种，有19个品种的品质显著下降，这可能是由于夏季平均气温（16℃左右）高于原产地（12～14℃）的缘故。晚熟苹果品种引至长江流域则普遍表现果形变小，着色不好，果肉粉质易返沙，成熟期不一致，风味变差，储藏性也降低等。

（2）地理位置　地理位置是影响不同地区气候条件的主要因素，其中尤以不同纬度的影响最明显。受纬度影响的主要环境因子有日照、温度、雨量等，所以在纬度相近地区之间，通常其日照长短及温度、雨量等相近似，相互引种就较易成功。但将中国各地与欧洲同纬度地区比较，冬季气温显著偏低，1月的月均温中国东北要偏低14～18℃，华北偏低10～14℃，长江以南偏低8℃左右，华南沿海偏低约5℃。如天津市的纬度和葡萄牙首都里斯本相近似，天津的1月平均气温为－4.2℃，极端最低气温为－22.9℃，而里斯本的1月平均气温高达9.2℃，极端最低气温仅－1.7℃，所以引种时仍需注意分析具体气候特点。除纬度外，海拔也影响温度的变化，还有特定地区的大风等，都对引种产生一定的影响。纬度相同随着海拔的增加，温度降低。一般海拔每升高100m，相当于纬度增加1°，温度降低

0.6℃。同时，随着海拔的增加，光照强度也有所加强，紫外线增多，植株高度相对变矮，生育期拉长。一般来说，一、二年生的草本植物，生育期短，可以人为调节生长季节，改进栽培措施，引种范围广，而多年生植物引进新区后，必须经受全年生态条件的考验，而且，还要经受不同年份变化了的生态条件的考验，所以，引种时必须注意两地生态条件的相似程度，使之达到引种成功的目的。

2. 引种与主导生态因子的关系

（1）温度 温度是影响引种成功的主要限制因子之一。温度条件不适合对引种的影响为：不符合生长发育的基本要求，致使引种植物的整体或局部造成致命伤害，严重的死亡；或者植物虽能生存，但影响产量、品质，失去生产价值。东北的大部分地区地处北纬40°以上，温度对植物引种的影响主要包括最低温、低温持续的时间及升降温速度、霜冻、有效积温等。

1）临界温度。临界温度是植物能忍受的最低、最高温度的极限，超过临界温度会造成植物严重伤害或死亡。低温是南方植物引种到北方地区的主要限制因子。例如，南方的植物菠萝就不能引到东北地区，因它的临界低温是－1℃，故露地栽培不能适应。高温是植物南引的主要限制因子，如北方植物红松、水曲柳南引后越夏就成为难关。越冬菠菜北种南引也是这个道理。对于一、二年生的蔬菜和花卉，有些可通过调整播种期和栽培季节以避开炎热，但对于多年生的果树和观赏树木，引种时必须分析高温对经济栽培的制约。高温使植物呼吸作用加强，光合作用减弱，蒸腾作用加强，破坏体内水分平衡和养分积累，造成早衰并引起局部日灼伤害。一般落叶果树生长期气温为30～35℃时，生理过程受到严重抑制，50～55℃时发生伤害。

2）时间。低温的持续时间、升降温速度也对植物引种有很大的影响。例如，辽宁熊岳地区在－30.4℃的低温下苹果没有冻害，而在－25～－22℃下发生了冻害。据分析是最低旬平均温度降温程度大和作用时间长的缘故。

3）霜冻。霜冻是低温达到一定程度时对植物造成的严重伤害。对果树来说，尤其是开花期的晚霜，常造成严重减产。辽宁中北部、吉林、黑龙江之所以栽培富士、元帅苹果困难，就是因冻害引起使它们不能安全越冬。对于南方果树，引种到北方地区，如枇杷，往往在冬季开花的花器及幼果遭受冻害，成为北引的主要限制因子。

4）品种特性。园艺植物在多年种植以后，逐渐适应了当地的气候环境，形成了不同的生态型，因此不同的种类和品种在不同的生育期对温度的要求不同。对于喜冷凉的植物，主要考虑生长发育的起始温度和临界高温之间的天数。如大白菜生长的起始低温是7℃，临界高温是25℃，辽宁中北部地区两温度之间的天数是80～90天，例如：引种像北京大青口大白菜需110天左右生育期的品种，就表现出适应性差、结球不充实，反之引种后，通过调整播期和肥水条件，往往能够取得较好的效果；桃在西北、华北形成的品种则成为耐冷凉干燥的生态型，在华中、华南形成的品种则成为耐高温多湿的生态型。

5）积温。有效积温是喜温植物引种的限制因子，一般在10℃以上有效积温值相差200～300℃以内的地区间引种，对植物生长发育和产量影响不大。如果超过此数，偏离越大则影响越大。引种时可根据当地活动积温统计资料来选择能满足其积温需要的相应品种。如葡萄的不同成熟期品种对活动积温的要求分别为：极早熟品种群2000～2400℃，早熟品种群2400～2800℃，中熟品种群2800～3200℃，晚熟品种群3200～3500℃，极晚熟品种群

3500℃以上。对于有些植物种类，如落叶果树和林木中冬季常常要进行休眠，没有正常通过休眠的，即使具备了营养生长所需的外界条件也不能正常发芽生长，表现为发芽不整齐、新梢呈莲座状、花芽大量脱落、开花不正常等。因此，引入地区冬季是否有足够的低温以满足其通过休眠，或二年生植物的春化阶段（感温性）需要，常成为能否经济栽培的一个限制因子。北方果树引种到南方，很难进行栽培，这是一个主要原因。植物要求冬季低温通过休眠的程度依种类、品种而异。例如：几种树木要求15℃以下的天数为油松90~120天，毛白杨75天，北京小叶杨35天，白榆75天；桃要求7℃以下的低温时数，在品种之间较短的仅200~300h，最长的要求1000h以上，引种时应注意种类品种间的差异。在甘蓝的引种中应注意品种冬性的强弱，作春甘蓝栽培的必须选用春化阶段长的品种，否则易发生未熟抽薹现象。

（2）光照

1）光周期。光照是园艺植物光合作用的能源，光照条件的好坏直接影响到作物光合作用的强弱，从而明显影响到产量的高低。光照对引种的影响主要表现在光照强度和光周期上，其中以光周期的影响最大。生长在不同纬度的植物，对昼夜长短有特定的反应，这就是光周期现象。光周期是指一天中受光时间长短，受季节、天气、地理纬度等的影响。所以根据对光周期反应的不同，把植物分为长日照植物、短日照植物和中光性植物三类。有些植物在日照长的时期进行营养生长，到日照短的时期进行花芽分化并开花结实，叫短日照植物，如一品红和菊花中的秋菊类，光照时数小于10h才能花芽分化。与上述情况相反的另一类植物，在日照短的时期进行营养生长，要到日照长的时期才能开花结实，叫长日照植物，如洋葱、甜菜、胡萝卜、莴苣、唐菖蒲等，要求日照时数达13h以上才能花芽分化。还有一类植物对日照长短反应不敏感，在日照长短不同条件下都能开花结实，如番茄的多数品种、茄子、甜椒等。多数果树种类，品种对光周期反应也不敏感，如苹果、桃可在纬度差异很大的不同地区正常生长、结果。凡是对日照长短反应敏感的种类和品种，通常以在纬度相近的地区间引种为宜。我国幅员辽阔，不同纬度地区光照长短不同，东北地区夏季白昼时间长，冬季白昼时间短，南方则不明显，所以南北方引种往往不易成功。例如，在东北长日照地区栽培的洋葱通常是春季播种，夏季长日照下形成鳞茎，所以引到南方往往地上部徒长，鳞茎发育不良，产量降低。对于多年生木本植物南树北引时，由于生长季节日照时数加长，常造成生长期延长，枝条不封顶，副梢萌发，减少体内养分积累，妨碍组织木质化，降低树体越冬能力。在北树南引时，由于日照长度缩短，使枝条提前封顶，缩短了生长期。如杭州植物园引种的红松就表现封顶早、生长缓慢的现象。北树南移的另一情况是由于第一次生长停止过早，高温可引起芽的二次生长，不恰当地延长了生长期，也会降低树体的越冬能力。

2）光照强度。光照强度主要影响园艺植物的光合作用强度，在一定范围内（光饱和点以下），光照越强，光合速率越高，产量也越高。温室蔬菜的产量与光照有密切关系，如番茄每平方米接受100MJ的产量为2.01~2.65kg/m^2，降低光照6.4%和23.4%，其产量分别损失7.5%和19.5%，黄瓜也有类似的情况。光照强弱除对植物生长有影响外，对花色也有影响，这对花卉设施栽培尤为重要。如紫红色的花是由于花青素的存在而形成的，而花青素必须在强光下才能产生，散射光下不易产生。因此，开花的观赏植物一般要求较强的光照。

园艺植物包括蔬菜、花卉（含观叶植物、观赏树木等）和果树三大种类，对光照强度

的要求大致可分为阳性植物（又称喜光植物）、阴性植物和中性植物三类。例如：桃是典型的阳性植物，光照弱会造成开花结实不良；杜鹃、兰花等属于阴性植物，栽培中常常进行遮光。光照强度对引种的影响体现在引种后的植株性状不能充分表达，如产量下降、品质变劣等，一般在栽培上通过增光或遮光的方法进行调节。

（3）水分　对于引种来说，首先降水量及其一年中的分布是影响最大的因素，其次地下水位的高低也是一个限制因素。中国不同地区的降水情况差异很大，降水量的变化规律是由低纬度的东南沿海地区向高纬度的西北内陆地区递减。对植物生长发育的影响主要是年降水量、分布和空气相对湿度。对多年生木本植物来说，降水量的多少是决定树种分布的重要因素之一。如地处胶东半岛的昆嵛山区，位于渤海沿岸北纬 37.5°，年平均气温只有 12.7℃，而年降水量却达 800～1000mm，年平均相对湿度达 70% 以上。因此，昆嵛山区从南方引种杉木时，虽气温与南方各省相差很大，但由于降水和大气湿度相差小而获得成功。同一种植物的不同品种类型之间，其需水程度也存在明显差异。例如：欧洲葡萄中的东方品种群需水量少，有较高的抗旱和耐沙漠热风能力；而黑海品种群中多数品种需水量较大，抗旱力差；西欧品种群则介于上述两者之间。需水量又与温度高低关系很大，通常温度高则需水量大。对于园艺植物引种一般是从降水量多、空气相对湿度大的地区向降水少、空气相对湿度小的地区引种容易成功，因为这种情况可以通过改变灌溉条件，来满足植物生长发育对水分的要求。空气相对湿度对引种来说，阳性植物适合于引种到空气相对湿度小的地区，阴性植物应引种到空气相对湿度大的地区。

降水量在一年中的分布，也是决定引入品种能否适应的重要因素。东北地区年降水量为 600～800mm，并集中在 7～8 月，冬春干旱，所以引入的南方树种不是因为温度低冻死，而是由于初春干旱风袭击造成生理脱水而死亡。因此，阴性植物引进后不易栽培成功。典型事例还有苹果品种国光，引入江苏黄河故道地区后，有的年份由于成熟季节遭遇过多的降水，致使大量的果实果皮开裂而失去商品价值，损失惨重。又如长江流域引种新疆的甜瓜、欧洲葡萄品种等，往往成功率较低，因为适于干旱环境的生态型品种，引入多雨高湿地区后，除降水过多本身造成落花落果及品质下降外，还由于多雨高湿而引发的严重病害，难以符合经济栽培要求。高温再加上相应的多雨高湿，造成某些病害严重发生，成为引种的限制因子。如长江流域引种苹果时品种对炭疽病、轮纹病、褐斑病的抗性，引种葡萄时品种对黑痘病、白腐病等的抗性，还有结球白菜南引时的软腐病问题，都成为该地区选择引入材料的主要影响因素。

地下水位的高低也是影响某一地区引进园艺植物成败的关键所在，如木兰科植物的许多种是肉质根，不宜引种到地下水位过高的地区。

（4）土壤　土壤的理化性质、含盐量、pH，都会影响园艺植物的生长发育，其中含盐量和 pH 常成为影响某些种类和品种分布的限制因子。在生产中人们可以采用某些措施，对土壤的某些不利因子加以改良，但在大面积情况下这种改良常有一定难度而且效果难以持久，所以引种时仍须注意选择与当地土壤性质相适应的生态型。酸性植物栀子花从华中引种到华北后，由于土壤碱性大，即使盆栽也难以成活，栽培一两年后叶片渐黄，终至枯死。只有采用专门配制的能使土壤酸化的矾肥水浇灌，才能使其生长良好。杜鹃花在碱性土地区栽培时，不仅要从外地运进酸性土作客土用，同样由于当地水质 pH 偏高，长期浇灌后仍会造成土壤碱化而使叶片发黄。对于采用嫁接繁殖的园艺植物，引种时可通过选用适宜的砧木种类来增强栽培品种对土壤的适应性。例如，在黄河故道地区栽培苹果，用东北山定子做砧木时，常因不耐盐碱土而黄化病严重，甚至烂根死树，而采用湖北海棠做砧木则生长发育良好。

（5）其他生态因子　不同地区引种时还有一些当地特殊的生态因子可能成为引种的限制因素，如病虫害、风害等。华北、东北、华东一些枣产区的枣疯病就是枣树引种的限制因素，浙江、广东某些柑橘产区溃疡病猖獗限制柑橘发展；桧柏地区栽培中国梨，梨的锈病危害严重。一些共生的植物如松树，引种时只有把共生菌一同引进，才能成功。引进果树时，有些树种自交不结实，所以还要引进授粉树或传粉昆虫等。在共栖生态型植物中，有些与土壤中的真菌形成共生关系，如兰花、松树等。这些植物在引种时往往由于环境条件的改变，失去与微生物共生条件，从而影响其正常生长发育与成活。如 1974 年广东从国外引进的松树，当年夏秋季发生大面积死亡或黄化，仅加勒比松的死亡面积就达 1334hm^2，死亡的幼树部没有菌根，而生长青绿的都有菌根。华南风害严重地区引种一般香蕉品种，当风力达 7 级以上时就会造成植株倾倒，叶片撕裂，假茎折断等灾害，如引种矮脚顿地雷香蕉、大种矮把香蕉、矮香蕉等矮型品种则受风害影响明显减少。

三、引种方法

（一）引种程序

1. 引种材料选择

对于引入材料应进行慎重选择，引种前要对引种材料的选育过程、生态类型、遗传性状和原栽培地区的生态环境、生产水平等做全面了解。首先，确保引入材料的经济性状符合已定的引种目标要求，防止浪费大量的人力、物力。例如，引种的目的是解决当地缺少的罐藏黄肉桃品种，那么对白肉品种即使表现丰产优质，因不符合要求也应予以排除。其次，要客观分析引种材料的适应可能性，明确限制引入品种适应性的主要因素。如，南方的番木瓜引种到北方，影响适应性的主要因子是温度，即临界温度和低温持续时间，因此应把月平均温度是否低于 -12℃作为引种的可行性指标。最后，还要确定引种区与产地之间的气候相似度。一般应科学客观地分析引种地区的农业气候、土壤情况，以及引入材料对生态条件的要求，做到充分系统的比较研究。这部分工作完全依据前面讲到的引种科学原理进行，不能盲目、想当然，并尽可能地做到实地考察。如中国广州与古巴哈瓦那纬度虽然相近似，但 1 月平均气温广州比哈瓦那要低 8℃左右，所以纬度相近的地区之间引种，仍应注意两地主要农业气候指标分析，做出适应可能性的判断。

2. 收集

引种材料可以通过实地调查收集，或通信邮寄等方式收集。实地调查收集，便于查对核实防止混杂，同时还要做到从品种特性典型而无慢性病虫害的优株里采集繁殖材料。

3. 编号登记

引种材料收集后必须进行详细登记并编号，登记的主要内容有种类、品种名称、繁殖材料的种类、材料来源及数量、收到日期及收到后采取的处理措施。收到后的材料只要来源和时间不同，都要分别编号，将每份材料的植物学性状、经济性状、原产地生态环境特点等记载说明，并分别装入档案袋（表 7-1）。

表 7-1　果树引种材料登记表

编号：

品种：学名：________，原名：________。

　　　俗名：________，别名：________。

品种来历：原产地：________，引种地：________。

品种来源：杂交（母本：________，父本：________）、实生、芽变、农家品种。

引种材料：材料类别：________，材料数量：________。

材料处理：检疫、消毒、储藏、假植。

苗圃地点：________________________________。

定植地点：________________________________。

品种在原产地表现：

（1）形态特征：树形：________，树姿：________，枝：________，

　　　　　　　叶：________，花：________，果：________。

（2）物候期：萌芽期：________，初花期：________，盛花期：________，

　　　　　　末花期：________，果实成熟期：________，落叶期：________。

（3）主要经济性状：树势：强、中、弱；抗逆性：强、中、弱。

　　　　　　　　丰产性：________，稳产性：________，早果性：________。

　　　　　　　　品质：优、中、一般、差。

　　　　　　　　耐储性：好、中、一般、差。

　　　　　　　　适宜用途：鲜食、加工。

原产地的自然条件：海拔：________，纬度：________，地形：________。

　　　　　　　　地貌：________，年均温：________，月均温：________。

　　　　　　　　最低温：________，最高温：________，无霜期：________。

　　　　　　　　雨量：（年雨量：________，各月分布：________）。

品种在原产地的主要优缺点及利用价值：________________________。

4. 严格检疫

种子和苗木是传播病虫害、杂草的重要媒介，为了避免随着引种材料传入病虫害和杂草，从外地特别是国外引进的材料必须通过严格的检疫，并通过特设的检疫圃隔离种植。对发现有检疫对象的繁殖材料，应及时加以消毒处理，必要时，要采取根除措施。

5. 引种试验

新引进的品种在推广之前必须用当地有代表性的优良品种作为对照，做引种试验，以确定其优劣及适应性。试验地的土壤条件和管理措施应力求达到一致。

（1）观察试验　对新引进的品种先进行小面积的观察试验，以当地主栽品种作对照。如果是一、二年生种子繁殖的植物，每小区 5～20m^2，不设重复，观察其经济性状表现及对环境条件的适应性。对符合要求的、优于对照品种的，选留足够的种子，可做进一步的比较试验。对于多年生果树、园林树木，每一个引入材料可种植 3～5 株，采用高接法将引入品种高接在当地有代表性的种类或品种的成年树树冠上，使其提早开花结实，加速引种观察的进程。发现符合条件的品种，要及时地扩大繁殖保存率，以备进一步试验用。

（2）品种比较试验和区域试验　通过观察试验将选出的优良品种参加品种比较试验，并设置 3 次以上重复，经 2～3 年的比较鉴定，选出最优良的品种参加区域试验，以便确定其适应的地区和范围。对于多年生的果树、观赏树木，在观察试验中经济性状及适应性表现优良的可以采取控制数量的生产性中间繁殖，并继续观察其适应性。观察试验的植株进入盛果期时，生产性中间繁殖植株已进入开花结果期，大体上经历了周期性灾害气候的考验，再组织大规模的推广就很有把握。

(3) 生产试验　经过品种比较试验和区域试验或多年生的果树、园林树木等作物的生产性中间繁殖试栽后，对于表现适应性好而经济性状优异的引入品种可进行大面积的栽培试验，对每一个引进品种做出全面了解和综合评价，划定其最适宜、适宜和不适宜的发展区域，并制定相应的栽培技术措施，组织推广。

(二) 园艺植物引种的特点

1. 一、二年生草本类

大部分蔬菜和花卉、少量的果树属于本类植物，通常采用有性繁殖，生育期短，如番茄、黄瓜、花椰菜、菊花等。在引种中可通过调整播种期、定植期来满足该种植物的生长需要，达到实际生育期在原产地和引入地之间实际栽培季节气候的相似；或者通过建造设施设备来满足生长发育的需要，不少种类通过采用设施，已实现了促成或抑制栽培乃至周年生产。采用设施栽培，自然生态条件已不能成为引种的限制性因子。但引入地的自然环境条件较接近引种植物的需要时，可降低设施栽培的成本。一般来说，设施栽培的生态环境特点与原产地还是有较大的差异，如湿度较大、温度较高、光照较弱等，引种时应考虑选择相应的种类和品种。本类植物中有不少种类对日照长度和低温春化敏感，引种时应加以注意；对以营养器官为产品的园艺植物，只要在引入地能保持其产品的品质和产量，可通过外地繁种进行生产，能否正常开花结籽可不作为引种成功与否的标准。

2. 多年生宿根草本类

部分花卉、蔬菜属于本类植物，生产中常采用无性繁殖方式，以宿根露地越冬，如大蒜、洋葱、唐菖蒲等。宿根性植物在露地栽培中其生育时期比一、二年生植物严格，引种时应注意，除生育期的气候生态因子外，还应分析其宿根越冬期对不良环境的适应能力，当引入地气候因子超越其适应性极限不大时，可采用某些农业技术加以保护；有的种类对日照长短非常敏感（如秋菊），引种时应加以注意。采用设施栽培时，同样要考虑设施环境的特点，尽可能选用与设施环境相类似的品种和种类，降低设施生产成本。

3. 多年生木本类

大部分果树属于木本类园艺植物，一般个体大、寿命长，周年露地栽培是其主要生产方式，如苹果、梨、桃等。由于大部分的果树，进入开花结果期需一定年限，性状表达有一定的延后性，所以引种不当造成的损失要远远大于一、二年生植物，露地栽培引种时必须要加以注意。在引种的步骤和方法上，应慎重选择引入材料，小面积积极试引观察，通过有控制的中间性繁殖生产，经鉴定，品种优良后再大面积推广，避免盲目引种的不良后果。大面积引种这类植物的时候，既要分析原产地与引种地的生态环境，还要考虑多年出现一次的周期性灾害因素。当采用设施栽培时，除了要考虑生态因素外，还要考察其他的相关因素，如树体高大的问题，能否通过园艺技术措施加以控制，如果不能则不能使用。

(三) 引种的基本原则

1. 科学严谨的引种态度

引种是一条时间短、见效快的途径，尤其对育种周期长的多年生植物为改进其生产中的品种组成更具有重要意义。如苹果采用杂交的方法育种，其周期可能为 10 ~ 20 年，而引种则可缩短到 3 ~ 5 年。多年来的引种实践表明，成功的例子举不胜举，失败的教训也不少。所以引种不能盲目，必须有科学严谨的态度，既要积极引进，又要慎重选择。应坚持少量试引，多点试验，全面鉴定，逐步推广的步骤。切忌生产上的盲目引种，并做到有计划、有重

点地进行引种。

2. 掌握植物的生长习性类型及特点

植物种类繁多，生长习性各异，因此引种的方法也应灵活运用。引种者应对所要引种的植物特点进行详细的了解，对有性繁殖和无性繁殖，一、二年生和多年生植物，水生和陆生植物的保存方法、繁殖方法、生长发育特性做到心中有数，只有这样才能区别对待，有针对性地采用正确的引种方法，避免盲目引种所带来的人力、物力消耗。分析适应性相近种类（品种）的表现，需引入树种（品种）在原产地现有分布区和另一些树种（品种）一起生长，表现出其对共同生态条件的适应性。通过分析相似树种（品种）的适应性可估计所需要引入树种（品种）适应的可能性，如苹果—白梨、柑橘—枇杷—杨梅。

3. 制定合理的栽培技术措施

对于引进的新品种，在引进前应该制定合理的配套栽培技术措施，否则易造成引入品种虽能适应当地的自然条件，但由于栽培技术措施没有跟上，错误地否定该品种在引种上的价值。合理的栽培技术措施是在了解植物生长发育特性和原产地气候环境的基础上，通过改善环境来弥补当地环境的不利影响。例如，辽宁营口地区冬季温度低，最低温度为-20℃，但持续时间相对较短，所以大多数果树品种能安全越冬。一般的葡萄品种不能正常越冬，引种进来后冬天通过下架埋土防寒，可以安全栽培。桃树进行设施栽培时，由于生长旺盛，树体高大，普通的修剪、拉枝不能完全抑制其高度，可以通过喷洒矮壮素类的生长调节剂降低其高度。其他的如南果北移也应采取增加栽培密度、节制肥水等措施提高树种的越冬性。再如地处热带的爪哇东部山地引种苹果，农民在果实采收后1个月适时摘除全部叶片，促使再次开花结果，同时采用适应热带气候的砧木以及用绑扎的办法使主枝水平生长等技术，获得每年收获两次，合计单产45000kg/hm^2，使瑞光等苹果品种引种成功。此外，不同果树品种的抗寒性有强有弱，对于抗寒性弱的品种可以通过嫁接的办法，利用砧木的抗性来增加品种类型的适应能力，扩大它的应用范围。对于多年生园艺植物，引种时在抗性较弱的幼龄苗期等一些关键时期，可采取一些有利于越冬、越夏等保护性措施，满足其最低限度需要。随着个体长大和年龄的增长，其抗性和适应能力会相应增强，乃至达到完全适应的要求。对于蔬菜、花卉中的短日照品种，可以通过遮光的办法，人为地缩短光照时间，提高利用范围。对于土传病害，嫁接是最好的解决办法，因此引种抗性强的嫁接砧木，可以扩大接穗的引种范围。需要注意的是，采用的农业技术和保护性措施，应在大面积生产中切实可行和经济有效，如果耗费大而得不偿失，生产中就难以采用。如香蕉，在南方地区是常见的果树，引种到北方地区因为无法越冬，只能进行设施栽培，但存在树体高大的问题，目前只能用大型连栋温室进行栽培，普通温室无法胜任，因此引种成本较高，无法大面积普及。所以引种时必须注意栽培技术的配合，即良种配良法。

4. 引种安全问题

引种虽然是一种改良品种的快捷方法和手段，但也不能急功近利，应充分考虑到引种的后果，防止破坏当地的生态平衡。如凤眼莲，也被叫作水葫芦，原产于南美，1901年作为花卉引入中国，20世纪30年代作为畜禽饲料引入中国内地各省，并作为观赏和净化水质的植物推广种植，后逃逸为野生（图7-1）。由于繁殖迅速，且几乎没有竞争对手和天敌，在我国南方江河湖泊中发展迅速。凤眼莲本身有很强的净化污水能力，但大量的凤眼莲覆盖河面，生长时会消耗大量溶解氧，容易造成水质恶化，影响水底生物的生长，成为我国淡水水

体中主要的外来入侵物种之一。滇池、太湖、黄浦江及武汉东湖等著名水体，均出现过凤眼莲泛滥成灾的情况，耗费巨资也无法根治。现已广泛分布于华北、华东、华中、华南和西南的19个省市，尤以云南（昆明）、江苏、浙江、福建、四川、湖南、湖北、河南等省的入侵严重，并已扩散到温带地区，如辽宁锦州、营口一带均有分布。再如澳大利亚引入仙人掌后侵占1500万 hm^2 土地，新西兰引入黑刺莓后成为恶性杂草，醋栗引入北美后成为北美乔松锈病菌的中间寄主等。

图7-1　长满水葫芦的湖

引种的原材料往往带有病虫害，这些病虫害在原有地区由于环境条件和天敌的存在，危害不严重，但一旦引入后，由于环境条件好和缺乏天敌，往往造成暴发性的危害。例如：美国白蛾原产于美国，后传入欧洲，又传入日本和朝鲜，1979年传入我国辽宁丹东，后扩展到大连和山东半岛，此虫对我国林业生产和园林绿化造成了严重损失；近20多年来，美洲斑潜蝇（图7-2）已在美国、巴西、加拿大、巴拿马、墨西哥、智利、古巴等30多个国家和地区严重发生，造成巨大的经济损失，并有继续扩大蔓延的趋势，许多国家已将其列为最危险的检疫害虫。我国于1993年12月在海南省三亚市首次发现，1994年列为国内检疫对象，现已分布20多个省、自治区、直辖市。1995年美洲斑潜蝇在我国21个省（市、自治区）的蔬菜产区暴发危害，受害面积达 $1.488\times10^6hm^2$，减产30%～40%。所以引种时要严格执行检疫制度，避免检疫对象传入本地，造成不应有的损失。

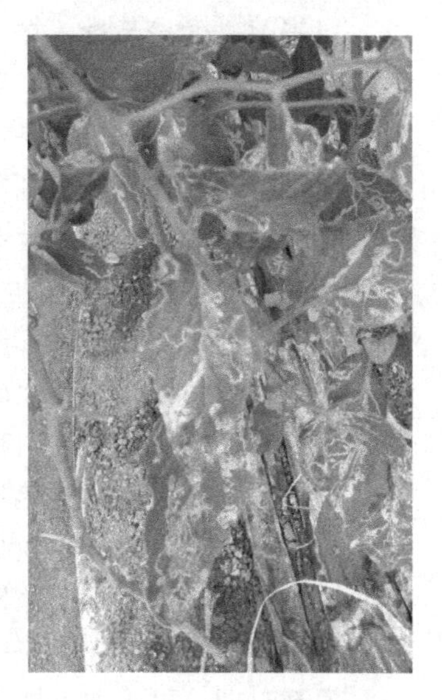

图7-2　美洲斑潜蝇的危害

复习思考题

1. 什么是引种？引种有什么意义和作用？
2. 引种时怎样考虑品种的遗传性和它系统发育的历史？
3. 生态型与引种有什么关系？
4. 温度和光照对引种有什么影响？
5. 水分和土壤对引种有什么影响？
6. 简述引种程序。

第八章 选择育种

学习目标：

1. 了解选择与选择育种的概念，选择的实质与作用基础。
2. 了解选择育种的应用价值。
3. 掌握田间株选的标准，株选的时期，株选技术。
4. 掌握选择育种的基本选择方法。
5. 掌握有性繁殖植物的选择育种程序。
6. 掌握芽变选种的原理及程序，实生选种的方法。

巨峰系葡萄家谱研究

巨峰葡萄是日本民间育种家大井上康于1937年用纯美洲种的石原早生（康拜尔早生四倍体突变）作母本，与纯欧洲种的森田尼（露萨基四倍体突变）作父本，杂交育成，于1945年正式命名发表。我国于1959年引入。

始祖巨峰是由纯美洲种和纯欧洲种杂交直接选育成，属于远缘杂种，遗传基础是高度杂合的。以它为亲本与其他品种杂交很容易因基因分离和重组发生广泛而复杂的性状分离和变异同样，以这些后代品种作亲本杂交也会产生广泛的分离和变异，而选育出新的品种。由于葡萄在无性繁殖过程中芽变现象相当普遍，通过芽变能选育出新的品种。巨峰系葡萄多属于自交结实类型，实生播种也易产生性状分离，也能选育出新的品种。经日本、中国育种工作者50多年努力，已选育出一大批具有巨峰“血统”的葡萄新品种，称为巨峰系，并大面积应用在鲜食葡萄生产上。

笔者于1987年开始种植巨峰葡萄，至2004年已引种巨峰系葡萄品种58个。陆续积累资料，至2004年底，绘制出“巨峰系葡萄家谱演化图”共114个品种。

通过研究发现巨峰系品种的选育途径主要有三种：杂交选育56个品种，占49.1%，其中巨峰作父本的8个品种，占杂交选育品种14.3%；芽变选育34个品种，占29.8%；实生选育23个品种，占20.2%，此外巨峰品种是通过脱毒选育而成，占0.9%。通过图8-1可以看出代次：第一代品种53个，占46.5%；第二代品种37个，占32.5%；第三代品种17个，占14.9%；第四代品种7个，占6.1%。巨峰始祖和四代品种目前均在种植，可谓“五代满堂”。而国内的巨峰系品种主要从日本引入，另外国内科研单位及一些果农从20世纪80年代开始开展了育种，至2004年已选育出品种31个，占114个品种的27.2%。其中未经审定品种有5个。尚未发现其他国家选育的品种。

（来源：《中外葡萄与葡萄酒》2005年02期，杨治元，部分选入）

1. 文中提到的葡萄品种大家知道多少？
2. 大家仔细找找看其中主要的育种方法是什么？
3. 上网搜一搜，还有哪些园艺植物品种和葡萄的品种家谱类似呢？

自从人类有意识地种植各类农作物以来，就开始有目的地选择优良的植株种子进行留种，这是一种无意识的选种工作，这种方法是在利用杂交育种前获得优良栽培品种的重要途径。C. Fideghelli统计1990—1992年（三年间）世界范围新育成的桃68个和李258个品种，其中来自杂交育种的分别占48%和25%，通过实生选种育成的分别占22%和35%，通过芽变选种育成的分别占6%和17%。这说明虽然在杂交育种普遍开展的今天，杂交种占了主导地位，但选择育种仍然为生产上提供了大量新的品种。在不便开展杂交育种的领域尤其如此，例如，苹果、梨、桃等果树育种，采用杂交育种的工作年限太长，投资过大，而采用选择育种则较为便捷。所以，在未来的植物育种中，选择育种仍然是不可忽视的重要育种途径。而选择不仅是选择育种途径的中心环节，更是所有育种途径和良种繁育中不可缺少的手段。

一、选择与选择育种

（一）选择育种的概念

选择育种，简称选种，又称为系统育种，是利用现有品种或类型在繁殖过程中的变异，通过选择淘汰的手段育成新品种的方法，它是改良现有品种和创造新品种的简捷有效途径。选择是一种方法与手段，是各种育种方法的必然途径。选择就是在自然变异群体中选优劣汰，又可分为自然选择和人工选择。自然选择是生物生存所在的自然环境对生物所起的选择作用，结果就是适者生存、不适者淘汰。人工选择是通过人类有意或无意的选择、鉴定比较，将符合要求的选出来，使其遗传趋于稳定，获得生产应用品种的过程。人工选择与自然选择有时趋于一致，有时不一致。当两者相互矛盾时，必须加强人工选择。

（二）选择的实质与效率

1. 选择的实质

在一个生物群体内总是存在着遗传与变异，生物既遗传又变异的特性是选择的作用基础。选择的实质是造成有差别的生殖率，能够定向地改变群体的遗传组成。因此，选择是在某一群体内选取某些个体，淘汰其余的个体。选择导致群体内一部分个体能产生后代，其余的个体产生较少的后代或不产生后代。例如，一次低温寒潮使一群体内大部分植株冻死，只有一小部分还能活着繁殖后代，实质上是使耐寒性基因得以保留，该类个体的繁殖概率增加。从而使后代群体整体耐寒能力提高，再经历寒潮时死亡率将有所降低。又如在一片黄瓜田内，只选第一雌花着生在第三节或第四节上的植株留种，其余植株上的果实都作为商品瓜上市，从而使后代群体内第四节着生雌花的植株百分率有所提高。从遗传机制来讲，选择的

作用就是改变群体内基因型的频率，从而给某些有价值基因型的出现提供了条件，降低了控制不利性状基因出现的频率。选择也改变群体内等位基因间的频率，从而使基因型的分离重组比例发生改变。选择保留了新产生的突变基因，并迅速得到繁殖。

由于生物能发生变异，而且是普遍地、经常地在发生变异，从而使个体间表现出或大或小的差异，提供了选择的依据，有些个体能适应当时当地的自然环境条件，较符合于人们的要求，这些个体就被选留，其余的被淘汰。由此可见，群体内各个体间的差别越大，某种性状从上一代个体遗传给下一代的可能性就越大，则选择所能起的作用也就越大。

布尔班克曾记述 W. Wilks 和他自己对虞美人进行的多代定向选择试验。Wilks 在一块开满猩红色花的虞美人地里发现一朵有很窄白边的花，保留了它的种子，第二年从 200 多株后代中找到了四五株花瓣有白色的植株。在以后若干年中，大部分花增加了白色的成分，个别花色变成很浅的粉红色，最后获得了开纯白花的类型。用同样的选择方法，把花的黑心变成黄色和白色，新育成的品种 Shirley 成为极受欢迎的花卉。以后布尔班克从 Shirley 无数植株中发现一株在白花中似乎有一种若隐若现的蓝色烟雾，经过多代选择后终于获得了开蓝花的珍稀类型。该试验有力地印证了选择的作用实质、创造性作用以及选择育种的重要性。

如果性状在个体间差异不明显，则选择就失去了赖以发挥作用的基础，所以选择育种不能有目的、有计划地人工创造变异，应用上存在一定的局限性。选择育种通常适用于主要经济性状大多基本符合要求，只有少数经济性状较差，而且这些表现较差的性状在个体间变异较大的群体。因为要想从一个多方面性状都表现较差的群体中选育出综合性状优良的类型，就必须等待多方面性状都产生出符合要求的变异，这需要很长的年代。核桃、板栗、丁香、水杉、柳杉等园艺植物，在生产中常兼用无性繁殖或有性繁殖，其实生群体内常存在着较大的变异，从其实生群体中选择优良单株用无性繁殖建成营养系品种，是一种简便易行的育种方式。

2. 选择的效率

选择的本质在于改变下一代群体中的基因型频率和基因频率，但选择效率的高低，也就是性状改变程度因质量性状和数量性状、选择强度、选择压力的大小等诸多因素而不同。

（1）质量性状　质量性状的表现型通常受环境因素影响较小，一般由一对或少数几对主基因控制，选择效果较好。当选择的目标性状为隐性类型时，一般经过一代选择就可以使下一代群体的隐性基因和基因型频率达到100%。如果目标性状为显性类型时，入选个体可能是纯合体，也可能是杂合体，通过一次单株选择的后代鉴定，就可选出纯合类型。

（2）遗传进度和选择差　对于园艺植物来说，大多数的性状属于数量性状，可以用数理统计的方法来计算选择的效率。入选亲本后代构成群体平均值与上代原群体平均值之差值称为遗传进度，又叫选择的效果。遗传进度由性状遗传力与选择差决定，遗传力越大，选择效果越好，反之则相反，当遗传力接近零时，则子代平均值趋向于原始群体平均值，即无论选择差有多大，选择都不起作用。选择差是对某一数量性状进行选择时，入选群体平均值与原始群体平均值产生的离差。影响选择差的因素有两个，一个是植物群体的入选率（即入选个体在原群体中所占的百分率），入选率越大，选择差越小；反之，入选率越小，选择差越大；另一个影响选择差的因素是性状的标准差大小，标准差越大，选择差的绝对值也就越大。

（3）选择强度　为了使选择标准化，使遗传进度能适用于不同性状（或群体）间的比较，可用原群体表现型标准差 σ_p 相除得到标准化的选择差（S_d），称为选择强度，用 K 表示，即 $K=\frac{S_d}{\sigma_p}$。由此可见，选择强度预测一定入选率条件下的选择效果，即选择的强度越大，选择效果越好。

（4）性状变异幅度　一般来说，性状在群体内的变异幅度越大，则选择效果越明显，供选群体的标准差越大，选择效果越好。在一个标准差很小的群体内，变异幅度小，入选群体的平均值与供选群体的平均值相差无几，即使遗传力很大，选择效果也很有限。因此，有目的地增大群体的容量，可以增加变异幅度，提高选择效果。加强田间试验的设计和管理能够降低环境的影响，提高选择效果。在实际应用中，也可通过降低入选率来增大选择强度。降低入选率就是提高入选标准，但不能为了提高某一性状的选择效果，把入选标准定得过高使入选群体太小而影响对其他性状的选择。

（三）选择标准的制定原则

在选择育种工作中，当育种目标确定之后，还必须选用相应的选择方法，并制定选择标准。通过明确的标准，可以提高育种的效率，能尽早选出基因型优良的植株和淘汰不良的植株。选择标准合理，可以准确地对植株进行鉴定、选择，从而提高选择效果，加速选种过程，减少工作量和缩短育种时间。选择标准不合理，过高将会增加工作量，植株性状的鉴定工作就会增加难度，选种工作就会走弯路。在选择时，一般针对整个植株进行，只有在芽变选种时可对变异枝条进行选择，制定选择标准应掌握以下几个原则：

1. 根据目标性状的主次制定相应选择标准

园艺植物有多个性状，选种中往往需同时兼顾多项性状，但对于具体的选种任务，在众多的目标性状之间，必然存在着相对重要性的差别。如苹果选种，其产量、品质、成熟期、抗性等都是应该考虑的目标性状，选种时应分清目标性状主次的关系，如果是进行高产育种，自然应将产量放在第一位，然后再考虑品质等其他性状。明确主次关系后，依据市场需求制定各个性状的取舍标准。

2. 选择标准明确具体

园艺植物的种类繁多，用途多样，每种植物选种时涉及的目标性状也多种多样，选择标准应根据作物的种类、用途和选择目标尽可能明确具体。例如：水果型黄瓜品种的选择，商品性作为第一选择目标性状，应具体到果长、无刺、果面光滑等涉及此目标的性状，并且对每一性状都应有具体的标准；丰产性的选择，多数作物可用单株产量作为比较标准，但对于多次采收幼果的黄瓜通常以第一个果实达到采收标准时的重量或大小和早期产果数，作为丰产性的株选性状标准。选择性状的具体项目及其标准还必须考虑产品的用途，例如，菊花盆栽品种要求株形矮壮，而作为切花品种则要求株高在 80cm 以上。

3. 各性状的当选标准要定得恰当

在选择前，应对供选群体性状变异情况先做大致了解，然后根据育种目标、株选方法和计划选留的株数来确定各性状的当选标准。当选标准定得太高，则入选个体太少，影响对其他性状的选择，致使多数综合性状优良的个体落选；当选标准定得太低，则入选个体过多，使后期工作量加重。如目前，大果型番茄丰产育种时，每 667m^2 产量应在 7500～12000kg 之间，超过 12000kg 和低于 7500kg 的番茄品种较少，并且不符合市场要求。当采用分期分项淘汰法时，前期选择的标准，应适当放宽。

二、基本选择法

1. 混合选择法

混合选择法又称为表现型选择法，是根据植株的表现型性状，从原始群体中选取符合选择标准要求的优良单株混合留种，下一代混合播种在混选区内，相邻栽植对照品种（当地同类优良品种）及原始群体的小区进行比较鉴定的选择法。

（1）一次混合选择法　一次混合选择法是对原始群体进行一次混合选择，当选择的群体表现优于原群体或对照品种时即进入品种预备试验圃（图 8-1）。

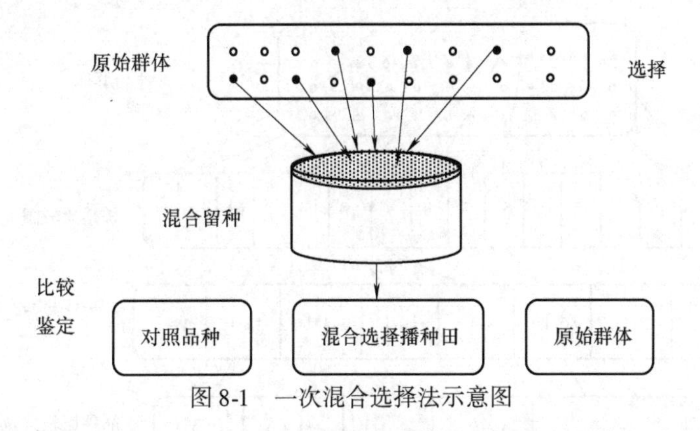

图 8-1　一次混合选择法示意图

（2）多次混合选择法　在第一次混合选择的群体中继续进行第二次混合选择，或在以后几代连续进行混合选择，直至出现产量比较稳定、性状表现比较一致并胜过对照品种的为止（图 8-2）。

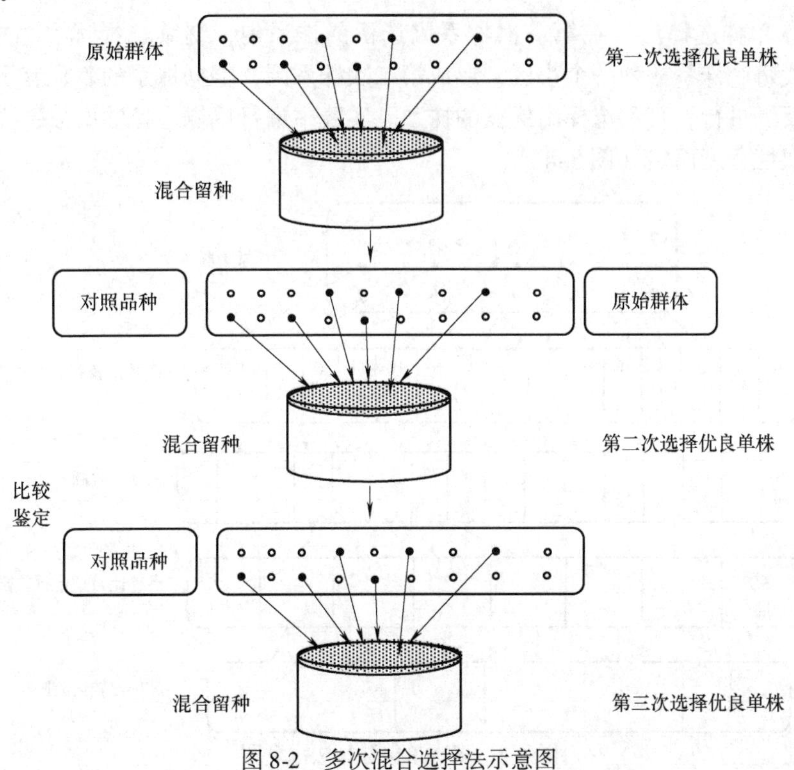

图 8-2　多次混合选择法示意图

2. 单株选择法

单株选择法又称为系谱选择法，是个体选择和后代鉴定相结合的选择法，是按照选择标准从原始群体中选出一些优良的单株，分别编号，分别留种，下一代单独种植一小区形成株系（一个单株的后代），根据各株系的表现，鉴定各入选单株基因型的优劣。

（1）一次单株选择法 单株选择只进行一次，在株系圃内不再进行单株选择，叫作一次单株选择法。通常隔一定株系种植一个小区的对照品种，株系圃通常设两次重复。根据各株系的表现淘汰不良株系，从当选株系内选择优良植株混合采种，然后参加品种比较试验（图 8-3）。

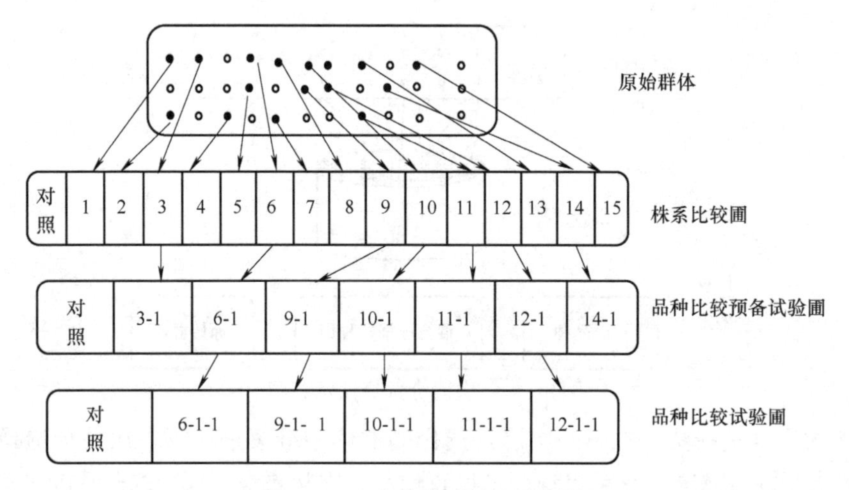

图 8-3　一次单株选择法示意图

（2）多次单株选择法　在第一次株系圃选留的株系内，继续选择优良植株分别编号、采种，下一代每个株系播种一个小区，形成第二次株系圃，根据株系的表现鉴定比较株系的优劣。如此反复进行，直到选择出优良的株系。实践中进行单株选择的次数，主要根据株系内株间的一致性程度而定（图 8-4）。

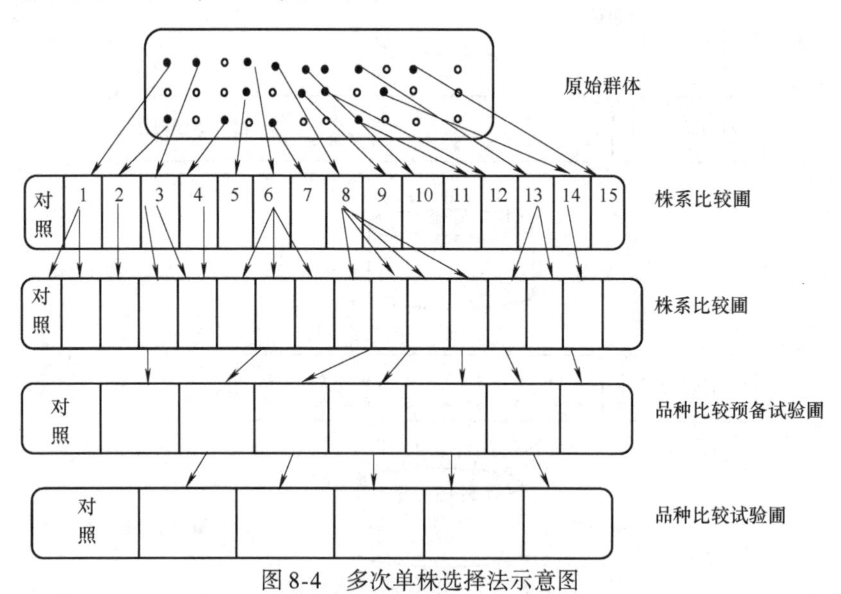

图 8-4　多次单株选择法示意图

3. 两种基本选择法比较

混合选择法的优点是：不需要很多土地、劳力及设备，简单易行，能迅速从混杂原始群体中分离出优良类型；能一次选出大量植株，获得大量种子，迅速应用于生产。混合选择法尤其适用于混杂比较严重的常规品种，可以在正常生产的同时逐步提纯原品种；另外异花授粉植物可以任其自由授粉，可以防止因近亲繁殖而产生的生活力衰退现象。混合选择法的缺点是由于所选各单株种子混合在一起，不能进行后代鉴定，容易丢失性状优良的株系，选择效果不如单株选择法。单株选择法的优点：可根据当选植株后代（株系）的表现对当选植株进行遗传性优劣鉴定，消除环境影响，加速性状的纯合与稳定，选择效率较高；同时多次单株选择可定向累积变异，因此有可能选出超过原始群体内最优良单株的新品系。由于株系间设有隔离，后代群体的一致性也较好。单株选择法的缺点：由于近交繁殖，容易导致生活力衰退。此外，一次所留种子数量有限，难以迅速应用于生产。同时因为需要设立很多的株系圃，因此工作量较大，选育的时间较长。

4. 两种基本选择法的综合应用

混合选择法和单株选择法各有优点和缺点，在实际工作中为取长补短而衍生出不同的选择法。

（1）单株—混合选择法　选种程序是先进行一次单株选择，在株系圃内淘汰不良株系，再在选留的株系内淘汰不良植株，然后使选留的植株自由授粉，混合采种，以后再进行一代或多代混合选择。这种选择法的优点：先经过一次单株后代的株系比较，可以根据遗传性淘汰不良的株系，初期选择的效果比较好；以后进行混合选择，不致出现生活力退化现象，且从第二代起每代都可以生产大量种子。其缺点：选优纯化的效果不及多次单株选择法。

（2）混合—单株选择法　选种程序是先进行几代混合选择之后，再进行一次单株选择。株系间要隔离，株系内去杂去劣后任其自由授粉混合采种。这种选择法的优缺点与前一种方法大致相似，适合于株间有较明显差异的原始群体。选择效果有时能接近多次单株选择法，比较简便易行。

（3）母系选择法　选种程序是对所选的植株不进行隔离，所以又称为无隔离系谱选择法，由于本身是异花授粉作物而又不隔离，选择只是根据母本的性状进行，对父本的花粉来源未加控制。其优点是无须隔离，较为简便，节省劳力和土地资源，生活力不易退化。但缺点也是显而易见的，选优选纯的速度较慢，适用于甘蓝等异花授粉植物。

（4）亲系选择法（留种区法）　类似于多次选择的选种方法，与一般多次单株选择法的差别主要在于不在株系圃进行隔离，以便较客观较精确地比较，而在另设的留种区内留种。每一代每一当选单株（或株系）的种子分成两份，一份播种在株系圃；另一份播种在隔离留种圃，根据株系圃的鉴定结果，在留种区各相应系统内选株留种；下一年继续这样进行。这种方法主要是为了避免隔离留种影响试验结果的可靠性。在系统数较多时一般都在留种区内进行套袋隔离，到后期系统数不多时才采用空间隔离。这种方法适用于两年生异花授粉作物，如萝卜、白菜等经济性状与采种期分开的作物。种子无须分成两份，鉴定经济性状结束后，可以选留根株储藏或保护过冬，栽植到第二年的留种圃内。

（5）剩余种子法（半分法）　这种选种方法是将入选单株分为两份，以相同编号，一份播种于株系圃内的不同小区，另一份储存在种子柜中，在株系内选出的株系并不留种，避免系统间的杂交，下一年或下一代播种当选系统的存放种子。此法的优点是可避免因不良株系杂交对入选株系的影响，节省了隔离费用；缺点是株系的纯化速度缓慢，不能同时起到连续选择对有利变异的积累作用。这种方法适用于引种初期和瓜类一、二代选种工作。

（6）集团选择法　这是介于单株选择和混合选择之间的一种选择方法。根据作物的特征、特性把性状相似的优良植株划分成几个集团，如根据植株高矮，果实形状、颜色，成熟期等进行划分，然后根据集团的特征进行选择留种，最后将从不同集团收获的种子分别播种在各个小区内，形成集团鉴定圃。通过比较鉴定集团间与对照品种的优劣，选出优良集团，淘汰不良集团。在选择过程中集团间要防止杂交，集团内可自由授粉。此方法的优点是简单易行，容易掌握；后代生活力不易衰退，集团内性状一致性提高的速度比混合选择快。其缺点是集团间需进行隔离，只能根据表现型来鉴别植株间的优劣差异，选择效率较低，因此集团选择提高的速度比单株选择慢。

三、选择育种中的株选方法

（一）株选标准的确定

选择育种目标确定以后，在实际工作中最后要落实到具体植株的选择上。株选是按照育种目标进行的，必须鉴定准确，它是整个选种工作进展快慢和取得成果大小的关键。如果选择不准确，即使选种程序很正确，工作很细致，也很难淘汰掉不良性状，优良的株系很难获得，容易造成不必要的人力和物力的浪费。因此，准确的株选是每个选育者的基本功。而要想减少不必要的失误，提高选择的准确性，首先就是要确定正确的株选标准。株选标准的确定应根据以下几个原则进行：

1. 明确株选时的具体目标性状

目标性状是指那些选择植株时需要在株间进行比较的性状。在实践中必须根据作物的种类和育种目标把它明确起来，且具体化，可操作性强。如丰产性就是一个比较模糊的性状，简单地用丰产性作为目标性状，可操作性就很弱，在洋葱选种中不如用鳞茎重作为单株丰产性的株选目标性状。用简单明了的目标性状，也是降低工作量的需要。像黄瓜这类幼果多次、分批采收的作物用单株产量作为丰产性的株选目标性状就不是很合适，如果株选时每次采收时分别记录每株产量，工作量很大，在实践中操作较麻烦。因此黄瓜通常以第一个果实达到采收大小时的重量和单株坐果数，作为丰产性的株选目标性状，而不用单株产量作为丰产性的株选目标性状。目标性状也不宜定得过于详细，以免影响选育的进度。

2. 明确目标性状的选择顺序关系

在选育工作中，不能对每一性状都进行选育，如果面面俱到，有可能因为基因连锁或其他因素而不能达到预期目标，必须有所取舍，分清目标性状的主次。例如，某一地区对某种蔬菜的生长季节较长，因而对品种的生育期长短要求不严，同时病虫害较少，对抗病虫性要求不高，现在栽培的品种产量虽不低，但品质太差，这样目标性状的主次顺序应该是品质—产量—抗病性—生育期。分清目标性状的相对重要性是为了便于株选时决定取舍。例如，两个植株，一株产量较高但生育期较长，另一株生育期较短但产量较低，当必须在其中选留一株淘汰一株时，就要先确定目标性状的主次关系。

3. 明确目标性状的入选标准

每一个目标性状都应该有一个当选标准（水平），高于此标准的植株才能作为这一性状的当选株。例如，番茄单株（三穗）着果数定的标准。当选标准如果定得太低，势必造成

大量植株当选，这样就使工作量加大，延缓选育进程；如果标准定得太高，就会使当选单株太少，从而影响对其他性状的选择，而使综合性状优良的个体落选。各性状的当选标准应该根据育种目标、供选材料的性状变异情况和株选方法来确定。

4. 降低环境与其他因素的影响

性状的实现是遗传性和环境条件共同作用的结果，供选材料内那些表现经济性状优良的植株不一定是遗传性优良的，有些只是由于环境条件较好造成的，株选时要尽可能地降低这些区域入选的株数，以减少环境饰变的选择误差。例如：一块菜地，如果发现优良植株集中出现在某一区域内，这可能是土壤差异造成的；地块周围边际的植株和中间部分植株生长存在差异，这往往是由于小气候的不同而造成的环境饰变。

（二）株选的时期

不同植物的生长发育周期不同，准确地选择株选时间，可以充分地对植株的经济性状进行鉴定，提高株选效果。理论上，育种者要对经济作物的全部生育期进行经常的观察和记载，对重要经济性状要做几次较全面的观察、鉴定和记载。根据田间记录和最后一次鉴定，对各单株做出综合评价，决定取舍。但是在实际工作中，由于供选材料的所有植株性状较多，分别进行观察记载，数据量是十分巨大的，难以做到。因此，通常依据不同的植株生育特点，抓住植物主要经济性状出现的关键时期，采用不同的方法和株选时期进行鉴定。鉴定可以分几次进行，分次选择，或几次鉴定后一次选择，或一次鉴定同时选择等办法。例如，黄瓜可以在第一雌花出现后进行第一次鉴定，确定植株的早熟性。然后鉴定植株瓜条性状、分枝性和生长势强弱等，从中选留一部分植株。到种瓜成熟时进行第三次鉴定选择，在第二次选留的植株内鉴定单株的丰产性和抗病性等，并进行最后一次选择。当人力不足时，可省去第一次鉴定选择，有时甚至只进行第二次的鉴定选择。大白菜、甘蓝、萝卜和胡萝卜等通常都在收获前进行株选。

（三）株选的方法

1. 分项累进淘汰法

确定选择标准后，根据性状的相对重要性顺序排列，先按第一重要性状进行选择，然后在入选株内按第二性状进行选择，顺次累进。例如：对辣椒以抗寒性为主的选种，首先在群体内选抗寒性强的植株，以插杆或挂标签的形式做标记；再在这些入选株内选择若干商品性好的植株；然后再按早熟性等商品性状顺次进行选择，淘汰不良的植株。这种方法分性状按顺序进行，比较容易进行株间鉴定评比，但是先选性状入选率应该较大，选择标准不宜过高，否则容易淘汰后选性状较好的植株。

2. 分次分期淘汰法

这种方法主要按生长时间进行选择，对那些重要经济性状陆续出现的植物较为适用，如黄瓜、番茄等作物，早熟性、果实大小等经济性状按时间先后出现，不能一次性鉴定。因此，当株选目标性状出现时，需分次分期进行选择。株选方法是在第一目标性状显露时进行第一次选择，选取较多植株，做好标记；到第二性状出现时在第一性状所选植株内淘汰第二性状不合格植株，除去标记，依次进行。该方法工作量较大，也比较麻烦，容易把前期性状的最优者，由于后期性状较差而被淘汰。

3. 多次综合评比法

多次综合评比法是最常用的方法，一般分为首选、再选和定选三次鉴定选择。确定选择的标准后就可以进行株选，首选可以多人分片进行，再选应由一两人全面进行，然后再选株集中到一起进行定选，为了防止由于主观判断所产生的差异，一般由有经验的人员一人完成。如对结球白菜的株选，首选时是在收获前先按植株的高矮、粗细、球顶形状和结球充实度等进行综合评价，在入选的植株旁插杆作为标记。再选是在首选株内按较高综合性状入选标准进行，淘汰其中一部分植株，拔掉淘汰株的标记。定选时可根据株重、瓣色，病虫危害程度等性状，按更高综合标准进行比较鉴定，确定录取株。

4. 限值淘汰法

将需要鉴定的性状分别规定一个最低的入选标准，低于规定标准的植株淘汰。这种选择方法在一般情况下可采用，但限值的规定必须切合实际而且实施时要有一定的灵活性。同时要注意某一性状突出，而携带有一两个不良性状的植株，应加以保留，这些可以作为杂交育种的材料。

四、有性繁殖植物选择育种的程序

（一）选择育种的一般程序

选种程序是从搜集材料、选择优良单株开始，到育成新品种的过程，由一系列的选择、淘汰、鉴定工作组成。

1. 原始材料圃

将各种原始材料种植在代表本地区气候条件的环境中，并设置对照，与对照比较从原始材料圃中选择出优良单株留种供株系比较。在进行新品种选育时，主要是栽培本地或外地引入的品种类型。当地类型的选种往往直接在生产田中留意选择，通常不需要专门设置原始材料圃。栽植方式是每个原始材料栽种一个小区，每隔 5 ~ 10 个小区设一对照。小区面积较小，一般栽种株数以 50 ~ 100 株为宜，一般不设重复（或设一次重复）。原始材料圃的设置年限为一两年，但对于专门选种机构，常由外地引入较多的品种类型，而且是陆续引进的，因此要年年保存原始材料圃。

2. 株系圃或选种圃

从原始材料圃或从当地大面积生产的品种里选出优良株系或优良群体的混合选择留种后代，进行有目的地比较鉴定、选择，从中选出优良株系或群体供品种比较试验圃进行比较选择用。栽植方式是每个株系或混选后代种一个小区，每一个小区至少栽种 20 株，每 5 ~ 10 个小区设一对照。小区采用顺序排列法，两次重复。株系比较进行的时间长短决定于当选植株后代群体的一致性，当群体稳定一致时，即可进行品种比较预备试验。

3. 品种比较预备试验圃（鉴定圃）

此试验圃的目的是对株系比较选出的优良株系或混选系，进一步鉴定入选株系后代的一致性，继续淘汰一部分经济性状表现较差的株系或混选系，选留的株系不宜超过 10 个。对当选的系统扩大繁殖，以保证播种量较大的品种比较试验所需，预试时间一般为一年。栽植方式是每一个系统的后代栽种一个小区，每五个小区设置一标准区，两次以上重复。每一小区至少栽种 50 株，栽培管理和株行距的大小，应与生产保持一致。

4. 品种比较试验圃

此试验圃的目的是全面比较鉴定在品比预备试验或在株系比较中选出的优良株系或混选系后代。同时了解它们的生长发育习性，最后选出在产量、品质、熟性以及其他经济性状等

方面都比对照品种更优良的一个或几个新品系。栽植方式是小区面积较大，但要根据作物的种类和供试新株系的种子数量来确定，通常为 20～100m²。每一小区栽植的株数，一般为 100～500 株。小区排列多采用 4～6 次重复，随机排列，设有保护行。品种比较试验圃设置的年代，一般为两三年。在这两三年内品种比较试验必须按照正规田间试验要求进行且栽种的试验材料基本相同。

5. 区域试验

品种区域试验是将经品种比较试验入选的新品种分送到不同地区参加这些地区的品种比较试验，以确定新品种适宜推广的区域范围。我国作物品种区域试验分为国家和省两级组织，主要是安排落实区试地点，制定试验方案，汇总区试材料。区域试验按正规田间试验要求进行，各区试点的田间设计、观测项目、技术标准力求一致。区试期间，主持单位应组织专家在适当时期进行实地考察。最后区试结果必须汇总统计分析。

6. 生产试验

生产试验是将经品种比较及区试选出的优良品种做大面积生产栽培试验，以评价它的增产潜力和推广价值。生产试验宜安排在当地主产区，一般面积不少于 667m²，生产试验和区域试验可同时进行，安排 2～3 年。

（二）加速选种进程的措施

选种程序中设计的各个圃地，其目的是保证选种过程客观、有效。但如果完全按照程序执行，可能造成育种时间过长、浪费时间和精力，也可能因时间拖得过久，育种目标落后而失去育种的意义。因此，在不影响品种选育试验正确性的前提下，为加速选种进程，缩短选种年限，可从以下几个方面加以改进。

1. 综合运用各种选择法

前人在长期育种实践中创造了各种选择法，各具不同的优缺点。在具体应用时，育种者应根据不同作物的特点、育种目标以及当地的栽培管理方式，具体情况具体分析，灵活地使用选择方法以适应现代育种的需要。对于长期混杂退化的常规品种进行提纯复壮时，第一年可以用单株选择法，提高选择效率，第二年可以使用混合选择法，并扩大繁殖，使之能够尽快地推向市场。采用集团选择法，可以同时推出多个品种，而且由于种子量较多，可以很快地应用于生产。

2. 圃地设置的增减

圃地的设置也是灵活可变的，在必要的条件、能够保证试验结果正确性的前提下，有时可以增加或减少一些圃地。在当地生产田、试验田或种子田里，选择若干符合选种目标的优良单株，如果发现有一个或几个株系的后代一致性较强，其他经济性状上也明显优良，就可以直接参加品种比较试验和生产试验。为了鉴定参加品种比较试验品种的抗逆性和生长发育特性，在进行品种比较试验的同时，往往可以增设抗性鉴定圃、栽培试验圃。为了缩短育种的年限，保证原始材料来源较为可靠的情况下，可以同时进行株系比较和品种比较试验。

3. 适当缩减圃地设置年限

为了加速选种的进程，有些圃地的设置年限可以适当地缩短，这取决于试材的一致性。如果株系或混选系内植株表现一致性高，而其他经济性状又符合选种目标，株系圃就可只设置 1 年，否则就得设置 2 年以上。品种比较试验圃通常需要设置 2～3 年，因为经 1 年的试验，不能完全反应品种对当地气候的适应能力。若开始选种时，注意到试验材料与气候、土壤等生态因子变化的关系，就可基本了解所选系统的适应性，这样，品种比较试验圃可进行1～2年。

4. 提前进行生产试验与多点试验

在进行品种比较试验的同时，可将选出的优良品系种子分寄到各地参加区域试验或生产试验，提前接受各地生态环境考验。如果所选品系的确优良，则可以尽早地应用于生产。

5. 加代繁殖

中国国土辽阔，各地气候千差万别，有些植物可以随季节变化采取“北种南繁”或“南种北繁”异地栽种方法，一年能繁殖2～3代。如北方到了冬季不能生产，可以将母株或种子运到南方气候温暖的地区进行栽植，这样可以得到种子。对于大白菜、萝卜、甘蓝等作物，生育期较短，一年利用异地栽植，可以繁殖3～4代。南方的部分地区，夏季炎热多雨，很难进行生产，可以在北方地区进行加代繁殖。另外，北方地区也可利用日光温室、塑料大棚等设施进行加代繁殖，对于黄瓜这类作物每年可增加2～3代，大大地缩短了育种的周期。

6. 提早繁殖与提高繁殖系数

在新品种选育过程中，对有希望但还没有确定为优良系统的材料，可提早繁殖种子。当经过品种比较试验确定为优良品系时，就可有大量种子供大面积推广试种。对于既可以种子繁殖又可以无性繁殖的植物，可通过分株、扦插、嫁接的方法来加快繁殖的速度。

五、无性繁殖植物选择育种的程序

在园艺植物中，有数量众多的无性繁殖植物，如马铃薯、苹果、梨、桃、月季等。这类植物中有些可以通过种子繁殖，如马铃薯，所以可以依照有性繁殖植物的选择育种程序进行育种；而对于苹果等果树来说，虽然也可以通过种子繁殖，但由于结果时间长，因此完全按照有性繁殖植物的选择育种程序进行存在很大的困难，所以必须采用一些其他的方法手段来缩短育种的年限。目前在实践中主要采取芽变选种和实生选种两种方法。

（一）芽变选种

芽变经常发生以及变异的多样性，使芽变成为无性繁殖植物产生新变异的丰富源泉。芽变产生的新变异，既可直接从中选育出新的优良品种，又可不断丰富原有的种质库，给杂交育种提供新的资源。

芽变选种的突出优点是可对优良品种的个别缺点进行修缮，同时，基本上保持其原有综合优良性状。所以一经选出即可进行无性繁殖供生产利用，投入少，而收效快。

芽变选种中最突出的例子是元帅系苹果由芽变选种而实现的品种演化。苹果品种元帅是1880年发现，1895年选出的一个实生变异品种，20世纪20年代前后，在元帅中发现并选出色泽比元帅好的芽变新品种红星和雷帅，逐渐替换了元帅而成为元帅系的第二代改良品种；20世纪50、60年代，又从红星中选育出短枝型的新红星，由于其栽培性好，推广迅速，诞生后10年间在华盛顿州就占结果幼树的60%，成为替换红星的第三代元帅系改良品种；70年代后，又选出了适应低海拔、低纬度地区栽培的新红冠、魁红、超红等第四代元帅系芽变新品种；80年代后，一批着色更早、色泽浓红的第五代短枝型芽变系俄矮2号、矮鲜等又相继问世。再如日本的苹果品种富士，于1962年进行种苗登记后，发展缓慢，但自20世纪70年代选出一批着色好的芽变品系后，发展迅速；至1984年其面积和产量都已

跃居日本苹果栽培的第一位，使日本的苹果栽培品种组成发生了很大的变化。

1. 芽变和芽变选种的概念

自然界植株体细胞中的遗传物质有时发生变异，经发育进入芽的分生组织，就形成变异芽。但芽变总是以枝变的形式出现，这是由于人们发现较晚的原因。当长成新的植株时才被首次发现的这种芽变植株称为株变。芽变选种是指对由芽变发生的变异进行选择，从而育成新品种的选择育种法。

在园艺植物的营养系品种内，除由遗传物质变异而发生变异外，还普遍存在着由各种环境条件（如砧木、施肥制度、果园地貌、土壤、紫外线等各种气象因素，以及其他一系列栽培措施的影响）而造成的不能遗传的变异，称为饰变。饰变与芽变的比较见表8-1。

表8-1 园艺植物饰变与芽变的比较

观察项目	饰　变	芽　变
变异性状的稳定性	受环境条件的影响而变化	表现比较稳定，受环境影响小
变异程度	有一定的变异幅度	变异幅度较大，可超出自身遗传反应规范
变异方向	与环境条件变化方向一致	与环境变化的关系较小
变异体的分布特点	常常具有连续性分布	界线分明的间断性变异
变异的性质	多数是数量性状	多数是质量性状
变异体是否为嵌合体	不是	有时是

2. 芽变的特点

芽变的本质是植物的体细胞内遗传物质的变异，因此其遗传规律和细胞内基因突变的遗传规律是一样的，如突变的可逆性、正突变频率大于反突变、突变的一般有害性等。在外观上，芽变的体细胞以嵌合体的形式表现出来，因为突变细胞最初仅发生于个别细胞，突变和未突变细胞同时并存。体细胞的突变可以在植物的根、茎、叶、花、果等器官的各个部位发生，突变类型包括染色体数目和结构的变异，胞质基因突变，其中经常发生的是多倍性芽变。芽变在相近植物种和属中存在遗传变异的平行规律，对选种具有重要的指导意义。如在桃的芽变中曾经出现过重瓣、短枝型、早熟等芽变，这样人们就能有把握地期待在李亚科的其他属、种，如杏、梅、樱桃中出现平行的芽变类型（表8-2、表8-3）。同一细胞中同时发生两个以上基因突变的概率极小。多倍体芽变常发生由细胞变大引起的一系列性状的变异。

表8-2 果树芽变的类型

变异类型		苹　果	梨	桃	葡　萄	柑　橘	其　他
树型	短枝型	+	+	+		+	李、杏、梅
	矮生型			+			
	垂枝型	+		+			
	无刺					+	树莓
叶	窄叶			+		+	
	大小叶					+	
花	大小花			+			
	重瓣花			+		+	

（续）

变异类型		苹果	梨	桃	葡萄	柑橘	其他
果型	大果型	+	+	+	+		李、樱桃
	小果型	+			+		
	长果型	+			+		
	扁果型	+		+		+	
果皮	红色	+	+	+	+		李、杏、梅
	锈色	+	+				
果肉	黄色			+			
	白色					+	
风味	高糖	+	+	+	+	+	
	少酸	+	+			+	
	高酸	+				+	
	香味	+					
熟期	早熟	+	+	+	+	+	李、樱桃、梅
	晚熟	+		+		+	
无核					+	+	
自花可孕			+	+			
高产		+			+	+	
抗寒		+				+	
抗锈		+					
抗虫				蚜虫			
抗病		黑星病	火疫病				
耐储性		+				+	

表 8-3　月季芽变的多样性

性状	原始品种及特点		芽变品种及特点		发表年份
花色	伊丽莎白	粉红	东方欲晓	白色、微红	1965
	翠堤红妆	玫瑰红	翠堤粉妆	浅粉色	1964
	我的选择	粉红金背	金闪	金黄	1978
	黄蜜琳	蜜黄色	桃红蜜琳	粉红	1964
花型	伊丽莎白	大花	伊丽公主	中花	1978
株型	墨红	矮生	藤墨红	藤本	1963
	藤快乐	藤本	快乐	矮生	1965

3. 芽变选种的程序和方法

（1）育种目标及选择标准　芽变选种通常是以原有优良品种为对象，在保持原有品种优良性状的基础上，通过选择而修缮其个别缺点，所以育种目标针对性较强。例如，在柑橘的芽变选种中，同样是选育适合加工糖水橘瓣罐头用品种，现有品种在本地加工成品的色、香、味、形均极好，选种的主要目标性状应着重选出无核型或少核型；而对现有品种温州蜜柑，由于其本身无籽，芽变选种的性状应着重于果形、瓣形、汁胞等的加工适应性。目标确定之后，应制定相应的选种标准。例如，浙江省台州地区在开展少核本地早柑橘的芽变选种中，以单果含种子 4 粒以下作为初选标准。

（2）初选阶段　初选阶段是从生产园（栽培圃）内选出变异优系，本阶段的工作包括发掘优良变异，初选出芽变优系进入第二级选种程序。

（3）复选阶段　复选阶段是对初选优系的无性繁殖后代进行复选，本阶段分为鉴定圃和复选圃两类。鉴定圃用于变异性状虽十分优良，但仍不能肯定为芽变的个体，与其原品种种类进行比较，同时也可以扩大繁殖，提供材料来源。鉴定圃可采用高接或移植的形式。复选圃是对芽变系进行全面而精确鉴定的场所。由于在选种初期往往只注意特别突出的优变性状，所以除非能充分肯定无相关劣变的芽变优系外，对一些虽已肯定是优良芽变，但只要还有某些性状尚未充分了解，均需进入复选圃做全面鉴定。复选圃除进行芽变系与原品种间的比较鉴定外，同时也进行芽变系之间的比较鉴定，为繁殖推广提供可靠依据。复选圃内应按品系或单株（每系 10 株以内）建立档案，进行连续 3 年以上（对于果树或观花植物是指进入结果或开花以后）对比观察记载，对其重要性状进行全面鉴定，将结果记载入档。根据鉴定结果，由负责选种单位写出复选报告，将最优秀的品系定为复选入选品系，提交上级部门参加决选。

（4）决选阶段　决选阶段最后确定入选品种的应用价值。选种单位对复选合格品系提出复选报告后，由主管部门组织有关人员进行决选评审。经过评审，确认在生产上有前途的品系，可由选种单位予以命名，由组织决选的主管部门作为新品种予以推荐公布。选种单位在发表新品种时，应提供该品种的详细说明书。

芽变选种程序如图 8-5 所示。

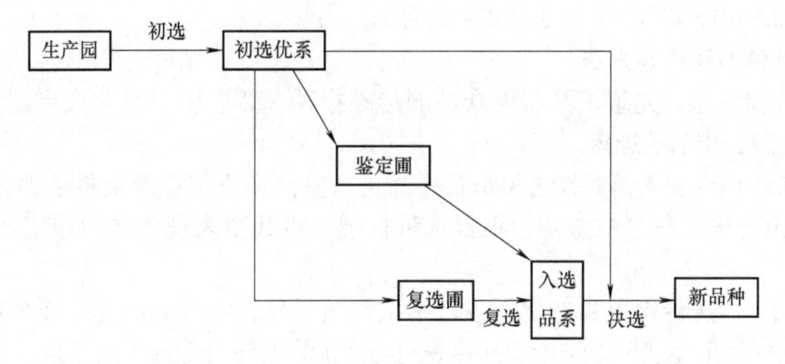

图 8-5　芽变选种程序

4. 芽变选种实例介绍

葡萄的芽变现象较普遍，同其他果树一样，葡萄芽变只有在果实大小、形状、颜色、成熟期方面表现出与原品种有明显的差异时，才容易被人们发现。这种明显的突变，多属于染色体变异、加倍或主基因决定的质量性状的变异。由于葡萄四倍体比二倍体的果实表现出明显的巨大性，故凡大果型变异一般多属于四倍体，如大无核白、吉香、大玫瑰香等，均系二倍体无核白、白香蕉和玫瑰香的四倍体芽变。

葡萄芽变选种主要于果实成熟期间在生产园里进行，一旦发现个别枝条或单株所结果实与原品种有明显差异时，立即予以标记，并在果实成熟采收时，对其变异性状进行拍照、记载和分析。之后，进行无性繁殖，以鉴定其变异的真实性与稳定性；通过与原品种的对比试验，以确定其产量、品质和抗逆性等。经鉴定确实表现较好的，通过复选、决选形成品种。

（二）实生选种

1. 实生选种的概念和意义

有些植物种类，各地因生产栽培习惯不同，常分别采用营养繁殖或种子繁殖，通常将种子繁殖称为实生繁殖。对实生繁殖群体进行选择，从中选出优良个体并建成营养系品种，或继续实生繁殖时改进对下一代的群体遗传组成，均称为实生选择育种，简称实生选种。

与营养系相比，实生群体常具有变异普遍、变异性状多且变异幅度大的特点，在选育新品种方面有很大潜力。由于其变异类型是在当地条件下形成，一般来说，它们对当地环境具有较好的适应能力，选出的新类型易于在当地推广，投资少且收效快。实生选种对具有珠心多胚现象的柑橘类更具特殊的应用价值，因为多胚的柑橘实生后代中，既存在着有性系的变异，也存在着珠心胚实生系的变异。此外，珠心胚实生苗还具有生理上的复壮作用。因此，对多胚性的柑橘进行实生选种，有可能获得：①利用有性系变异选育出优良的自然杂种，如温州蜜柑、葡萄柚、日本夏橙等都源自于自然杂种；②利用珠心系中发生的变异选育出新的优良品种、品系，如四川的锦橙、先锋橙，华中农业大学的抗寒本地早 16 号等都是从珠心苗中选出来的；③利用珠心胚实生苗的生理复壮作用选育出该品种的新生系，如美国从华盛顿脐橙、伏令夏橙、柠檬中选育出的新生系均比老系表现出树势旺盛、丰产稳产、适应性增强，而又保持原品种优良品质的特性。在其他选育方法出现以前，果树主要是通过实生选种而培育新品种，而且所选育出的某些品种迄今还是优良品种，如巴梨、鸭梨、苍溪梨、金冠、国光、锦橙、新会橙等。据 Brooks 统计，1927—1972 年间，美国新选育的 723 个苹果品种中，通过实生选育的有 295 个，占 40.8%。据李秀根统计，至 1991 年止，我国新育成的 48 个梨新品种中，有 11 个是通过实生选育的，占 22.9%。

2. 实生选种的程序和方法

（1）报种和预选　先组织开展群众性的选种报种，然后组织专业人员现场调查核实，编号和登记记载，作为预选树。

（2）初选　由专业人员对预选树采集样品进行室内调查记载及资料整理分析，再经连续 2～3 年对预选树进行复核鉴定，根据选种标准，将其中表现优异而稳定的入选为初选优树。

（3）复选　对选种圃里初选优树进行嫁接繁殖后代，结果后经连续 3 年的比较鉴定，对每一初选优树做出复选鉴定结论。其中表现特别优异的作为复选入选品系，并迅速建立能提供大量接穗的母本园。

如果对能结籽的无性繁殖园艺植物进行实生选种，可对其有性后代通过单株选择法获得优株，再采用无性繁殖建成营养系品种。方法是将获得的供选材料的种子（自交或天然杂交），播种种植于选种圃，经单株鉴定选择其中若干优良植株分别编号，然后采用无性繁殖法将每一入选单株繁殖成一个营养系小区，进行比较鉴定，其中将优异者入选为营养系品种。与有性繁殖园艺植物的单株选择法相比，本法通常只进行一代有性繁殖，入选个体的优良变异通过无性繁殖在后代固定下来，既不需要设置隔离以防止杂交，也不存在自交生活力退化问题。

3. 实生选种实例介绍

目前世界上广泛栽培的梨树品种，除少数是近代有计划杂交育成的以外，其他大部分是由实生苗选育出来的，如巴梨、日面红、冬香梨、伏茄梨、贵妃梨、三季梨等。

我国传统的地方梨品种大多是从自然的实生群体中选择出来的，如子母梨，具有地区性的栽培价值，也是新品种选育不可缺少的种质。浙江大学从茌梨的实生后代中选出高产、优质的杭青梨，已经在生产中大面积推广。中国果树研究所从车头梨的自然实生后代中选出了树体矮小、丰产稳产、适合制汁的矮香梨。郑州果树研究所等单位对陕西大巴山地区种质考察后发现了许多地方品种，如白梨系统的罐罐梨、六月梨、二乙梨，砂梨系统的七里香、老麻梨、卡壳梨，以及褐梨中的麻面梨。还有一些各具特色的品种，如抗梨黑斑病的德胜香，抗寒性强、优质中熟的通香梨，优质丰产的明珠梨，特早熟的六月爽，抗逆性强的鸭广梨。

在今后的资源调查和芽变选种、实生选种时，还有可能碰到一些实生变异，应该注意对其进行分析鉴定，择优入选。鉴定变异单株是芽变还是实生变异，当前可从以下几方面进行分析：①检查根茎处有无嫁接痕迹；②检查鉴定根蘖是否为一般的砧木类型；③检查低级枝有无童期特征。

复习思考题

1. 选择育种的实质是什么？在育种实践中，如何提高选择效果？

2. 有性繁殖植物选择育种的主要方法有哪些？育种中如何灵活地加以应用？

3. 有性繁殖植物选择育种的一般程序是什么？如何优化？

4. 无性繁殖植物的主要选种方法有哪些？基本程序是什么？

5. 株选的方法有哪些？应注意哪些原则？

6. 通过扩展阅读，我们知道菊花的品种很多，而品种间的性状差异则是选择育种的基础。选择 1 ~ 2 种其他园艺植物，调查看看它们的品种有多少呢？

第九章 常规杂交育种

学习目标：

1. 了解常规杂交育种的概念、意义。
2. 掌握常规杂交育种的杂交方式、杂交育种的程序。
3. 掌握有性杂交技术。
4. 了解杂交亲本选择选配的意义。
5. 掌握杂交亲本选择选配的原则。
6. 掌握常规杂交育种的后代选择方法。

常规和杂交稻种的“争论”

“您作为杂交水稻之父，已经80岁高龄了，还在攀登培育杂交水稻的新高峰。但我却希望您在有生之年放弃杂交水稻的研究，转向培育常规水稻品种……”近日，“三农”问题专家李昌平“致袁隆平院士的一封公开信”在网上披露，一石激起千层浪。

多年调研农民、农业、农村问题，屡有真知灼见的李昌平，在他最近的这封信里对一味发展杂交水稻的合理性提出质疑。他认为，现在的种子杂交化、转基因化，已不是传统意义上的种子了。一旦遇上天灾，农民将无处“补种”。常规种子虽然产量比杂交种子稍低一些，但是肥料、农药的使用量要少20%左右，应对自然灾害的能力也强。李昌平担心，在袁隆平杂交水稻取得巨大成功的“丰碑”下，政府部门和越来越多科研人员将杂交种子视为唯一的科研方向，对常规种子弃之不顾。他的这一连串担心，说到点子上了吗？杂交种子真的会“终结”常规种子吗？

“常规种子和杂交种子，两者并没有本质上的区别。”上海市农业基因生物中心主任、首席科学家罗利军首先指出，李昌平信中把这两种种子“对立”，在科学意义上并无依据。他解释说，一般来说，常规稻的遗传性能相对稳定，农民收获后可以自己选种、留种，继续用于种植。相对于常规稻种子，通过“三系”或“二系”配组生产的种子，称为杂交种子。杂交种子的后代会失去优质遗传特性，如果用来再次播种，将会导致减产等，所以杂交水稻必须每年制种。农民自己没法制种，得向专门的制种公司购买稻种。

但是，罗利军强调，常规稻种子大多也是通过杂交育种选育的。自然界本身就存在杂交行为。罗利军转而介绍说，大家可以宽心的是，水稻常规种子远没有到“濒临灭绝”的地步。以现在中国的水稻种植面积来看，北方以种植常规稻为主，南方以种植杂交稻为主，但也有种常规稻的，比如江苏、安徽就种了几千万亩。

不仅如此，在南方，常规稻种植甚至有扩大的趋势。中国水稻研究所副所长李西明告诉记者，拿早稻来说，杂交稻和常规稻的产量相差不大，但常规稻吃口较好，因此近年来不少农民改种了常规稻。

另有专家指出，常规水稻在中国现在大约有46%的种植面积，达2亿多亩。我国每个省都设有种子战略储备库，储备的常规种子比例远远大于30%，足以应对李昌平担心的“天灾”，也就是说，农民不会“无处补种”。

罗利军说，常规稻和杂交稻，两者“旗下”各有数百个品种，在产量、米质、抗病虫等性状上各不相同，仅仅以“杂交”或是“常规”来区分高低，有失偏颇，“我们只拿品种与品种比较，科研人员中不存在杂交稻优于常规稻的笼统看法。”

但是，李昌平信中提出的常规稻受忽视，甚至“被有意打压”的倾向恐怕是存在的。或者说，在市场的意义上，常规种子和杂交种子是“被对立”的。因为农民需要每年去种子公司购买杂交种子，而种子公司靠这个赚钱，在利益驱动下，有人对杂交稻种放大音量唱赞歌，而多数科研人员也在研制杂交种子，“高产”“抗病虫”“抗旱”……每年都有许多不同性状的新品种投放市场。杂交技术不仅应用于水稻，而且在玉米、油菜、蔬菜等作物上也广泛应用。

罗利军说，在经济利益面前，多数人投向杂交种子的怀抱也属于正常；但仍有不少科学家在坚持研究常规稻种——在他们看来，常规稻是杂交稻的基础。

李昌平在信中提到，“杂交水稻的农药、化肥使用量大”，这一点得到了许多科学家的共鸣。尽管多数杂交水稻的产量确实高于常规水稻，但罗利军指出，某些常规稻品种在综合性状上并不输给杂交稻。

现在的种子研究确实滑进了一个误区——一味追求高产。产量增加，往往要加大水、化肥、农药的投入，许多人不算成本账，结果产量是提高了，但农民的收益如何？

在罗利军看来，中国的粮食安全主要是中低产田的粮食安全问题。在占稻作面积70%以上的中低产田的实际生产中，许多杂交水稻新品种难有用武之地。根据多年研究，我国水稻的平均亩产量尚在420kg左右徘徊。为追求高产而过量使用化肥，已成了土地“不能承受之痛”，同时，我国淡水资源有限。他说，既然杂交水稻和常规水稻各有利弊，就应该摒弃人为的“门户之见”，因地制宜选种最合适的品种。

罗利军说的，正是第一次“绿色革命”的“后遗症”。20世纪中期，通过农业技术改进，粮食产量大幅度提高，人们将这次农业飞跃称为“绿色革命”，我国杂交水稻是其中的杰出代表。

华中农业大学生命科学技术学院院长、中国科学院院士张启发认为，第一次“绿色革命”的成果固然喜人，但副作用和隐患也不容忽视：化肥、农药的大量使用使土壤退化；高产谷物中矿物质和维生素含量减低甚至变得很低，能让人“吃饱”却不能“吃好”，长期以此为食物，会降低人体的抵抗力。

近年来，一些国家已改变一味追求高产的思想，开始反思土地和粮食的关系。张启发强调，结合中国国情研究让人们“吃好”的“第二次绿色革命”策略，已是刻不容缓。（来源：文汇报，沈湫莎，2011-05-03）

1. 看了本文你支持谁的观点呢？
2. 常规杂交育种在育种中还有多大的价值呢？
3. 植物杂交是违背自然规律的行为吗？

实现基因重组，能分离出更多的变异类型，可为优良品种的选育提供更多的机会，被植物育种家广泛采用。目前通过这种途径已选育了大量品种，在生产中得到了广泛的应用。常规杂交育种一直是传统的重要育种方式，通过基因重组的方式，它可以用有利位点代替不利位点（包括质量性状和数量性状），改善位点间的互作关系产生新性状，打破不利的连锁关系。常规杂交育种可育成纯系品种，如果表现优良，可以直接应用于生产，也可用于培育自交系、多系品种和自由授粉品种等。

一、常规杂交育种的概念和类型

（一）常规杂交育种的概念

基因型不同的类型间配子的结合产生杂种，称为杂交。它是生物遗传变异的重要来源，杂交的遗传学作用是实现基因间的重组，通过杂交途径获得新品种的过程叫杂交育种。根据作物繁殖习性、育种程序、育成品种的类别不同，可将杂交育种分为常规杂交育种（包括回交）、优势杂交育种和营养系杂交育种三类。

常规杂交育种，也称为组合育种，根据品种选育目标，通过人工杂交，组合不同亲本上的优良性状到杂种中，对其后代进行多代选择，经过比较鉴定，获得基因型纯合或接近纯合的新品种育种途径。在实践中，常常把这种方式获得的品种称为常规品种。

值得注意的是，目前在杂交育种领域，这些概念的叫法相对比较混乱，还没有完全统一，有些书把常规杂交育种称为有性杂交育种，而有些书则把有性杂交育种等同于优势杂交育种，所以应仔细区分。

（二）常规杂交育种的类型

常规杂交育种根据杂交亲本亲缘关系的远近，可分为近缘杂交和远缘杂交。常规杂交育种一般是指不存在杂交障碍的同一物种之内不同品种或变种之间的杂交。一般来说，杂交率较高，不存在杂交障碍；远缘杂交是指种以上类型之间的杂交，一般亲缘关系较远，基因间差别较大，由于存在杂交障碍，杂交的成功率较低，获得杂交种的概率小。如番茄的品种间杂交属于常规近缘杂交，而如果与茄子杂交则属于远缘杂交，部分栽培番茄种与野生番茄种之间进行杂交也存在一定的障碍，也属于远缘杂交。

二、常规杂交育种的杂交方式

常规杂交有多种方式，每种杂交方式的作用效果不同，获得的杂交后代表现也较不同。依据育种目标的不同，可以灵活选用不同的杂交方式。

（一）单交

参加杂交的亲本只有两个，而且只杂交一次叫作单交。单交又叫成对杂交，其中一个亲本提供雄配子，称为父本，另一个提供雌配子，称为母本。例如，亲本 A 提供雌配子，为母本，亲本 B 提供雄配子，为父本，两者杂交，以 A×B 表示，在育种书上，约定俗成地把母本写在前面，父本写在后面。单交有正反交之分，正反交是相对而言的。如果把 A×B 叫正交，则 B×A 为反交；如果把 B×A 称为正交，那么 A×B 就是反交。在一些杂交中，正反交的效应是不一致的，这主要是受细胞质遗传或母体的影响，所以杂交时应注意这种区别，依据育种目标，采用不同的交配方式。

单交的方法简便，杂种后代的变异表现较为一致，是有性杂交育种的主要方式。由于只

有两个亲本，便于依据遗传规律来判断后代的表现，但遗传基础较窄，选择的可能性受到一定的限制。当育种者手里有多个亲本时，常采用轮配法，使每两个亲本都进行单交，以便探索出最佳的交配组合以及正反交差异。

（二）回交

杂交后代及其以后世代如果与某一个亲本杂交多次称为回交，应用回交方法选育出新品种的方法叫回交育种。参加回交的亲本叫轮回亲本，只参加一次杂交的亲本称作非轮回亲本或供体。杂种一代（F_1）与亲本回交的后代为回交一代，记作 BC_1 或 BC_1F_1，再与轮回亲本回交为回交二代，记作 BC_2 或 BC_1F_2，其他类推，如图 9-1 所示。

其中 P_1 为轮回亲本，P_2 为非轮回亲本。回交可以增强杂种后代的轮回亲本性状，以致恢复轮回亲本原来的全部优良性状并保留供体少数优良性状，同时增加杂种后代内具有轮回亲本性状个体的比率。所以，回交育种的主要作用是改良轮回亲本一两个性状，是常规杂交育种的一种辅助手段。如麝香石竹花形较大，但与花色丰富的中国石竹杂交后，花形不理想，如此再与麝香石竹进行回交，取得了花形较大且花色丰富的个体。

多次回交使回交后代的性状与轮回亲本基本一致，这种回交叫饱和回交。随着回交世代的增加，回交可以增加杂种后代内具有轮回亲本性状个体的比率。如利用雄性不育系进行杂交制种，需要将雄性不育转育到自交系中，就是通过多次饱和回交，使自交系获得雄性不育的性状。

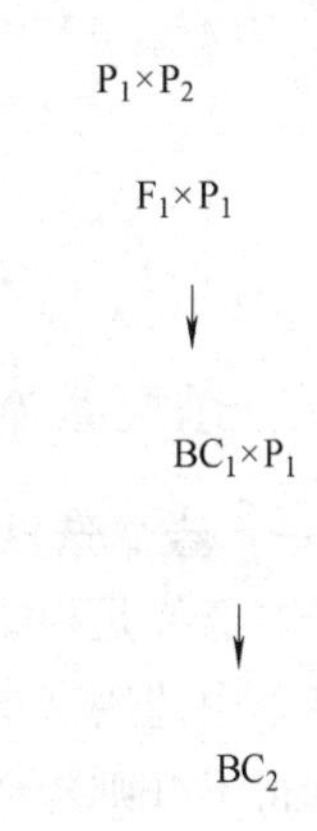

图 9-1　回交模式示意图

（三）多亲杂交

多亲杂交是指参加杂交的亲本 3 个或 3 个以上的杂交，又称为复合杂交或复交、多系杂交。根据亲本参加杂交的次序不同可分为添加杂交和合成杂交。

1. 添加杂交

多个亲本逐个参与杂交的称为添加杂交。先是进行两个亲本的杂交，然后用获得的杂交种或其后代，再与第三个亲本进行杂交，获得的杂种还可与第四、第五个亲本杂交。每杂交一次，加入一个亲本的性状。添加的亲本越多，杂种综合优良性状越多，但育种年限会延长，工作量加大。但参与杂交的亲本也不宜太多，一般以 3～4 个亲本为宜，否则工作量过大，而且可能带入过多的不良性状造成育种的效果较差。例如，沈阳农业大学育成的早熟、丰产、有限生长、大果的沈农 2 号番茄，就是以 3 个亲本通过添加杂交方式育成的。添加杂交如图 9-2 所示。

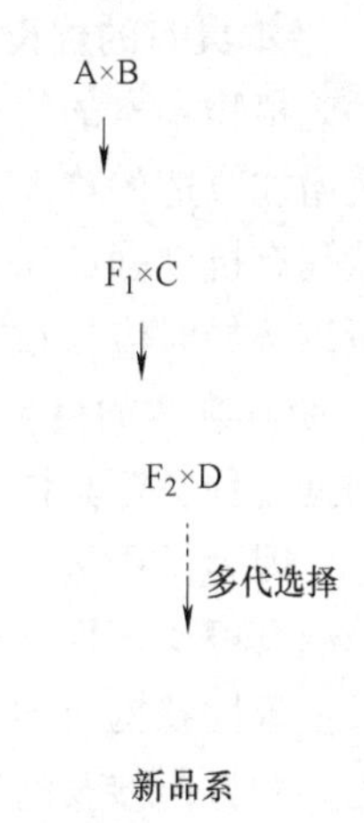

图 9-2　添加杂交示意图

因其呈阶梯状，因而也被称为“阶梯杂交”。

2. 合成杂交

参加杂交的亲本先两两配成单交杂种，然后将两个单交杂种杂交，这种多亲杂交方式叫作合成杂交。合成杂交如图 9-3 所示。

多亲杂交与单亲杂交相比，其优点是将分散于多数亲本上的优良性状综合于杂种之中，丰富了杂种的遗传基础。为选育出综合经济性状优良的品种，提供更多的机会。多系杂交后代变异幅度大，杂种后代的播种群体大，出现全面综合性状优良个体的机会较低，因此工作量大，选种程序较为复杂，并且群体的整齐度不如单交种。

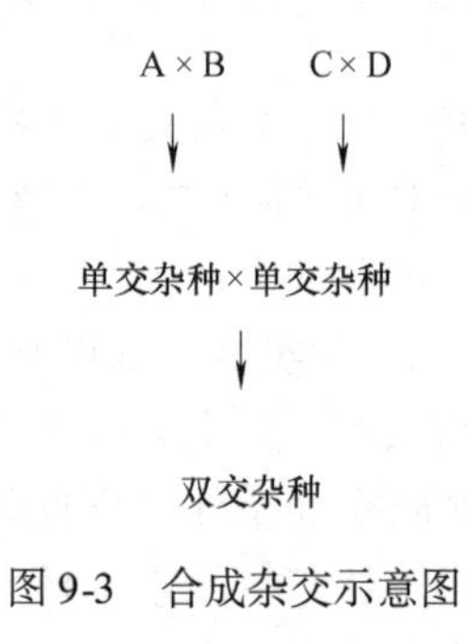

图 9-3　合成杂交示意图

三、杂交亲本的选择与选配

（一）亲本选择选配的意义

亲本选择是根据育种目标选用具有优良性状的品种类型作为杂交亲本。亲本选配是指从入选亲本中选用亲本进行杂交和配组的方式。亲本选用得当可以提高杂交育种的效果，如果亲本选得不好则降低育种效率，甚至不能实现预期目标，造成人力、物力的浪费。例如，育种者手里有 10 份亲本材料，如果不加选择而要获得好的品种，就必须进行两两交配，那么就有 100 种交配（包括自交和正反交）结果，再加上性状调查，最后得到的数据大概有几千个。因此，必须认真依据亲本的选择选配的方式、方法和原则，选出最符合育种目标要求的原始材料作亲本。

（二）亲本选择的原则

1. 亲本具有的优良性状较多

园艺植物亲本的优良性状越多，需要改良完善的性状越少。如果亲本携带有不良的性状，会增加改造的难度，如果是无法改良的性状，必然会增加不必要的资源浪费。如野生资源虽然具有抗性强的特点，但是其不良性状也比较多，如黄瓜的苦味，引入栽培后很难根除，所以选择时应慎重。

2. 明确亲本的目标性状

根据育种确定具体的目标性状，更重要的是要明确目标性状的构成性状，分清主次，突出重点。因为像产量、品质等许多经济性状等都可以分解成许多构成性状，构成性状遗传越简单，越具可操作性，选择效果越好。如黄瓜的产量是由单位面积株数、单株花数、坐果率和单果重等性状构成的，依据坐果率完全可以选择出高产品种，这样在实践中比较容易完成。当育种目标涉及的性状很多时，不切实际地要求所有性状均优良必然会造成育种工作的失败。在这种情况下必须根据育种目标，突出主要性状。如在抗病育种中要明确抵抗具体病害的种类和主次（主抗和兼抗），生理小种（或株系），期望达到的抗病水平（病情指数）；春甘蓝育种中不易先期抽薹比产量更重要。因此，不易先期抽薹的产量较低，比产量较高但易先期抽薹的材料更适合作亲本。在现有的种质资源中，有些性状出现的频率比较高，有些珍稀可贵性状出现的频率很低，对于具有稀有可贵性状的材料优先考虑用作亲本。如雌雄同

株黄瓜很普遍，雌性株极少；抗热而品质优良的夏秋甘蓝少，品质好不耐热的秋甘蓝材料比较多；凤仙花花形中单花形、叶腋开花形常见，并蒂双开的对子形、枝端开花形罕见，花色中紫、红、白等颜色普遍，而绿、黄色为珍稀类型。

3. 重视选用地方品种

地方品种对当地的气候条件和栽培条件都有良好的适应性，也适合当地的消费习惯，是当地长期自然选择和人工选择的产物。用它们作亲本选育的品种对当地的适应性强，加上很多园艺植物产品受欢迎的程度与当地的消费或欣赏习惯有很大的关系，因此容易在当地推广，对其缺点也了解得比较清楚。如华南人偏爱无刺瘤、短棒状的黄瓜，北方人喜欢有刺瘤、长条形的黄瓜等；天津地区多喜欢绿帮大白菜，而辽宁等东北地区多喜欢白帮大白菜等。

4. 选用一般配合力高的材料

亲本本身的表现固然与杂交后代的表现有关，但用它来预测杂交后代的表现很不准确。有些亲本本身表现好，其杂交后代的表现不一定很好。相反，有些杂交后代的优势强，而它的两个亲本表现并不是最好的。有性杂交育种中一般配合力高的亲本材料和其他亲本杂交往往能获得较好的效果，所以在实际育种工作中，应该优先考虑。

5. 借鉴前人的经验

前人所得出的成功经验可以反映所用亲本材料的特征特性，用已取得成功的材料作亲本可提高选育优良新品种的可能性，以减少育种工作中所走的弯路。

6. 优先考虑数量性状

数量性状受多基因控制，它的改良比质量性状困难得多。因此当数量性状和质量性状都要考虑时，应首先根据数量性状的优劣选择亲本，然后再考虑质量性状。

（三）亲本选配的原则

1. 父母本性状互补

性状互补是指父本或母本的缺点能被另一方的优点弥补。如荚用菜豆丰产育种中用长荚品种互交的效果不如一尺青（长荚）×棍儿豆（厚荚肉），一尺青×皂角豆（宽荚），丰收1号（长荚，多荚）×肯特奇异（厚荚肉，多荚）等。性状互补还包括同一目标性状不同构成性状的互补。例如，黄瓜丰产性育种时，一个亲本为坐果率高、单瓜重低，另一个亲本为坐果率低、单瓜重高。配组亲本双方也可以有共同的优点，而且越多越好，但不能有共同的缺点特别是难以改进的缺点。性状的遗传是复杂的，亲本性状互补，杂交后代并非完全出现综合性状优良的植株个体。尤其是数量性状，杂种往往难以超过大值亲本（优亲），达不到中值亲本。如小果、抗病的番茄与大果、不抗病的番茄杂交，杂种一代的果实重量多接近于双亲的几何平均值。因此要选育大果、抗病的品种，必须避免选用小果亲本。

2. 选用不同类型的亲本配组

不同类型是指生长发育习性，栽培季节，栽培方式或其他性状有明显差异的亲本。近年来国内在甜瓜育种中利用大陆性气候生态群和东亚生态群的品种间杂交育成了一批优质、高产、抗病、适应性广的新品种，使厚皮甜瓜的栽培区由传统的大西北东移到华北各地（周长久等，1996）。利用不同地区品种配组时，以北方品种作为母本比较方便。

3. 用经济性状优良、遗传差异大的亲本配组

在一定的范围内，亲本间的遗传差异越大，后代中分离出的变异类型越多，选出理想类

型的机会越大。

4. 以具有较多优良性状的亲本作母本

由于母本细胞质的影响，后代较多地倾向于母本，因此以具有较多优良性状的亲本作母本，后代获得理想植株的可能性较高。在实际育种工作中，用栽培品种与野生类型杂交时一般用栽培品种作母本。将外地品种与本地品种杂交时，通常用本地品种作母本。用雌性器官发育正常和结实性好的材料作母本。用雄性器官发育正常，花粉量多的材料作父本。如果两个亲本的花期不遇，则用开花晚的材料作母本，开花早的材料作父本。因为花粉可在适当的条件下储藏一段时间，等到晚开花亲本开花后授粉，而雌蕊是无法储藏的。在品种间着果能力和每果平均健全种子数差异较大时，以着果率高，健全种子数较多的品种作为母本较为有利。如熊岳果树研究所将元帅苹果和鸡冠杂交时，以元帅为母本杂交 100 个花序，得杂交果 17 个，杂交种子 138 粒，反交 70 个花序，得杂交果 117 个，杂交种子 910 粒。

5. 对于质量性状，双亲之一要符合育种目标

根据遗传规律，从隐性性状亲本的杂交后代内不可能选出具有显性性状的个体。当目标性状为隐性基因控制时，双亲之一至少有一个为杂合体，才有可能选出目标性状。

由于园艺植物的种类多，性状多，群体小，至今仍有很多园艺植物许多性状的遗传规律尚不清楚。所以在实践中，更多地依赖于育种者自身的选择选配能力，存在着一定的主观性，但可以通过大量地配制杂交组合，来增加选出优良品种的机会。

四、杂交技术

（一）杂交前的准备工作

1. 制订杂交计划

根据整个育种计划要求，了解育种对象的花器结构，开花授粉习性（图 9-4 ~ 图 9-7），制订详细的杂交工作计划，包括杂交组合数、具体的杂交组合、每个杂交组合杂交的花数等。在这个时期应注意未来育种的工作量和可能出现的意外情况，根据每种情况应制定相关的预案，提高育种的效率。

图 9-4　番茄的花

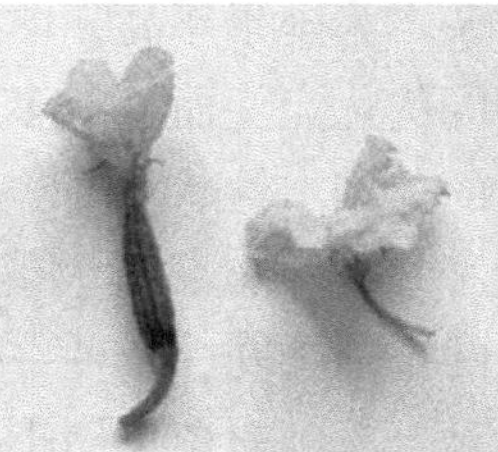
图 9-5　黄瓜的花

图 9-6　甘蓝的花

图 9-7　桃树的花

2. 亲本种株的培育及杂交花选择

确定亲本后，从中选择具有该亲本典型特征特性、生长健壮、无病虫危害的植株，一般选 10 株即可。对于杂交困难，结实率低的品种可适当增加亲本种株数，但不宜过多，否则会导致工作量过多，无法完成。选择好的亲本，采用合理的栽培条件和栽培管理技术，加强病虫害防治，使性状能充分表现，植株发育健壮，以保证母本植株和杂交用花充足，并能满

足杂交种子的生长发育，最终获得充实饱满的杂交种子。对于开花过早的亲本，可摘除已开花的花枝和花朵，达到调节开花期的目的。在必要的情况下，可以适当地使用激素处理，加快或延缓植株的生长。对于不同的作物，杂交花的选择不同，一般都是选择最能展现植株性状位置的花来作为杂交用花。在杂交前还要选择健壮的花枝和花蕾、花朵和花枝，以保证杂交种子充实饱满。十字花科和伞形科植物应选主枝和一级侧枝上的花朵杂交。百合科植物以选上、中部花朵杂交为宜。番茄以第二花序上的第 1～3 朵花杂交较好。茄子应选对茄花杂交。葫芦科植物以第 2～3 朵雌花杂交才能结出充实饱满的果实和种子。豆科植物以下部花序上的花朵杂交为好。菊科植物以周围的花朵适合杂交。有些用营养器官繁殖的园艺植物种类，性器官发生不同程度的退化乃至丧失有性生殖能力，不能用来杂交。有些重瓣类型的园艺植物性器官多严重退化，乃至雌、雄蕊全部瓣化，如牡丹品种青龙卧墨池，菊花品种大红托挂、十丈珠帘，杜鹃品种套筒重瓣，凤仙花品种平顶等通常也不用作杂交亲本。

3. 亲本花期调节方法

防止父母本花期不遇是杂交育种中最值得注意的问题，只有保证杂交期间父母本有足够的花量，最终才能够收到足够的种子。有些植物花期不遇的问题较小，而有些品种的花期不遇问题突出，调节的办法如下：

（1）调节播种期　一年生花卉和蔬菜生育期有早、中、晚熟之分，调节开花期最有效的方法是调节播种期。通常将母本按正常时期播种，父本提前或延后播种，时间依据母本的生育期而确定，一般为 10～30 天；也可分期播种，保证使其中的一期与母本相遇。

（2）植株调整　对于开花过早的亲本，可摘除已开花的花枝和花朵，达到调节开花期的目的。对于一些蔬菜作物来说，也可通过摘心、整枝的办法，抑制顶芽的生长，促进侧芽的萌发，增加花量或延迟开花。

（3）温度、光照处理　很多园艺植物的花芽分化受到温度和光照的影响。一般来说，低温促进二年生园艺植物（如萝卜、甘蓝、白菜等），短日照促进短日性植物如瓜类、豆类作物、波斯菊、大花牵牛、一串红等花芽的形成。形成花芽后的植株置于高温下可促进抽薹开花，低温下延迟开花。长日照促进长日性植物（如翠菊、蒲包花）提前开花。瓜叶菊花芽分化要求短日照，而开花要求长日照。

（4）栽培管理措施　通过控制氮、磷、钾施用量与比例及土壤湿度等均可在一定程度上改变花期。一般来说，氮肥可延迟开花，增加磷、钾肥可以增加花量或使植株提前开花。断根是控制开花的办法，一般有提早花期的作用。

（5）植物生长调节剂　植物生长调节剂（如赤霉素、萘乙酸等）可改变植物营养生长和生殖生长的平衡关系，起到调节花期的效果。10mg/L 的赤霉素对二年生作物有促进开花的作用；脱落酸（ABA）可促进牵牛、草莓等植物开花，但使万寿菊延迟开花；在诱导开花的低温期用 10mg/L 邻氯苯氧丙酸（CIPP）处理甘蓝、芹菜可延迟抽薹，但如果在花芽形成后处理反而会促进抽薹开花。

（6）切枝　对于父本可以通过切枝储藏、水培这一措施延迟或提早开花。对于母本一般不采取这种方法，因为一般来说，切枝水培难以结出饱满的果实和种子。但杨树、柳树、榆树等的切枝在水培条件下杂交也可收到种子。

（二）隔离

隔离的目的是防止非目标花粉的混入，父本和母本都需要隔离。隔离的方法有很多种，大致上可分为空间隔离、器械隔离和时间隔离。用种子生产时一般采用空间隔离的方法。如大白菜制种时，要求隔离距离在1500m以上。在育种试验地里一般采用器械隔离，包括网室隔离、硫酸纸袋隔离等（图9-8）。对于较大的花朵也可用塑料夹将花冠夹住或用细铁丝将花冠束住（图9-9），也可用废纸做成比即将开花的花蕾稍大的纸筒，套住第二天将要开花的花蕾。如南瓜制种多采用纸袋隔离法。因为时间隔离与花期相遇是有矛盾的，所以时间隔离法应用较少。

图9-8　网袋隔离

图9-9　套袋隔离

（三）去雄

去雄是去除母本中的雄性器官，除掉隔离范围的花粉来源，包括雄株、雄花和雄蕊，防止因自交而得不到杂交种。去雄时间因植物种类而异，对于两性花，在花药开裂前必须去雄。一般都在开花前24～48小时去雄。去雄方法因植物种类不同而不同，一般用镊子先将花瓣或花冠苞片剥开，然后用镊子将花丝一根一根地夹断去掉。如番茄（图9-10）、苹果、梨等作物多采用此种方法，而对于黄瓜这样的雌雄同株异花的植物，在开花前将雄花蕾去掉就可以了。对于菠菜这样的雌雄异株作物，将母本群体内的雄株拔出即可。在去雄操作中，不能损伤子房、花柱和柱头，去雄必须彻底，不能弄破花药或有所遗漏。如果连续对两个以上材料去雄，为下一个材料去雄时，所有用具及手都必须用70%酒精处理，以杀死前一个亲本附着的花粉。

图9-10　去雄后的番茄花

（四）花粉的制备

通常在授粉前一天摘取第二天将开放的父本花蕾取回室内，挑取花药置于培养皿内，在室温和干燥条件下，经过一定时间，花药会自然开裂。将散出的花粉收集于小瓶中，贴上标签，注明品种，尽快置于盛有氯化钙或变色硅胶的干燥器内，放在低温（0～5℃）、黑暗和干燥条件下储藏。但要注意有些植物的花粉不适宜在干燥条件下储藏，如郁金香、君子兰等花粉储藏的湿度不得低于40%。也可用蜂棒或海绵头在散粉时收集花粉。番茄等茄科植物也可使用电力振动采粉器采粉。

不同植物的花粉寿命不同。如百合花粉在0.5℃、35%相对湿度的条件下储藏194天后仍有较高萌发率；苹果、松、雪松、银杏等的花粉在一般冰箱和干燥器中保存一年以上仍有较高的发芽率；郁金香花粉在20℃、90%相对湿度下，储藏10天后，萌发率便由45%降至15%；萝卜花粉在自然条件下可保持3天的生活力；唐菖蒲花粉在室温下储藏2天就失去发芽力；黄瓜花粉在自然条件下储藏4~5小时后便丧失生活力。

经长期储藏或从外地寄来的花粉，在杂交前应先检验花粉的生活力。授粉之前检验花粉生活力的方法有形态检验法、染色检验法、培养基发芽检验法和授粉花柱压片镜检法。

1. 形态检验法

在显微镜下观察，一般畸形、皱缩的花粉无生活力。正常的、生活力较强的花粉为圆形，饱满，呈浅黄色。一般检验新鲜的花粉时多用此种方法。

2. 染色检验法

用过氧化氢、联苯胺和α-萘酚等化学试剂染色后，花粉呈蓝色、红色或紫红色者表示有生活力，不变色者无生活力。此外还可用碘—碘化钾、中性红和氯化三苯基四氮唑染色检验。

3. 培养基发芽检验法

采用悬滴法将花粉以适当的密度撒播或条播在5%~15%蔗糖和1%琼脂的固体培养基上，悬盖于事先制好的保湿小室玻璃杯内，在20~25℃下，经数小时，最长不超过24小时（因作物而异）便可开始检查花粉生活力。在培养基中加入1mg/L硼酸可促进花粉萌发。发芽的即为有生活力的花粉，依据花粉的发芽长度即可判断花粉生活力的强弱。

4. 授粉花柱压片镜检法

授粉后18~24小时取授粉花柱压片直接在显微镜下检查，花粉萌发表示花粉有生活力。

（五）授粉

授粉（图9-11）是用授粉工具将花粉传播到柱头上的操作过程。授粉的母本花必须是在有效期内，最好是在雌蕊生活力最强的时期，父本花粉最好也是生活力最强的。大多数植物的雌、雄蕊都是以开花当天的生活力最强。由于受到降雨、工作量大等因素的影响，可以提前一两天或延后一两天进行授粉，也能得到种子。少量授粉可直接将正在散粉的父本雄蕊碰触母本柱头，也可用镊子挑取花粉直接涂抹到母本柱头上。如果授粉量大或用专门储备的花粉授粉，则需要授粉工具。授粉工具包括橡皮头，海绵头，毛笔，蜂棒等。在十字花科植物中，一个收集足量花粉的蜂棒可授粉100朵花左右。装在培养皿或指形管中的花粉，可用橡皮头或毛笔蘸取花粉授在母本的柱头上。

图9-11　人工授粉

（六）标记

为了防止收获杂交种子时发生差错，必须对套袋授粉的花枝、花朵挂牌标记。挂牌一般是授完粉后立刻挂在母本花的基部位置，标记牌上标明组合及其株号、授粉花数和授粉日期，果实成熟后连同标牌一起收获。由于标牌较小，通常杂交组合等内容用符号代替，并记在记录本中。为了一目了然，便于找到杂交花朵，可用不同颜色的牌子加以区分（图9-12）。

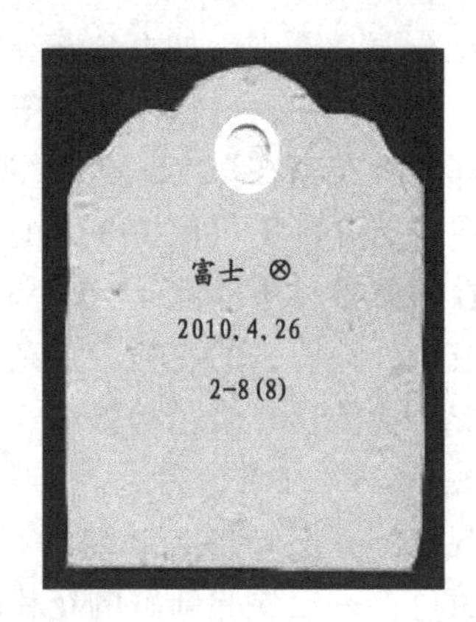

图 9-12　授粉时的标签

（七）登录

除对杂交组合、花数、日期等有关杂交的情况进行挂牌标记外，还应该将其登记在记录本上，可供以后分析总结，同时，也可防止遗漏。有性杂交登记表见表 9-1（以苹果杂交为例）。

表 9-1　有性杂交登记表

组合名称	去雄日期	授粉日期	母本株号	授粉花数	果实成熟期	结果数	种子数
富士×国光（例）	2010. 02. 05	2010. 02. 06	2-8	8	2010. 9. 25	6	30

（八）杂交授粉后的管理

杂交后的头几天内应注意检查，防止因套袋不严、脱落或破损等情况造成结果准确性、可靠性差，这样做也有利于及时采取补救措施。雌蕊的有效期过去后，应及时去除隔离物。加强母本种株的管理，提供良好的肥水条件，及时摘除没有杂交的花果等，保证杂交果实发育良好。还要注意防治病虫害、鸟害和鼠害。对易倒伏的种株，还应该在种株旁插竹竿，将种株扎缚在竹竿上。

五、杂种后代的处理

（一）杂种的培育

杂交品种性状的形成除决定于选择方向和方法外，还决定于杂种后代的培育条件，因为选择的依据是性状，而性状表现离不开栽培的环境条件。杂种的培育应遵循以下几个原则：

1. 使杂种能正常发育

根据不同作物和不同生长季节的需要，提供杂种生长所需的条件，使杂种能够正常地发育，以供选择。如黄瓜，如果摘叶过多、过早，前期单株结果过多，花朵质量差，后期养分供应偏少；在果实膨大时外界环境不适，结果期养分不能及时供给，过多或单一施用氮肥或鸡粪、猪牛粪，钾肥、磷肥不足，那么就会形成弯瓜。又如长果形黄瓜，在膨大时遇到叶片阻碍，高温引起的缺钾、缺硼，也可能出现尖头瓜、弯瓜，后期对果实性状选择就会比较困难。

2. 培育条件均匀一致

培育条件通常应均匀一致，减少由于环境对杂种植株的影响而产生的差异，以便正确选

择。如土壤肥力不均匀，就会出现植株高矮不齐，果实大小不一等差异，选择时会出偏差；苹果，由于光照不均匀，着色也会有差异，一般见光多的地方，色泽好；背阴地方，色泽差。

3. 杂种后代培育条件应与育种主要目标相对应

选育丰产、优质的品种，要想使目标性状的遗传差异能充分表现，杂种后代应在较好的肥水条件下培育，使丰产、优质的性状得以充分表现，提高选择的可靠性。选育抗逆性强的品种，要有意识地创造发生条件，其他条件应尽可能地创造一致，降低环境条件的影响。例如，选育抗先期抽薹的春甘蓝品种时，应该比春甘蓝正常播种时间提前10天左右等。在这种条件下选育出来的品种，便能经受严峻条件的考验，即使遇上了多年难遇的不利于春甘蓝生长和结球的条件，也不至于大量抽薹。但选择压不能太大，需掌握好这个“度”。例如，番茄抗病育种，要通过试验找出一个感病对照和抗病对照，创造一个使感病对照发病而抗病对照不出现明显症状的最适条件。

（二）杂种的选择

杂种后代可通过前面所讲的多种方法进行选择，均可以在常规杂交育种中使用，常用的选择有系谱选择法、混合—单株选择法和单子传代法。

1. 系谱选择法

（1）杂种一代（F_1）　分别按杂交组合播种，两边种植母本和父本，每一组合种植几十株，在 F_1 代一般不做严格的选择，只是淘汰假杂种和个别显著不良的植株，不符合要求的杂交组合。组合内 F_1 植株间不隔离，以组合为单位混收种子，但应与父母本和其他材料隔离。多亲杂交的 F_1（指最后一个亲本参与杂交所得到的杂种一代）不仅播种的株数要多，而且从 F_1 代起在优良组合内就进行单株选择。

（2）杂种二代（F_2）　将从 F_1 单株上收获的种子按组合播种。F_2种植的株数要多，使每一种基因型都有表现的机会，满足此世代性状强烈分离的特点，保证获得育种目标期望的个体。在实际育种工作中，F_2一般都要求种植1000株以上。株行距较大的植株如西瓜、冬瓜等园艺植物的 F_2群体可适当减少。种植 F_2可不设重复。

选择时首先进行组合间的比较，淘汰综合表现较差的组合。然后从入选的组合中进行单株选择。F_2的选择要谨慎，选择标准不宜过高，以免丢失优良基因型。在条件许可的情况下，要多入选一些优良植株，当选植株必须自交留种。

（3）杂种三代（F_3）　每个株系（一个 F_2单株的后代）种一个小区，按顺序排列。每小区种植30~50株，每隔5~10个小区设一个对照小区。F_3的选择仍以质量性状选择为主，并开始对数量性状尤其是遗传力较大的数量性状进行选择。首先比较株系间的优劣，在当选的株系中选择优良单株。F_3入选的系统（株系）应多一些，每个当选系统选留的单株可以少一些，以防优良系统漏选。如果在 F_3中发现比较整齐一致而又优良的系统，则可系统内混合留种，下一代进行比较鉴定。

（4）杂种四代（F_4）　F_3入选株系种一个小区，每小区种植30~100株，重复2~3次，随机排列。来自 F_3同一系统的不同 F_4系统为一个系统群，同一系统群内系统为姐妹系。不同系统群之间的差异一般比同一系统群内不同姐妹系之间的差异大。因此，首先比较系统群的优劣，在当选系统群内，选择优良系统，再从当选系统中选择优良单株。F_4可能开始较多出现稳定的系统。对稳定的系统，可系统内自由授粉留种（系统间隔离），下一代升级

鉴定。

(5) 杂种五代 (F_5) 及其以后世代　每一个系统种一个小区，随机排列，每小区种植30～100株，3～4次重复。对数量性状进行统计分析，表现一致的混合留种，性状不同的系统间仍需隔离。

2. 混合—单株选择法

混合—单株选择法又叫作改良混合选择法，前期进行混合选择，最后实行一次单株选择。这种方法适合于株行距比较小的自花授粉植物。从 F_1 开始分组合混合播种，一直到 F_4 或 F_5，只针对质量性状和遗传力大的性状进行混合选择。到 F_4 或 F_5 进行一次单株选择，F_5 或 F_6 按株系种植。在混合选择以前，入选的株数为200～500株，尽可能包括各种类型。到 F_5 或 F_6 形成系统后，每一系统种植在一个小区内，每小区30～50株，有些作物可以缩小到10～20株，随机分组设计，2～3次重复。严格入选少数优良株系，升级鉴定。

3. 单子传代法

单子传代法常简写成SSD法，这是混合选择法的一种衍生形式，适用于自花授粉植物。其选择程序如下：

从 F_2 开始，每代都保持相同规模的群体。一般为200～400株，单株采种。每代从每一单株上收获的种子中，选一粒非常健康饱满的种子播种下一代，保证下一代仍有同样的株数。为了保证获得后代种子，一般每株取3粒，播种两份，保留1份。各代均不进行选择，繁殖到遗传性状稳定不再分离的世代为止。再从每一单株上收获种子，按株系播种，构成200～400个株系，进行株系间的比较选择。一次选出符合育种目标要求，性状整齐一致的品系。

六、常规杂交育种实例介绍

葡萄抗病育种是一个重要的育种目标，目前多采用欧洲葡萄品种与抗病的野生种杂交，所得杂种再与欧洲葡萄品种回交，或杂种之间进行综合杂交。德国葡萄育种中心选育的Phoenix品种，就是用欧美杂种S. V12-375与巴斯库回交育成的。该品种抗多种真菌病害，具有巴斯库的典型香味，把双亲的优质与抗病性较好地结合在一起。

用抗病的野生种与不抗病的欧洲品种杂交所得的杂种，如与欧洲品种连续多代回交，有可能使一些抗病基因消失，降低新品种的抗性。为此，Bouquet A提出了循环杂交法。该法与回交法的不同之处在于，不是用杂种 (F_1) 直接与欧洲品种杂交，而是与从 F_1 中选出的优系自交，再用抗性强、品质好的自交系与欧洲品种杂交，在两次杂交之间出现一次自交，这样可以多次循环进行（图9-13）。自交的目的在于使抗性基因尽可能多地集中在一个基因型并逐渐消除野生种的不良品质。

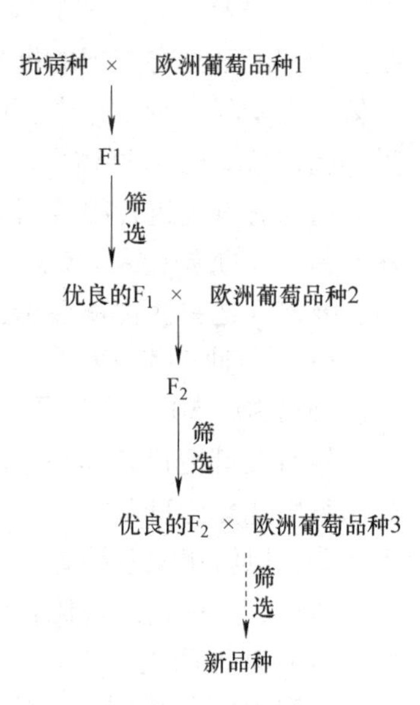

图9-13　循环杂交法

复习思考题

1. 常规杂交育种的杂交方式有哪些？
2. 有性杂交技术环节有哪些？应注意哪些问题？
3. 回交育种的作用是什么？
4. 杂种后代的培育方法有哪些？应注意哪些问题？
5. 如何选择选配有性杂交的亲本？
6. 关于本章提供的案例，如果你作为一个农民会如何看待，请收集相关资料进行阐述。

实训七　园艺植物开花授粉习性调查

一、实训目的

通过观察不同园艺植物的花器官组成，掌握不同植物种类花器官的结构特征及开花授粉特点，为理解及进行有性杂交技术奠定基础，以便制定不同的杂交方式，确保杂交成功。

二、实训材料、药品及用具

1. 材料

黄瓜、番茄、苹果、葡萄、菊花等园艺植物。

2. 用具

镊子、铅笔、橡皮、绘图纸、解剖镜、解剖针、刀片、载玻片。

三、实训方法与步骤

1）信息采集。通过查资料，了解园艺植物的分类和花的基本特点，确定各种植物的调查时期。

2）观察盛花期花的基本组成部分，并仔细观察该种花属于下面特征特性的哪一种。

① 完全花和不完全花。

完全花：一朵花内具有花萼片、花冠、雌蕊、雄蕊四部分的花。

不完全花：缺乏花冠、花萼、雄蕊和雌蕊中的一部分或几部分的花。

② 两性花、单性花和无性花。

两性花：一朵花既具有雌蕊又具有雄蕊。

单性花：缺乏雄蕊或雌蕊。其中，有雄蕊而缺雌蕊或仅具有退化雌蕊的称为雄花；有雌蕊而缺雄蕊，或仅具退化雄蕊的称为雌花；若雄花和雌花同生于一株植株上称为雌雄同株；雌花和雄花分别生于不同植株上被称为雌雄异株；若同一植株上既有单性花又有两性花的称为杂性同株；若单性花和两性花分别长在不同植株上的称为杂性异株。

无性花（中性花）：既无雄蕊又无雌蕊或雌雄蕊退化的花。

③ 花冠的形态。

十字形：花瓣四枚分离、上部外展呈十字形。

蝶形：花瓣五枚，分离，排成蝶形花冠，上面一瓣最大，位于外方，侧面两枚较狭小，称为翼瓣，最下面两枚最小，下缘稍合生，并向上弯曲，称为龙骨瓣。

管状（筒状）：花瓣大部分合成管状，上部的花冠裂片向上伸展。

舌状：花瓣5枚，基部合生成一短筒。上部宽大，向一侧伸展成扁平舌状，五个小齿，两性花。

钟状：花冠一般呈筒状，上部宽大，向一侧延伸成钟形。

漏斗状：花冠筒长，自基部逐渐向上扩大呈漏斗状。

唇形：花瓣稍呈二唇形，上面（后面）两裂片为上唇，下面（前面）三裂片为下唇(也有的植物是上唇三裂，下唇两裂)。

3）观察不同园艺植物花序的类型，并明确该种花序属于下面特征特性的哪一种。

① 单生花：一枝花柄上只着生一朵花的称为单生花。

② 花序：由多个单生花组成，在花序轴上顺序排列。

总状花序：花序轴较长，上面着生许多花柄近等长的花。

复总状花序：花序轴做总状分枝，每一分枝又形成总状花序，形状似圆锥，又称为圆锥花序。

穗状花序：花序轴较长，上面着生许多花柄极短或无花柄的花。

复穗状花序：花序轴上每一分枝又形成一稻状花序。

柔荑花序：花序长而柔软，多下垂，上面着生许多无花柄又常无花被的单性花，开花后整个花序脱落。

肉穗花序：花序轴肉质肥大或呈棒状或鞭状苞。这种花序又称为佛焰花序。

伞形花序：花序轴较短，顶端集生许多花柄近等长的花，并向四周放射排列如张开的伞。

复伞形花序：花序轴伞形分枝，每一分枝上再形成伞形花序。

头状花序：花序轴顶端缩短膨大成头状或盘状的总花托，上面密集着生许多无柄或近于无柄的花。

隐头花序：花序轴膨大而内陷成中空的球状体，其凹陷的内壁上着生许多没有花柄的花。

4）边观察，边画图，同时应进行拍照。

四、实训报告与作业

1）绘出桃、番茄、黄瓜、葡萄等主要园艺植物花的形态结构图。

2）填表。对桃、番茄、黄瓜、葡萄等主要园艺植物花的形态特点给予分别说明（表9-2）。

表9-2 园艺植物花器官形态表

植物名称	完整性	性型	花序	花冠

3）写出三个科植物的花器官主要特征，并提供相关的照片。

实训八 园艺植物花粉的采集与储藏

一、实训目的

通过采集不同园艺植物的花粉，掌握花粉的收集方法和储藏方法及其原理。

二、实训材料与用具

1. 材料

主要园艺植物的花。

2. 用具

毛笔、标签、硫酸纸、指形管、冰箱、干燥器、花粉筛、硅胶等。

三、实训方法与步骤

1. 亲本材料采集

选择健壮植株上正常的花朵，在开花前一天套硫酸纸袋，下口用曲别针别好以免混入其他花粉，第二天花药开裂后收集花粉；或采集开花前一天的花蕾，第二天进行必要的加温处理，使花药开裂后收集花粉。注意一定要采集花药开裂前后的新鲜花粉，将不成熟的幼嫩花药的花粉、成熟过头的花粉、被雨露沾湿的花粉、有疑问的花粉及杂质除去。

2. 花粉干燥和采集

花粉采集后置于清洁的环境，以免菌类侵入引起发霉影响生命力，并及时干燥，可放在散光下晾干、阴干或放入盛有硅胶的干燥器中干燥，一般以花粉由相互黏结至极易分散像水一样不粘玻璃壁为度。干燥后用花粉筛筛去杂质，根据使用的次数将其分装于数个指形管中，避免因启封而使温度、湿度剧变造成花粉生活力锐减。一般以1/5体积或更少为宜，管口用脱脂棉塞好，或用双层的干净纱布扎好，有利于气体交换和过滤气体，贴好标签，标明植物品种名称、采集日期、地点、储藏方法（湿、温条件）及统一编号。然后放入无水氯化钙或由硅胶控制的一定湿度的干燥器中。

3. 储藏

花粉在储藏期间的稳定性与花粉外壁的性质和储藏期间的花粉代谢有关。温度和花粉的含水量是影响花粉在储藏期间生活力的两个重要因子。为保持花粉生活力则可采取减低其代谢强度，将其储藏在低温、干燥、黑暗的环境中，以保持其活力，一般是把干燥器置于0～2℃或0℃以下的冰箱中储存。

四、实训报告与作业

1）填表。详细记载花粉采集及其储藏过程（表9-3）。

2）总结分析不同园艺植物花粉采集和储藏过程中应注意的事项。

表9-3　园艺植物花粉采集与储藏记录表

园艺植物名称	花粉收集方法	花粉数量	干燥剂	储藏工具	储藏相对湿度	温度

实训九　花粉生活力的测定

一、实训目的

了解花粉的生活力对于农林生产和育种工作具有重要意义，学会并掌握用形态法、染色法、发芽法鉴定花粉生活力强弱的具体技术和方法，掌握不同植物种类花粉的寿命。

二、实训材料与用具

1. 材料

各种园艺植物的花粉，如黄瓜、苹果、梨等植物的花粉。

2. 用具与药品

载玻片、凹玻片、镊子、培养皿、玻璃棒、盖玻片、解剖针、毛笔、棉球、显微镜、碘—碘化钾、氯化三苯基四氮唑（TTC）、联苯胺、蔗糖、琼脂、硼酸液、过氧化氢、α-萘酚。

三、实训方法与步骤

鉴定花粉生活力的方法有很多，目前应用较为方便和使用较多的主要有以下几种：

1. 形态观察法

首先将需要鉴定的花粉置于载玻片上，在显微镜下查看3个视野，要求被检查的花粉粒总数达100粒以上，计算正常花粉粒占总数的比率。一般来说，具有品种生活力的花粉，大小正常、形态饱满和色泽金黄，而无生活力的花粉则较正常的偏小、皱缩、畸形、无色泽或黯淡。形态观察法简便易行但准确性差，通常只用于测定新鲜花粉的生活力。

2. 染色观察法

（1）碘—碘化钾染色法　先称取0.3g碘和1.3g碘化钾溶于100mL的蒸馏水中，即成碘—碘化钾溶液。取少量花粉撒播到用棉球擦净的普通载玻片上，然后加水一滴，使花粉散开，再加一滴碘—碘化钾溶液，盖上盖玻片，置于显微镜下镜检。凡花粉粒被染成蓝色的表示具有生活力，呈黄褐色的为缺少生活力的花粉（淀粉遇碘变蓝是淀粉的特性）。

（2）氯化三苯基四氮唑法（TTC）　称取TTC 0.5g放入烧杯中加入少许95%酒精使其溶解，然后用蒸馏水稀释至100mL配制成0.5% TTC溶液。溶液避光保存，当溶液发红时，不能再用。取少量花粉于凹玻片的凹槽内或直接放于普通载玻片上，加1~2滴TTC溶液，盖上盖玻片，将此片置于30℃恒温箱中放置15分钟，在显微镜下观察不同的3个视野，凡被染成红色的均为有生活力的花粉，而无生活力的花粉则无此反应。观察2~3个制片，每片取5个视野，统计100粒，然生计算花粉的活力百分率。

（3）联苯胺染色法　将0.2g联苯胺溶于50%乙醇100mL中，盛入棕色瓶中，放暗处备用。将α-茶酚0.15g溶于100mL乙醇中，盛入棕色瓶中，放暗处备用。将0.25g碳酸钠溶于100mL蒸馏水中，盛入白色瓶中备用。将以上三种溶液等量混合为“甲液”，盛入棕色瓶中备用。将过氧化氢用蒸馏水稀释成0.3%溶液为“乙液”，随配随用。取花粉少许，撒入凹型载玻片，滴入“甲液”，片刻后，再滴入“乙液”，经3~5分钟后，在显微镜下观察，凡有生活力的花粉为红色或玫瑰红色。黄色的（不着色的），为无生活力的花粉。

3. 蔗糖琼脂培养法

（1）培养基的制备　在100mL的烧杯中加入100mL的蒸馏水，再加入1g的琼脂，在酒精灯上加热，使之完全溶解，然后加入10 g蔗糖，制成10%的糖液。注意要用玻璃棒不断

搅拌，使其溶化均匀，有条件时还可加入微量柱头渗出液、维生素等以形成花粉粒发芽的适宜环境条件。

(2) 花粉的播种与检查　用玻璃棒蘸取培养基溶液，立即滴一滴于盖玻片的中央（直径1.5~2cm），使其成为表面完整的球面（球面越薄越好，否则透光性差，影响在显微镜下观察），当凝固后再进行花粉的播种。将花粉撒播在培养基表面，注意花粉的分布要松散、均匀，不能密集成堆，注意适宜的播种数量。

(3) 培养　播好后将载玻片，置于培养皿上，下面垫有脱脂棉，加入少量水来保持湿度。应在载玻片上用玻璃铅笔标号，并进行记录，记录内容包括花粉种类、培养基的糖液浓度、采粉时间、播种时间。然后全组集中放在一个大的瓷盘中，用纱布覆盖后加盖，放于15~22℃的恒温箱内24小时后进行检查。

(4) 镜检　花粉发芽检查在低倍镜下进行，花粉的长度为花粉粒直径2倍以上的算发芽，1倍以上者算萌芽。每片应观察3个视野，花粉粒数不少于100粒以上，记载花粉粒发芽数，计算发芽率。

四、实训报告与作业

1）计算染色观察法、蔗糖琼脂培养法、形态观察法花粉生活力（3个视野）。

$$花粉生活力(\%)=有生活力花粉数/观察花粉总数\times100\%$$

2）同一品种花粉用不同方法测定时其生活力强弱的结果分析。

实训十　园艺植物有性杂交技术

一、实训目的

通过实验，掌握代表性园艺植物的有性杂交技术及其在育种上的应用。

二、实训材料与用具

1. 材料

根据实际情况选择有代表性的园艺植物2~3种。

2. 用具

小镊子、授粉器、铅笔、花粉瓶、培养皿、放大镜、温箱、干燥器、纸袋、挂牌、回形针、脱脂棉、70%酒精等。

三、实训方法与步骤

1. 杂交前的准备

根据实际情况选择有代表性的园艺植物，如黄瓜、苹果、桃、番茄、菊花等。并且依据育种目标，选择花形、花期相一致，花色吻合的植株作为杂交育种的亲本。在栽培时给予合适的肥水管理，使杂交亲本能够正常生长。

2. 采集花粉

依据不同作物采取不同的花粉采集方法，具体操作参考实验实训八。

3. 去雄

去雄时间因植物种类而异，对于两性花，在花药开裂前必须去雄。一般都在开花前24~48小时去雄。去雄方法因植物种类不同而不同，一般用镊子先将花瓣或花冠苞片剥开，然后用镊子将花丝一根一根地夹断去掉。如番茄、苹果、梨等作物多采用此种方法。而对于黄瓜这样的雌雄同株异花的植物，在开花前将雄花蕾去掉。如果连续对两个以上材料去雄，给下一个材料去雄时，所有用具及手都必须用70%酒精处理，以杀死前一个亲本附着的花粉。

4. 授粉

大多数植物的雌、雄蕊都是以开花当天的生活力最强。一般在晴朗无风、阳光充足的上午进行人工授粉。注意不同花的开放时间不同，如番茄以上午10：00，授粉效果最佳，而黄瓜则以上午9：00授粉效果最好。少量授粉可直接将正在散粉的父本雄蕊碰触母本柱头，也可用镊子挑取花粉直接涂抹到母本柱头上。如果授粉量大或用专门储备的花粉授粉，则需要授粉工具。授粉工具包括橡皮头、海绵头、毛笔、蜂棒等。在十字花科植物中，一个收集足量花粉的蜂棒可授粉100朵花左右。装在培养皿或指形管中的花粉，可用橡皮头或毛笔蘸取花粉授在母本的柱头上。由于受到降雨、工作量大等因素的影响，可以提前一两天或延后一两天进行授粉，也能得到种子。

5. 套袋隔离

每次授粉后将授粉花朵套上纸袋用回形针扎好，防止混杂花粉传入，挂好标签并写明杂交组合、授粉日期、授粉花数和授粉人。一周后可将纸袋去掉。对于较大的花朵也可用塑料夹将花冠夹住或用细铁丝将花冠束住，也可用废纸做成比即将开花的花蕾稍大的纸筒，套住第二天将要开花的花蕾。

6. 杂交后的管理

授粉后的母株，要加强管理，多施钾肥，促使种子饱满。在授粉后将众多多余的花朵剪除，增加其营养，增加阳光透入，有利种子成熟。等种子成熟后将果实采收，取出种子晾干后采集、记载、收藏。

四、实训报告与作业

1）试述提高园艺植物杂交结实率的主要技术环节。

2）总结不同园艺植物的有性杂交方式，并提供相关的照片。

3）讨论影响园艺植物杂交效果的相关因素。

第十章 优势杂交育种

学习目标：

1. 了解优势杂交育种的概念与应用概况。
2. 掌握杂种优势的基本概念、衡量方法。
3. 了解自交系的概念以及应用。
4. 掌握杂交种选育的一般程序。
5. 掌握杂交种与常规种的区别。
6. 了解远缘杂交育种原理及技术，远缘杂交的特点。
7. 掌握克服远缘杂交障碍的途径，远缘杂交的应用。
8. 掌握杂交种种子的生产基本技术。
9. 掌握自交不亲和系、雄性不育系的概念及应用。

千亿元身价的袁隆平

习惯了用价格衡量价值的少数人最近将目光盯上了科技富豪袁隆平，这位83岁的“杂交水稻之父”，几乎是一夜之间就引发了许多人的艳羡。“首富”，这的确是一个让人眼红心热的词汇：“袁隆平”这三个字被估算出得到品牌市值达到1008.9亿元，而且这是十多年前的估算。

这是个让人联想纷纷的数字，科学家富豪是怎样炼成的？我们可以回顾一下历史。

1960年，袁隆平根据一些报道了解到杂交高粱、杂交玉米、无籽西瓜等，都已广泛应用。既然如此，水稻是否也可以杂交呢？他开始进行水稻的有性杂交试验。同年7月，在安江农校实习农场早稻田中，袁隆平发现了一株与众不同的特异稻株。1961年春天，他把这株变异株的种子播到创业试验田里，结果证明了1960年发现的那个另类的植株，是“天然杂交稻”。

1964年，袁隆平在安江农校实习农场的洞庭早籼稻田中，找到一株奇异的“天然雄性不育株”，这是中国首次发现。经人工授粉，结出了数百粒第一代雄性不育材料的种子。这数百粒种子就像星星之火一样，承载着袁隆平的农业报国梦。

历经坎坷之后，在1966年，袁隆平发表第一篇论文《水稻的雄性不孕性》，这引起了高度重视，如果成功，将使水稻大幅度增产。1967 年，成立了由袁隆平、李必湖、尹华奇组成的水稻雄性不孕科研小组。

从 1965 年到 1973 年，8 年历经磨难地“过五关”（提高雄性不育率关、三系配套关、育性稳定关、杂交优势关、繁殖制种关），袁隆平的科研小组坚持了下来。直到 1974 年配制种子成功，并组织了优势鉴定，次年，又获得大面积制种成功。

万事俱备，大面积推广验证的时机到来了。

公开资料显示，1975 年冬，国务院做出了迅速扩大试种和大量推广杂交水稻的决定，国家投入了大量人力、物力、财力，一年三代地进行繁殖制种，以最快的速度推广。1976 年定点示范 208 万亩，在全国范围开始应用于生产，到 1988 年全国杂交稻面积 1.94 亿亩，占水稻面积的 39.6%，而总产量占 18.5%。10 年全国累计种植杂交稻面积 12.56 亿亩，累计增产稻谷 1000 亿 kg 以上。

数据显示，2013 年，湖南实际推广杂交水稻 1496.32 万亩，其中早稻推广 456.26 万亩，平均亩产 490.5kg，每亩增产 72.1kg；中稻（含一季晚稻）推广 530.82 万亩，平均亩产 578.3kg，每亩增产 102.8kg；晚稻推广面积 509.24 万亩，平均亩产 532kg，每亩增产 67.7kg。超级杂交水稻平均产量 533.25kg，比全省水稻平均亩产增产 79.5kg。而让袁隆平第二次荣获国家科技进步特等奖的“两系法杂交水稻技术研究与应用”，历经 20 多年的研究和实践，在关键技术上得到了突破，确保了我国杂交水稻技术居于世界领先地位。

同样来自媒体的报道显示，截止到 2012 年，全国累计推广两系杂交稻 4.99 亿亩，增产稻谷 110.99 亿 kg，增收 271.93 亿元，推广区域遍及全国 16 个省、市、自治区，为我国粮食生产持续稳定发展提供了强力技术支撑。

在这样的成果面前，“首富”之称就成了顺理成章的事情。但是，袁隆平对于荣誉和金钱，仿佛天生就是个“绝缘体”：几十年来，他获得的重量级勋章、奖杯不胜枚举，但都被一一锁进书橱。他常说，荣誉不能当饭吃，这很有意思，在中国的科学家中，袁隆平被关注，恰恰是因为他服务的领域是吃饭问题。

不爱荣誉，据说花钱也颇为“小气”：出行要坐经济舱，你若是定了头等舱，他得沉下脸让你去换掉；衣服也不穿名牌的，因为要考虑到下田方便；科研经费卡的严，花消不合理，甭打算从他手里扒拉到钱……

当然，他不奢侈，也不吝啬。在袁隆平看来，金钱的多少，无非是一个数字。不在乎钱的人，却成了“首富”，为什么呢？（来源：证券日报，桂小笋 2014-01-18）

1. 为什么袁隆平会获得这么多的荣誉和尊敬？
2. 水稻杂交育种给中国解决了什么问题？给世界人民带来了什么好处？
3. 袁隆平为什么大力发展杂交水稻？

人类认识到杂种优势的时间并不是很长，只是意识到异花受精对植物是有利的，而自花授粉受精常常对后代有害。直到 18 世纪中期首先在烟草植物中发现有杂种优势存在，但是

其利用率很低，人们没有意识到这是一种革命性的选种方式。1900 年前后，G. H. Shull 等多位科学家，利用两个玉米自交系进行杂交，产生了极为强大的生长优势，玉米的产量几乎是爆发式的显著提高，震惊了育种界，才被人们广泛地重视。在 1914 年，Shull 首次提出“杂种优势”的术语和选育单交种的基本程序，从此进入了优势杂交育种的时代，杂交种开始在世界得到了广泛的利用。

一、杂种优势与利用

（一）优势育种的概念

杂交种品种在某一方面或多方面优于双亲或某一亲本的现象叫杂种优势。广义的杂种优势包括正、负向两个方面，杂种优势与人工选择方向一致者叫正向优势，不一致者为负向优势。狭义的杂种优势仅指正向优势。在育种实践中如果不特别说明，则一般指正向杂种优势。杂种优势的表现是多方面的，如外观表现为生长势增强、产量增加、抗病性增强、品质变好、分配到经济产量中的生物量增加等；在生理代谢上表现在杂种合成某种物质的能力增强，抗逆能力和光合作用增强等。当然并不是任何两个亲本配组得到的杂种都有优势，如李鸿渐等对 34 个萝卜杂交组合进行配合力分析，有 11% 组合的单根重接近双亲平均值，9% 组合的单根重低于双亲平均值。实际工作中，需要配置大量的杂交组合，才能从中筛选到理想的优势组合。

优势杂交育种是利用生物界普遍存在的杂种优势，选育用于生产的杂交种品种的过程。由于杂种一代与一般品种相比具有明显的抗性强、产量高、整齐度好等优点，近年来由优势育种选育的杂交新品种越来越多，也越来越受到重视。

对大多数异花授粉植物来说，如果令其连续自交，其后代往往会发生自交衰退的现象，表现为生长势变弱、植株变小、抗性下降、产量下降等。这是因为异花授粉植物由于长期异交，不利的隐性基因有较多机会以杂合形式被保存下来。一旦自交，隐性不利基因趋于纯合就会表现出衰退现象。衰退程度因植物种类的不同而不同，如十字花科作物多数自交衰退程度较重，而瓜类衰退程度较轻。因此，这些作物更适于应用杂种优势育种。

（二）杂种优势的应用概况

目前世界各国杂交种品种都有较高的使用率，在日本，番茄、白菜、甘蓝杂交种品种的种植面积占同类作物栽培面积的 90% 以上，黄瓜为 100% 。美国的胡萝卜、洋葱、黄瓜杂种一代占 85% 左右，菠菜为 100% 。我国对园艺植物开展杂种优势利用是从 20 世纪 50 年代初期开始的，取得了一些成果，但推广面积不大。到 20 世纪 80 年代前进展缓慢，生产上应用的杂交种较少，主要是常规品种，然后进入了一个快速发展期，大量的杂交种涌现，现在它已经成为种子市场的主体。近年来，林木及有性繁殖观赏植物开始利用杂种优势的杂交品种，杂交种品种在生产中的比重有迅速上升的趋势，如金鱼草、三色堇、紫罗兰、樱草类、蒲包花、四季海棠、藿香蓟、耧斗菜、雏菊、锦紫苏、石竹、凤仙花、花烟草、丽春花、天竺葵、矮牵牛、报春、大岩桐、万寿菊、百日草及羽衣甘蓝等的杂种一代种子。据不完全统计，中国自 20 世纪 70 年代以来甘蓝、白菜、番茄、茄子、辣椒、黄瓜、西瓜、甜瓜等的杂交种品种已大面积应用于生产，已育成 20 种园艺植物的杂交种品种 1000 余个，推广面积 2000 万 hm^2 以上。杂交种品种之所以如此占主导地位，主要有三个原因：一是杂种优势强，生产者愿意种；二是育种者的权益容易得到保护；三是育种周期短，效益好。利用现有配合力高的亲本组配杂交种品种，育种周期短，投入少，奏效快。因此，凡是有条件利用 F_1 的蔬菜、瓜类作物，几乎都在选育和使用杂交种品种。

（三）杂种优势的衡量方法

衡量杂种优势的强弱是为了有效地开展育种工作，提供选择亲本的一些理论依据。通过对杂种优势的衡量也可以对杂交种进行有效的评价，有利于将杂交种尽快地应用于生产。简便的度量方法有以下几种：

1. 超中优势

超中优势又称为中亲值优势，即以中亲值（某一性状的双亲平均值的平均）作为尺度来衡量 F_1 代平均值与中亲值之差的度量方法。计算公式：

$$H=\frac{F_1-\frac{1}{2}(P_1+P_2)}{\frac{1}{2}(P_1+P_2)}$$

式中　H——杂种优势；

F_1——杂种一代的平均值；

P_1——第一个亲本的平均值；

P_2——第二个亲本的平均值。

一般情况下，H 值在 0 ~ 1 之间，当 $H=0$ 时无优势。这种衡量方法的实用价值不大，因为如果双亲相差比较大，F_1 即使超中优势比较强，如果未超过大值亲本，也没有推广价值，不如直接应用大值亲本。

2. 超亲优势

超亲优势是利用双亲中较优良的一个亲本的平均值（P_h）作为标准，衡量 F_1 代平均值与高亲平均值之差的方法。计算公式：

$$H=\frac{F_1-P_h}{P_h}$$

应用这种方法的理由是如果 F_1 代的性状不超过优良亲本就没有利用价值。因此用该法可直接衡量杂种的推广价值，但是超过亲本并不意味着超过当地的主栽品种，如果性状的优良程度低于生产上正在使用的品种，也没有推广价值。

3. 超标优势

超标优势是以标准品种（生产上正在应用的同类优良品种）的平均值（CK）作为尺度衡量 F_1 与标准品种之差的方法。计算公式：

$$H=\frac{F_1-\mathrm{CK}}{\mathrm{CK}}$$

这种方法因为利用标准品种来对比，而标准品种是当时当地大面积栽培的品种，所以更能反映杂种在生产上的应用价值，如果所选育的杂种一代不能超过标准品种就没有推广价值。但这种方法根本不是对杂种优势的度量，不能提供任何与亲本有关的遗传信息。因为即使对同一组合同一性状来讲，一旦所用的标准品种不同，H 值也就变了，没有固定的可比性。

4. 离中优势

离中优势是以双亲平均数之差的一半作为尺度衡量 F_1 杂种优势的方法，是以遗传效应

来度量杂种优势的。计算公式：

$$H=\frac{F_1-\frac{1}{2}(P_1+P_2)}{\frac{1}{2}(P_1-P_2)}$$

这种方法反映了杂种优势的遗传本质，便于在各种组合和各种性状间进行单独的或综合的比较。同时反映了 H 值和亲本双亲值之差成负相关，也就是说双亲差异越小越容易出现杂种优势，但是如果亲本完全一致，公式的分母为零，则没有任何意义，这种衡量方法目前得到了育种实践的验证。

（四）优势杂交育种与常规杂交育种的比较

优势杂交育种与常规杂交育种从育种程序上来说，有很多相似的地方。例如，需大量收集种质资源，选择选配亲本，都经过有性杂交、品种比较试验、区域试验、生产试验等。区别在于以下几个方面：

1）从理论上看，有性杂交育种利用的主要是群体或作物可以固定遗传的部分，一旦育成品种，可长期稳定地遗传，其后代自交没有分离的现象。优势杂交育种利用的是不能固定遗传的非加性效应，后代自交发生分离，杂种优势衰退。

2）从育种程序上来看，常规杂交育种是先进行亲本间杂交，然后自交分离选择，最后得到基因型纯合的定型品种，即先杂后纯。优势杂交育种是首先选育自交系，经多代纯合稳定后，进行配对杂交，通过品种比较试验，最后选育出优良的基因型杂合的杂交种的过程，即先纯后杂。

3）在种子生产上，经有性杂交育种获得的品种留种容易，每年从生产田或种子田内的植株上可收获种子，即可供下一代生产播种之用。优势杂交育种选育的杂交种品种不能直接留种，每年必须专设亲本繁殖区和生产用种地。

二、优势杂交育种的程序

（一）选育自交系

要想使 F_1 代出现100%的同型杂合体，首先要保证亲本性状的高度一致，所以优势杂交育种一般应首先选育自交系，使基因型纯合或接近纯合。自交系是指经过多代自交，经选择淘汰不良的性状而产生的性状整齐一致、遗传稳定的系统。选育自交系的方法有系谱选择法和轮回选择法两种。

1. 系谱选择法

（1）基础材料选择　选育自交系首先必须收集大量的原始材料，原始材料最好是具有栽培价值的农家定型品种和大面积推广的优良定型品种。因为它们本身的经济性状比较优良，基因型的杂合度不高，选育自交系所需的时间相对较短。其他类型的材料需花较长的时间，如用杂种一代需要自交5代以上才能纯合。而半栽培种或野生种中的个别优良性状必须通过杂交，回交转到栽培种中才能应用。有些带有不良性状的育种材料，往往难以改进，育种时间较长，应慎重使用。

（2）选株自交　在选定的基础材料中选择无病虫危害的优良单株自交。自交株数取决于基础材料的一致性程度，一致性好的，通常自交5~10株，一致性差的需酌情增加。每一

变异类型至少自交2株，每株自交种子数应保证后代可种50～100株。

（3）逐代选择淘汰　首先进行株系间的比较鉴定，然后在当选的株系内选择优良单株自交。优良单株多的当选自交系应多选单株自交，但不能超过10株。每个S_2（自交二代）株系一般种植20～200株，以后仍按这个方法和程序逐渐继续选择淘汰，但选留的自交株系数应逐渐减少直到几十个。每一自交株系种植的株数可随着当选自交株系的减少而增加。总的原则是主要经济性状不再分离，生活力不再继续明显衰退。自交系选育出来后，每个自交系种一个小区进行隔离繁殖，系内株间可以自由授粉。

2. 轮回选择法

系谱选择法只能根据自身的直观经济性状进行选择。选择得到的自交系，与其他亲本配组的杂种后代表现并不知道。通过轮回选择法培育的自交系不仅可保证自身经济性状优良，而且可提高自交系的配合力。轮回选择的方法有很多种。现分别介绍两种配合力的轮回选择。

（1）一般配合力轮回选择　与系谱选择法一样，首先应该选择优良的品种作为基础材料，其要求与系谱法一样。然后按下列程序选择：第一代在基础材料中选择百余株至数百株自交，同时，作为父本与测验种进行测交。测验种是测交用共同亲本，宜选用杂合型群体如自然授粉品种、双交种等。测交种子分别单独收获储存。第二代将每个测交组合播种一个小区，设3～4次重复，按随机区组设计排列。比较测交组合性状的优劣，选出10%最优测交组合。测交组合的父本自交种子在这一代不播种而是保留在室内干燥条件下，用于下一代播种。第三代把当选的优良测交组合的相应父本自交种子分区播种。用半轮配法配成$\frac{n(n-1)}{2}$个单交种，n指亲本数，或用等量种子在隔离区内繁殖，合成改良群体。如果经过这一轮选择尚未达到要求，则将第三代的合成改良群体作基础材料，按上述方法进行第一轮或更多轮的选择。从上述轮回选择的程序来看，选择的依据不是自交植株本身的直观经济性状，而是它与基因型处于杂合状态的测交后代的表现。因此，可以反映该自交植株的一般配合力，所以把它叫一般配合力轮回选择。

（2）特殊配合力轮回选择　特殊配合力轮回选择要求用基因型纯合的自交系或纯育品种作测验种。其他方面与一般配合力轮回选择完全一样。如果轮回选择得到的自交系，个体间F_1差异较大，可以从中选优良单株自交1～2代或多代。

（二）配合力

1. 配合力的概念

配合力是指作为亲本杂交后F_1表现优良与否的能力。配合力分一般配合力和特殊配合力两种，一般配合力是指一个自交系在一系列杂交组合中的平均表现；特殊配合力是指某特定组合某性状的观测值与根据双亲的一般配合力所预测的值之差。

2. 配合力分析的意义

在上述选育自交系的过程中，只是根据亲本本身的表现进行选择的。亲本本身的表现固然与F_1的表现有关，但用它来预测F_1的表现很不准确。有些亲本本身表现好，其F_1的表现不一定很好。相反，有些F_1的优势强，而它的两个亲本表现并不是最好的。因此，自交系选育出来后，要进行配合力分析。配合力分析结果出来后，便可确定哪些组合该采用哪种育种方案。当一般配合力高而特殊配合力低时，宜用于常规杂交育种，两者均高时，宜用于优势杂交育种；当一般配合力低而特殊配合力高时，宜采取优势杂交育种，两者均低时，这

样的株系和组合就应淘汰。

（三）配组方式的确定

配组方式是指杂交组合父母本的确定和参与配组的亲本数。根据参与杂交的亲本数可分为单交种、双交种、三交种和综合品种四种配组方式。

1. 单交种

单交种是指用两个自交系杂交配成的杂种一代，这是目前用得最多的一种配组方式（图 10-1）。主要优点是：①基因型杂合程度最高；②株间一致性强；③制种程序简单。应考虑正反交在种子产量上，甚至杂种优势方面的差异。通常在双亲本身生产力差异大时，以繁殖力强的高产者作母本；当双亲的经济性状差异大时，以优良性状多者作母本；以花粉量大、花期长的自交系作父本，以便保证母本充分授粉；以具有苗期隐性性状的自交系作母本，以便在苗期间苗时，淘汰假杂种。

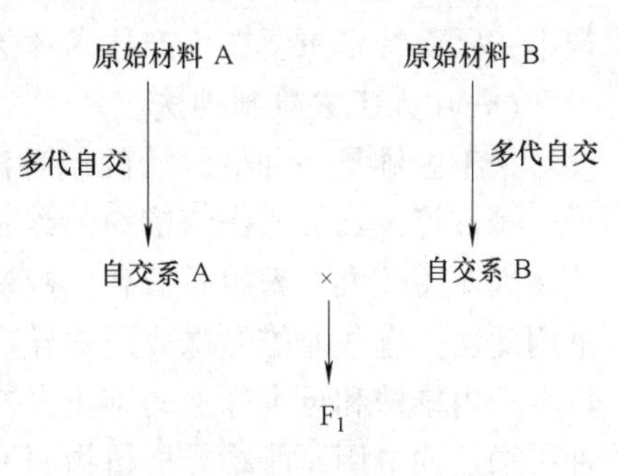

图 10-1 单交过程示意图

2. 双交种

双交种是由四个自交系先配成两个单交种，再用两个单交种配成用于生产的杂种一代品种（图 10-2）。利用双交种的主要优点是降低杂种种子生产成本。与单交种相比，它的杂种优势和群体的整齐性不如单交种。而整齐度对商品化要求较高的园艺植物十分重要，因此，现在双交种已较少采用。

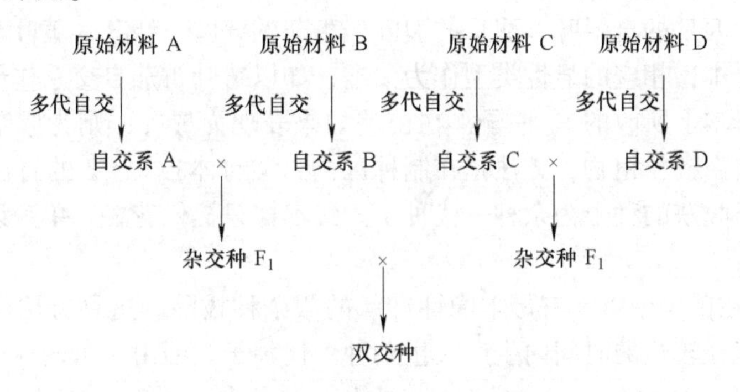

图 10-2 双交种杂交过程示意图

3. 三交种

先用两个自交系配成单交种，再用另一个自交系与单交种杂交得到的杂交种品种叫三交种（图 10-3）。利用三交种的目的主要是降低杂种种子生产成本，与双交种一样也存在杂种优势和群体的整齐度不及单交种等缺点。

4. 综合品种

将多个配合力高的异花授粉或自由授粉植物亲本在隔离区内任其自由传粉所得到的品种，适

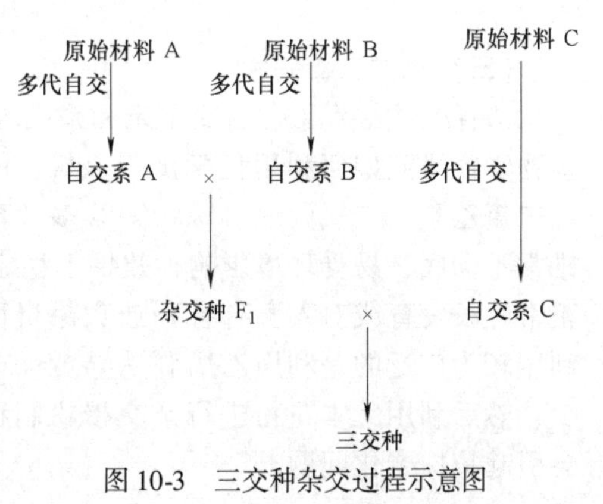

图 10-3 三交种杂交过程示意图

应性更强，但整齐度较差。可连续繁殖 2～4 代，保持杂种优势，由于授粉的随机性，不同年份所获得的种子，其遗传组成不尽相同，因而在生产中表现不太稳定。

三、杂种一代种子生产

与其他育种途径相比，优势杂交育种的种子需要每年重新生产繁殖，包括杂交种 F_1 和亲本，因而特别重要，生产技术环节因作物的种类不同而有所区别。

（一）人工去雄制种法

人工去雄是一种最原始的制种法，但在园艺植物中仍然大量采用，如黄瓜、番茄、茄子、辣椒等，具体操作依植物种类而异。在雌雄同花的植物中，尤其对于茄科、葫芦科园艺植物因花器较大，繁殖系数高，授粉一朵花，所结种子数较多，单位面积产量高，完全可以采用此法。有些雌雄异株或同株异花植物在开花之前便能区别雌雄株和雌雄花，制种时，把母本行内雄株和母本株上的雄花去掉，任其自由授粉，杂种优势所产生的效益远远超过因制种所增加的费用。雌雄异株植物制种比较简单，将双亲在隔离区内（1500～2000m 以内不应有同种植物的其他品种）相邻种植。雌雄株的行比为 1∶(3～4)，在雌雄可辨时，把母本行的雄株拔掉即可，每隔 2～3 天拔一次，连续 2～3 周，开花时依靠风力或昆虫传粉。对于番茄等雌雄同花同株的植物，按照行比为 1∶(3～4) 的父母本比例种植，在开花前进行去雄，人工授粉即可。在母本株上收获的种子便是 F_1 种子，父本行中雌株所结的种子即可用作下一年制种用的父本种子，母本需设单独繁殖区。

（二）利用苗期标记性状制种

在苗期容易目测，可以直接用来鉴别亲本和杂种的植物学性状叫苗期标记性状。如结球白菜的叶片无毛，西瓜的全绿叶，甜瓜的裂叶，番茄的薯叶、绿茎、黄叶等。使用时以隐性纯合的类型作为母本，相应的显性类型作为父本，如以薯叶番茄自交系作母本，裂叶番茄自交系作父本，从母本上所收的 F_1 种子，在苗期如果表现为薯叶，则为假杂种。该法多用于异花授粉植物和自由授粉植物，方法是在制种区内，父母本按 1∶2 的行比种植，任其自由授粉，在母本上所收获的种子为杂种一代种子。父本株只提供花粉，单独设母本繁殖区和父本繁殖区。

种植 F_1 时，在苗床中将具有母本隐性性状的假杂种拔除。这种方法简单易行，杂种种子生产成本低，能在较短的时间内生产大量杂种一代种子。但由于苗期标记性状不是任何杂交组合中都存在的，加之幼苗期拔除假杂种的工作量大，不容易被生产者接受，故应用不广。

（三）化学去雄制种

选育雄性不育系、自交不亲和系或雌性系并非轻而易举。在没有选育出上述材料时，生物学家研究如何利用化学试剂杀雄，同样可以免除人工去雄杂交的工作量。现在已发现二氯乙酸、三氯丙酸、矮壮素等多种药品具有一定的杀雄效果。但由于化学杀雄剂杀雄常不彻底，易受环境影响，效果不稳定，此外还有一些副作用（损伤雌性器官，影响正常生长发育或对人畜有害）或太昂贵而至今尚未在生产上实际应用。目前，在生产中利用较为广泛的是利用乙烯利诱导黄瓜母本产生雌花，不产生雄花或产生雄花的数量极少，然后利用父本花粉进行杂交授粉制种，该法同样存在着去雄不彻底的问题，同时也会引起植株老化问题。

（四）利用单性株制种

黄瓜雌雄株与完全花株（纯全株）或雌全株通过自交或杂交，在其后代中通过选择，可以获得纯雌株，通过进一步选择可获得只有雌株的雌性系，用其作母本可免去去雄操作。制种时，按1∶3的行比种植父母本。在F_1制种隔离区内（1500～2000m以内不应有同种植物的其他品种）任其自由授粉。在母本株上收获的种子即为杂种一代种子，在父本株上收获的种子在下一代继续作父本种子用。另设母本繁殖区，由于雌性系几乎没有雄花，因此，必须在苗期用赤霉素或硝酸银处理，喷洒叶面1～2次，每隔5天喷一次，促其产生雄花，在隔离区内任其自由授粉即可得到母本种子。

在菠菜中，通过选择有可能获得雌株系，用其作母本可免去拔雄株的工作。制种时，雌株系（母本）与父本按1∶(2～3）的行比种植在F_1代制种隔离区内（1500～2000m内不应有同种植物的其他品种），任其自由授粉。在雌株系上收获的种子即为F_1种子，在父本上收获的种子在下一年继续作父本种子，另设母本繁殖区。

天门冬（石刁柏）为典型的雌雄异株植物，雄株的性染色体为XY型，雌株的性染色体为XX型，雄株的产量高于雌株。正常情况下，群体中雌雄株各占50%。如果雄株的性染色体为YY型，则为超雄株。用它与XX型的雌株杂交得到的F_1则全部为XY型的雄株。通过花药或花粉培养有可能获得Y型的单倍体植株，将它加倍则成为YY型的超雄株。在制种区按1∶(2～3）的行比种植超雄株和雌株，在雌株上收获的种子作生产用种，然后将超雄株用无性繁殖法固定下来。

（五）利用雄性不育系和自交不亲和系制种

雄性不育系和自交不亲和系的内容很多，后面将专门用两节阐述。

四、雄性不育系的选育和利用

（一）利用雄性不育系制种的意义

1. 雄性不育系的概念

在两性花植物中雄蕊败育现象叫作雄性不育，园艺植物中有些雄性不育现象是可以遗传的，采用一定的方法可育成稳定遗传的雄性不育群体，称为雄性不育系。目前，在大白菜、萝卜、甘蓝等十字花科作物中已经选育出了稳定的雄性不育系统，在番茄等茄科植物中已经发现了雄性不育植株，并育成雄性不育系，但还没有在生产上大面积应用。

2. 雄性不育系在杂种种子生产中的作用

杂种优势普遍存在，但很多作物由于单花结籽量少、获得杂交种子难、杂交种子生产成本太高而难以在生产上应用。例如，大白菜的花多而小，单荚的种子数少，如果要是利用人工去雄法进行制种，那么每天每个人大约只能给2000多花授粉，也就得到20～30g种子，还不够种植一亩地。总体计算下来，种子成本就相当昂贵。如果任其天然授粉，则杂交率很低。所以利用雄性不育系配置杂交种是简化制种的有效手段，可以降低杂交种子的生产成本，提高杂种率，扩大杂种优势的利用范围。

（二）雄性不育系的选育

雄性不育系的选育工作是一项十分庞大而繁杂的工作，需要的科技含量较高，首先要有雄性不育材料，而且必须明确材料的不育性质，根据材料的不同，选育方法简介如下：

1. 细胞质雄性不育系的选育

细胞质雄性不育系的选育实际上是饱和回交的过程。在园艺植物中已知在结球白菜中获得了典型的细胞质雄性不育材料，即含萝卜雄性不育异胞质的白菜材料，以待转育的可育白菜品系作为轮回杂交父本，经连续4～5代回交，即可育成新的雄性不育系。

2. 核基因雄性不育系的选育

目前认为在园艺植物细胞内，控制雄性不育的有三个复等位核基因，Ms^f为显性恢复基因，Ms为显性不育基因，ms为隐性可育基因，显隐关系为可育（Ms^f）对不育（Ms）为显性，不育（Ms）对可育（ms）为显性。在核不育基因转育过程中，应首先了解待转育品系在核不育复等位基因位点上的基因型，所用不育源的基因应与待转育材料的基因互补，凑齐三个复等位基因，按遗传模式转育即可。

3. 质核互作雄性不育系的选育

质核互作不育存在于部分园艺植物中。不育源可在自然群体中寻找，通过杂交转育，也可以从近缘种中引入不育细胞质。如甘蓝型油菜的质核互作雄性不育系Polima的不育细胞质已被成功地转入白菜中，育成了结球白菜和不结球白菜的质核互作雄性不育系。

（三）利用雄性不育系制种的方法和步骤

1. 利用质核互作雄性不育系生产杂种一代种子

制种方法为：设立两个隔离区，一个隔离区为雄性不育系和保持系繁殖区。在这个区内按1∶(3～4)的行比种植保持系和不育系，隔离区内任其自由授粉或人工辅助授粉。在不育系上收的种子大部分用作下一年杂交种种子生产的母本，少部分用作不育系的繁殖，在保持系上收的种子仍作保持系用。另一个隔离区为F_1制种区。在这个区内，仍按1∶(3～4)的行比栽植父本（或恢复系）和雄性不育系。隔离区内任其自由授粉或人工辅助授粉。在不育系上收获的种子即为F_1种子，下一年用于栽培生产。在父本行或恢复系上收获的种子，下一年继续作父本用于F_1制种。

2. 利用核基因互作雄性不育系生产杂种一代种子

需设立3个隔离区，第一个隔离区为甲型两用系繁殖区。在这个区内只种植甲型两用系；开花时，标记好不育株和可育株，只从不育株上收种子，可育株在花谢后便可拔掉(不需要留种)。从不育株上收获的种子一部分下一年继续繁殖甲型两用系，另一部分下一年用于生产雄性不育系。第二个隔离区为雄性不育系生产区。在这个区内按1∶(3～4)的行比种植乙型可育系（保持系）和甲型两用系不育系，而且甲型两用系的株距比正常栽培的小一半。快开花时，根据花蕾特征（不育株的花蕾黄而小），去掉甲型两用系中的可育株，任其授粉。在甲型两用系的不育株上收获的种子为雄性不育系种子，下一年用于F_1种子生产。在乙型可育株上收获的种子，下一年继续用于生产雄性不育系种子。第三个隔离区为F_1制种区。在这个区内按1∶(3～4)的行比种植F_1的父本和雄性不育系，任其自由授粉。在不育系上收获的种子为F_1种子，在父本植株上收获的种子，下一年继续作父本种子用于生产F_1种子。

雄性不育制种法，在生产上常被称为“三系配套制种法”，如图10-4所示。

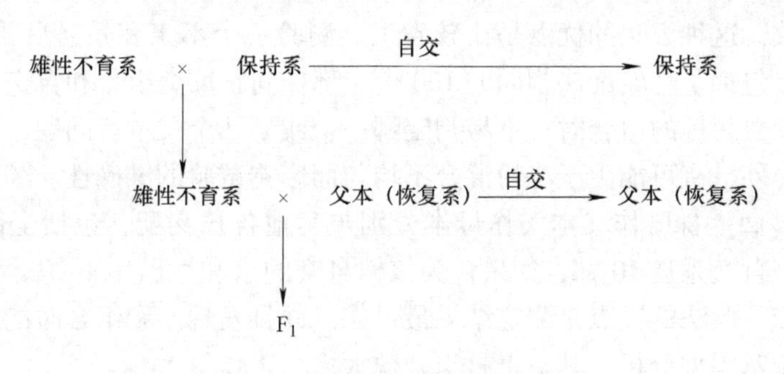

图 10-4　三系配套制种法示意图

五、自交不亲和系的选育和利用

（一）自交不亲和系的概念和意义

自交不亲和性在白菜、甘蓝、雏菊和藿香蓟等植物中普遍存在。具有自交不亲和性的系统或品系叫自交不亲和系。自交不亲和系不仅指植株自交不亲和，而且也指基因型相同的同一系统内植株之间相互交配的不亲和。利用自交不亲和系制种与利用雄性不育系制种一样，可以节省人工去雄的劳力，降低种子生产成本，保证较高的杂种率。但是自交不亲和系同雄性不育系一样，因为不能自交，也存在着亲本繁殖困难的问题。

（二）选育自交不亲和系的方法

1. 优良自交不亲和系应具备的条件

白菜类、甘蓝类这一类植物自交存在着后代衰退的问题，天然杂交率很高，所以自交不亲和性是普遍存在的。但自然界的群体自交不亲和系是多样的，不是每一种都可以利用，人工选育的自交不亲和系必须具备以下几个条件才能满足制种的需要。

1）花期内系统株间交配和自交高度不亲和性相当稳定，不受环境条件的影响。

2）蕾期控制自交结实率高。

3）胚珠和花粉生活力正常。

4）经济性状优良。

5）配合力强。

2. 选育方法

除直接从外地引进已育成的自交不亲和系外，从现有品种内选育也是可行的。在选育过程中，需要对经济性状、配合力和自交不亲和性三方面进行选择。经济性状和配合力的遗传比自交不亲和性复杂得多，所以应该先针对经济性状和配合力进行选择。实际育种工作中，一般都是对初选配合力高的亲本，进行自交不亲和性的测定。方法是选择优良单株分别进行花期自交和蕾期授粉，以测定亲和指数和留种。计算亲和指数的公式为

亲和指数 = 花期自交平均每花结籽数/花期混合花粉异交平均每花结籽数

亲和指数小于等于 0.05 为不亲和，大于 0.05 为亲和。初步获得的自交不亲和株系是不纯的，必须经过多代（一般为 4 ~5 代）自交选择。这样选育出来的系统还要测定系内兄妹交的亲和指数，淘汰系内兄妹交亲和指数大于 2 的系统。常用的方法是全组混合授粉法，也可采用轮配法和隔离区内自然授粉法。

（1）全组混合授粉法　把 10 株的花药等量混合均匀后采粉，授到提供花粉的 10 株柱头

上，测定亲和指数，这种方法的优点是比较省工。测验一个不亲和系，只要配制 10 个组合即可，而在理论上包括了与轮配法相同的 100 个全部株间正反交组合和自交组合。其缺点是如果发现有结实指数超标的组合时，不易判定哪一个或哪几个父本有问题，不便于基因型分析和选择淘汰。另外，有可能由于花粉混合不均匀而影响试验的准确性。

（2）轮配法　每一株既作父本又作母本分别与其他各株交配，包括全部株间组合的正反交和自交。每个自交系选 10 株，如果认为该株自交的亲和性已用不着测定，则可省去 10 株自交而只做杂交。此法的优点是测定结果最可靠，并且发现亲和组合时能判定各株的基因型。因此，可用于基因型分析。其缺点是组合数太多，工作量大。

（3）隔离区内自然授粉法　把 10 株栽在一个隔离区内，任其自由授粉。这种方法的优点是省工省事，并且测验条件与实际制种条件相似。其优点是不像前两种方法都用人工授粉，只局限于某一时期有限的花而不是整个花期的全部花；缺点是要同时测验几个株系时需要几个隔离区，而网室和温室隔离往往使结实指数偏低。如果发现结实指数较高则跟全组混合授粉法一样，难以判断株间的基因型异同。

（三）利用自交不亲和系制种的方法

为了降低杂种种子生产成本，最好选用正反交杂种优势都强的组合。这样的组合，正反交种子都能利用。如果正反交都有较强的杂种优势，并且双亲的亲和指数、种子产量相近时，则按 1∶1 的行比在制种区内定植父母本。如果正反交优势一样，但两亲本植株上杂种种子产量不一样，则按 1∶(2~3) 的行比种植低产亲本和高产亲本。如果一个亲本植株比另一个亲本植株高很多以至于按 1∶1 的行比栽植时，高亲本会遮盖矮亲本时，则按 2∶2 或 1∶2 的行比种植高亲本和矮亲本，以免影响昆虫的传粉。如果正反交杂种的经济性状完全一样，则正反交种子可以混收，否则就分开收获或者只收获母本株上的种子。

（四）自交不亲和系的繁殖

自交不亲和系在正常授粉情况下是不能结实的，所以亲本繁殖和提高繁殖系数是育种者不得不面对的问题，育种家们探索了很多种亲本种子生产的办法。下面介绍几种有代表性的方法。

1. 蕾期授粉

目前，蕾期授粉是繁殖亲本采用最多的方法，效果比较好，但费时费工，种子生产成本高，种子的产量比较低。蕾期授粉主要是利用雌蕊柱头在开花前 4~5 天就具有接受花粉的能力来进行繁殖，花粉以开花当天的花粉最好。为了防止生活力严重衰退，最好用系内其他植株的花粉授粉，授粉前可用剥蕾器或镊子剥开花蕾以便授粉。

2. 食盐水处理

开花期用 5% 的食盐水喷雾处理，每隔 2~3 天喷一次，任其自由授粉，这种方法的结实率虽然不如蕾期授粉，但生产成本低得多。这种方法已在部分甘蓝亲本种子生产中应用。

3. 破坏蜡质层

对开放的花用钢刷刷柱头以破坏柱头的蜡质层，这样可以提高花期自交结实率。这种方法对于大白菜、甘蓝这样花小而多的作物应用也存在着局限性。也可在开花期对花柱通直流电以破坏柱头的蜡质层，来提高花期自交结实率。此外，还可通过热助授粉、提高温度等措施来提高花期自交结实率。但多数方法操作麻烦或需要特殊设备，其效果都未达到能在生产上应用的水平。

4. 化学药剂处理

开花期用乙醚、氢氧化钾溶液处理花柱也有一定的效果。

六、远缘杂交及其在园艺植物遗传育种中的应用

（一）概念

远缘杂交通常指植物分类学上不同种、属以上类型间的杂交。它实质上与常规杂交和优势杂交没有本质上的不同，但是由于亲缘关系较远，杂交过程和杂种后代表现出来的特点有所不同。远缘杂交包括有性的和无性的两种方式，如常见的嫁接就是一种无性远缘杂交，随着现代原生质体细胞融合技术的发展，无性远缘杂交的方式越来越多，利用范围也越来越广。

植物在长期进化的过程中，由于各种因素形成了不同的隔离种群，这些隔离种群由于长期缺乏基因交流，所以亲缘关系相对较远，形成了相对独立的种。自然界中最常见的是地理隔离和季节隔离，导致了植物间不能发生杂交，如欧洲葡萄和美洲葡萄在地理分布上远隔重洋。但是，植物的种、属间并不是完全孤立的，基因间也不是没有任何的亲缘关系，当给予一定的条件时，就有可能发生杂交结实。如生长在一起的银槭和红槭由于红槭开花时银槭花期已过，并不发生杂交，当人们把早花的银槭花粉保存起来给红槭授粉时，就很容易得到种间杂种。

（二）意义

1. 创造新的作物类型，探索研究生物进化

大量实践证明，现有很多物种都是来自天然远缘杂交，远缘杂交后代中可再现物种进化过程中所出现的一系列中间类型和新种类型。如芥菜来自油菜和黑芥的杂交；欧洲李起源于樱桃李和黑刺李的杂交。通过远缘杂交过程，也可以研究物种进化过程和确定物种间的亲缘关系，有助于进一步阐明某些物种或类型形成与演变的规律。例如，以黑刺李与樱桃李杂交，F_1加倍后，得到双二倍体，其特征与欧洲李相似，而且和欧洲李杂交亲和性良好，从而提出了关于欧洲李起源于樱桃李和黑刺李种间杂交的观点。

2. 提高植物的抗性

园艺植物通过长期的栽培和人工选择，对自然环境的抵抗力已经降低了，对某些病害的抗性已经极大地弱化；而野生植物由于经常处于不利环境（高温、寒冷、干旱）下，对逆境有一定的适应性，因此通过远缘杂交利用野生类型的高度抗病性和对环境胁迫条件的抵抗能力，是改良栽培品种很有效的途径。如 19 世纪中叶欧洲育种者利用含抗晚疫病基因的野生马铃薯与栽培种杂交，获得了抗晚疫病的品种，解决了爱尔兰因马铃薯晚疫病流行而遭受的饥荒。黄善武等用现代月季与蔷薇杂交，已筛选出部分抗寒性很强的新类型。

3. 丰富作物的变异类型，改良园艺植物的产品品质

通过种、属间杂交可显著丰富园艺植物变异的多样性。以花卉的色泽为例，由单一物种起源的花卉如香豌豆、翠菊、旱金莲、牵牛花等花色往往比较单调，而由若干个野生种杂交起源的花卉如唐菖蒲、香石竹、大丽花、蔷薇类则花色丰富多彩。因此远缘杂交是丰富作物多样性的重要手段，是改良观赏植物外观品质的一个重要方法。另外，植物的野生种往往干物质含量较高，某些营养物质的含量显著地高于现有的栽培品种。在品质育种方面，美国的育种家用秘鲁番茄作亲本育成了高维生素 C 含量的品种，用多毛番茄作亲本育成了高维生

素 A 含量的品种；保加利亚的育种家用醋栗番茄作亲本育成了干物质含量比一般品种高 2%、维生素 C 含量高一倍的保加利亚 10 号番茄品种等。

4. 创造新的雄性不育源

利用雄性不育系是简化育种手续的重要手段，但是雄性不育系的选育仍然是一件很困难的事。很多植物当中雄性不育类型单一，利用现有条件，在栽培品种中很难找到保持系，无法培育出稳定的雄性不育系。现代育种学利用远缘杂交的手段导入胞质不育基因或破坏原来的质核协调关系，扩大了雄性不育的来源，已经育成番茄、南瓜、白菜等多种作物质核不育的雄性不育系和保持系。

（三）远缘杂交的特点

远缘杂交的亲本选择和选配除了遵循一般的杂交原则和规律外，还必须要注意到其特殊性。目前由于杂交在不同类群植物种间、属间进行，远缘杂交育种存在诸多障碍，表现突出的有以下几点：

1. 远缘杂交的不亲和性

由于双亲的亲缘关系较远，遗传差异大，存在生殖隔离机制而导致杂交中雌、雄配子不能正常受精形成合子。在远缘杂交时，园艺植物表现出的不能结籽或结籽不正常的现象称为杂交不亲和性。

不亲和性是物种间存在生殖隔离的表现形式。具体体现在花粉落到异种植物的柱头上不能发芽，即使花粉能够发芽，花粉管生长缓慢或花粉管太短，不能进入子房到达胚囊；有的种类花粉管虽能进入子房到达胚囊，但不能正常受精，或只有卵核或极核发生单受精等。这是因为不同种间柱头环境和柱头分泌物差异太大，存在相互排斥或抑制作用。花粉粒的萌发、花粉管的生长和雌雄配子的结合，受到父母本遗传差异大小和外部因素的影响。

为了克服远缘杂交的不亲和性，中外的专家学者进行了各种尝试，但还没有取得完全一致的通用方法，目前解决不亲和性的途径有以下几种：

（1）混合授粉法　外来花粉不能萌发的一个重要原因是母本柱头上的特殊分泌物。混合授粉就是在选定类型的父本花粉中混入经杀死的母本花粉或者混入未经杀死的母本花粉。利用不同种类花粉间的相互影响，改变授粉的生理环境，可以解除妨碍异种花粉萌发物质的影响，提高父本花粉的发芽概率，改善母本的受精环境，因此可以增加亲和性。如在大白菜与甘蓝的远缘杂交中，将白菜和甘蓝花粉混合授粉，提高了杂种种子的结籽率。但是因为混合未经杀死的母本花粉，应对杂交后代进行鉴定，以确定是远缘杂种还是自交种。

（2）重复授粉法　由于雌蕊发育程度不同，柱头分泌物对于外源花粉的排斥或抑制作用不同，受精选择性也不同，因此在同一母本花的花蕾期、始花期和临谢期等不同时期，进行多次重复授粉，可以促进远缘杂交受精结籽。

（3）染色体加倍法　远缘杂交以后，在联会的时候由于缺乏同源染色体，异源染色体之间相互排斥而出现紊乱，因此远缘杂交不易成功。将双亲或亲本之一的染色体加倍，增加了染色体的配对机会，因此常常是克服不亲和性最有效的办法。染色体倍数高低与远缘杂交的结实率高低有一定的关系，但并不是倍数越高越好。例如，G. Darrow 曾以八倍体的凤梨草莓和二倍体森林草莓杂交未能成功，但将森林草莓加倍成四倍体后再与八倍体凤梨品种杂交，则获得了六倍体的杂种。二倍体甘蓝和白菜、油菜、芥菜等二倍体相互不能杂交，但是作为四倍体可杂交成功。秘鲁番茄与多腺番茄杂交中，如将母本植株先诱导成同源四倍体，

可显著提高结籽率。

（4）嫁接　通过亲本双方嫁接的方法，可以增加接穗和砧木间的营养交流，使种间差异得到缓和，开花后再进行有性杂交，可以提高亲和性。如中国农业大学曾用黄瓜与丝瓜进行属间杂交，没有成功，但将黄瓜接穗先嫁接到丝瓜上，然后再用丝瓜和黄瓜的混合花粉给黄瓜授粉，收到较好的效果。

（5）媒介法　当两个远缘亲本直接杂交比较困难时，可以采用“桥梁种”作为媒介，从而改善结实情况。首先这个种和两个亲本的亲缘关系都较近，而且杂交的成功率较高；然后让这第三个种作为桥梁，先与某一亲本杂交产生杂种，然后用这个杂种再与另一亲本杂交。M. L. Besley（1943）报道用普通番茄×秘鲁番茄得到32粒种子，只有4粒发芽；先用醋栗番茄作桥梁种，与普通番茄杂交得到的杂种再与秘鲁番茄杂交得到152粒种子，有82粒发芽，并且F_1的育性和稔性都比前一组合显著提高。

（6）柱头移植和花柱短截法　柱头移植的方法通常有两种，一是将父本花粉先授于同种植物柱头上，在花粉管尚未完全伸长前，切下柱头，移植到异种的母本花柱上；二是先进行异种柱头嫁接，待一两天愈合后再行授粉。花柱短截法是把母本花柱切除或剪短，把父本花粉直接撒在切面上或将花粉的悬浮液注入子房，使花粉不需要通过柱头和花柱直接使胚珠受精。但采用这些方法时，操作必须细致，通常在具有较大柱头的植物中使用。如上海市园林科学研究所在百合花远缘杂交中，应用切短花柱和父本柱头移植等方法，使远缘杂交获得了成功。

（7）化学药剂的应用　一般多用赤霉素、萘乙酸、硼酸、维生素等化学药剂，涂抹或喷洒处理母本雌蕊，能促进花粉发芽和花粉管生长，有利于杂交的成功。试验表明：用萘乙酸处理梨花柱和子房基部，授以苹果花粉，获得的杂交果实平均种子数接近正常的结籽率。通过喷洒外源激素，主要是促进了花粉的萌发和胚乳的发育，为胚胎发育提供了必要的生理条件，也有可能是破坏了柱头上的特殊分泌物的抑制作用。

（8）试管授精与雌蕊培养　组织培养的技术发展，为克服远缘杂交花粉不能萌发、花粉管不能伸长或伸长过慢等障碍提供了新的途径。试管授精技术是从母本花朵中取出带胎座或没有带胎座的胚珠，置于试管中培养，并在试管中进行人工授精。目前该种方法已在烟草属、石竹属、芸薹属、矮牵牛属等植物的远缘杂交中获得成功。有时为避免受精后的子房早期脱落，也可在母本花药未开裂前切取花蕾，剥去花冠、花萼和雄蕊，消毒后将雌蕊接种在培养基上进行人工授粉和培养。

此外，应用温室或保护地改善授粉受精条件，以及预先辐射处理花粉或植株，可能在不同程度上有利于克服远缘杂交的不亲和性。近些年来发展起来的体细胞融合技术、外源DNA导入技术可绕过有性杂交过程使亲本基因重组，也是克服远缘杂交不亲和的有效方法。

2. 远缘杂种的不育性

应用远缘杂交后，克服了不亲和性，雌、雄配子能够交配产生了受精卵，这只是完成了远缘杂交的第一步。由于这种受精卵与胚乳或与母体的生理机能不协调，一般不能发育成健全的种子，或者种子在形态上形成，但是不能发芽或发芽后不能发育成正常的植株，这种现象称为远缘杂种的不育性。其具体表现为：受精后幼胚发育不正常、中途停止；杂种幼胚、胚乳和子房组织之间缺乏协调性，特别是胚乳不正常，影响胚的正常发育，致使杂种胚部分或全部坏死；虽然得到包含杂种胚的种子，但种子不能发芽；或虽能发芽，但在苗期死亡。

克服远缘杂种的不育性依据不同原因可采用下列几种方法：

（1）离体培养　对于受精后幼胚发育不正常、中途停止的这种情况，可以采用胚的离体培养技术，获得杂种苗。方法是将授粉十几天（或更长）的幼胚，在无菌条件下，接种到适宜的培养基中，加少许植物激素，在室温、弱光下培养，直至长出根和叶，能够自养时再移入土壤中。

（2）嫁接　幼苗出土后如果发现是由于根系发育不良而引起的夭亡，可将杂种幼苗嫁接在母本幼苗上，使之正常生长发育。

（3）改善发芽与生长条件　远缘杂种由于生理不协调而引起的不正常生长，在某些情况下提供优良的生长条件时，可能逐步恢复正常。远缘杂交种子发芽能力弱时，可刺破种皮以利幼胚吸水和促进呼吸。如种子秕小，可用腐殖质含量高、经过消毒的土壤在温室内盆栽，为种子发芽生长创造良好的条件。

3. 远缘杂种的不稔性

远缘杂种虽能形成一个完整的植株，但由于生理上的机能不协调，一般不能形成正常的生殖器官，即使开花，也往往不能结果产生种子，这种现象称为远缘杂种的不稔性。

远缘杂种不稔性的产生是由于形成配子时减数分裂过程中染色体不能正常联会，染色体分配不平衡，不能产生正常的配子，导致不能繁衍后代。其主要表现有：杂种营养体生长繁茂，但不能正常开花；或者能正常开花但其构造、功能不正常，产生的花粉都是败育的；即使花粉有活力也不能完成正常的受精过程，不能结果和产生正常的种子。所以，远缘杂交的后代往往表现出高度的不育。

克服远缘杂种不稔性的途径有以下几种：

（1）染色体加倍法　采用染色体加倍法可以克服杂种减数分裂过程中染色体不能正常联会的问题，加倍的方法一般是用秋水仙素液处理。如白菜×甘蓝正反交，正交122朵和反交70朵杂交花，都没有得到种子，但将甘蓝的染色体数加倍成为同源四倍体后和白菜杂交，结果是当四倍体甘蓝为父本时，正交155朵杂交花，结了209粒种子，长出了127棵杂种植株；反交131朵杂交花，结了4粒种子，都长成杂种植株。

（2）回交法　Cochran（1950）报道，洋葱×大葱的 F_1，生长强健，卵败育，但花粉有6.2%～9.7%能染色，以 F_1 作为父本和亲本之一回交，后代兼有双亲遗传特性，不稔性得到改善。

（3）蒙导法　将远缘杂种嫁接在亲本或第三种类型的砧木上，或用已结实的带花芽亲本以及第三种类型的芽条作接穗嫁接在杂种植株上，也可以克服杂种由于生理不协调引起的难稔性。如米丘林用斑叶稠李和酸樱桃杂交获得的属间杂种，只开花而不结实，后来将杂种嫁接在甜樱桃上，第二年就结了果。

（4）逐代选择　远缘杂种的难稔性在个体间存在差异，同时在不同世代或同一世代的不同发育时期也有差异，所以采取逐代选择可提高稔性。欧洲红树莓与黑树莓的种间杂种，大多数只开花不结实，只有少数能结少量的果实，但经四个世代的连续选择，终于获得优质丰产的新品种“奇异”。实践表明，有的杂种个体可通过延长寿命提高稔性，如采用多次扦插繁殖可克服秘鲁番茄与栽培番茄杂种的难稔性。

（5）改善营养条件　杂种个体的发育、受精过程与营养条件和生态环境密切相关。在花期喷施磷、钾、硼等具有高度生理活性的微量元素，以及采取整枝、修剪和摘心等措施对

促进杂种的生理机能协调、提高稔性有一定效果。通过混合花粉的人工辅助授粉，也可使杂种的受精选择性得到较大的满足，往往可提高杂种的结实率。

4. 返亲现象和剧烈分离

远缘杂交由于亲本间的基因组成存在着较大差异，杂种的染色体组型也往往有所不同，因而造成杂种后代不规则的分离。远缘杂种从 F_1 起就可能出现分离，F_2起分离的范围更为广泛，分离的后代中不仅有杂种类型，与亲本相似的类型，还有亲本祖先类型，以及亲本所没有的新类型。同时由于孤雌和孤雄生殖的存在还可能出现假杂种，这种分离的多样性往往可以延续许多世代，从而为选择提供宝贵机遇，同时也带来不少困难。

七、优势杂交育种实例介绍

现在利用优势杂交育种的园艺植物有很多，而且育种手段和方法多样，本节以萝卜丰产性育种为例简要介绍优势育种方法和过程。

（一）育种目标

丰产性是萝卜现代育种的主要目标性状之一。决定丰产性的主要因素是单根重量和每公顷株数。与这两个因素相关的性状有以下几种：

1. 株形

株形分为直立形和开展形两种，直立形多为中小萝卜，适宜于密植；开展形单株丰产性好，不宜密植。

2. 叶数

不论何种株形的萝卜品种，其叶数少的适合密植，叶数多的不适合密植。

3. 单株肉质根重

单株肉质根实际重量大小对丰产性影响很大，一般来说，肉质根越重，产量越好。

此外，对丰产性的衡量还应考虑到生长期的长短、根叶比等。同样生长期内，单株肉质根长得大，根/叶比值高，品种的丰产性才好。

因此，必须考虑到丰产性状是多个相关因素的组合，不能只考虑单一因素。通过配组，将有利性状组合在一起，就有可能培育出高产品种。

（二）选育自交系与自交不亲和系

1. 自交系的选育

萝卜是典型的异花授粉作物，自交容易引起性状衰退，天然杂交率高。因此，品种内植株的遗传基础比较复杂，纯合基因型少。必须从一个品种中选株进行连续多代自交，使有害的隐性基因纯合并予以淘汰，使有利的显性基因尽可能纯合一致，获得性状整齐、遗传性相对稳定的自交系；然后通过自交系间杂交，得到不同基因互补和高度杂合性的杂种。

用来分离自交系的材料一般是品种，也可以是 F_1。萝卜植株在连续自交的过程中存在明显的生活力衰退现象，而且性状发生明显分离，但系内株间的整齐度越来越高。在自交后代材料的选择中，应重视自交早代（前2~3代）的选择，在性状较整齐、主要经济性状符合或部分符合育种目标要求的株系中，选出若干优良单株继续自交；在以后继续自交、选择中，多数自交后代材料的生活力衰退缓慢，至4~6代时已基本稳定下来。

2. 萝卜自交不亲和系的选育

为了能够大面积推广杂交种，在种子繁殖中，萝卜多采用自交不亲和系制种法和雄性不育系制种法。在一些经济性状优良和配合力好的亲本材料中，选择一些优良单株（10～20株），在植株开花前，每一单株选2～3个花枝套袋隔离。在开花当天，取本株袋内的新鲜花粉进行花期自交，以测定它们的花期自交亲和指数；在花期自交的同时，对每株另一些花枝的花蕾，用同株事先套袋隔离的“纯净”花粉进行剥蕾，人工授粉并套袋，获得这些花期自交不亲和株的自交后代。

从中选出花期自交亲和指数低（萝卜的亲和指数低于0.5）的植株，初步中选的不亲和性植株还会分离，还需连续多次进行花期自交不亲和性测定及同株蕾期授粉自交。每代都选择亲和指数低的植株留种（每系统10株左右），直到自交不亲和性稳定（一般经6代自交）。育成的自交不亲和株系，除植株本身自交不亲和或亲和指数低外，还要求同一系统内所有植株间花期相互授粉也表现不亲和。为了提高自交不亲和系的繁殖系数，还要求入选的自交不亲和系具有较高的蕾期自交结实率。

（三）确定亲本的杂交方式

一般萝卜主要采用单交种，可以用不亲和系与亲和系杂交，也可以用不亲和系与不亲和系杂交。杂交时注意正反交效应，如果正反交结果一致，那么可以互为父母本，如果结果差异较大，应注意正反交母本植株的性状表现。

（四）性状鉴定

将自交系进行有性杂交后，一般要进行品种预备试验圃，对其产量、品质抗病性进行鉴定，并进行栽培技术的研究。

（五）品种利用和推广

通过品种比较试验、区域试验、生产试验后，在相关的管理部门进行登记，申请审定合格后，可以进行新品种推广，同时应提供配套的栽培技术和一定数量的优质种子。

复习思考题

1. 什么是杂种优势和自交衰退？其性状表现是什么？
2. 自交系的选育程序有哪些？
3. 杂种种子生产的方法有哪些？每种方法的应用范围是什么？
4. 自交不亲和系的选育方法有哪些？
5. 如何利用雄性不育系进行种子生产？
6. 如何衡量杂种优势？
7. 远缘杂交的杂交障碍是什么？如何在杂交过程中进行克服？

第十一章 诱变育种

学习目标：

1. 了解诱变育种的特点、意义及类别。
2. 掌握辐射处理的方法和过程。
3. 了解化学诱变的药剂种类，掌握化学诱变的方法。
4. 了解园艺植物诱变材料的培育、选择方法。
5. 掌握园艺植物诱变育种的程序。

荒原还是天堂

——切尔诺贝利核污染区动植物生存状况

北京时间9月7日消息，据《每日电讯报》报道，切尔诺贝利核泄漏是迄今世界历史上最惨痛的一起核事故。然而，20多年以后，围绕切尔诺贝利核污染区是荒原还是奇境的争论却大有愈演愈烈之势。如今，一个英国科学家小组即将再次踏上乌克兰的土地，试图揭开这个问题的真相。

野生动物的天堂？

“我们走进一片荒无人烟、阴沉凄凉的荒原。建筑物遭到毁坏，窗户碎成一片片。树木茂盛，杂草丛生：这是一个‘鬼城’。”乍看上去，这像是一篇摘选自描写灾难发生后破败景象的小说，如科马克·麦卡锡（Cormac McCarthy）笔下的《路》。事实上，这出自美国南卡罗来纳大学生物学教授蒂姆·穆苏（Tim Mousseau）对首次切尔诺贝利之行的描述。

1999年，穆苏同法国巴黎皮埃尔·玛丽居里大学鸟类学家、进化生物学家安德斯·穆勒（Anders Moller）一道，去了那个发生过世界上最惨痛核事故的地方。他们的现场调查曾激发了有关辐射对人类和动物健康影响的激烈争论。穆苏和穆勒希望，这次前往切尔诺贝利可以令围绕这个问题的争议尘埃落定。他们计划在两周内动身。

切尔诺贝利核事故的基本情况人尽皆知。1986年4月26日凌晨1点23分，由于工作人员违反操作规程切断电源，切尔诺贝利4号反应堆突然发生爆炸，由此泄漏的辐射物质数量是长崎和广岛的数百倍，欧洲方圆8万平方英里（1平方英里 $=2.5899\times10^6$ 平方米）的土地受到污染，辐射物质甚至飘到了爱尔兰西北部。

事故发生后，30万人被疏散到安全地点，前苏联还在事故反应堆周围建立一个方圆800平方英里的禁区。然而，日前有媒体报道称，杳无人烟的普利帕特小镇竟然成为野生动物的天堂。当地人看到狼、熊、麋在废弃的街头出没，小雨燕从废弃的办公大楼上空掠过。种种迹象表明，如果野生动物在如此短的时间内重返切尔诺贝利，核辐射和核威力可能比科学家原来想象得小。

对付开发商的"完美武器"

提出"盖亚假说"的英国大气学家詹姆斯·拉夫洛克（James Lovelock）甚至撰文写道，自然界"会把核废物看作是对付贪婪开发商的完美保护武器，野生动物偏爱核废料场所表明，用于处理核废料的最佳地点是热带雨林，以及其他急需一种对付农民和开发商的可靠武器的栖息地。"

根据联合国2005年发布的一份报告，切尔诺贝利事故引起的癌症最终会使4000人死亡：这一数字低于预测。事实上，在"脏弹"和核扩散时代，切尔诺贝利事故的作用或许堪比一次针对大范围核辐射影响的无情试验。尽管辐射水平在过去23年急剧下降，但切尔诺贝利仍存在一些"热区"。据穆苏教授介绍，大多数受污染地区的辐射水平为每小时300微西弗（uSv），这是正常辐射水平的1200倍，胸部X光检测的15倍。他说："长期暴露于核辐射是有害的。"

真正的问题是铯、锶、钚等放射物元素对环境造成的污染，它们的半衰期分别为3万年、2.9万年和2.4万年。这意味着在长达几万年里，这些化学物质将衰减至以前浓度的一半，所以，它们会对土地造成长期的污染。穆苏教授说："你需要担心的是吃下受污染的食物，因为食物消化是一个人暴露于有毒辐射物的主要途径。"

畸形病变数量增多

尽管有很多报道称切尔诺贝利地区的生物茁壮成长，但穆苏并不相信。他和穆勒教授的第一个发现是，切尔诺贝利地区鸟类畸形病变的数量增多。两人对两万只家燕进行了检查，结果发现了畸形喙、尾羽弯曲、眼睛外形不规则等病态。有些家燕的羽毛本身该是绿色的，但却长成红色，本身是红色的，却长成了绿色。

由于食物来源受到污染，高辐射地区的鸟类数量减少了1/2多。只有极少数家燕还具有繁殖能力，而在它们下的鸟蛋里面，也只有5%能孵化。不到1/3的鸟类能活到成年。穆苏和穆勒两位教授通过检测家燕的精子证实，这些畸形病变还具有遗传能力。一个最令人感兴趣的发现是，抗氧化剂、核辐射和羽毛颜色之间存在联系，也就是说，羽毛最艳丽的鸟儿死去的可能性更大。这项研究去年发表于某科学杂志上。原因其实很好理解，无论是人类还是鸟类，抗氧化剂都有助于抑制辐射的影响。

穆苏教授说："需要长途迁徙、具有亮色羽毛的鸟类，比如说雨燕，它们的代谢率非常高，产生大量自由基，也就是副产物，这些副产物会损坏它们的组织。不过，它们会利用囤积在血液和肝脏中的抗氧化剂消除这种潜在危害。雌鸟将大量抗氧化剂分配到鸟蛋上，这是幼鸟羽毛呈嫩黄色的原因。"

但是，在鸟类迁徙路线的末尾，它们必须补充能量，"问题是，在高度污染的地区，它们做不到这一点。"其结果是，雨燕和大山雀无法维持其亮色的羽毛，不能将足够多的抗氧

化剂输送到鸟蛋，也就孵不出小鸟。鸟类赖以为生的昆虫经历了同样的遭遇。在大多数受污染地区，蝴蝶、大黄蜂、蚱蜢、蜻蜓和蜘蛛的数量更少。穆苏说：“包括授粉者在内的昆虫对辐射污染增加都很敏感，这对整个生态系统造成了严重冲击。”

研究结论大相径庭

这看上去像是切尔诺贝利地区的生态系统处于危机的景象，但为何会有一些科学家得出了与穆苏和穆勒截然相反的结论呢？美国德州理工大学的罗伯特·贝克（Robert Baker）博士和唐纳德·切瑟（Ronald Chesser）博士也实施了一项研究，结果2006年刊登在《美国科学家》杂志上。他们写道：“切尔诺贝利核事故发生后仅仅8年，就已经有很多哺乳动物生活在毁坏的反应堆周围，我们对此吃惊不已。”

他们长期研究得出的结论同穆苏和穆勒的结论截然相反，称切尔诺贝利地区“一派繁荣景象”，“禁区”的野猪数量是外面的10~15倍。他们还未发现变异率升高的任何证据，或是生活在切尔诺贝利的动物生存状况与未受核污染地区的动物生存状况存在差异的证据。

对此，穆苏表示：“切尔诺贝利不在月球上。你能听到鸟儿和哺乳动物的叫声，偶尔能看到狼和狐狸出没，那里还有花草树木——它不是彻彻底底的荒漠。之所以存在这种误解，是因为核污染的影响，所以，一个地区存在很多生物，另一个地区又什么也没有。尽管如此，对于接受过培训的生物学家来说，这是显而易见的。”

这些都是容易引起双方争论的话，尤其是两个研究小组不久都将发表有关切尔诺贝利地区哺乳动物状况的论文，而且双方的研究结果再次大相径庭。切瑟说：“我认为我们的研究同穆勒和穆苏的研究之所以存在差异，一切皆因他们对细节的忽视。我不会对此做过多解释。我们的研究准确无误，对于这一点，我毫无疑问。”

悲剧仍在上演

对于切瑟的“挑衅”言论，穆苏的回应同样咄咄逼人：“我希望尽量避免讨论他们的研究工作细节，但除了我们俩之外，其他人都在不停地计算生物数量，测量它们的分布情况和背景污染。他们的工作都是基于道听途说。”

无论他们谁对谁错，另一场悲剧却正在上演。穆苏教授开始与乌克兰基辅放射生物学医院合作，对生活在切尔诺贝利周边地区的居民展开长期研究——纳洛蒂切斯基（Narodichesky）地区的1.1万成年人和2000个儿童，那里距切尔诺贝利50英里（1英里=1609.344米）。

穆苏表示，当地人患癌症、具有出生缺陷和寿命减少的概率非常高。他警告说：“越来越多的信息都指向人类暴露于慢性辐射所产生的严重后果。这又会对那些孩子的下一代产生怎样的影响呢？”（来源：新浪科技，http：//www.sina.com.cn，2009-09-07）

1. 核污染为什么对生物造成危害？
2. 为什么专家会得出两种相反的结论呢？
3. 这种核污染的危害都是有害的吗？有没有有利的一面呢？
4. 人类能不能控制或者有效利用核辐射呢？

诱变育种是20世纪新发现和使用的一种育种新技术。这种新技术的应用对推动世界植物优良品种的选育工作具有重要的意义。

最早发现诱变作用的是穆勒，1927年他发现了X射线能够诱导果蝇产生可遗传的变异。随后1928年斯塔特勒、1930年尼尔松－埃赫勒和古斯塔夫森、1934年托伦纳等相继利用各种射线在玉米、大麦、烟草等植物上诱发出有应用价值的突变体。化学因素诱变育种相对于物理诱变发展较慢。在植物上一般认为利用化学物质诱发突变的工作应从1943年奥尔科斯用乌来糖诱发月见草、百合及风铃草染色体畸变开始。一直到20世纪50年代，诱发突变研究的进展都比较缓慢。进入20世纪60年代，核技术的应用研究得到快速发展，诱变作用规律逐渐为人们所认识，从而使物理诱变中的辐射诱变产生了突破性的进展。20世纪70年代后期，植物辐射育种开始广泛应用于蔬菜、糖料、瓜果、饲料、药用和观赏植物育种。据粮农组织/国际原子能机构（FAO/IAEA）官方网站统计，截至2008年3月，共育成2543个新品种，其中水果新品种62个（我国育成11个），具体为苹果11个，欧洲甜樱桃9个，梨8个，柑橘5个，欧洲酸樱桃4个，桃4个，石榴、枣、柚、香蕉各2个，枇杷、无花果、柠檬、李、杏、甜橙、黑穗醋栗、醋栗、葡萄、扁桃、树莓、沙棘及番木瓜各1个，共涉及20种果树。

我国在诱变育种方面开始较早，在宋朝宣和年间，公元1119～1125年，就有用某种药物处理牡丹根诱导花色改变的育种记载，但是大量的开展诱变育种工作还是从20世纪60年代开始的，并且取得了丰硕的成果。据不完全统计，到1983年全国通过诱变育种育成的植物栽培品种有170个，种植面积达到$8.66\times10^{6}hm^{2}$。到20世纪90年代，利用辐射育成了包括苹果、樱桃、李、梨、柑橘、板栗、萝卜、大白菜、甜瓜、黄瓜、番茄、月季、菊花、石竹、美人蕉、杜鹃等园艺植物的新品种100余个，在生产上发挥了重要的作用。

一、诱变育种的概念及特点

（一）诱变育种的概念

诱变育种是人为地采用物理、化学的因素，诱发植物体产生遗传物质的突变，然后从变异后代中选育成为新品种的途径。诱变育种的特点在于突破原有基因库的限制，用各种物理和化学的方法，诱发和利用新的基因，用以丰富种质资源和创造新品种。

诱变育种分为物理诱变和化学诱变两种。物理诱变是利用物理因素，如各种射线、超声波、激光等处理植物而诱发可遗传变异的方法。当前应用最广泛的是辐射育种。化学诱变是用化学药品处理植株，使之遗传性发生变异的方法。

（二）诱变育种的特点

1. 提高突变率，丰富作物原有“基因库”

自然突变的频率低，范围狭窄，能够被人类所利用的变异就更窄了。据研究，采用人工理化因素诱变可使突变率提高100～1000倍，并且变异的范围广、类型多，往往超出一般的变异范围，有些是自然界中已经存在的，有些是罕见的，甚至出现自然界尚未出现的新基因源，使人们可以不完全依靠原有的基因库。例如：通过诱变处理可以产生不同类型的矮秆水稻种质；利用人工诱变，月季获得了当时自然界罕见的攀缘型；用γ射线处理菊花，选出了每年开花两次的菊花新品种；奥格兰等用γ射线和其他诱变因素，获得了一种具有改变了酶

系的“非光呼吸”大豆新类型。诱变育种可诱发性状出现某些“新”“奇”的变异，这对仅供观赏用的植物更具有特殊价值。

诱变育种不仅直接培育了大量的优良品种，而且也创造了许多有价值的种质资源，供育种利用。例如，利用突变体作为亲本，间接培育品种的比重在1966—1983年间占突变品种的16.9%，而在1984—1991年间占了41.7%。

2. 适合改良品种的个别性状

现有的优良品种都或多或少地存在一些缺点，要改良个别不良性状，通过杂交和选择等常规育种方法也能达到上述目的，但是由于基因的分离和重组，往往会引起原有优良性状组合的解体，或者因为基因间的连锁关系，而使得原有品种在获得所需要优良性状的同时，不可避免地引入了一些不良性状。而诱变处理容易诱发点突变，正确选择亲本和剂量的诱变处理，可以只改变品种的某一缺点，而不致损害或改变该品种的其他优良性状，甚至可以打破与不良性状之间的连锁，获得比较理想的突变体。例如：浙江省农科院用γ射线处理水稻品种二九矮7号，获得了比原品种早熟15天的辐育1号新品种，而其他性状与原品种相似；通过γ射线诱变苹果品种旭红，得到的苹果短枝型突变体，既保留了原品种的优良性状，又获得了矮化型变异；对郁金香进行辐射诱变处理，获得了各种花色的突变类型，这些突变类型既保持了原始亲本开花早的特性，又增强了无性繁殖的能力。

3. 诱变处理简单，育种年限缩短

园艺植物中的多年生营养系品种，在常规育种时需要经历杂交、播种等程序，而且需经历杂种实生苗的童期，因此育种的时间长、工作量大。诱变育种处理营养器官，诱发的变异大多是一个主基因的改变，可省去获得的优良突变体经分离繁殖的工作，因此可较快地将优良性状固定下来而成为新品种，稳定较快，一般经过3~4代选择就能够基本稳定，能在较短的时间内育成新品种。例如，山东农业大学于1974年用γ射线处理小麦品种F_4的一个株系，经过4代选育，于1978年育成山农辐63小麦品种。荷兰的布洛尔蒂斯在1975—1979年4年内，用X射线重复照射菊花，选出了几百个花色突变的菊花品种或类型；如果采用其他育种方法，要获得同样的结果，至少需要20年的时间。在抗病育种中，可利用诱变育种方法，获得在保持原品种优良性状基础上的抗性突变体，从而避免杂交育种中在获得野生种抗性基因的同时，为消除由野生亲本带来的不良性状所需要进行的多次回交。法国L. Decourtye（1970）用辐射诱变成的苹果品种Lysgolden，从处理树苗到定为商品品种仅8年，而用杂交育种法育成一个苹果品种一般需15~20年。

4. 与其他育种方法相结合，提高育种效果

（1）与杂交育种相结合　诱发突变获得的突变体，具有所需的性状，可以通过选择和杂交的手段转移到另一个品种上，或者将某个品种的优良性状转移给突变体，或通过突变体的杂交，有可能创造更优良的新品种。辐射诱变还可以改变植物远缘杂交不亲和性或自交不亲和性及改变植物的授粉受精特性。从而使得远缘杂交能够成功，或者使异花授粉植物（自交不亲和）自交可实。用适宜的剂量辐射花粉，可克服某些远缘杂交不亲和的困难、促进受精结实，例如，在梨×山楂、苹果×梨、苹果×榅桲中有人用500~800R（$1R=2.58\times10^{-4}C/kg$）辐照花粉后授粉，获得了种子和幼苗，而用未经辐照的花粉授粉却未能获得种子。D. Lewis 等（1954）报道，通过辐射获得欧洲甜樱桃自交可孕突变体；反之辐射也可使某些正常可育的植物变成不育而获得少籽或无籽果实类型、雄性不育系、孤雌生殖等材料。

（2）与组织培养技术相结合　植物的组织、花粉和原生质体通过组织培养再生植株，在培养过程中也可能发生突变；也可以通过人工诱变的方法处理植物组织和细胞，使之发生变异，创造更多的变异选择机会。

（3）与染色体工程结合使用　可进行染色体的片段移植，重建染色体。

5. 诱变育种的局限性

由于对其内在规律掌握得很少，因此很难实现定向突变。诱变后代劣变多，有利突变少，诱变的方向和性质难以有效地预测和控制。因此，如何提高突变频率，定向改良品种的性状，还需要进行大量的深入研究。关于突变的范围，即突变谱通常遵循突变本身的规律。瓦维洛夫揭示的同源平行变异律有重要的指导意义，有些著述夸大诱变对“扩大突变谱”的作用，实际上没有证据表明，诱变能产生生物在漫长岁月中没有发生过的突变。没有根据设想，诱变能使苹果或山茶突变为草本或蔓生类型。

诱变效果常限于个别基因的表现型效应，而且基因型间对诱变因素的敏感性差异很大。因此必须严格精选只有个别性状需要改进，综合性状优良的基因型作为诱变育种的亲本材料，通常用若干个当地生产上推广的良种或育种中高世代的优良品系。

在诱变条件下，虽然突变频率能大幅度提高，但有利突变的概率很低，因此必须使诱变处理的后代保持相当大的群体，这样就需要较大的试验地、人力和物力。

除无性繁殖作物外，诱变育种应视为重组育种体系的一部分，不能把它视为一种独立存在的植物育种途径。利用诱变育种的变异率高，与其他育种方法合理地结合，可以选出优良的新品种，缩短育种年限，如化学诱变选育出的三倍体无籽西瓜，就是优势杂交育种、倍性育种和诱变育种完美结合的例子。对于单独利用诱变处理，即使目标合理，突变体可得，直接选出新品种的工作量也不亚于常规育种方案的工作量。

二、辐射诱变育种

（一）辐射诱变育种中应用的射线种类与性质

辐射诱变育种是利用物理因素诱变育种中的主要方法。辐射是能量在空间传递的物理现象，可分为两种基本类型，即“非电离辐射”（热辐射、光辐射等）和“电离辐射”。后者是一种穿透力很强的高能辐射，当它穿过介质时能使介质发生电离，具有特殊的生物学效应，常用的有 X 射线、γ 射线、α 粒子、中子、紫外线等。激光是 20 世纪 60 年代初开始应用的一种新的辐射种类，由于其具有多种效应，正日益受到重视。

1. X 射线

X 射线是一种波长很短的电磁辐射，其波长为 $(0.06 \sim 20) \times 10^{-8}$cm 之间，介于紫外线和 γ 射线之间，能量为 50 ~ 300keV。X 射线是一种核外电磁辐射，由德国物理学家 W. K. 伦琴于 1895 年发现，故又称为伦琴射线，是原子中的电子从能级较高的激发状态跃迁至能级较低状态时发出的射线。X 射线由 X 光机产生，X 射线对组织的穿透能力和电离能力相对较弱，不适合照射大量种子。

2. γ射线

γ射线又称为γ粒子流，是原子核能级跃迁蜕变时释放出的射线，是波长短于0.2Å（1Å = 10^{-10}m）的电磁波，能量可达几百万电子伏，穿透力强于X射线。与X射线相比，γ射线波长更短、能量更高、穿透力更强。在工业中可用它来探伤或进行流水线的自动控制。γ射线对细胞有杀伤力，医疗上用来治疗肿瘤。γ射线由放射性同位素^{60}钴（^{60}Co）或^{137}铯（^{137}Cs）产生，γ射线进入到植物的内部与体内细胞发生电离作用，电离产生的离子能侵蚀复杂的有机分子，如蛋白质、核酸和酶，它们都是构成活细胞组织的主要成分，一旦它们遭到破坏，就会导致植物内的正常化学过程受到干扰，严重的可以使细胞死亡。目前γ射线已经成为辐射育种中最常用的射线之一。

3. 紫外线

紫外线是电磁波谱中波长从10～400nm辐射的总称，不能引起人们的视觉，是一种波长较长、能量较低的低能电磁辐射。紫外线是位于日光高能区的不可见光线。依据紫外线自身波长的不同，可将紫外线分为三个区域，即短波紫外线、中波紫外线和长波紫外线。它不能使物质发生电离，属于非电离辐射。紫外线对组织的穿透力弱，适合照射花粉、孢子等。照射源是低压水银灯，材料在灯管下接受照射，诱发的有效波长在250～290nm区段，相当于核酸的吸收光谱，其诱变作用最强。

4. 中子

中子是中性粒子，组成原子核的核子之一。按照其能量可分成热中子、慢中子、中能中子、快中子、超快中子5类。它可以从放射性同位素、加速器和原子反应堆中获得。电中性的中子不能产生直接的电离作用，无法直接探测，只能通过它与核反应的次级效应来探测。^{252}锎（^{252}Cf）是自发裂变中子源，今后可能应用于诱变育种。中子的诱变力比X射线、γ射线、β射线均强，在诱变育种中应用日益增多，应用最多的是热中子和快中子。

5. α射线

α射线也称为“甲种射线”，是放射性物质所放出的带正电α粒子流。它可由多种放射性同位素（如镭）发射出来。α射线是一种带电粒子流，由于带电，它所到之处很容易引起电离，因此有很强的电离本领。其粒子质量较大，电离能力强，诱发染色体断裂能力很强，而穿透力较弱，只要一张纸或健康的皮肤就能挡住。因此它比较适合引入植物体内进行内照射。

6. β射线

β射线是高速运动的电子流，它是由电子或正电子组成的射线束，可由加速器产生，也可以由放射性同位素衰变产生。同α射线相比，贯穿能力很强，电离作用弱。在植物育种中常用能产生β射线的放射性同位素溶液浸泡处理材料，进行内照射。常用的同位素有^{32}P、^{35}S，这些同位素进入组织细胞，对植物产生诱变作用。

7. 激光

激光是由受激发射的光放大产生的辐射。它一般通过激光器发出，是低能电磁辐射，在辐射诱变中主要利用波长为200～1000nm的激光。其具有光效应、热效应、电磁场效应，是一种新的诱变因素。

8. 航天搭载

航天搭载（航天育种或太空育种）是利用卫星和飞船等太空飞行器将植物种子带上太空，再利用其特有的太空环境条件，如宇宙射线、微重力、高真空、弱地磁场等因素对植物的诱变作用产生各种基因变异，进行农作物新品种选育的一种方法。现在只有中国、俄罗斯、美国等少数国家进行该项研究。早在20世纪60年代初，苏联及美国的科学家开始将植物种子搭载卫星上天，在返回地面的种子中发现其染色体畸变频率有较大幅度的增加。20世纪80年代中期，美国将番茄种子送上太空，在地面试验中也获得了变异的番茄，种子后代无毒，可以食用。1996—1999年，俄罗斯等国在“和平号”空间站成功种植小麦、白菜和油菜等植物。我国航天育种研究开始于1987年，到目前为止，已经成功进行了多次航天搭载植物种子试验，在水稻、小麦、棉花、番茄、青椒和芝麻等作物上诱变培育出一系列高产、优质、多抗的农作物新品种、新品系和新种质，其中目前已通过国家或省级审定的新品种或新组合有30多个，并从中获得了一些有可能对农作物产量和品质产生重要影响的罕见突变材料。

（二）辐射处理方法

1. 外照射

外照射是应用最普遍、最主要的照射方法。其优点是操作方便，可以集中处理大量的材料。它可以照射种子、植株、花粉、子房、合子、胚细胞、营养器官等几乎所有材料。

（1）种子照射　有性繁殖植物最常用的处理材料是种子。种子处理的优点是操作方便，处理数量多，便于储藏和运输。照射种子时要求种子的纯度高，含水量、成熟度以及其他条件应尽量一致。

（2）植株照射　在植株的一定发育阶段或整个生长期，在辐射场对植株进行长期照射。这种照射要求有一定的场地，而且需要准确地控制照射的剂量，否则容易造成植物的伤害或死亡。

（3）花粉照射　花粉照射的优点是简单，操作方便，一次可以获得较大的变异群体。花粉一旦发生突变，雌雄配子结合为异质合子，由合子分裂产生的细胞都带有突变。但也要注意花粉的生活力，花粉照射容易降低花粉的生活力或导致花粉死亡。

（4）子房照射　照射子房可以引起卵细胞突变，还可以诱发孤雌生殖。

（5）合子和胚细胞照射　合子和胚细胞处于旺盛的生命活动时期，辐射诱变效果好，照射第一次有丝分裂前的合子，可以避免形成嵌合体，提高突变频率。

（6）营养器官照射　无性繁殖植物常用营养器官进行处理，如各种类型的芽、接穗、枝条、块茎、鳞茎、球茎、块根、匍匐茎等。可选择生理活跃时期的营养器官进行处理，有利于突变的产生。

（7）离体培养中的组织和细胞照射　用诱变处理组织培养物如单细胞培养物、愈伤组织等，取得了一定的成效。例如，原浙江农业大学用γ射线处理小麦幼胚愈伤组织，育成了小麦新品种核组8号。

2. 内照射

内照射就是将放射性同位素引入植物体内进行照射的方法。内照射的方法简单，诱变效果好，但是在进行内照射时要注意安全防护，防止放射性污染。应用内照射最大的问题在于后期被照射材料的处理，往往需要花费很长的时间，有的甚至需要上百年，才会使放射性消

失，因此需要大量的地方来进行保管。其方法有以下几种：

（1）浸泡法　将种子或枝条放入一定强度的放射性同位素溶液中浸泡，使放射性物质进入组织内部进行照射。

（2）注射法　用注射器将放射性同位素溶液注入植物体内进行照射的一种方法。

（3）施入法　将放射性同位素施入土壤中，利用植物根部的吸收作用，吸收到体内照射。

（4）涂抹法　用放射性同位素溶液与适当的湿润剂配合涂抹在植物体上或刻伤处，吸收到体内照射。

（三）辐射处理的剂量

适宜的辐射剂量能够最有效地诱发某种变异类型产生的照射量。如果剂量太低，则突变率低，难于选择；反之剂量太高，会导致个体死亡或严重畸形，同样达不到诱变效果。

选择适宜的辐射剂量一般是以发芽率（或幼苗生长势）为指标，找出辐射后发芽率为对照（无处理）一半的剂量，即照射种子或植物的某一器官成活率占50%的剂量为“半致死剂量”（LD_{50}），以此为中心增高或降低作为试验剂量。照射种子或植物的某一器官成活率占40%的剂量称为“临界剂量”。根据“半致死剂量”“临界剂量”来确定适宜的辐射剂量。具体的辐射剂量因辐射源、作物种类、处理材料等的不同而异，可参考表11-1、表11-2。

表11-1　几种大田作物γ射线和快中子处理的适宜剂量参考表

作物种类	处理状态	适宜γ射线/krad（1krad = 10Gy）	处理状态	适宜中子流量/（中子/cm^2）
水稻	干种子（粳）	20 ~ 40	干种子	$4\times10^{11}\sim6\times10^{12}$
	干种子（籼）	25 ~ 45	催芽种子	$1\times10^{11}\sim1\times10^{12}$
	浸种48小时	15 ~ 20		
小麦	干种子	20 ~ 30	干种子	$1\times10^{11}\sim1\times10^{12}$
	花粉	2 ~ 4	萌动种子	$1\times10^{11}\sim5\times10^{12}$
玉米	干种子（杂交种）	20 ~ 35	干种子	$5\times10^{11}\sim1\times10^{12}$
	干种子（自交种）	15 ~ 25		
	花粉	1.5 ~ 3		
高粱	干种子（杂交种）	20 ~ 30	干种子	$1\times10^{10}\sim5\times10^{11}$
	干种子（品种）	15 ~ 24		
大豆	干种子	15 ~ 25	干种子	$1\times10^{11}\sim1\times10^{12}$
棉花	干种子（陆地棉）	15 ~ 25	干种子	$1\times10^{11}\sim1\times10^{12}$
	花粉	0.5 ~ 0.8		
甘薯	块根	10 ~ 30		
	幼苗	5 ~ 15		
马铃薯	休眠块茎	3 ~ 4		
	萌动块茎	0.6 ~ 3		

表 11-2　主要园艺植物辐射育种常用的材料和剂量参考表

种　类	处 理 材 料	剂量范围/R	种　类	处 理 材 料	剂量范围/R
苹果	夏芽	2000～4000	芜菁	干种子	100000 左右
	休眠接穗	4000～5000	冬萝卜	干种子	100000 左右
		(4～7)×10^{12}中子/cm^2	四季萝卜	干种子	100000 左右
梨	休眠接穗	4000～5000	大白菜	干种子	8000～10000
		(4～7)×10^{12}中子/cm	花椰菜	干种子	80000 左右
李属	花芽	500～1000	胡萝卜	干种子	60000～70000
桃	夏芽	1000～4000	莴苣	干种子	10000～25000
李	休眠接穗	4000～6000	甜菜	干种子	50000
杏	休眠接穗	25000	番茄	干种子	25000～50000
柿	休眠接穗	1000～2000			(1.3～7.7)×10^{12}中子/cm^2
板栗	休眠芽	2000～4000	甜椒	干种子	20000～40000
	层积种子	6000 以下			1×10^{11}中子/cm^2
樱桃	休眠芽	3000～5000	茄子	干种子	50000～80000
		(4～7)×10^{12}中子/cm^2	甜瓜	干种子	40000～60000
草莓	匍匐枝	15000～25000			7.5×10^{12}中子/cm^2
	花粉	3000	黄瓜	干种子	50000～80000
树莓	枝条	10000～12000	西瓜	干种子	20000～50000
黑莓	幼龄休眠植株	6000～8000			7.5×10^{12}中子/cm^2
黑醋栗	休眠插条	3000	芹菜	干种子	60000～70000
甘蓝	干种子	100000 左右	菜豆	干种子	10000～25000
芥菜	干种子	100000 左右	毛豆	干种子	10000～15000
豌豆	干种子	5000～25000	大叶椴	干种子	30000
		(1～4)×10^{12}中子/cm^2	欧洲榆	干种子	30000
蚕豆	干种子	10000～20000	茶条槭	干种子	15000
甜玉米	干种子	20000 左右	桃色忍冬	干种子	>15000
莳萝菜	干种子	10000～20000	树锦鸡儿	干种子	15000
洋葱	干种子	40000～50000	绿梣	干种子	<15000
	鳞茎	600～800	黄忍冬	干种子	10000
大蒜	鳞茎	600～800	沙棘	干种子	10000
波斯菊属	发根的插条	2000	瘤桦	干种子	10000
大丽花属	新收的块茎	2000～3000	山楂	干种子	10000
石竹属	发根的插条	4000～6000	银槭	干种子	10000
唐菖蒲属	休眠的球茎	5000～20000	毛桦	干种子	<10000
风信子属	休眠的鳞茎	2000～5000	辽东桦	干种子	5000
鸢尾属	新收的球茎	1000	欧洲桤木	干种子	1500～5000
郁金香属	休眠的鳞茎	2000～5000	灰赤杨	干种子	1000～5000
美人蕉属	根状茎	1000～3000	欧洲赤松	干种子	1500～5000
蔷薇属	夏芽	2000～4000	香椿	干种子	12000
	幼嫩休眠植株	4000～12000	啤酒花	干种子	500～1000
仙客来	球茎	1000	龙舌兰	干种子	6000～8000
绣线菊	干种子	30000	石榴	干种子	10000
小蘖	干种子	>60000	樱桃	休眠接穗	3000～5000

三、化学诱变育种

（一）化学诱变剂的种类和性质

1. 烷化剂

烷化剂又称为烷基化剂，是能将小的烃基转移到其他分子上的高度活泼的一类化学物质。烷化剂借助于磷酸基、嘌呤、嘧啶基的烷化作用而与DNA或RNA进行反应，进而导致“遗传密码”的改变，这类诱变剂是在诱变育种中应用最广泛的一类化合物。烷化作用是指烷化剂带有一个或多个活跃烷基，这些烷基能转移到其他电子密度较高的分子上去，可置换碱基中的氢原子。常用的烷化剂有甲基磺酸乙酯（EMS）、硫酸二乙酯（DES）、乙烯亚胺（EI）、亚硝基乙基脲（NEH）等。

2. 碱基类似物

碱基类似物通常是指核酸（DNA和RNA）中主要碱基（腺嘌呤、鸟嘌呤、胞嘧啶、胸腺嘧啶和尿嘧啶）的类似物，如发现的许多稀有碱基，以及玉米素、别嘌呤醇等天然或人工的碱基类似物。它是与DNA碱基的化学结构相类似的一些物质。它们能够与DNA结合，又不妨碍DNA的复制。因为其与正常碱基不同，在DNA的代谢过程中有时会取代正常碱基，结果使DNA复制时造成碱基配对错误，引起突变。最常用的碱基类似物有类似胸腺嘧啶的5-溴尿嘧啶（5-BU）、5-溴脱氧核苷（5-BUdR），类似腺嘌呤的2-腺嘌呤（2-AP）等。人工合成的，如嘌呤类似物有8-氮鸟嘌呤、6-巯基嘌呤、2-腺嘌呤等。

3. 其他化学诱变剂

对生物能起诱发突变作用的药剂还有：无机化合物，如氯化锰、氯化锂、硫酸铜、过氧化氢、氨、叠氮化钠等；有机化合物，如醋酸、甲醛、重氮甲烷、羟胺、苯的衍生物、硫酸醚、三氯甲烷等；某些抗生素以及生物碱等。

（二）化学诱变剂的处理方法

1. 配制药剂

在多数情况下，需要把药剂配制成一定浓度的溶液。根据溶解特性和浓度要求可将药剂配制成水溶液，或者先用酒精（70%）溶解再加水配制成一定的浓度使用。不同药剂的配制和使用方法有所不同，烷基磺酸酯和烷基硫酸酯等诱变剂在水中很不稳定，水解后会产生强酸或碱性物质，它们只有在一定酸碱度的条件下，才能保持相对的稳定性，从而显著提高植物的生理损伤，降低M_1植株存活率，可以把它们加入到一定酸碱度（pH）的磷酸盐缓冲液中使用。也有一些诱变剂在不同的pH中其分解产物不同，从而产生不同的诱变效果。例如，亚硝基甲基脲在酸性条件下分解产生亚硝酸，而在碱性条件下则产生重氮甲烷。所以，处理前和处理中都应校正溶液的pH。使用一定pH的磷酸缓冲液，可显著提高诱变剂在溶液中的稳定性，浓度不应超过0.1mol/L。几种诱变剂所需0.01mol/L磷酸盐缓冲液的pH如下：EMS和DES为7，NEH为8，亚硝基胍（NTG）为9。

由于亚硝基不稳定，因此亚硝酸溶液的配制应在使用前将亚硝酸钠加入pH=4.5的醋酸缓冲液中生成亚硝酸的方法应用。

2. 处理方法

药剂处理可根据诱变材料（种子、接穗、插条、植株、块茎、鳞茎、花粉、花序、合子等）等的特点和药剂的性质而采用不同的方法，处理方法如下：

（1）浸渍法　将药剂配制成一定浓度的溶液，然后将材料如种子、接穗、插条、块茎、块根等浸渍于其中。在诱变处理前预先用水浸泡上述材料，可提高其对诱变的敏感性。

（2）注入法　用注射器注射或用有诱变剂溶液的棉团包缚人工刻伤的伤口，通过伤口将药剂引入植株、花序或其他受处理的组织和器官。

（3）涂抹法和滴液法　将适量的药剂溶液涂抹在植株、枝条和块茎等材料的生长点或芽眼上，或用滴管将药液滴于处理材料的顶芽或侧芽上。

（4）熏蒸法　将花粉、花序或幼苗置于密封的潮湿小箱内，使药剂产生蒸气进行熏蒸。

（5）施入法　在培养基中加入低浓度药液，使药剂通过根部吸收或简单的渗透扩散作用，进入植物体内。

3. 注意事项

（1）防止污染　化学诱变剂一般都有强烈的毒性，能使人致癌，导致皮肤溃烂、腐蚀，有的易燃、易爆，如果将其泄露到环境中，可导致环境的污染。因此进行操作时必须严格按照操作规程去做，防止污染产生。操作时采取严格的措施，避免药剂接触皮肤、误入口内或熏蒸的气体进入呼吸道。同时要妥善处理残液，一般应有专门的回收处理措施和技术方法，不可轻易地将其倒入下水道或丢进垃圾堆，避免造成污染。

（2）中止处理　当药剂进入植物体内，达到预定处理时间后，如果不采取适当的排除措施，则药剂还会继续起作用，过度地处理还能造成更大的生理损伤，使实际突变率降低。因此，需要进行中止处理的措施，最常用的方法是使用流水冲洗。

4. 处理的剂量和时间

处理剂量的大小，能直接影响诱变效果。剂量过大，诱变的毒性也相应增大，有害的生理损伤加大；剂量过小，又达不到诱变的效果。所以适宜的剂量应根据材料本身的性质，诱变剂的种类、效能和处理方法、处理条件而决定。

药剂的浓度和时间影响剂量，相同时间内，药剂的浓度高剂量就大，处理时生理损伤相对增大，浓度低剂量就小；在相同的浓度下，处理时间长，剂量大，处理时间短，剂量就小。适宜的处理时间，应是使被处理材料完全被诱变剂所浸透，并有足够药量进入生长点细胞。对于种皮渗透性差的某些果树和观赏树木种子，则应适当延长处理时间。处理时间的长短，还应根据各种诱变剂的水解半衰期而定。对易分解的诱变剂，只能用一定浓度在短时间内处理。而在诱变剂中添加缓冲液和在低温下进行处理，均可延缓诱变剂的水解时间，使处理时间得以延长。在诱变剂分解1/4时更换一次新的溶液，可保持相对稳定的浓度。在实际应用时，常用化学诱变剂的处理浓度和时间可参考表11-3。

表11-3　常用化学诱变剂处理药剂浓度和时间参考表

化学诱变剂的种类	处理药剂质量分数（%）	处理时间/小时
甲基磺酸乙酯（EMS）	0.30～1.50	0.5～3
亚硝基乙基脲（NEH）	0.01～0.05	18～24
N-亚硝基-N-乙基脲烷（NEU）	0.01～0.03	24
乙烯亚胺（EI）	0.05～0.15	24
硫酸二乙酯（DES）	0.01～0.60	1.5～24
亚硝基甲基脲（NMH）	0.01～0.05	24
叠氮化钠	0.1	2

温度对诱变剂的水解速度有很大影响，在低温下化学物质能保持其一定的稳定性，从而能与被处理材料发生作用。在低温下以低浓度长时间处理，则 M_1 植株存活率高，产生的突变频率也高。但另一方面，当温度增高时，可促进诱变剂在材料体内的反应速度和作用能力。因此，认为适宜的处理方式应是：先在低温（0 ~ 10℃）下把种子浸泡在诱变剂中足够的时间，使诱变剂进入胚细胞，然后把处理的种子转移到新鲜诱变剂溶液内，在 40℃ 下进行处理以提高诱变剂在种子内的反应速度。

四、诱变育种程序

（一）处理材料的选择

1. 根据育种目标选择处理材料

针对不同育种目标，选择具有不同特点的亲本材料进行诱变处理，因为诱变育种的主要特点就是适宜于改良品种的某个不良性状，所以选择的材料综合性状要优良。通常选择当地生产上推广的良种或农家品种，也可以选择具有杂种优势的 F_1 作为诱变处理的材料。例如，要选育抗病毒病（TMV，CMV）的番茄品种，作为亲本要丰产、优质、成熟期适宜，本身抗病毒病外，还能抗其他的主要病害，只有采用这样的材料才能达到预期的育种目标。

2. 选择敏感性强的品种和器官作为诱变处理材料

杂种、新品种对诱变处理敏感，分生组织处于分裂状态的细胞敏感，性细胞比体细胞、苗期比成株期、萌动种子比干种子敏感等。选择敏感性强的材料进行诱变处理，容易获得比较高的突变频率。

3. 处理材料避免单一化

选择遗传基础存在差异的不同品种或类型作为处理材料，增加优良变异出现的机会。在条件许可的情况下，可以适当地增加材料种类和数量。

4. 选用单倍体、原生质体等作为诱变材料

用单倍体作诱变材料，发生突变后容易识别和选择。突变一经选出，将染色体加倍后就可以得到纯合的突变体，从而缩短育种年限。用单细胞或原生质体作为诱变材料，与细胞培养相结合，可以避免突变细胞与正常细胞的竞争，提高突变育种的效果。

（二）突变体的鉴定选择

通过简单有效的手段鉴定出优良的突变体，只有这样才能进一步进行诱变后代的选育工作。

1. 存活率的测定

诱变处理的材料无论是种子还是枝条都会在生理上有较严重的损伤，种子会降低发芽力和出苗数，枝条会降低发芽数，其损伤的程度用存活率表示。

$$存活率 = 种子出苗数(芽萌发数)/播种总数(芽总数) \times 100\%$$

一般在经过处理的种子播种或接穗嫁接后 4 ~ 6 周内进行统计。在进行鉴定时，必须同对照进行比较，做到有比较才能有鉴别。

2. 幼苗生长量的测定

在播种发芽后、嫁接扦插发芽长叶后进行生长量的测定。测定幼苗的高度以及枝梢第一次停止生长的长度，这对于测定诱变因素的处理效应是简单而有效的方法。尽可能地在人为

控制的均匀的环境下同对照处理进行比较鉴定，得出正确的结论。

3. 植物学性状突变观察

其包括茎、叶、花、果实、种子的形态特征，如可通过这些器官的颜色、形状、大小、刺有无或茸毛有无等进行鉴定。

4. 生物学特性观察

其包括物候期、熟性、产量及品质、抗逆性的鉴定。

5. 细胞学的鉴定

通过镜检的方法，检查细胞内染色体是否有畸变，如染色体的缺失、重复、倒位、易位等，染色体形态上发生畸变，那么植株肯定会发生形态上的变异，此种鉴定更准确。

（三）诱变后代的选育

1. 以种子为诱变材料后代的选育

（1）第一代（M_1）　种子处理后称为诱变当代（M_0），播种后形成的植株称为诱变第一代（M_1），自交后所得后代称为诱变第二代（M_2），M_2入选的突变体繁殖的后代为M_3，依次类推。由于突变多属于隐性，可遗传的变异在M_1通常不显现，M_1所表现的变异多数是诱变处理所造成的生理损伤和畸形，一般是不遗传的。因此，M_1不选择淘汰，全部留种。M_1植株应隔离，使其自花授粉，避免有利突变因杂交而混杂。

（2）第二代（M_2）　由于照射种子所得的M_1常为“嵌合体”，所以M_1最好能够将果实（穗）分别采收种子，然后每果（穗）分别播种成一个小区称为果系区（穗系区），以利于计算突变频率并容易发现各种不同的变异。由此可见，M_2工作量大，为了获得有利突变，通常M_2要有数万株。要对每一个植株进行仔细的观察鉴定，标记出全部不正常的植株。对发生突变的果（穗）系，选出有经济价值的突变株留种。

（3）第三代（M_3）　将M_2中入选的突变植株分株采种，分别播种一个小区，称为“株系区”，进行进一步的分离和鉴定突变。一般在M_3就可以确定是否真正发生了突变，并确定分离的数目和比例。M_3的工作量比M_2的要少，淘汰M_3不良的株系，在“优良”的株系中选最优良的单株留种。

（4）第四代（M_4）及第五代（M_5）　将优良M_3株系中的优良单株分株播种成为M_4，进一步选择优良的“株系”，如果该“株系”内各植株性状表现一致，便可将该系的优良单株混合播种为一个小区，成为M_5，至此突变已经稳定，便可进行品种比较试验，选出优良品种。

2. 以花粉为诱变材料后代的选育

花粉的生殖核可以认为是一个细胞，所以当诱变处理后，如果花粉发生突变，就是整个细胞发生了突变，授粉后所获得的后代植株就带有这种变异，不会出现“嵌合体”，将M_1的种子以单株为单位分别进行播种，成“株系区”即可。其他则与上面的相同。

3. 以营养繁殖器官诱变处理后代的选育

采用营养繁殖方式的果树、蔬菜、林木、花卉等植物在遗传上是异质的，因此，经过诱变处理后发生突变在当代就能表现出来，所以，M_1就要进行选择。同一营养器官上的不同芽，对辐射的敏感性及反应不同，可能出现不同的突变，如果是有利的突变，可以通过无性繁殖方法使之固定为新品种。但是，诱变后会出现“嵌合体”，由于突变的细胞与正常细胞产生竞争，往往被正常细胞所掩盖，突变体表现不出来，因此要采取一些人工措施，给产生

变异的体细胞创造良好的条件，促使突变体表现出来。人工措施采用分离繁殖、修剪、摘心以及组织培养的方法。

五、诱变育种实例介绍

通过对苹果的枝条进行照射，可以获得优质的高产新品种，其诱变育种程序如图 11-1 所示。

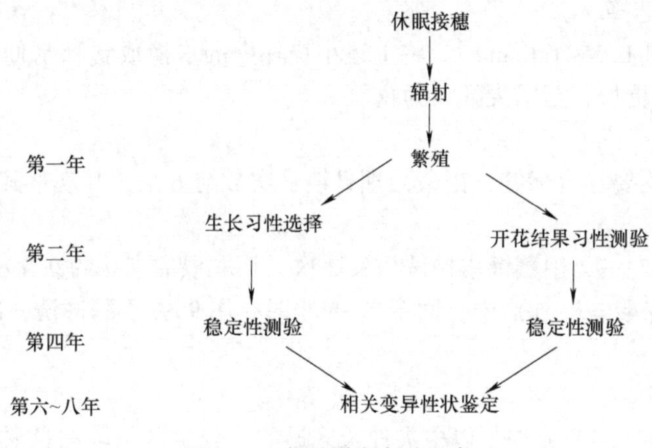

图 11-1　苹果诱变育种程序

复习思考题

1. 诱变育种中辐射诱变和化学方法诱变的特点有何不同？
2. 辐射诱变的类别和方法是什么？
3. 如何选择诱变材料？
4. 简述诱变育种的程序。
5. 通过诱变育种选育出来的新品种会不会产生危害？收集其他资料进行讨论。
6. 航天育种的前景如何？结合扩展阅读内容，谈一谈你的观点。

实训十一　园艺植物多倍体的诱发与鉴定

一、实训目的要求

人工诱导多倍体是现代育种的有效途径之一，通过试验，学习秋水仙素诱导园艺植物多倍体的方法和技术，学会鉴定多倍体的方法。

二、实训材料与用具

1. 材料

洋葱，刮去老根，放在小烧杯上，加水至刚与根部接触为止，室内培养至新根长出 0.5 ~ 1.0cm。

2. 用具及药品

显微镜、烧杯、量筒、酒精灯、镊子、刀片、载玻片、盖玻片、小滴瓶、指管、吸水纸、铅笔等工具，0.1% 秋水仙素水溶液、1mol/L 盐酸、无水乙醇、70% 乙醇、45% 醋酸、改良苯酚品红染色液、卡诺氏固定液等药品。

三、实训方法与步骤

1. 配制药液

称取一定量的秋水仙素，加蒸馏水配成1%溶液备用。

2. 处理液的配制

通常按0.2%~1%含量范围配成2~3个处理使用液，每个处理重复3~4次，以蒸馏水为对照。

3. 处理材料的选择

当洋葱新根长到0.5~1.0cm时，将上述小烧杯中的水换成含秋水仙素的水溶液，置阴暗处培养2~3天或更长，至根尖膨大为止。

4. 挂签观察

每个处理的芽均要挂上标签，记载处理日期、次数与方法，并观察其生长变异情况。

5. 固定

在中午11：30左右，用蒸馏水冲洗根尖2次，切取根尖末端约0.5 cm投入卡诺氏固定液（无水乙醇：冰醋酸=3∶1）中，固定2~8小时，用95%乙醇冲洗一次，换入70%乙醇保存。

6. 解离

1mol/L盐酸解离6~8分钟，以根尖伸长区透明、分生区呈乳白色时停止解离为宜，水洗3次。

7. 染色

在载玻片上切取根尖膨大处的前部（呈乳白色的区域），用镊子（或另一载玻片）将其挤碎，在载玻片上有材料之处加一滴改良苯酚品红染色液，染色8~10分钟。

8. 压片

覆一盖玻片，酒精灯火焰上微烤，用铅笔硬头敲击压片，然后隔吸水纸用拇指展平，吸去多余染液。

9. 观察

低倍镜下寻找染色体分散良好的分裂象，换高倍镜观察染色体数目。

四、实训报告与作业

1）绘图说明诱导后的染色体变化图，试比较诱导前后的区别。

2）说出能够诱发多倍体的其他因素，想一想用这些因素应该怎么做这个试验？

第十二章 倍性育种

学习目标：

1. 了解多倍体育种在园艺植物生产中的意义和进展。
2. 掌握多倍体形成的途径。
3. 掌握多倍体鉴定方法。
4. 了解单倍体的类型，单倍体的特点和应用。
5. 掌握获得单倍体的方法。

案例导入

香蕉有种子吗？

香蕉是人们喜爱的水果之一，欧洲人因它能解除忧郁而称它为“快乐水果”，而且香蕉还是女孩子们钟爱的减肥佳果。香蕉又被称为“智慧之果”，传说是因为佛祖释迦牟尼吃了香蕉而获得智慧。香蕉营养高、热量低，含有称为“智慧之盐”的磷，又有丰富的蛋白质、糖、钾、维生素A和维生素C，同时膳食纤维也多，是相当好的营养食品。同时，菠萝、龙眼、荔枝与香蕉号称为“南国四大果品”。

那么香蕉有种子吗？

如果你问身边的人这样一个问题，恐怕很多人都会回答：“没有”。事实上也如此，我们食用香蕉的时候根本感觉不到种子的存在。但是你仔细观察会发现，香蕉的果肉里藏有一颗颗像芝麻般的小黑点，这是退化的种子皮，真正的种子哪里去了呢？事实上，世界上最早的香蕉不仅有种子，而且种子又多又大，果肉反而很少。但是经过人工不断的改良，使雌花无法受孕结籽，只在果肉内留下一颗颗的种子皮，但是野生香蕉的果实内仍可发现颗粒状的种子。但是香蕉仍然和其他绿色开花植物一样，也会开花结果，但是多数栽培的香蕉品种是三倍体植物，不能生成种子。(来源：新华网，2008-09-23)

1. 为什么香蕉是三倍体植物就没有种子呢？
2. 还有哪些园艺植物是多倍体呢？举例说明。
3. 香蕉没有种子怎么进行繁殖？如何育种呢？

染色体是遗传物质的载体，各个物种的染色体数是相对稳定的，而且体细胞染色体数为性细胞的2倍。自然条件下，植物的染色体数目也会发生一定程度的变异，染色体数目的变化常导致形态、解剖、生理、生化等诸多遗传特性的变异。倍性育种就是在研究染色体倍性变异规律的基础上，人工条件下诱发植物染色体数目发生变异，在此基础上选育植物新品种的技术方法。倍性育种中，主要应用单倍体和多倍体进行良种选育，而在一些特殊情况下也应用一些植物非整倍体进行育种。

一、多倍体育种

（一）多倍体育种的概念及应用概况

1. 概念和应用概况

细胞遗传学的研究表明，体细胞中成对的染色体可以分为两套染色体，经减数分裂形成的配子只含一套染色体，叫作1个染色体组，用x表示。细胞中含有3个或3个以上染色体组的植物体叫作多倍体，仅含1个染色体组的植物体叫作单倍体，都属于整倍性变异。多倍体育种是指利用人工的方法诱发植物形成多倍体，从中选育新品种的方法。例如，香蕉多数是3倍体，其他利用多倍体的园艺植物有苹果、梨、李、葡萄、树莓、草莓、醋栗、柑橘、菠萝、黄瓜、西瓜、甜瓜、番茄、豌豆、马铃薯、甘蓝、白菜、花椰菜、芹菜、萝卜、莴苣、金鱼草、石竹、福禄考、凤仙花、飞燕草、一串红、彩叶草、霞草、美女樱、樱草、百日草、桂竹香、罂粟、矮牵牛、紫罗兰、金盏花、雏菊、麦秆菊、万寿菊、波斯菊、蛇目菊、菊花、百合等（表12-1）。

表12-1 我国主要果树的多倍体资源

属	染色体基数	倍　数
苹果属	17	2x，3x，4x，5x
梨属	17	2x，3x，4x
葡萄属	19	2x，3x，4x
柑橘属	9	2x，3x，4x，5x，16x
猕猴桃	29	2x，4x，6x
柿树属	15	2x，4x，6x，8x，9x，12x
枣属	10，12，13	2x，3x，4x，6x，8x
李属	8	2x，3x，4x，5x，6x
草莓属	7	2x，4x，5x，6x，8x，10x，16x
山楂属	17	2x，3x，4x
金柑	9	2x，4x
核桃属	16	2x，3x

1916年温克勒（H. Winkler）在番茄与龙葵的嫁接试验中发现，在愈伤组织长成的枝条中有番茄的四倍体。自1937年布莱克斯利（A. F. B. lakes lee）和埃弗里（A. G. Avery）利用秋水仙素诱发曼陀罗四倍体获得成功以后，各国相继展开人工诱发多倍体的试验研究。1947年，木原均、西山市三发表《利用三倍体无籽西瓜之研究》，报道了三倍体无籽西瓜选育成功。随之有大量的无籽西瓜品种上市。1959年，西贞夫等利用四倍体结球甘蓝和四倍体白菜杂交，成功地育成双二倍体新种——“白蓝”。随后，生物技术的发展使多倍体育种

更为简捷、方便。T. Murashige 等（1966）通过烟草的髓组织单细胞培养使倍性嵌合体得以分离，并认为组织培养是获得多倍体植株的一种有效途径。目前，已有1000多种植物获得了多倍体。中国于20世纪50年代开始多倍体育种的研究。张淑媛等（1989）用秋水仙素离体处理越橘试管苗，得到了四倍体植株。石荫坪等（1993）用0.4%和0.8%的秋水仙素在试管里诱变7个二倍体苹果品种自然授粉的胚，成功地诱导出苹果四倍体新种质。周朴华（1995）通过试管苗用秋水仙素诱导出四倍体的黄花菜，较原二倍体高产、优质。雷家军等（1997）以秋水仙素为诱变剂，分别采用种子组织培养、种子药液培养和茎尖组织培养法等获得了草莓的二倍体、五倍体、六倍体和八倍体的加倍植株，其中以种子和茎尖组织培养效果较好。20世纪70年代以来，蔬菜多倍体育种取得许多重要进展，已培育出三倍体、四倍体西瓜，四倍体甜瓜以及萝卜、番茄、茄子、芦笋、辣椒和黄瓜等蔬菜多倍体材料。由此可见，多倍体育种目前在园艺植物上得到了普遍的应用。

2. 多倍体植物的特点及价值

（1）巨大性　首先，多倍体植株的染色体加倍后，基因的数量加大，使得植物的营养器官、花、果实等体积和质量增大，有些植物的气孔增大，但是单位面积的气孔数减少。细胞中某些营养成分含量提高，植株整体对不良环境有较强的适应性。如三倍体、四倍体葡萄粒大；四倍体萝卜主根粗大。

（2）创造新物种　通过多倍体育种的方法可以创造新的植物物种。增加一个现存植物物种的染色体数目，就会创造出其同源多倍体物种。通过远缘杂交或种间杂交产生的一些性状优良的个体，往往不是不育就是育性很低，如果将这些杂种的染色体加倍，诱导其形成异源多倍体就创造出新的性状优良而且可育的物种或类型，克服远缘杂交的困难。

（3）遗传桥梁　多倍体育种方法还称为遗传桥梁，使得遗传信息数量和性质不同的物种具有遗传可操作性，诱导多倍体，它还是基因转移或渐渗的有效手段。

（4）育性低　同源多倍体由于在减数分裂时，染色体间配对不正常，易出现多价体，致使多数配子含有不正常染色体数，因而表现出育性差，结实率低。而对于水果来说，无籽或少籽为优良性状。园艺植物大多数同源多倍体可以利用无性方式繁殖植物，育性差但不影响在生产中的应用。如一些瓜果类三倍体作物，不仅口感好，而且无籽。

（二）多倍体的形成途径

近缘生物的染色体数目彼此成倍数关系是在高等植物中普遍存在的现象。20世纪初 A. M. Lutz（1907）就发现拉马克月见草中出现的突变 gigas 是二倍体原种的四倍体。随后 H. Winkler（1916）从龙葵的切顶愈伤组织再生的枝条中获得比原株染色体加倍的四倍体类型。后来人们根据这类多倍体的几组染色体全部来自同一物种，就把它们叫作同源多倍体。L. Digby（1912）发现报春花属的一个不孕的种间杂种中自发地产生稳定的可孕类型，这个新种邱园报春的染色体数是加倍的。随后 G. D. Karpechenk（1927）用萝卜和甘蓝杂交合成了多倍体萝蓝。A. Muntzing（1930）用鼬办花属的两个二倍体的林奈种合成了另一个四倍体的林奈种。人们把这类由来自不同种、属的染色体组构成的多倍体叫作异源多倍体（图12-1）。除了陆续在自然界发现一系列同源和异源多倍体外，人们还发现许多很有价值的作物，如小麦、棉花、马铃薯、甘薯、香蕉、草莓、咖啡、甘蔗、菊花、水仙等都是多倍体。更多的种类如苹果、梨、李、葡萄、柑橘、蔷薇、山茶、大丽菊、郁金香、百合、报春花、鸢尾等作物中有相当多的多倍体品种。人们逐渐认识到多倍体不仅在某些类群植物的进化中曾经起过重要的作用，而且在人工进化中也有其独特的地位。

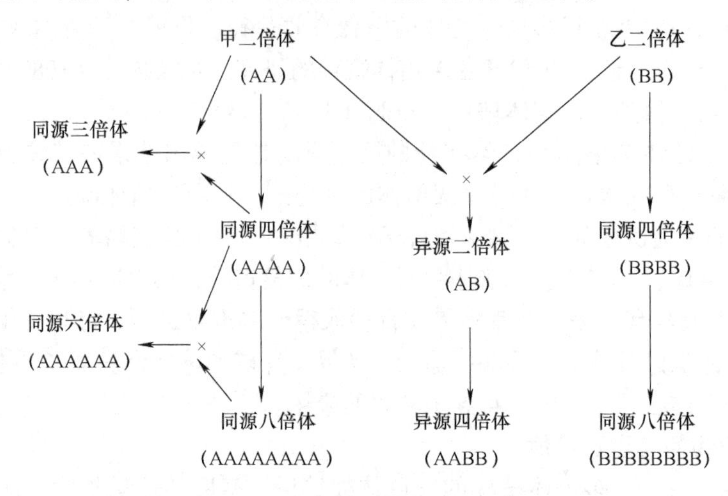

图 12-1　多倍体的形成过程示意图

（三）多倍体育种材料的选择

不是任何植物类型多倍化以后都可得到良好的效果。诱导材料的选择是多倍体育种的第一环节，为了更有效地获得性状优良的多倍体，应注意以下几个原则：

1）由于多倍体的遗传特点是建立在二倍体亲本的基础上，所以应特别注意选取具有良好遗传基础的类型作亲本并且该品种的经济性状好。

2）选择染色体数目少，染色体倍数少的植物，天然的高倍数材料再进行多倍体育种的意义不大。因染色体组数多的植物在进化过程中已利用了多倍化的特点，而染色体组数少的植物多倍体育种潜力较大。

3）选择杂合程度高的材料。杂合性的材料优于纯种材料，因为杂合的材料产生的变异类型多，后代的可孕性往往较高。

4）繁育三倍体等育性低的多倍体时应考虑该材料的无性繁殖能力，以及是否以收获营养器官为目的等因素。对于以收获果实为目标的育种应考虑能够单性结实的品种。注意选用种子产量虽然减少，但并不降低其经济价值的植物以及利用无性繁殖的植物，尤其是对那些少籽果实乃至无籽果实更有价值的种类。例如，葡萄、柑橘、猕猴桃，以及无籽西瓜等。

5）选择远缘杂种，易于诱导异源多倍体。选用异交植物，尤其是将多倍化与远缘杂交结合起来更有效；它不仅有助于克服杂种难育性，而且可合成新的类型或新种。

6）应在广泛的种类、品种和较大的群体上，进行引变处理，使具有各种遗传基础的个体都有在多倍体水平上表现的机会。选择的材料生育周期要短，以减少选择周期。处理群体的大小应根据亲本材料的性质而定，如自花授粉植物应选用较多的品种，而每一品种的植株可以少一些；异花授粉植物则相反。

（四）获得多倍体的途径与方法

在自然条件下，体细胞中的染色体是能够加倍的，如果树（鸭梨和玫瑰香）上出现的多倍性的芽变现象。此外，通过配子未减数的途径，也可产生各种多倍体。但是这种天然染色体变异的概率很低，无法满足育种要求，所以倍性育种过程中主要是依靠物理因素、化学试剂以及细胞和组织培养等人工方式诱导多倍体的产生。

人工诱变多倍体的方法较多，物理方法如温度骤变、机械损伤、电离辐射、离心力；化学方法如萘嵌戊烷、吲哚乙酸、氧化亚氮等，但应用最广而效果最好的是秋水仙素诱变。

1. 物理因素诱导

一些不良的条件会诱发植物产生变异，导致多倍体的产生。如温度骤变、机械创伤、电离辐射、非电离辐射、离心力等物理因素都能导致染色体数目的加倍。如温度骤变法就是将培养了一定时间的种子、花芽等材料放置在恒温箱，在一定温度、湿度下处理一定时间，再取出继续培养，从中筛选多倍体。但是有些方法如果使用不当，将会严重地损伤植物细胞或组织，甚至导致细胞和植物个体的死亡。如前面讲到的辐射诱变，可以产生多倍体，但如果剂量过大，对植物体本身也有很大的伤害，甚至造成死亡。

2. 化学因素诱导

能够诱导植物染色体加倍的化学药剂很多，如秋水仙素、富民隆、萘嵌戊烷、吲哚乙酸、氧化亚氮、除草剂等都有很好的诱导效果。但是目前使用范围最广，最简单有效的诱导方法是使用秋水仙素进行处理。

秋水仙素是从原产于地中海一带的百合科植物秋水仙中提取出来的一种化合物。纯的秋水仙素为针状结晶体，有毒，易溶于水、酒精而不溶于乙醚和苯。秋水仙素诱导染色体加倍的原理是：它能抑制纺锤丝和细胞板的形成，染色体虽能复制，但不能在纺锤丝的牵引下排布在赤道板上，更无法在后期将染色体分向两极，由此使细胞分裂停顿在分裂前期—中期，不能进入分裂后期形成染色体加倍的核，造成细胞染色体数目加倍；当细胞板、细胞壁的重建功能受阻时，虽然染色体能正常分裂走向两极但是细胞质不能分裂，导致细胞内染色体数目加倍。当除去秋水仙素时，细胞又可恢复正常的分裂。

浸渍法是一种很常用的用秋水仙素进行染色体加倍的方法，处理时应注意秋水仙素溶液的浓度，材料的种类和生物学特性，分裂时间、部位及其生育时期以及处理时的温度和时间等问题。一般采用低含量（0.01% ~0.1%）、长时间的加倍原则。通常是将秋水仙素配成0.02% 的水溶液、酒精溶液、甘油溶液，使刚刚萌发的种子、胚、幼苗、根尖或者嫩枝、愈伤组织、合子、配子细胞等处于旺盛分裂状态的组织浸渍在该溶液中进行处理。处理时间与该物种的细胞分裂周期有关，一般处理 24 小时左右即可。为了促进药物的作用效果，一般在35℃下处理材料。处理后，材料应及时用大量的水反复冲洗，以防残留药物进一步侵害细胞。处理过的材料，则要置于低温高湿条件下使其恢复原来的生长状态。二甲基亚砜（DMSO）是一种辅助剂，如在秋水仙素溶液中加入1% ~3% 的二甲基亚砜（DMSO），可显著提高多倍体的诱导效果。如果需要短时间内诱导多倍体的发生，那么就需要使用较高浓度的秋水仙素。通常用0.2%秋水仙素，在几小时内就可以将材料处理完毕。

用秋水仙素诱导多倍体，除了使用浸渍法以外，还有涂抹法、套罩法、滴液法、注射法、喷雾法等。涂抹法是将秋水仙素溶液制成羊毛脂膏、琼脂、凡士林等固体或半固体制剂，然后将这些制剂涂抹于顶芽等部位，并加以遮盖以减少固体或半固体制剂中水分蒸发和避免雨水冲洗而导致溶液稀释。套罩法与涂抹法的区别主要是将顶芽套于防水胶囊中，而不必进行遮盖。滴液法主要是用于较大的植株顶芽、腋芽的处理方法。通常每天处理数次，反复滴加秋水仙素溶液数天才能处理完毕。注射法是用注射器将药物直接注射到待处理的部位。喷雾法则是将配制好的秋水仙素等喷雾制剂喷到处理的部位。

3. 组织或细胞培养法

（1）胚乳培养　很多二倍体被子植物在有性繁殖过程中，胚囊内二倍体的极核与单倍体的雄配子结合形成胚乳，因而胚乳细胞属于三倍体的细胞，细胞中含有三个染色体组。所以如果在体外单独培养胚乳细胞，那么就可以得到该物种的三倍体，使之分化形成新的植株。

（2）细胞融合　细胞融合法又叫体细胞杂交法，是用人工方法将两个不同种或不同属的植物物种细胞的细胞壁去掉，形成两个原生质体，再将两个原生质体通过化学刺激或电击等方法进行融合，使其中一个细胞的细胞核进入另一个细胞，最后两个细胞核融合为一个细胞核，使细胞核中染色体数量增加。融合后的细胞，通过诱导、继代等一系列的培养，最终可获得完整的多倍体植株。

（3）组织培养中的体细胞无性系变异　各种植物在组织培养中，常发生染色体数目倍性的变化。在离体培养的植株中，不仅含有染色体数为 $2n$ 的细胞，还经常发现一些 $4n$、$8n$ 甚至 $16n$ 的多倍性细胞。目前在石刁柏、胡萝卜、甜瓜的未成熟子叶、子叶和真叶作外植体进行离体培养时都有多倍体的出现。虽然有关多倍体发生的组织范围和引起多倍化的因素尚不十分清楚，然而，通过组织培养的方法获得多倍体在实践中是可行的。通过分析细胞中染色体数目就可以将这些变异的细胞和组织分离出来，单独培养形成其多倍体植株。组织培养过程中的染色体倍性变异虽然为获得一致的无性系带来麻烦，但是它却为那些不容易用常规方法获得多倍体的植物提供了一个很好的途径。

（五）多倍体植物的鉴定方法

1. 间接鉴定

间接鉴定法是根据一些形态特征或生理特性鉴别其倍性的方法。如果用秋水仙素处理后植物的育性降低，那么很可能是得到了同源多倍体植株；如果发现经诱导培养的植株花粉粒、花器官、气孔保卫细胞、叶片等都比原来个体变大，那么该植株很可能就是培育出来的多倍体。综合以上的分析，便不难区分诱导后的植株是否为多倍体。

（1）形态鉴定法　形态鉴定法即将处理和未处理的对照进行外部形态的比较，主要是鉴定植物的生物学特征特性，它是最直观简便的方法。如瓜类多倍体（西瓜、甜瓜、黄瓜等）的外部形态表现为：发芽和生长缓慢，子叶及叶片肥厚、色深、茸毛粗糙而较长；叶片较宽、较厚或有皱褶；茎较粗壮，节间变短；花冠明显增大，花色较深；果实变短、变粗，果肉增厚，果脐增大（甜瓜）；种子增大，嘴部变宽，但种仁不饱满，在黄瓜、甜瓜中则出现大量瘪子。果树多倍体一般茎变粗短、叶变厚；果形指数变小；颜色变深、表面皱缩粗糙、生长缓慢，花、果都比二倍体大；可育性低。苹果多倍体树体一般生长健旺、枝条较粗、节间缩短、根系强壮、角度开张、果实硕大、叶大而厚，有时叶形也发生变化；通过对皇家嘎啦苹果二倍体及同源四倍体进行研究，发现在鲜重相同的条件下，四倍体苹果叶片的叶绿素 a、叶绿素 b 及总叶绿素含量均较高；四倍体葡萄叶片颜色深，二倍体叶片颜色浅，嵌合体的叶片则呈花斑形。根据上述标志，即可把没有多倍体特征的材料及时淘汰或继续进行诱变处理，对于初步认为是多倍体的，可再进一步检查。

（2）气孔鉴定　观察气孔和保卫细胞的大小是较为可靠的鉴定方法。由于气孔增大，单位面积内气孔的数目少也可作为鉴定多倍体的根据，但这一指标只能与植物处在同一发育时期和同一外界条件之下时才有实际意义。据研究，苹果、板栗、菠萝、萝卜等四倍体的气

孔长度都比二倍体增加20%以上。李延华（1980）报道薰衣草的二倍体及四倍体，发现四倍体植株的气孔、保卫细胞和花粉粒均显著大于二倍体植株。

（3）花粉粒鉴定 与二倍体相比较，多倍体花粉粒体积大，生活力低。有些多倍体（如三倍体）甚至完全不孕。当然不同的植株类型及多倍体的不同倍数，其不孕的程度存在差别，如双二倍体比产生它的杂种二倍体结实率高；西瓜、黄瓜四倍体的花粉粒也较二倍体大。有学者对四倍体小金海棠花粉进行观察，发现大部分花药没有花粉，个别花药有少量花粉，但发育不良没有受精能力。

（4）梢端组织发生层细胞鉴定 用切片染色法比较组织发生层的三层细胞和细胞核的大小，可以看到多倍体的细胞及核都比二倍体大。这一方法的优点是可同时对组织发生层的三层细胞进行鉴定，能够说明变异体的结构特点。

（5）小孢母细胞分裂的异常行为 无论是三倍体或同源四倍体，小孢母细胞在减数分裂中都有异常行为，这可以作为鉴定多倍体的标志。染色体的异常行为包括染色体配对不正常，有单价体和多价体，有落后染色体；染色体的分离不规则，数目不均等；有多极分裂和微核小孢子数目和大小不一致等。

2. 直接鉴定

经过初步的分析和筛选后，还要直接鉴定其倍性，一般通过常规的压片法制作临时切片来鉴定染色体数目。即对诱导后染色体可能加倍个体的花粉母细胞、茎间或根尖细胞进行制片染色，在显微镜下检查其染色体数目是否真正加倍，鉴定整倍性变异还是非整倍性变异。此外，利用现代生物学技术检测细胞核中遗传物质某些DNA片段数量也可有效地对多倍体进行鉴定。

（六）多倍体的后代培养

育种材料经过倍性鉴定，从中得到的多倍体类型并不一定就是优良的新品种，还要按照其变异的特点，进一步培育选择和利用。在倍性变异后经济性状表现优良的类型，可进入选种圃，进行全面鉴定。对不稳定的嵌合类型，进行分离同型化；在诱变进程中，如果只有生长点分生组织的某一层或两层细胞加倍，就会形成“2-2-4”“4-2-2”“2-4-2”“2-2，4-4”等倍性嵌合体。对于倍性周缘嵌合体可采用梢端组织发生层细胞鉴定。前两种多倍性嵌合体不能遗传给它们的有性后代，后两种情况发育为生殖器官的L_{II}层细胞已加倍，可影响性细胞，自交留种时应加以注意。倍性扇形嵌合体还可表现为一根枝条未加倍，而另一根枝条已经加倍，同一层内部分细胞加倍，部分细胞未加倍的情况。只有用加倍的雄花授粉才可得到多倍体后代。理想的办法是促进嵌合类型分离通过选择使其同型化。保留不能直接成为品种，但在育种上有价值的材料。有些诱变本来就是为进一步杂交育种提供原始材料的，可按原计划继续进行。如利用4x栽培品种与2x野生种杂交时，先把2x野生种的染色体加倍，然后再进行杂交；有时在远缘杂交之前，先进行亲本染色体加倍，然后杂交，或者先杂交而后加倍。

（七）多倍体育种实例介绍

1. 苹果多倍体育种

不同倍性的品种相互杂交是苹果多倍体育种的另一条重要途径。其中利用二倍体品种相互杂交，未减数的$2n$配子参与受精而产生三倍体。目前生产应用的三倍体品种，如乔纳金（金帅×红玉）、陆奥（金帅×印度）、世界一（元帅×金帅）、北斗（富士×陆奥）、北海道9号［富士×津轻（金帅实生后代）］、斯派舍（君袖×金帅）、静香（金帅×印度）、茶丹（金帅×克露茶特）、高岭［红金（金帅×红冠）实生］等。

值得注意的是上述三倍体品种均含有金帅亲本或种质，T. Harada 等（1993）进行的 RAPD 指纹分析结果为乔纳金、陆奥等三倍体品种提供 $2n$ 配子的是金冠。因此应进一步研究金冠苹果产生 $2n$ 配子的机制，并在今后的苹果多倍体育种中合理有效地利用金冠这一珍贵种质，以便育成更多的果大质优的三倍体品种。

2. 三倍体无籽西瓜的培育过程

三倍体无籽西瓜因其具有含糖量高、口感好、易储藏等特点而倍受人们的青睐，其培育过程如下：

（1）植株处理　用0.2%～0.4%的秋水仙素液体将二倍体普通西瓜的种子浸泡12～24小时，或在每天下午6：00～7：00用0.2%～0.4%的秋水仙素液体滴在其幼苗茎尖生长点上，连续进行四天。用秋水仙素（一种植物碱）处理二倍体西瓜的种子或幼苗，使其在细胞分裂的中期，阻碍纺锤丝和初生壁的生成，使已经复制的染色体组不能分向两极，并在中间形成次生壁。结果就形成了染色体组加倍的细胞，使普通二倍体西瓜染色体组加倍而得到四倍体西瓜植株。

（2）清洗　处理后的种子或幼苗，要用清水洗干净，防止由于秋水仙素的过度作用，造成死苗。处理及缓苗期间，应将植株置于散光下，以免日光直接照射，致使秋水仙素分解破坏。同时也切忌高温，因为在高温情况下，秋水仙素对植物的毒性增强，容易造成死苗。因此，在成活前应给予良好的栽培条件和精心管理。

（3）多倍体的鉴定　观察多倍体植株，形成多倍体的植株萌芽厚度明显增加，幼根尖端发生膨大现象；多倍体植株的体形较大，如叶片较大，根茎变粗，花、果实、种子都较大，茎叶组织比较粗糙，颜色深绿，有时有皱缩现象；植株叶面的气孔较大，单位面积气孔数目相对减少，花粉粒较二倍体的花粉粒大一倍以上；为了鉴定的准确起见，尚须直接在显微镜下检查染色体数目是否已经加倍（普通二倍体西瓜 $2n=22$，四倍体西瓜 $4n=44$）。

（4）杂交　一般用四倍体西瓜作母本，二倍体作父本。按照西瓜开花习性，在每天下午将第二天要开放的花蕾套袋，第二天早晨进行人工授粉，同时挂上标记，结出的西瓜种子就是三倍体。

（5）生产 三倍体西瓜推广后形成新品种即可进行生产。由于三倍体植株在减数分裂过程中，同源染色体的联会紊乱，不能形成正常的生殖细胞。因此在生产中必须用普通西瓜二倍体的成熟花粉刺激三倍体植株花的子房，因其胚珠不能发育成种子，子房发育成无籽西瓜果实。

二、单倍体育种

（一）单倍体育种的概念及意义

1. 单倍体的概念和类型

单倍体通常指由未经受精的配子发育成含有配子染色体数的体细胞或个体。来自二倍体植物（$2n=2x$）的单倍体细胞中只有一个染色体组（$n=x$）叫作一元单倍体，简称一倍体。来自四倍体植物（$2n=4x$）的单倍体体细胞中含有两组染色体（$2x$），叫作多元单倍体。其中又可以根据四倍体植物的起源再分为同源多元单倍体和异源多元单倍体。单倍体育种是指

通过人工诱变的方法，使植物产生单倍体并使其加倍成为纯合二倍体，然后从中选育出新品种的方法。

2. 单倍体在遗传育种中的应用

（1）加速遗传育种材料的纯合，缩短育种年限　通常应用常规的杂交育种时，杂种材料必须经过4~5代的近交分离和人工选择，才能获得主要性状基本纯合的基因型，得到性状比较一致的自交系；而获得单倍体后进行人工加倍，只需一个世代就可以获得纯合的二倍体。只要这种纯合二倍体符合育种目标，即可繁殖推广。因此将一般要7~8年才能获得纯合的新品种育种年限缩短到3~4年，提高了育种的效率。特别是对那些自交亲和性很差的种类更能大大缩短育种年限，节省人力、物力。如要选择AABB基因型的个体，杂交育种后基因型为A__B__的植株都具有AABB个体的表现型特征，而单倍体育种加倍后得到的具有该表现型的植物基因型只有AABB，基因型和表现型一致，更容易选择，控制了杂种后代性状分离的现象，经济性状优良的可成为新的品种用于生产，如中国通过这一途径已育成的双单倍体品种有水稻的新秀、中花10号，小麦的京花1、3、5号，甜椒的海花3号等已在生产中推广。玉米中已获得群花1号等100多个“自交系”。据国外报道，通过花粉植株育成栽培品种的有油菜、马铃薯和石刁柏，很多园艺植物都获得了单倍体植株或单倍体愈伤组织，如草莓、苹果、葡萄、柑橘、荔枝、西瓜、甘蓝、芥蓝、番茄、茄子、辣椒、结球白菜、花菸草、黄花菸草、曼陀罗、天竺葵、甜菜、苜蓿、枸杞、芍药、百合、矮牵牛、龙葵、四季海棠等，为遗传研究和育种提供了珍贵的材料。

（2）提高选择的准确性和效果　在常规杂交后代中，由于存在基因的显隐性关系，隐性基因的性状被显性基因所覆盖，因此虽然表现型一样，但是基因型可能不同。如AABB、AABb、AaBB和AaBb的表现型是一样的，但是这些基因型难以识别和区分，必然会影响到选择效果。如果利用单倍体，基因型则为AB，经过加倍后，就只有AABB一种基因型，选择的准确性和把握性很大。另外，常规杂交育种由于杂种后代的杂合性常使世代间基因型的相关性较小，因此选择效果也不如加倍的单倍体。在轮回选择中，使用加倍单倍体的轮回选择效果比用二倍体选择高5倍，其混合选择的效果比常用的混合选择快14倍。如要从AAbb和aaBB的杂交后代中选出基因型为AABB的个体，概率只有1/16，而将F_1代（AaBb）的花粉培养并加倍，则基因型为AABB的个体产生概率是1/4，也就是说单倍体育种效率比常规育种效率要高4倍。所以单倍体后代选择的准确性高，能节省大量的人力、物力。

（3）为研究遗传学理论问题提供素材　由于单倍体的每个基因都是单拷贝的，各种隐性基因都能表现出来，因此排除了基因显隐性所带来的干扰，单倍体加倍后容易获得纯合的基因型。如Aa表现为显性性状，当用单倍体培养形成植株以后，a的隐性性状就直接表现出来了。对于单倍体所发生的基因突变，在变异当代便可表现，更便于诱变育种的早期识别选择，大大提高了突变体的筛选效率。单倍体在植物数量遗传研究中，也发挥着较大的用途，如基因相互作用的检测、遗传变异的估计、连锁群的检测、影响数量性状基因数目的估计等。而且单倍体加倍后的纯系也经常作为分子标记的作图材料，可以反复试验，使遗传图谱更加精确。如果将远缘杂交F_1产生单倍体进行二倍化，还可获得染色体附加系、超雄植株和由双亲部分遗传物质组成的育种新材料，为研究理论问题提供素材。

（4）单倍体技术可以和各种育种途径相结合，提高育种效率　单倍体技术与诱变育种结合可避免显隐性干扰，使隐性突变在当代花粉植株上显现出来，便于选择。如Carduan

(1974) 用紫外线和 X 射线照射天仙子花粉单倍体，获得生物碱高含量的突变体。Poy 等 (1973) 利用番茄和拟南芥的花粉单倍体细胞作受体，实现大肠杆菌 3 个基因系统以病毒介导的基因转移及随后的转导，认为花粉单倍体植株有利于基因转导和表达，是遗传基础研究的重要材料。此外在远缘杂交种马铃薯、咖啡、甘蔗等四倍体栽培种和野生的二倍体杂交时不易成功，通过单倍体技术变成双单倍体后其亲和性可显著提高。远缘杂种经常出现的高度难稳性，也可以通过单倍体技术解决，方法是把远缘杂种产生少数有生活力的花粉培养成单倍体植株，通过加倍选择获得可稳的远缘杂种。

G. Melchers 展望了单倍体利用的四种主要前景：①在自交不亲和植物中获得纯合类型；②作为营养期诱变和筛选的基础；③用于诱变处理的植株产生的离体细胞容易获得隐性性状；④在培养中产生的单倍体胚在需要结合很多显性等位基因的育种工作中加以利用。总的来说，单倍体是当前遗传及育种研究中正在探索发展过程中的一个重要辅助技术。

（二）获得单倍体的途径和方法

单倍体可以自发产生，也可以诱发产生，但是育种学上还是主要通过人工诱发产生单倍体形式来进行育种。长期以来由于缺少切实有效的诱导方法，所以进展较慢。自从 S. Guha 和 S. C. Maheshwari (1964) 首次成功地诱导出单倍体植株以来，通过花药、花粉培育单倍体方面得到了迅速发展。据不完全统计，已从 23 科，52 属，160 多种植物得到了花粉单倍体植株，其中有 24 个种的花粉植株是在中国首先获得的 (S. C. Maheshwari，1980)。人工诱变单倍体的方式与自然界发生单倍体的方式一样，通过单性生殖。

1. 单性生殖获得单倍体

孤雌生殖是一种常见的单性生殖方式，是指卵细胞未经受精而发育成单倍体的胚，最终长成植株的过程。如把玉米花粉授给小麦，这种种属间的杂交虽然不能受精，但是在花粉物质的刺激下卵细胞开始发育并形成胚，最后形成单倍体。又如可以将刚开放的花朵去雄，延迟授粉，以提高单倍体的发生概率。另外，胚也可以由雄核独立形成得到单倍体。除此之外，还可以利用有关基因，如大麦的 hap 基因等方法可以得到单倍体。辐射、化学药剂处理可以获得单倍体。诱导孤雌生殖的药剂有二甲基亚砜、萘乙酸、马来酰肼、秋水仙素等。药剂诱导单性生殖不需要种植授粉者并可省去授粉工作，是一种简捷的方法。这种技术在棉花、小麦、水稻上已获得成功。周世琦 (1980) 用 0.2% DMSO + 0.2% 秋水仙素 + 0.04% 石油助长剂诱导棉花，孤雌生殖率为 4.16% ~13.13%。用二甲基亚砜处理番茄、黄瓜也有效果。用辐射处理过的花粉授在正常的雌蕊上，可以控制受精过程，因为经射线处理后花粉管萌发受抑制，甚至整个花粉丧失活力使受精过程受到影响。但能刺激卵细胞分裂发育，从而诱发单性生殖的单倍体。

2. 染色体有选择的消失

有些植物如普通大麦与球茎大麦杂交，雌雄配子体正常受精后，受精卵细胞与极核能够进行有丝分裂，但是发育成幼胚的过程中，胚细胞中球茎大麦的染色体逐渐消失，最后形成普通大麦的单倍体胚。

3. 组织和细胞的离体培养

离体培养过程中花药和花粉离体培养是目前用得最多，操作简便，诱导容易的产生单倍体的方法。无论是花药培养还是花粉培养都是利用花粉细胞中染色体数目减半的特性而产生单倍体植株。此外，通过培养未授粉的子房和胚珠也可以获得单倍体。其原理也是利用雌配

子为单倍体细胞的性质形成单倍体植株。

（三）单倍体的鉴定与二倍化

单倍体植株的鉴定可分为根据形态和生理生化为特征的间接鉴定和镜检染色体数目的直接鉴定两种。单倍体植株一般形态较小，生长势较弱，但这些形态和解剖学特征并不足以说明是单倍体，间接鉴定时还要重点考虑所得植株的育性。单倍体植株只有一套染色体，在减数分裂后期Ⅰ，染色体将无规则地分配到子细胞中去，因此大多数花粉败育。直接鉴定法与多倍体检测法类似，凡染色体数目比原始数目减半的即为单倍体。

由于育性很差，单倍体本身没有直接利用价值。必须使其染色体二倍化，恢复育性，产生纯合的二倍体种子才是育种的目的。单倍体的染色体可以自然加倍，但自然加倍的频率是较低的。只有采用人工加倍，获得大量纯合的二倍体时，才能真正发挥单倍体的潜力。加倍方法一般是利用秋水仙素处理，具体方法参考化学诱变育种。

复习思考题

1. 什么是倍性育种？
2. 什么是多倍体育种，多倍体育种有什么意义？
3. 什么是单倍体育种，单倍体育种有什么意义？
4. 如何根据植株外观上的特点鉴定多倍体或单倍体？
5. 人工诱导获得多倍体和单倍体的途径有哪些？
6. 在选择多倍体育种材料的时候应注意哪些原则？
7. 通过学习矮牵牛的育种过程，你会制定一个多倍体育种的计划吗？

第十三章 现代育种技术

学习目标：

1. 了解现代育种技术的类别和应用。
2. 了解植物离体培养育种的类别和应用。
3. 了解和掌握原生质体培养与体细胞杂交的步骤及应用。
4. 了解园艺植物基因工程的应用概况。
5. 掌握园艺植物基因工程的操作步骤。
6. 了解分子标记与育种的关系。

案例导入

转基因食品是“魔鬼”？

2013年，网络上最热闹的事件之一就是方舟子和崔永元要打官司了。事情的起因是2013年9月7日上午，20多名主动报名的网友参加了中国农业大学玉米试验基地现场采摘转基因玉米，并煮熟品尝的活动。这次活动由方舟子发起，方舟子认为“品尝转基因玉米虽无科学研究价值，但有科普价值，应当创造条件让国人可以天天吃转基因食品”。

这次活动引发网上热议，电视节目主持人崔永元进行了强烈回应，并质问方舟子“懂不懂科学”。随后，两人在腾讯微博上就转基因食品问题进行了一番激烈的“唇枪舌剑”。两人先从“吃还是不吃”过招，随后就双方的语言逻辑问题、有无资格科普的问题进行了对攻，但很快超出了转基因的范畴。

对于两人之间的是非，本文不予评论，这个事件的核心还是转基因食品的安全问题，而更进一步讲则是转基因品种是否安全的问题。如果大家到网络、报纸等媒体搜索一下就会发现，相关的讨论是十分激烈的。有人甚至把转基因品种安全问题提升到了国家战略高度，支持的人认为是利国利民，可以给更多的人提供粮食、药品及其他食品，是解决贫困地区温饱问题的重要途径；而反对的一方则认为是对人身体有害，破坏生态，危害国家及人类的安全，是危害世界的“魔鬼”。讨论转基因食品是否安全，就必须要去讨论基因工程育种。因此，对于育种者来说，目前转基因品种的相关研究是一个绕不开的话题，也是育种专家不得不面对的一个问题。因为只有通过科学严谨的数据证明，才能

消除人们的疑虑，解决争论。（来源：中国科技成果，2015-03-23）

1. 转基因食品真的有那么可怕吗？查查资料了解一下。
2. 转基因培育出来的品种有什么优势呢？
3. 转基因很容易吗？什么基因都可以转吗？
4. 你知道身边有哪些食品涉及转基因？

随着科技的进步，现代生物技术的发展，育种的方法和手段得到了大幅度的提高，极大地促进了园艺植物遗传育种技术的革新，品种选育的方式方法日益灵活多样。但需要说明的是，现代育种技术是传统育种技术的重要补充和发展，在创造植物新的基因型方面有其独特的作用，但不是完全孤立的育种手段。它是以生命科学为基础，利用生物体系和工程原理创造新品种和生产生物制品的多种育种技术的融合体。

一、植物离体培养育种

植物离体培养是指在无菌的条件下，将离体的植物器官、组织、细胞以及原生质体，培养在人工配制的培养基上，给予适当的培养条件，使其长成完整植株的技术。通过离体培养不仅可以扩大基因变异范围，加速亲本材料的纯化，而且可以加速无性繁殖，克服体细胞杂交技术中有性杂交技术的障碍，为园艺植物的品种改良和获得新品种开拓了一条新的育种途径。

（一）组织与器官培养

1. 组织与器官培养的概念

组织与器官培养包括分生组织、输导组织、薄壁组织等离体组织，根、茎、叶、花、果实等各种器官，合子胚、珠心胚、子房、胚乳以及成熟、未成熟的胚胎等离体培养。用于培养的离体材料通常称为外植体。由最初培养新增殖的组织，继续转入新的培养基上培养的过程称为继代培养。由同一外植体反复进行继代培养后，所得一系列的无性繁殖后代称为无性繁殖系，在细胞培养中，由单细胞形成的无性系则称为单细胞无性系；在培养过程中，从植物各种器官、组织的外植体增殖而形成的一种无特定结构和功能的细胞团称为愈伤组织；由外植体或愈伤组织产生的，与正常受精卵发育方式类似的胚胎结构体称为胚状体。

2. 组织与器官培养的主要作用

（1）加快园艺植物新品种和良种繁育速度　特别是对于无性繁殖的果树、观赏树木等植物，传统的嫁接、扦插、分株等方法不仅繁殖系数小而且受季节、气候、地点的限制，效率低、费用高，利用组织培养，一块植物组织在一年之内可繁殖成千上万的小植株，可取得迅速、低成本推广新品种的作用。依靠自然条件在较短时间内繁殖稀有植物和经济价值较高的植物，受到地理环境和季节的限制，很难达到快速、高效的目的；特别对于在短时期内需要达到一定数量，才能创造应有价值的植物，时间就是效益，只有通过组织培养的方法才能满足这一要求。由于组织培养法繁殖植物的明显特点是快速，每年可以数以百万倍速度繁殖，因此对一些繁殖系数低，不能用种子繁殖的名特优植物品种的繁殖，尤为意义重大。

（2）培养无病毒苗木　植物中有很多都带有病毒，严重影响植物的产量和品质，给农业带来灾害。特别是无性繁殖植物，如马铃薯、草莓、大蒜、康乃馨等，由于病毒是通过维管束传导的，因此利用这些植物营养器官繁殖，就会把病毒带到新的植物个体上而发生病害。但是实践也证明感病植株并不是每个部位都带有病毒，根据病毒在植物体内分布不均匀的理论，利用微茎尖培养，可以繁殖和保存经过病毒鉴定后无病毒的栽培品种，或者由感染病毒的植株重新获得无病毒植株并进行繁殖和保存。

（3）诱发和离体筛选突变体　培养细胞处在不断分生状态，它就容易受培养条件和外加压力（如射线、化学物质）的影响而产生突变，通过对培养过程中细胞或组织特别是单倍体细胞进行诱变，可以筛选出符合目标的突变体，从而育成新品种。对于嵌合体，也可通过组织培养加以分离。此外通过选择突变的方法可提高园艺植物的抗寒性、固定二氧化碳的能力等。目前用这种方法已经筛选到抗病、抗盐、高蛋白、高产等突变体，有些已经用于生产。

（4）进行种质资源长期保存和远距离运输　长期以来人们想了很多方法来保存植物，如储存果实，储存种子，储存块根、块茎、种球、鳞茎，用常温、低温、变温、低氧、充惰性气体等，这些方法在一定程度上收到了好的或比较好的效果，但仍存在许多问题。主要问题是付出的代价高，占的空间大，保存时间短，而且易受环境条件的限制。植物组织培养结合超低温保存技术，可以给植物种质保存带来一次大的飞跃。因为保存一个细胞就相当于保存一粒种子，但所占的空间仅为原来的几万分之一，而且可以长时间保存，不像种子那样需要年年更新或经常更新。应用组织培养保存种质资源有节约大量土地、人力和物力，手续简便，易于长途运输、便于交流的优点。目前大量实验已证明，植物组织甚至细胞可以在低温或在液氮（－196℃）中储存几个月或几年而不丧失其生活力。

环境的不断变化使许多种类的植物面临着灭绝的危险，而且许多种植物已经灭绝，留给人类的只是一种遗憾。如何挽救这些植物以及许许多多的动物，已成为世人关注的问题。近年来迅速发展的植物组织和细胞培养，其中最重要的一项内容就是种质资源的保存和储藏，特别是可较长期保存濒危植物。因此，对大多数普通植物来说，用组织培养的方法保存其种质材料，具有十分重要的意义。因为，人们现在无法预知哪些植物会面临灭顶之灾，或许今天看似繁茂的植物，明天就可能被沙漠、洪水、大火或战争吞没。

（5）获得倍性不同的植株　愈伤组织形成过程中易发生染色体的核内加倍，胚乳培养再生植株过程中易出现染色体变化（二倍体、三倍体、多倍体或非整倍体）。培养过程中的这种染色体数目的变化，对于无性繁殖园艺植物的育种，具有较大的利用价值。通过组织和器官培养可以获得不同性质的愈伤组织，可为原生质体分离、融合或遗传转化提供优质育种中间材料。

（6）克服种子发育和萌发中的障碍　利用胚和胚乳培养可以克服种胚发育不良和中途败育的问题。如对早熟桃母本，因果实发育期短，种胚发育不全，可以利用胚培养，使发育不良的种胚发芽。刘用生等（1991）采用早熟桃盛花后10天、17天、24天、31天、38天和45天的胚珠进行离体培养，分别获得了1.7%、3.4%、14.3%、22.4%、53.4%和57.9%的成苗率。

（7）克服远缘杂交困难　远源杂交存在障碍的表现为形成的胚珠往往在未成熟状态时，就停止生长，不能形成有生活力的种子，因而杂交不孕，这给远缘杂交造成极大困难。通过

采用试管授精方法可以克服远缘杂交中生理上和遗传上的杂交障碍，即将母本胚珠离体培养，使异种花粉在胚珠上萌发受精，产生的杂种胚在试管中发育成完整植株。19 世纪 20 年代末，Laibach 用胚培养技术培养亚麻种间杂种胚，第一个获得了杂种植物，这一成功案例为在远缘杂交时克服不亲和的障碍提供了一项有用的技术，目前这一领域的发展前景十分广阔。

3. 组织与器官培养的类型

（1）茎尖培养　茎尖培养是把茎尖从十到几十微米的分生组织或包括有此分生组织的茎尖分离进行无菌培养的方法。茎的生长点培养，实际就是茎尖培养。很多植物切离的茎尖均可在比较简单的培养基上培养生根和发育为完整植株。在植物组织的培养中，曾是很早以来就被应用的一种方法，茎尖培养除研究枝条的发育和花的形态形成外，还被广泛用于快速繁殖和无病毒苗生产。

茎尖培养脱毒的原理是茎尖几乎不含病毒，采用旺盛分裂的茎尖组织培养，就有可能去除病毒。切取茎尖的大小与脱毒效果直接相关，茎尖越小，去病毒机会越大，但培养难度越大。通常茎尖的取材大小，与脱病毒效果成反比，与茎尖成活率成正比。为得到无病毒植株需使用分生组织（生长锥带 1～2 个叶原基），一般繁殖可使用茎尖（除分生组织外还带少量幼叶）、芽或带芽的细枝作为外植体。选取外植体的部位和时期对培养过程有较大影响，一般在春天植物开始生长，芽已膨大，但芽鳞片还未张开时最为适宜；顶芽和上部芽作分生组织或茎尖培养的成功率常较侧芽或基部芽高。多年生木本园艺植物随着年龄的增加，分生组织、茎尖和芽的培养难度增大。利用茎尖培养获得无病毒苗，一般需经历诊断（确定病毒种类）、脱毒（茎尖培养或结合其他处理）、复查、繁殖四个阶段，马铃薯无病毒苗生产实践表明，茎尖培养结合高温（33～37℃）预处理可显著提高脱马铃薯 X 病毒和 S 病毒植株的百分率。

（2）胚的培养　胚胎发生过程是从合子进行第一次分裂开始，由未分化到分化直到分生组织形成、幼胚建立的连续渐进变化的过程。不同发育阶段的胚培养要求不同的培养条件。在未成熟胚胎的培养中，常见有三种明显不同的生长方式：第一种是继续进行正常的胚胎发育，维持胚性生长；第二种是在培养后迅速萌发成幼苗，而不继续进行胚性生长，通常称为早熟萌发；第三种是在许多情况下，先形成愈伤组织，并由此再分化形成多个胚状体或芽原基。这种胚性愈伤组织是建立悬浮培养系或分离原生质体的良好原始材料。

（3）胚珠和子房培养　胚珠和子房培养是将胚、子房从母体上分离出来放在无菌的人工环境条件下，使其进一步生长发育形成幼苗的技术。其消毒方法与一般离体培养消毒方法类似。子房培养用于诱导单倍体植株，可于开花前几天选择适宜的胚囊发育时期，对获得更好的诱导效果很有帮助。胚珠培养则应注意接种时，胚珠授粉的天数以及是否带有胎座等。影响胚珠及子房培养的因素有：是否受精；是否有母体附带成分；培养基及其附加物质、培养的环境条件是否合适等。

（4）离体叶的培养　在离体叶的培养中，由叶发生不定芽的植物以蕨类为多，双子叶植物次之，单子叶植物最少。某些兰科植物成熟植株和实生苗的叶尖很容易形成愈伤组织和由愈伤组织再分化出苗。双子叶植物如爵床科、秋海棠科、玄参科及茄科植物的叶有很高的再生能力，它们的叶组织在离体培养下可以直接形成芽根胚状体或愈伤组织，也可以从愈伤组织分化出胚状体或叶和根。叶脉在叶切片的再生中作用明显，像杨树、中华猕猴桃等不少植物叶外植体，常从叶柄或叶脉的切口处形成愈伤组织及分化成苗。

（5）胚乳培养　胚乳培养是将胚乳从母体上分离出来，放在无菌的人工环境条件下使其进一步生长发育形成幼苗的技术。在胚乳培养中，产生愈伤组织或胚状体的能力与胚乳发育的时期有密切关系；不同种类要求也不一致，像苹果、柚、黄瓜等早期胚乳的培养比较适宜的时期是在授粉后7～14天之内，超过一定时期则不能诱导愈伤组织，而巴豆、麻疯树、变叶木、荷叶芹等都是在胚乳成熟期进行培养，不仅能诱导出愈伤组织，而且有器官分化。生长调节物质的种类及浓度是影响胚乳愈伤组织的产生及器官分化的重要因素。如诱导柑橘胚乳产生愈伤组织的激素有2,4-D、BA与2,4-D及CH。诱导苹果的有2,4-D、BA与NAA配合；KT与2,4-D配合；诱导猕猴桃的有ZT和2,4-D。胚乳愈伤组织转入分化培养基，从形态发生到再生植株有两条途径：一是产生胚状体发育成苗；二是产生不定芽苗，诱导根形成植株。柑橘和枣等胚乳培养再生植株是通过胚状体途径，将柑橘胚乳愈伤组织，转MT培养基附加GA2～4mg/L，便诱导出绿色胚状体，并在高浓度的GA下形成植株。苹果和枇杷等胚乳培养则是通过分化不定芽形成植株的途径。实验表明，当有胚存在时，可明显提高胚乳愈伤组织的发生频率。

（6）离体授粉受精　离体受精或试管授精，就是在人工控制条件下使离体植物的胚珠或子房完成授粉、受精形成种子的过程。离体授粉受精有离体胚珠、离体胎座、离体柱头三种方式，均需在无菌条件下采集花粉和雌性器官。受精后能否形成有生活力的种子是成功与否的关键。外植体的选取十分重要，据Wagner等（1973）报道，在矮牵牛中若把花柱全部去掉，在胎座授粉之后，对结实将会产生有害的影响。

4. 组织与器官培养的步骤

组织与器官培养是一个十分复杂的操作过程，对于不同植物种类，方法有所不同，具体操作时应参考相关的书籍，本节只做一个简单的介绍。

（1）培养基配制　配制培养基有两种方法可以选择，一是购买培养基中所有化学药品，按照需要自己配制；二是购买混合好的商品培养基基本成分粉剂，如MS、B_5等。

自己配制可以节约费用，但浪费时间、人力，且有时由于药品的质量问题，给试验带来麻烦。就目前国内的情况看，大部分还是自己配制。为了方便，现以MS培养基为例介绍配制培养基的主要过程。

（2）灭菌　灭菌是组织培养重要的工作之一。灭菌是指用物理或化学的方法，杀死物体表面和孔隙内的一切微生物或生物体，即把所有有生命的物质全部杀死。与此相关的一个概念是消毒，它指杀死、消除或充分抑制部分微生物，使之不再发生危害作用。显然，经过消毒，许多细菌芽孢、真菌厚垣孢子等不会完全杀死，即由于在消毒后的环境里和物品上还有活着的微生物，所以通过严格灭菌的操作空间（接种、超净台等）和使用的器皿，以及操作者的衣着和手都不带任何活着的微生物。在这样的条件下进行的操作，就叫作无菌操作。

植物组织培养对无菌条件的要求是非常严格的，甚至超过微生物的培养要求，这是因为培养基含有丰富的营养，稍不小心就会引起杂菌污染。要达到彻底灭菌的目的，必须根据不同的对象采取不同的切实有效的方法灭菌，只有这样才能保证培养时不受杂菌的影响，使试管苗能正常生长。

常用的灭菌方法可分为物理的和化学的两类，物理方法如干热（烘烧和灼烧）、湿热

（常压或高压蒸煮）、射线处理（紫外线、超声波、微波）、过滤、清洗和大量无菌水冲洗等措施；化学方法是使用升汞、甲醛、过氧化氢、高锰酸钾、来苏水、漂白粉、次氯酸钠、抗菌素、酒精化学药品处理。这些方法和药剂要根据工作中的不同材料不同目的适当选用。

（3）无菌培养物的建立　其目的为建立供试植物的无菌培养物，以获得增大了的新梢、生了根的新梢尖或愈伤组织等。此阶段应选择好适当的外植体。初代培养旨在获得无菌材料和无性繁殖系。初代培养时，常用诱导或分化培养基，即培养基中含有较多的细胞分裂素和少量的生长素。初代培养建立的无性繁殖系包括茎梢、芽丛、胚状体和原球茎等。

（4）继代培养　在初代培养的基础上所获得的芽、苗、胚状体和原球茎等，数量都还不够，它们需要进一步增殖，使之越来越多，从而发挥快速繁殖的优势。所以继代培养是继初代培养之后的连续数代的扩繁殖培养过程，其目的是产生最大量的繁殖体单位，最后能达到边繁殖边生根的目的。一般通过三个途径来实现：一是诱导腋芽和顶芽的萌发；二是诱导产生不定芽；三是胚状体的发生。此阶段是根据需要进行繁殖体的快速繁殖，可以反复进行继代培养以求得最大的繁殖率。继代培养的后代是按几何级数增加的过程。如果以2株苗为基础，那么经10代将生成210株苗。继代培养中扩繁的方法包括切割茎段、分离芽丛、分离胚状体、分离原球茎等。切割茎段常用于有伸长的茎梢、茎节较明显的培养物。这种方法简便易行，能保持母种特性。分离芽丛适于由愈伤组织生出的芽丛。若芽丛的芽较小，可先切成芽丛小块，放入MS培养基中，待到稍大时，再分离开来继续培养。

（5）生根　外植体经第二阶段后多数情况是无根的芽苗，当材料增殖到一定数量后，需在生根培养基上促其生根。若不能及时将培养物转到生根培养基上，就会使久不转移的苗发黄老化，或因过分拥挤而使无效苗增多造成抛弃浪费。生根培养就是使无根苗生根的过程，这个过程的目的是使生出的不定根浓密而粗壮。

（6）植株移栽　试管苗由于是在无菌、有营养供给、适宜光照和温度、近100%的相对湿度环境条件下生长的，因此，在生理、形态等方面都与自然条件生长的苗有着很大的差异。所以试管苗移栽是组织培养过程的重要环节，这个工作环节做不好，就会前功尽弃。必须通过炼苗，例如通过控水、减肥、增光、降温等措施，使它们逐渐地适应外界环境，从而使生理、形态、组织上发生相应的变化，使之更适合于自然环境，才能保证试管苗顺利移栽成功。为了做好试管苗的移栽，应该选择合适的基质，并配合以相应的管理措施，才能确保整个组织培养工作的顺利完成。

（二）花药与花粉培养

花是植物的生殖器官之一，而花药则是雄蕊的重要组成部分。从结构上看，花药是由药壁、药膈、花粉囊和花粉粒组成。花药中的花粉其染色体数与胚囊中的卵细胞一样，是母本植株细胞染色体数目的一半。从离体培养具单倍染色体的花粉或卵细胞诱导产生植株就可获得单倍体，由于取材方便，花药与花粉培养在园艺植物遗传育种中具有特殊地位。

1. 花药和花粉培养的作用

花药和花粉培养的主要目的是获得单倍体植株，单倍体在育种中有特殊的地位。通过对所获得的单倍体植株进行染色体加倍，便可获得纯合二倍体，可缩短育种所需年限。单倍体植株只具有一套染色体组，一旦发生基因突变，无论是发生显性还是隐性突变，均可在当代表现出来，有利于隐性突变体的筛选；然后将发生有利突变的个体进行染色体加倍，即可获得遗传性稳定的纯合植株，从而加速育种进程。

利用单倍体植株的组织、细胞或原生质体作为外源基因转化的受体，有利于外源基因的整合表达。可获得异源体附加系、代换系和易位系，远缘杂交后进行回交，再对杂种花药进行离体培养，在花粉加倍单倍体植株中可获得异源附加系、代换系和易位系等各种重组体，使有用的异源基因或染色体片断或整条染色体转移到栽培作物上。

通过用花药培养方法培养石刁柏雄株花药单倍体植株，染色体加倍后可得到自然界不存在的超雄植株（YY），经无性繁殖，可以得到大量超雄植株的试管苗，用这种超雄植株与正常的雌株交配，得到的后代全部为雄株（XY），从而可改进石刁柏的品质和产量。

另外花粉花药培养是研究园艺植物各种性状遗传的良好手段，是研究细胞减数分裂，花粉生理、生化代谢和遗传基本理论的好方法。近30年来包括园艺植物如柑橘、苹果、葡萄、草莓、荔枝、龙眼、银杏、西瓜、百合等在内的200余种植物，已利用花药与花粉培养出单倍体植株。

2. 花药培养

花药培养是指将完整的花药接种到培养基上，诱导形成单倍体再生植株的方法。在离体培养条件下要使花药中的花粉改变其正常发育方向而形成单倍体植株，需要各种因素来共同调节和控制。外因方面与培养基的成分、外源激素的种类、糖的浓度有关，而内因方面主要取决于花药中花粉的发育时期。花药在接种前要进行镜检，以确定适宜的花粉发育时期。最适宜的时期因植物种类和品种而不同，有的植物是小孢子四分体时期，有的是二核期，但大多数是中央期或靠边期。不同花序在培养时期的进程上并不完全同步，即使用同一花序上的不同花朵也有很大差异。

从小孢子发育为胚状体有三条途径：一是小孢子经正常的第一次有丝分裂后，营养细胞形成胚状体，生殖细胞不参与胚状体的形成；二是小孢子经非极性的有丝分裂后，形成两个均等的细胞，参与胚状体的形成；三是小孢子经正常的第一次有丝分裂后营养细胞和生殖细胞都参与胚状体的形成。

在花药培养中，特别是通过愈伤组织形成的植株常有倍性变异。花药离体培养得到的植株不一定是单倍体，其原因还得从花药的结构和培育过程谈起。花药是花的雄性器官，包括体细胞性质的药壁和药膈组织，以及雄性性细胞的花粉粒。按染色体的倍性来看，前者为二倍体细胞，后者为单倍体细胞。在离体培养过程中，由于花药愈伤组织的多倍化、核融合、花药壁和花丝等二倍体体细胞参与愈伤组织的形成、愈伤组织染色体的变化等因素，导致培养中有非单倍体植株出现。那些起源于花药壁、药膈或花丝细胞的植株，其染色体倍数应与提供花药的植株一样，完全可能是二倍体。

从离体花药中诱导出植株后，为了便于移栽，首先可将它们转移到无激素和低浓度的培养基上并加强光照，使幼苗逐渐过渡到适当自养的条件。一般无机盐较低的配方有利于壮苗。如果根系发育不良，可在培养基中加入低浓度的生长素促进发育。待幼苗生长较为健壮后再移出试管转入盆栽。土培的初期阶段要求适宜的温度（20～22℃）和较大的湿度（80%）及浇灌稀营养液，以保证幼苗的成活。

3. 花粉培养

花粉培养是指将剥离的花粉粒接种到培养基上，诱导形成单倍体再生植株的方法。当花粉发育到一定阶段，从花药中分出单个花粉粒，为获得单倍体植株接种到特定培养基上，诱导其长出愈伤组织，再将愈伤组织移植到另一种特定的培养基上，诱导分化出根和茎、叶，

成为完整的植株。

由花粉长成单倍体一般通过两条途径来完成：一是由花粉分裂形成愈伤组织（即分化程序很低的薄壁细胞团），再由愈伤组织分化出根和芽，最后形成植株；二是由花粉分裂形成胚状体（不是由合子发育成的胚叫胚状体），再由胚状体长成植株。

花粉培养最简单的方法是花粉从花药中挤出后，用镊子取出花粉空壳，放在培养基上培养。此法适于微室栽培，但往往有药壁等体细胞混入。

比较严谨的做法是取新鲜未开的花蕾用自来水冲洗10分钟，用75%的酒精消毒10～15分钟，无菌水冲洗2次，再用10%漂白粉上清液浸泡20分钟，无菌水冲洗3～4次。然后将花药放到加有基本培养基的小烧杯中，用注射器的内管在烧杯的壁上挤压花药，使花粉从花药中释放出来。用尼龙筛过滤掉药壁组织，滤液再经低速离心（100～160转/分钟），上面的碎片可用吸管吸掉，再加入新鲜培养基。连续进行两次过滤，到每毫升含103～104个花粉的含量就可以进行培养了。

根据J. P. Nitsch等（1969）对烟草花粉离体培养的研究，认为在这一过程中要注意两个基本环节，一是要改变小孢子的正常发育途径，有利于正常分裂，最终使其形成完整植株，环境因子在这方面起主要作用；二是要配制适当的培养基，使预先处理过的小孢子能在上面生长。

直接由花粉形成的植株是单倍的，不但株形矮小而且不能结实。所以，若不经染色体加倍，则在育种上无多大价值。目前加倍的方法有以下三种：

（1）自然加倍　在形成愈伤组织期间，一些细胞常常发生核内有丝分裂而使染色体数目加倍，由自然加倍的植株较少表现出核畸变。

（2）人工加倍　人工加倍最常用的药剂是秋水仙素，用秋水仙素处理单倍体植株可明显提高加倍频率。

（3）愈伤组织再生　利用花粉单倍体植株的组织块产生愈伤组织（由于愈伤组织的核内有丝分裂频率高，能得到加倍的植株），然后把愈伤组织转移到分化培养基上形成植株。

（三）原生质体培养与体细胞杂交

1. 概念

植物体细胞杂交是在原生质体培养技术的基础上，借用动物细胞融合方法发展起来的一门新型生物技术。植物原生质体是被去掉细胞壁的具有生活力的裸细胞。1960年G. Barski等发现体细胞原生质体能融合在一起形成单核的、能进行分裂的杂种细胞。1972年P. S. Carlson首次获得烟草的体细胞种间杂种。由于原生质体比完整的细胞更容易摄取外来的遗传物质、细胞器以及细菌、病毒等微生物，为研究高等植物的遗传转化问题提供了较好的试验材料。同时原生质体在一定的条件下可以诱导融合形成杂种细胞，开辟了一条育种的新途径，因而引起了人们的广泛重视。体细胞杂交能克服有性杂交的配子不亲和性，获得一些含有另一亲本非整倍体的杂种或胞质杂种。它们的遗传变异范围极广，大大丰富了育种的原始材料，从而创造出自然界中没有的新物种。如马铃薯与番茄融合得到的薯番茄和番茄薯。没有细胞壁的裸露细胞，有利遗传操作，转移部分基因或基因组，已成功的如胡萝卜与欧芹融合。另外甘蓝与白菜融合，人工合成的甘蓝型欧洲油菜，在实验室中短时间内重复出现了自然界的进化过程，使芸薹属的三角进化关系又一次得到验证。因此体细胞杂交在物种改良上有着广阔前景，体细胞杂交技术也为细胞生物学研究及遗传学分析提供了新的研究途径。

2. 原生质体培养和体细胞杂交的步骤

（1）原生质体的分离　要进行原生质体培养及体细胞杂交，首先要获得大量有活力的原生质体。目前已经从多种材料中成功地游离出原生质体，如叶、花瓣、果肉、茎髓部、子叶下胚轴、幼小的根、茎、叶、愈伤组织和悬浮细胞，不同材料常具有某些不同特点。用得最普遍的是叶肉细胞，取叶前，先对母体做轻度干旱处理，或对离体叶做轻度质壁分离处理时分离效果更好。通常高等植物细胞壁的主要成分是纤维素，但也含有少量半纤维素、果胶质与蛋白质。不同植物细胞、细胞的不同生长发育时期其壁的组成和结构也不相同，要去掉细胞壁获得有生活力的原生质体通常用酶解法。用于酶解细胞壁的酶类有果胶酶、纤维素酶、半纤维素酶、蜗牛酶等。研究表明，原生质体的产量和质量受组织和细胞的生理状态、酶的种类、溶液的组成成分以及渗透稳定剂的类型和浓度等的影响。目前多采用酶解一步法，即同时加入果胶酶和纤维素酶等，使原生质体游离出来。在分离原生质体的过程中常有很多残余物，应进行纯化，方法有离心沉淀法、漂浮法、滴洗法等。得到的原生质体应用形态、活性染色，荧光染料活性染色等方法测定活力。

（2）原生质体培养　原生质体的基本营养同一般组织培养。但由于原生质体没有细胞壁，在培养基中保持一定的渗透压极为重要，因此对某些组分，如钙和碳源的水平要求更为严格，故采用适当的培养基是培养获得成功的关键之一。常用的原生质体培养基有 MS 培养基、N-T 培养基、B5 培养基等。固体培养和液体培养均可，应注意原生质体的湿度及培养时的温度和光照、多数植物原生质体适宜培养后 1～3 天再生新细胞壁，表现在原生质体体积稍有增加、膨大，继而由圆形变为卵圆形，这是新壁形成的特征。在细胞壁形成的同时，细胞质增加，液泡减少或消失，叶绿体或颗粒内含物可分散在胞质中也可围绕在细胞核的周围，并开始出现分裂，多数能进行持续分裂。许多植物的分裂结果是形成愈伤组织，有的形成胚状体然后长成植株，有的先形成愈伤组织，再在愈伤组织上形成胚状体，经进一步的培养和处理可发育成为完整植株。

（3）体细胞杂交　体细胞杂交是以体细胞原生质体为亲本进行融合的一种细胞工程技术。体细胞杂交研究的进展是建立在植物组织、细胞培养和原生质体培养的基础上，体细胞杂交的程序主要包括三个环节：一是原生质体融合，主要方式有 PEG 法、电融合法、高 pH-高浓度钙离子法、$NaNO_3$ 法等；二是杂种细胞筛选，目前主要采用突变细胞遗传互补选择法、营养互补选择法和根据原生质体特性差异的机械选择法；三是体细胞杂种植株的鉴定，主要方法有形态学方法、细胞学（染色体）方法、同工酶法、分子标记法等。影响原生质体离体培养和体细胞杂交的因素很多，涉及基因型的选择，原生质体来源的选择，培养基以及培养方法、培养条件的选择，融合方法和条件的选择等，实际操作中要认真考虑每一个环节。

3. 原生质体培养和体细胞杂交的应用

原生质体培养和体细胞杂交技术是 20 世纪 70 年代以来发展起来的一门先进技术，多年来，取得了丰硕的成果，据不完全统计，已获得 320 多种植物的原生质体再生植株和 50 多种近缘与远缘体细胞杂交的杂种。在园艺植物中，通过原生质体融合获得的融合杂种植株有马铃薯（2x）＋马铃薯（2x）、马铃薯＋番茄、马铃薯＋龙葵、马铃薯＋烟草、马铃薯＋黑茄、拟南芥菜＋白菜型油菜、甘蓝＋白菜、白菜型油菜＋花椰菜、苜蓿＋野苜蓿、脐橙＋温

州蜜柑、脐橙+葡萄柚、甜橙+枳等，获得了抗马铃薯卷叶病毒（PLRV）和马铃薯Y病毒（PVY）等的体细胞杂种。在育种中的主要应用包括以下几种。

（1）获得新品种　应用原生质体融合技术，可获得双亲两套染色体的体细胞杂种植株，它们往往稳定可育，可直接作为育种材料，同时原生质体融合不仅包括核基因重组，也涉及核外遗传的线粒体和叶绿体重组。

（2）创造新种质　通过原生质体融合，可获得常规有性杂交得不到的无性远缘杂种植株，创造新型的物种。

（3）转移有利性状　通过原生质体融合，可克服远缘杂交的障碍，将亲缘关系较远的一些有利性状如雄性不育性等转移到栽培种中。

（4）中间材料　通过原生质体融合，可为基因工程提供良好受体及进行突变体筛选的优良原始材料。

（四）植物细胞突变体的离体筛选

以细胞培养物作为操作对象进行突变体筛选是细胞工程的一个重要功能。在没有确证表型变化的真实原因之前，一般把获得变异的细胞系或个体称为表型变异体。

1. 突变体的产生

在离体培养条件下，诱发突变的突变型和自发突变没有本质上的差别。一般都是在三个水平上发生：其一是基因组突变，如染色体数目的改变或细胞质基因组的增减；其二是染色体突变，指染色体较大范围的结构变化，涉及多个基因；其三是基因突变，指范围在一个基因以内分子结构的改变。按DNA的改变方式有碱基置换突变、移码突变、缺失突变和插入突变四种。影响自发突变的因素很多，如培养物的种质类型、外植体的来源和倍性、培养时间的长短及培养基的组成和培养条件等。人工诱发突变的诱变剂有物理的和化学的，其种类请参考第十一章　诱变育种。

2. 突变细胞的筛选方法

在培养容器中操作细胞培养物，应建立在一套有效的分离筛选技术的基础上，只有这样才有可能分离出为数很少的所需突变细胞，充分利用水平操作在时间和空间上的优越性。常用的有直接选择法和间接选择法。

（1）直接选择法　直接选择法是指新的突变表现型在选择条件下能优先生长，或预期在感观上可测定其他可见的差异。直接选择法分为正选择和负选择两种类型。正选择中，用一种含有特定物质的选择培养基，在此培养基中正常型细胞不能生长，只有突变体才能生长，借此就可以分离出突变体细胞。如果加入培养基中选择剂的剂量较高，可以一次性地有效抑制或杀死所需突变体以外的其他细胞，只使突变体保留下来，这种选择方式称为一步选择系统。但若开始加入培养基的选择剂剂量较低，在较长时间内只有少量的细胞生长，90%的细胞不能生长，从中选择生长较好的细胞，然后依次增加选择剂的浓度，进行第二轮、第三轮的筛选，最后得到抗性的细胞，这种选择方式称为多步选择系统。一步选择系统得到的突变体，较多是单基因突变，通常是隐性突变。多步选择系统的生化背景不详，获得的突变体可能是多基因变化的突变体，这种突变体较为有效。负选择中，用特定的培养基使突变体细胞处于不能生长的状态，而正常型的非突变细胞则可以生长，然后用一种能使生长中的细胞中毒死亡的汰选剂淘汰掉这些细胞，最后使未中毒的突变细胞恢复生长并分离出来，负选择法常用于分离营养缺陷型突变细胞。

（2）间接选择法　间接选择法是借助与突变表现型有某种相关的特征作为间接选择指标的选择方法。如在离体培养细胞中直接选择抗旱性突变体是困难的，可通过选择抗羟脯氨酸类似物的突变体，从而间接筛选抗旱突变体。

3. 突变性状的遗传基础及其稳定性鉴定

在选择培养基上并非所有能够生长的细胞均为突变细胞。一部分细胞有可能由于未充分与选择剂相接触而残留下来，还有可能经过选择后获得的是非遗传的变异细胞。鉴别经选择出来的细胞是否性状稳定时，常用的方法是让细胞或组织在没有选择剂的培养基上继代培养几代，如果仍能表现选择出来变异性状的，便可确认为是突变细胞或组织。

鉴别从变异细胞或组织再分化形成的植株是否为突变植株时，可用所形成的植株开花结实后的发芽种子，或者用种子长成的植株为材料，诱导其形成愈伤组织转移到含有选择剂的培养基上进行检验。如果所选择的突变性状是可以在植株个体水平表达的性状时，如抗病性等，也可以用再生植株本身进行鉴定。

细胞突变的诱发，以及细胞突变体的筛选标志着诱变育种已向细胞水平进展。但由于这一技术历史很短，应用上受到组织培养技术、分离筛选突变体的方法及水平、变异表现型能否稳定等多方面的限制。只有在搞清细胞变异体表现型发生变化的原因、性质及其遗传传递规律的基础上，细胞突变体的筛选及其利用才能发挥更大的作用。

应用细胞突变体的离体筛选技术，可克服外部环境的不利影响，大大提高选择效果，目前利用培养细胞与组织进行离体筛选的研究主要集中在抗病、抗盐、抗除草剂、抗温度胁迫等突变体的筛选方面。通过突变体的离体筛选已得到了分属于20多种不同植物和50多种表现型的145个变异细胞系。如抗黑根病的甘蓝、抗青枯病和萎蔫病的番茄、抗枯萎病的芹菜、抗根朽病的莴苣等。

二、植物基因工程与育种

植物遗传工程是近20年来随着DNA重组技术、遗传转化技术及离体培养技术的发展而兴起的生物技术。狭义的遗传工程就是基因工程，又称为分子克隆或重组DNA技术，是指以类似工程设计的方法，按照人们的意志，通过一定的程序，将具有遗传信息的DNA片段，在离体条件下，用工具酶加以剪切、组合和拼接，再将人工重组的基因，引入适当的受体中进行复制和表达的技术。植物基因工程研究的目的是将外源DNA分子的新组合导入植物基因组，使外源基因在植物细胞内有效表达，这就赋予基因工程跨越天然物种屏障的能力，克服了固有的生物种间限制，扩大和带来了定向创造生物的可能性，这是基因工程的最大特点。

转基因植物是指利用基因工程（DNA重组技术），在离体条件下对不同生物的DNA进行加工，并按照人们的意愿和适当的载体重新组合，再将重组DNA转入植物体或植物细胞内，并使外源基因在植物内细胞中表达的植物。转基因植物在植物品种改良中具有极为重要的地位。

（一）基因工程的要素

基因工程的四大要素包括外源DNA，受体细胞，载体分子和工具酶。它们是基因工程研究的主要内容。

1. 外源 DNA

从分子本质上所有的基因具有相同的化学本质，因此无论是微生物、植物和动物的DNA 都可以作为另一种生物的外源 DNA。在基因工程设计和操作中，就是将某个目的基因作为外源 DNA 导入其他生物的细胞中。目前，目的基因主要来源于真核生物的染色体组。原核生物的染色体组也有成百上千的基因，也是目的基因的来源之一。此外，一些核外遗传物质，如质粒基因组、病毒基因组、线粒体基因组和叶绿体基因组也有少量基因，做与之相关的研究往往也是用其中的基因作为目的基因。

2. 受体细胞

大肠杆菌、枯草杆菌、酵母等低等生物体以及各种植物、动物细胞都可以作为基因工程的受体细胞。但是需要这些细胞在试验技术上能够摄取外源 DNA，并使目的基因稳定存在下去，在试验目的上是具有应用价值的高品质性状的细胞。同时一个良好的受体细胞还要具有较高的安全性，能高效表达目的基因，便于筛选重组体等特点。利用植物细胞的全能性，可以通过基因工程方法将外源基因导入植物细胞中，在离体培养条件下使细胞或组织很好地分化形成植株，培养出能够稳定遗传的植株或品系。

3. 载体分子

基因工程中携带目的基因进入受体细胞进行扩增和表达的工具叫载体。从 20 世纪 70 年代中期开始，多种基因工程载体应运而生，它们分别由从细菌质粒、噬菌体 DNA、病毒 DNA 分离出的元件组装而成。在基因工程中所用的载体包括质粒载体、λ 噬菌体载体、柯斯质粒载体、病毒载体、酵母人工染色体（YAC）载体。作为一个良好的基因载体应具备以下基本条件：载体是复制子，有复制起始点，能自我复制并带动插入的外源基因一起复制；具有合适的筛选标记，如抗药性基因、显色标记等；具有合适的限制性内切酶位点，在载体上单一的限制性内切酶位点越多越好，这样可以将不同限制性内切酶切割后的外源DNA 片段方便地插入载体，如多克隆位点（MCS）；在细胞内拷贝数要多，这样才能有利于载体的复制，使外源基因剂量增加，并得以大量扩增；载体的相对分子质量要小，这样可以容纳较大的外源 DNA 插入片段，载体的相对分子质量太大将影响重组体或载体本身的转化效率；在细胞内稳定性高，这样可以保证重组体稳定传代而不易丢失；载体易从受体细胞中分离纯化。

4. 工具酶

植物基因工程中使用最多的工具酶是限制性核酸内切酶，限制性核酸内切酶是一类能够识别双链 DNA 分子中的某种特定核苷酸序列，并由此切割 DNA 双链结构的核酸内切酶。如 EcoRⅠ、BamHⅠ、BclⅠ、Bg1Ⅱ、Sau3AⅠ、XhoⅡ、HpaⅡ和 MspⅠ等都是常用的Ⅱ型核酸内切限制酶。不同的酶所识别和切割的核酸位点是不同的，如图 13-1 所示。

5′——GAATTC——3′
3′——CTTAAG——5′

EcoRⅠ的酶切位点

5′——GGATCC——3′
3′——CCTAGG——5′

BamHⅠ的酶切位点

图 13-1　EcoRⅠ和 BamHⅠ的酶切位点

植物基因工程中使用较多的另一个工具酶是 DNA 聚合酶，DNA 聚合酶的共同特点是：

它们都能够把脱氧核糖核苷酸连续地加到双链 DNA 分子引物链的 3′-OH 末端，催化核苷酸的聚合作用。DNA 聚合酶Ⅰ、Klenow 聚合酶和耐热的 TaqDNA 聚合酶等都是常用的 DNA 聚合酶。

DNA 连接酶能够催化在 2 条 DNA 链之间形成磷酸二酯键。目前基因工程中常使用的是大肠杆菌 DNA 连接酶和 T_4连接酶。反转录酶是一种依赖于 RNA 单链通过 DNA 聚合作用形成双链 cDNA 的聚合酶类。

（二）植物转基因技术

1. 目的基因分离

植物的基因组非常大，染色体 DNA 总量可高达 5×10^8kb，在遗传背景不很清楚的情况下，要从这样庞大的 DNA 中分离出目的基因不是一件容易的事。目的基因分离的方法很多，首先可以利用限制性核酸内切酶直接分离出带有目的基因的 DNA 片段；也可以利用多聚酶链式反应技术（PCR）从复杂的基因组扩增出某个目的基因；或利用 DNA 合成仪人工化学合成目的基因的 DNA 片段，再将 DNA 片段拼接成完整的目的基因等。

2. 构建重组载体

目的基因往往需要经过修饰才能应用于植物基因工程。将目的基因连接到经过酶切的适当载体 DNA 中形成重组 DNA。构建重组 DNA 时注意连接一个控制目的基因转录表达的适当启动子、一个控制目的基因转录终止的终止子，同时，为了对转化的细胞组织进行有效选择，需要插入一个编码特殊性质的蛋白质选择标记基因。

目前植物遗传转化中使用的启动子很多，可根据不同的研究目的选择合适的启动子，如需要目的基因在植物的各个部位各个时期都表达，就选用组成型启动子，如需要目的基因在特定的时间表达就选用发育特异启动子或诱导性特异启动子等。

3. 基因扩增

将构建好的含有外源基因的重组载体导入到对应细菌中，利用细菌繁殖扩增重组 DNA。

4. 目的基因导入植物

借助不同的方法可以将重组载体导入目标植物中去。目标植物的受体系统可以是植物组织、植物体细胞或原生质体甚至是花粉细胞、卵细胞等植物生殖细胞。导入的方法有化学刺激法，电击法，基因枪法，花粉管导入法，土壤农杆菌 Ti 质粒、Ri 质粒及植物 DNA 病毒等载体介导的遗传转化法。植物遗传转化中最常用的是基因枪法、土壤农杆菌 Ti 质粒法。

5. 转化植物细胞的筛选及转基因植物的鉴定

植物外植体经过农杆菌或 DNA 的直接转化后，实际上只有极少数被转化。需要采用特定的方式将转化细胞筛选出来。通过选择标记基因可以检测经过遗传转化的细胞和植物组织，在合适的培养基上培养这些细胞和组织，使之形成大量的转基因小苗。转基因小苗还需要在三个水平上进行检测：一是利用 DNA 检测法，检测外源基因是否已经整合到植物基因组中；二是利用 RNA 检测法，该结果可判断外源基因是否转录；三是蛋白质检测法，该结果可判断外源基因是否翻译。转基因植物大规模种植，从中选出目的基因表达量高、综合性状优良的品种。

（三）植物转基因技术在植物品种改良中的应用

植物转基因内容涉及植物的抗病、抗虫、抗除草剂、抗逆和作物的高产优质、果蔬耐储藏、作物的固氮能力、药物生产及环境园林等方面。通过基因工程技术，可望获得高产优

质，集高光效、抗病、抗虫和抗逆等特性于一身的植物新品种。目前在世界上批准进入田间试验的转基因植物已超过500例，迄今为止，几十种转基因品种进行商业化生产，其中包括水稻、玉米、马铃薯、小麦、黑麦、红薯、大豆、豌豆、棉花、向日葵、油菜、亚麻、甜菜、甘草、卷心菜、番茄、生菜、胡萝卜、黄瓜、芦笋、苜蓿、草莓、番木瓜、猕猴桃、越橘、茄子、梨、苹果、葡萄等。其具体作用如下：

1. 抗病虫害

昆虫对农作物的危害极大，全世界每年因此损失数千亿美元。利用化学杀虫剂，不但严重污染环境，而且还诱使害虫产生相应的抗性。将抗虫基因导入农作物，能避免化学杀虫剂所造成的许多负面影响。目前，抗虫作物已占全球转基因作物的22%。常见的用于构建抗虫害转基因植物的抗虫基因有苏云金芽孢杆菌的毒晶蛋白基因、蛋白酶抑制剂基因、淀粉酶抑制剂基因、凝集素基因、脂肪氧化酶基因、几丁质酶基因、蝎毒素基因、蜘蛛毒素基因等40多个。其中毒晶蛋白基因、蛋白酶抑制剂基因和凝集素基因应用最为广泛。如苏云金芽孢杆菌毒晶蛋白基因产物是一种对许多昆虫包括棉蚜虫幼虫具有剧毒作用的毒晶蛋白，但是对成虫和脊椎动物无害。植物病害也同样给农业生产和植物生长带来巨大影响，可导致农作物生长缓慢、产量下降和质量衰退等。以前常用较为温和的病毒感染植物，使植物能抵抗更严重的烈性病毒的侵害。应用基因工程技术提高园艺植物抗病虫能力是十分有效的。现在利用基因工程技术，将烟草花叶病毒的外壳蛋白（病毒衣壳）基因导入烟草、番茄、马铃薯等植物中，就能使这些植物对烟草花叶病毒具有抗性，同时也增强了对其他一些密切相关的植物RNA病毒的抗性。中国科学院微生物研究所与中国林业科学院合作将Bt基因转移到欧洲黑杨中，使主要食叶害虫如舞毒蛾和尺蠖在5～9天内死亡率达80%～100%。目前转基因抗病毒番茄、甜椒等已进入大田试生产，转基因抗虫杨树、松树、棉花、水稻、烟草也已开始在生产中发挥作用。

2. 抗逆性

很多有经济价值的植物在不良环境下生长受限或者根本无法生存，使耕地资源相对日益膨胀的人口越发显得匮乏，然而一些植物却可以正常地生活在这样的土地上。长期的植物生理学研究结果表明，植物对盐、碱、旱、寒、热等环境不利因素的自我调节能力在很大程度上取决于细胞内的渗透压，提高渗透压往往能改善植物对上述环境不利因素的耐性。改善抗逆性植物对外部环境的适应能力可通过基因工程技术大幅度提高，到现在为止已发现许多与植物的耐受胁迫相关的基因，并已把一些与耐盐性状有关的基因转入到某些植物中从而获得了具有一定耐盐性的新品种。如合成甘氨酸甜菜碱的胆碱脱氢酶（CDH）和胆碱氧化酶（codA）基因等。这些基因的产物都能提高植物细胞的渗透压，提高植物抗寒、抗冻、耐旱、耐盐的能力。在分子水平上，各种氧自由基是导致植物损伤的元凶，植物体内的超氧化物歧化酶（SOD）等会消除自由基保护生物体。但是，在不良环境下植物会大量产生这种自由基，因此需要体内大量合成能够提高抗逆性的酶类物质。现以成功地将SOD基因连同一个强启动子转入到各种植物中，延缓植物衰老、增加植物的抗逆性。另外，研究发现，大豆幼苗在40℃处理时，叶片诱导产生一些新的热休克蛋白，这种蛋白的基因在常温下并不表达或表达量很低，一旦被诱导表达，它们能在一定的温度范围内起保护植物细胞器、维持细胞膜完整性的作用。现在，许多热休克基因已被克隆，将这些热休克基因经过一定改造后导入植物，可大幅度提高其抗热性，拓展种植范围。据报道，哈尔滨师范大学将深海鱼美洲拟鲽的抗冻基因通过柱头导入番茄，获得可耐受 -5 ~ -4℃低温的转基因番茄。

3. 抗除草剂

在农业领域为了免去除草这项繁重的体力劳动又使农作物获得高产，大量的除草剂被使用，但是农作物同时也受到了一定程度的影响。使用携带抗除草剂基因的农作物，耕种时就可以放心地大量喷洒除草剂除草。植物抗除草剂的机理是通过基因工程方法，导入相关基因后，修饰改造农作物。该植物体内产生一种特殊的乙酰转移酶，能在除草剂化学基因上加乙酰基、草甘膦等除草剂被乙酰化之后，它的毒性就消失了，植物就能解毒了。1987 年，科学家成功地从矮牵牛中克隆出在芳香族氨基酸生物合成中起关键作用的 EPSP 合酶的基因，通过 CaMV35s 启动子转入油菜细胞的叶绿体，使转基因油菜叶绿体中新型抗草甘膦基因（EPSP 合酶）的活性大大提高，从而有效地抵抗对 EPSP 合酶起抑制作用的高效广谱灭生性除草剂草甘膦的毒杀作用。通过把降解除草剂的蛋白质编码基因导入宿主植物，从而保证宿主植物免受其害的方法，已引起重视，并在烟草、番茄、马铃薯中获得转基因抗磺酸麦黄酮类除草剂的品种等。

4. 提高植物品质、增加作物营养成分

通过基因工程技术，可将编码赖氨酸的密码子插入到已克隆的储藏蛋白基因中，或者将已有的基因经过碱基突变改造后导入植物，提高转基因植物种子储藏蛋白的营养价值。现阶段，一般粮食种子的储存蛋白中几种必需氨基酸的含量较低，直接影响到人类主食的营养价值。例如，禾谷类蛋白的赖氨酸含量低，豆类植物的蛋氨酸、胱氨酸、半胱氨酸含量低，通过将富含赖氨酸和甲硫氨酸的蛋白编码基因植入玉米中进行克隆，可显著提高其营养价值。现已合成的一段富含各种必需氨基酸的 DNA 序列，通过 Ti 和 Ri 质粒将该 DNA 片段转移到马铃薯中已获得表达，有效地改善了马铃薯储藏蛋白的氨基酸成分。目前已经推出的品种 Golden rice Ⅱ，是将水仙花中的两个基因和细菌中的一个基因一起导入到水稻基因组，使水稻中的铁元素、锌元素和维生素 A 含量提高，可有效防止贫血和维生素 A 缺乏症。花卉的颜色是观赏植物的一个重要外观品质，它是由花冠中的色素成分决定的。大多数花卉的色素为黄酮类物质，而颜色主要取决于色素分子侧链取代基团的性质和结构，而合成不同颜色花卉色素的过程是由一系列的酶催化的。在黄酮类色素的生物合成途径中，苯基苯乙烯酮合成酶（CHS）是一个关键酶。利用反义 RNA 技术可有效抑制矮牵牛花属植物细胞内的 CHS 基因表达，使转基因植物花冠的颜色由野生型的紫红色变成了白色，并且对 CHS 基因表达抑制程度的差异还可产生一系列中间类型的花色。将矮牵牛花的蓝色色素合成基因导入到缺少合成该色素酶系的玫瑰中，则可以得到蓝色的基因工程重组后的蓝玫瑰。此外，将 CHS 的反义基因转入矮牵牛中，导致 CHS 的 mRNA 水平以及 CHS 的酶活性都大大降低，可改变矮牵牛的颜色，这为基因工程在园林花卉植物育种中开辟了新的应用前景。

5. 控制果实成熟

内源乙烯合成速度加快，促进了蔬菜、水果的成熟，也导致了其衰老和腐烂过程。控制蔬菜水果细胞中乙烯合成的速度，能有效延长果实的成熟状态及存放期，为长途运输提供了有利条件，具有重要的经济价值。现已查明植物细胞合成乙烯的关键酶基因序列，科学家构建了与编码关键酶基因互补的序列作为外源基因，并将其导入番茄细胞中。外源基因表达产生的 RNA 与内源乙烯合成关键酶的 mRNA 序列结合，形成二级结构，阻碍了翻译水平的基因表达，抑制了乙烯的合成，从而育成了耐储藏的转基因番茄。由此构建出的重组番茄的乙

烯合成量分别仅为野生植物的3%和0.5%，明显增加了番茄的保存期。果实细胞壁降解与果胶酶（多聚半乳糖醛酸酶PG和果胶甲酯酶PE）活性有关，通过PG和PE的克隆和反义遗传转化所获得的番茄转基因植株，果实PG酶和PE酶活性受到显著抑制，从而延迟了果实的成熟。

6. 提高光合作用和固氮效率

通过提高二氧化碳固定反应中的二磷酸核酮糖羧化酶的活性，降低其加氧酶活性，可显著提高光合生产率。现在已经克隆出许多种参与光合作用的基因。已知二磷酸核酮糖羧化酶是由叶绿体基因编码的8个大亚基和由核基因编码的8个小亚基组成的。将不同植物的二磷酸核酮糖羧化酶导入植物细胞形成杂合亚基酶分子或诱导点突变，修饰酶活性可达到提高光合效率的目的。

7. 创建雄性不育材料

J. Leemans（1993）报道，将核糖核酸酶基因嵌合到油菜染色体中，使其只在花药的毡绒层中专性表达引起雄性不育。Worral等（1992）报道，用编码9-1，3-葡聚糖水解酶基因转化烟草、矮牵牛也获得雄性不育植株。目前已发现许多可导致植物雄性不育的基因，正在进行开发利用。

虽然科学家们对转基因植物的争论仍在继续，但可以肯定的是在解决日益膨胀的地球资源短缺、环境恶化和经济衰退中起着越来越大的作用。科学家们预言，基因工程作为现代遗传育种的一种重要手段，21世纪转基因技术将有重大突破，主导农作物都将是基因工程产品。

（四）转基因植物的安全评价

植物基因工程使得某生物的目标性状不再受植物种间限制，将目的基因导入受体细胞中后直接培育出植物新品种，大大加速了育种进程。目前植物转基因技术主要改变两类性状：以抗除草剂性状和抗虫性状等为代表的用于减少投入的性状；以品质改良、附加医疗保健功能等增加产出的第二代转基因性状。总之，植物基因工程应用价值极大，但是由于基因工程是一门新技术，目前的科技水平还不能精确地预测转基因生物可能产生的所有表现型效应，转基因植物的安全性始终是一个具有争议的问题。

转基因植物的安全性是指防范转基因植物对人类、动植物、微生物和生态环境构成危险或者潜在的风险。由于转基因植物与其他生物一样具有可遗传、易扩散及自主的特性，而且人类对生命、生态系统、生物的演化实际上还知之甚少，通过重组DNA和转基因技术，基因可以在不同物种间转移，这种转移对人类健康和生态环境的影响有些难以预料。为了人类的健康和农业可持续发展，需要对遗传工程体及其产品的安全性和其他可能产生的危害进行研究，做出全面、科学的评价。

1. 生态环境安全问题

1999年5月，美国康奈尔大学曾报道了斑蝶与“杀手玉米”的文章，指出抗虫基因对非目标生物的影响。但是后来，也有文章报道说种植转杀虫剂基因（Bt基因）的玉米斑蝶天然种群没有不利影响，反而还使田间斑蝶数量增加。另外大规模地种植转基因植物，是否影响农业生态系统中的有益天敌生物的种类和种群数量，也是各国科学家关注的焦点之一。有人认为天敌生物食用以转抗虫基因植物饲喂的害虫后死亡率提高，发育延滞。另外还有一些报道认为，转基因植物和害虫的寄生性天敌是相容的，基因对不同种类寄生性天敌的作用也具有差异。国内外专家对于转基因给土壤生物和生物多样性的影响研究不多，但也备受关注。Saxena 等发现，Bt 杀虫蛋白可以通过根部渗出物进入土壤中，并且在适宜的土壤中持久地保持杀虫活性。总之，转基因植物的大规模种植，会对生物群落造成直接或间接的影响。

另外，转基因逃逸现象是学者们非常担心的一件事情。它是指导入到植物的目的基因向野生的近缘种等非目标生物流动。如果抗除草剂植物的花粉将基因转移到杂草中，将产生具有抗除草剂特点的“超级杂草”；外源基因随花粉、风、雨、鸟、昆虫、细菌扩散到整个生物链体系中，则可能对非靶生物造成基因污染，无法清理，只能永远繁殖下去；转基因植物在生存竞争上具有优势，导致生态系统生物多样性降低。因此，必须采取严格的管理措施控制被转基因逃逸进入到自然环境里去。使用安全载体和受体，造成转基因生物与非转基因生物之间的生殖隔离。如利用三倍体不育的特性，将用于生产的转基因植物成为三倍体；或者将基因分成两个片段，分别转入叶绿体基因组和染色体基因组，使花粉中仅存无活性的 DNA 片段，这样，转基因生物在进入到自然环境里后就不可能自行繁殖，因此也就不可能对生态系统造成长期的影响。

抗病毒转基因植物的风险主要是病毒的重组和异源包壳问题。对于导入植物体的病毒外壳蛋白对人和其他本身是无害的，但是一旦它包装了其他的病毒核酸，则可能产生病毒重组的潜在危险。目前已采取了一些措施防止重组病毒的产生。如限制导入基因的长度、禁止使用产生功能性蛋白质的基因等。

2. 消费和健康安全问题

食品是由各种化合物组成的复杂混合体，同一种植物源的食品由于起源和生长条件不同，其化合物的成分和营养价值差别甚大。同时同一种化合物对人体可能产生的有益作用或不良作用，也因食用的人群而异。转基因植物性食品中所引入的蛋白，对人可能是异源蛋白，会对部分人群造成食物过敏反应；转入这些食品中的各种基因可能来自各种生物，有些不能被人利用，它们是否会对人类身体造成潜在影响等。为了保护人类的健康，许多国家都已通过立法或其他的形式对转基因产品进行消费安全评价和严格的管理，对进口转基因食品严格限制。一些发达国家的基因安全管理起步较早，建立了一系列安全管理的程序和规范；一些国际组织在加紧制定遗传工程生物体的安全管理、运输和使用的国际公约，中国已于 1996 年由农业部颁布了《农业生物基因工程安全管理实施办法》，明确规定从 1998 年 1 月 1 日起，任何单位和个人未经农业部审批同意，不得释放农业生物遗传工程体及其产品，一经发现，将按《实施办法》进行处罚。凡属于转基因农业生物及其产品，必须按如下程序办理：在申请品种、兽药、农药、肥料、饲料审定或登记前，先申报基因安全性评价，经同意商品化生产后方可按正常渠道申请相关的审定或登记；凡属于转基因农业生物方面的科技成果，在申请成果鉴定前，必须先进行基因安全性评价，并在申报鉴定时提供有关批件；各地良种场、国有农场、养殖场以及农业试验场等单位对未经审批的农业生物遗传工程体及其产品，不得接受对其进行中间试验和环境释放。

三、分子标记与育种

（一）概念

植物育种家常利用易于鉴别的遗传标记来辅助选择，形态标记、细胞标记和生化标记是

最早用于植物育种辅助选择的标记。形态标记简单直观，长期以来作物种质资源鉴定及育种材料的选择通常都是根据形态标记来进行的。但是它数量少、多态性差、易受环境条件影响。这种通过表现型间接对基因型进行选择的方法存在许多缺点，效率较低。细胞标记主要是染色体核型（染色体数目、大小、随体、着丝点位置等）和带型（C带、N带、G带等），这类标记的数目也很有限。生化标记主要包括同工酶和储藏蛋白，具有经济方便的优点，但其标记数有限，不能满足种质资源鉴定和育种工作的需要。要提高选择的效率，最理想的方法是能够直接对基因型进行选择。遗传标记就是生物技术的发展给植物遗传育种研究带来的新手段，是基因型特殊的易于识别的表现形式。生物个体基因组DNA序列上存在着差异，任何座位上的相对差异或者是DNA序列上的差异使个体之间具有遗传多态性。DNA分子标记是DNA水平上的遗传多态性，简称分子标记。通过一定的检测手段，识别和研究这种遗传多态性，可以帮助人们更好地研究生物的遗传与变异规律。如果目标基因与某个分子标记紧密连锁，通过对分子标记基因型的检测，就能获得目标基因的基因型。通过分子标记技术直接对基因型进行选择的方法叫作分子标记辅助选择，也叫作分子标记辅助育种或分子育种。广义的分子育种还包括利用基因工程等手段，进行遗传转化，培育具有优良性状的品种。

（二）分子标记辅助育种优点

自20世纪90年代初发展起来的分子标记技术则是通过遗传物质DNA序列的差异来进行标记的，与形态标记、细胞学标记、生化标记相比，分子标记具有明显的优势：

1）直接以DNA的形式表现。在植物的各个组织、各发育时期均可检测到，不受环境、季节、生育期等因素的影响，不存在表达与否的问题；使植物基因型的早期选择成为可能，从而可以大量地缩短育种的时间。

2）分子标记的数量巨大、多态性高，遍及整个基因组。DNA水平上的遗传多态性表现为核苷酸序列的任何差异，存在许多等位变异，因此DNA标记在数量上几乎是无限的，不需要专门创造特殊的遗传材料。

3）分子标记不像有些形态性状会受到不良性状连锁，不会影响目标性状的表达。

4）许多的分子标记可以体现共显性。分子标记能够提供完整的遗传信息，能够很好地鉴别出纯合基因型和杂合基因型，对选择隐性基因控制的性状十分有利。

由于分子标记具有较大的优越性，应用越来越广泛。分子标记技术是以生物种类和个体间DNA序列的差异为前提，其方法在近10年来发展非常迅速，目前已数十种，不同的方法有其不同的特点。常用的方法有限制性片段长度多态性（RFLP）、随机扩增多态性DNA（RAPD）、特异性扩增子多态性（SAP）、微卫星（DNA）、扩增片段长度多态性（AFLP）、单链构型多态性（SSCP）、变性梯度凝胶电泳（DGGE）等。

（三）分子标记在园艺植物遗传育种中的应用

1. 构建遗传图谱

遗传图谱是植物遗传育种及分子克隆等许多应用研究的理论依据和基础，由于形态标记和生化标记数目少，特殊遗传材料培养困难及细胞学研究工作量大等原因，应用这些标记所得到的园艺植物较为完整的遗传图谱很少。分子标记可提供大量的遗传标记，而且可显著提高构建遗传图谱的效率。近10年来已陆续在番茄、莴苣、马铃薯、辣椒、大豆、豌豆、菜豆、芸薹、甘蓝、芥菜、胡萝卜、苹果、葡萄、樱桃等多种园艺植物中构建出部分或饱和分子遗传图谱。从而为园艺植物品种资源的研究，育种中亲本材料的选择选配、育种方案的制定提供了依据以及为基因定位、物理图谱的构建、基因克隆等奠定了基础。

2. 分析亲缘关系

分子标记检测的是植物基因组 DNA 水平的差异，具有稳定客观的特点，且引物多，借助分子遗传图谱对品种之间的比较可覆盖整个基因组，从而可为物种、变种、品种和亲缘类群间的系统发育关系提供大量的 DNA 分子水平的证据。为品种资源的鉴定与保存、探究作物的起源与发展进化、远缘杂交亲本的选配、预测杂种优势等提供理论依据。如在芸薹属二倍体和双二倍体物种基因组起源和进化研究中，应用分子标记不仅证实了 3 个双二倍体，欧洲油菜、芥菜和埃塞俄比亚油菜及其与二倍体种间的关系，而且明确了二倍体的起源。茄科植物马铃薯、番茄、辣椒的染色体数相同，核型和核 DNA 含量相近似，但是彼此间无法杂交。M. W. Bonierbale 等（1988）通过 RFLP 分析，发现所有番茄 RFLP 标记能与马铃薯 DNA 杂交，且它们 RFLP 标记的连锁群也一致；在染色体 RFLP 标记排列顺序上，9 条染色体相同，而有所不同的 3 条染色体是由于臂内倒位所致，从而确证了这两个属起源于较近的共同祖先。

3. 定位农艺性状

分子标记可以利用系列引物对整个基因组进行 DNA 多态性分析，快速寻找两组 DNA 样品间的多态性差异，得到与此差异区域相连锁的 DNA 标记，从而可定位某一特定 DNA 区域内的目标基因。N. F. Weeden 等（1994）在苹果上构建了分别拥有 233 个和 156 个分子位点的连锁图，前者包括 24 个连锁组共计 950cM㊀，后者共有 21 个连锁群，其中 5 个位点与控制枝条生长习性、萌芽期、花芽的萌发、吸收根的生长以及果皮的颜色等基因有连锁关系。A. Abbott（1995）用一组 71 株的 F_2群体在桃树上构建了包括 46 个 RFLP 位点、12 个 RAPD 位点以及 7 个形态性状的遗传图。这些位点共覆盖 332cM 长度，包括 8 个连锁群。S. M. Kinyer 等（1990）通过 RFLP 分析确定了一些参与番茄果实熟性的 cDNA 探针的染色体位置，其中编码多聚半乳糖醛酸酶的 TOM6 被定位在第 10 染色体，这为熟性育种的选择提供了标记。此外，通过 RFLP 还确定了莴苣抗霜霉病基因、番茄抗烟草花叶病毒基因、枯萎病抗性基因、细菌性斑点病抗性基因、根结线虫病抗性基因、控制番茄植株习性基因（sp）、豌豆的三个形态发育性状基因和 4 个抗病基因与各自 RFLP 标记的密切连锁。

4. 分子标记辅助选择

传统的选择方法是根据表现型直接选择。它易受环境条件等因素的影响，其成败往往取决于育种工作者的经验。应用分子标记可通过与目的基因相连锁的标记物（如 DNA 片段）的间接选择来选择所期望的基因型。这种间接选择具有许多优点：①通过分子标记可以进行早期选择，把不具备所期望性状基因型的个体淘汰掉，这样既可节省开支，又可加快育种进度；②可区别较细微的差异，有些性状，如多位点控制的数量性状，个体间差异并不明显，造成直接选择的困难，对抗病性的选择会因为接种不均匀而降低直接选择的准确性；③可同时对几个性状进行选择，而用传统的方法对几个表现时期不同的性状很难同时进行直接选择；在抗病育种中，由于受检疫的限制，有些地方不能使用病原菌进行接种试验，使后代的筛选根本无法进行；然而，通过分子标记进行“间接选择”，可以同时对几个抗性基因进行

㊀ 里摩，遗传交换单位。

选择，又不需要对育种材料进行接种试验。利用分子标记辅助选择，首先要将目的基因进行精细定位。在不同的群体中，标记之间的遗传距离会变化，所以要在材料中根据已发表的资料重新对基因定位。目的基因和标记的遗传距离应不大于10cM，然后以标记的基因辅助选择。分子标记辅助选择可用于回交。在回交育种过程中，随着有利基因的导入，与有利基因连锁的不利基因（或染色体片段）也会随之导入，成为连锁累赘。利用与目的基因紧密连锁的DNA标记，可以选择在目的基因附近发生重组的个体，显著减少连锁累赘，提高选择的效率。其次分子标记可用于对整个基因组的选择。每一次在选择目的基因的同时，要求基因组的其余部分尽可能与有利的亲本（回交育种中的轮回亲本）一致。可以在基因组各染色体上选择多个标记，检测后代各标记的基因型，通过图解基因型选择具有最接近所希望基因型的个体。有研究表明，在一个个体数为100的群体中，以100个RFLP标记辅助选择，只要3代就可使后代的基因型恢复到轮回亲本的99.2%，而随机挑选则需要7代才能达到。第三是应用于基因的累加。园艺植物有许多基因的表现型是相同的。在这种情况下，经典遗传育种研究就无法区别不同的基因，因而就无法鉴定一个性状的产生是由于一个基因还是多个具有相同表现型基因的共同作用。采用分子标记的方法，先在不同的亲本中将基因定位，然后通过杂交或回交将不同的基因转移到一个品种中，通过检测与不同基因连锁标记的基因型来判断一个体是否含有某一基因，以帮助选择。这样，实际上将表现型的检测转换成了基因型的检测。事实上，园艺植物很多重要的性状都是受数量性状基因位点（Quantitative Trait Loci，QTL）控制的数量性状，应用分子标记，人们已可能将复杂的数量性状进行分解，像研究质量性状基因一样对控制数量性状的多个基因分别进行研究。C. B. Martin等（1989）发现番茄对水分利用的有效性，能够通过3个RFLP位点来预测。A. H. Paterson等（1988）将6个与果实品质有关的数量性状进行定位，其中4个数量性状影响到可溶性干物质，5个数量性状与果实的pH有关。

5. 种质资源及杂种后代的鉴定

由于分子标记具有迅速、准确的特点，在检测良种质量，保护我国名、特、优种质及育成品种的知识产权等方面有着广泛的应用。在种质资源研究中，应用分子标记可有效地鉴别栽培品种，消除同物异名、同名异物的现象，确定保护种质资源遗传完整性的最小繁种群体和最小保种量，进行核心种质筛选和种质资源的分类等。D. L. Mulcahy等（1993）仅用一个RAPD引物就将8个苹果品种区别开来，Weising（1992）发现微卫星DNA是一个多态性高、稳定性好的探针，用该探针可以检测出15个栽培番茄的差异。品种纯度和杂种后代的鉴定具有重要的应用价值，杂种鉴定不仅是保持杂种一代品种遗传纯度的需要，也是缩短育种周期的有效措施。如T. Nishio等（1994）采用PCR与RFLP相结合的方法测定柱头（s）糖蛋白基因位点，为鉴定采用自交不亲和制种的白菜和甘蓝F_1代种子纯度提供了方法。T. Hashizume等（1993）、栾雨时等（1998）分别成功鉴定了西瓜和番茄的F_1杂种的纯度。

生物技术的发展给园艺植物遗传育种研究带来了巨大的变化，分子标记技术已成为育种研究的重要组成部分，但是要使分子标记成为育种的一种常规手段，尚有许多问题有待解决。如更多重要性状基因的精细定位，检测过程的自动化，饱和遗传图谱的构建等。由于分子标记在育种中具有巨大的应用潜力和价值，随着生物技术研究的深入，将有力地推动园艺植物遗传育种学的发展。

复习思考题

1. 分子标记辅助育种有哪些特点？
2. 列举两种 DNA 分子标记技术类型，各有什么优缺点？
3. 作为一个良好的基因载体应具备哪些基本条件？
4. 列举基因工程育种中常用的工具酶。
5. 植物转基因技术的基本过程是什么？
6. 植物离体育种的主要方法和手段有哪些？

第十四章 品种审（认）定与推广

学习目标：

1. 了解品种审（认）定制度和新品种保护的意义。
2. 掌握品种报审条件和程序。
3. 了解和掌握品种推广的方式和方法。
4. 能够区分新品种保护与品种审定的异同。
5. 了解良种繁育的概念和意义。
6. 学会防止品种混杂退化的方法和品种纯化的技术。

品种未审定　农民购种需当心

黑龙江省农委介绍，该省农业部门每年都会接到几十起违法销售水稻种子案例。

据育种专家介绍，未经审定且尚处于试验期的种子叫作品系，品系与品种之间最大的差别就是品系的产量不够稳定，受气候和病虫害影响波动较大。买种子要选“品种”字样的，不能选“品系”。根据《中华人民共和国种子法》第17条中明确规定：“应当审定的农作物品种未经审定通过的，不得发布广告，不得经营、推广。一经查出，严厉处罚。”每年春耕时节农业部门都要集中进行查处销售未审定的种子，但是仍然屡禁不绝。

育种专家分析说，一个农作物品种审定期为4年，而水稻属于一种自交繁殖农作物，稻种相对纯度较高，许多农民把上一年收获的水稻种子直接留种，不用年年买种子。因为一个新品种的审定期长，许多研发商和经销商都选择一边上报审批，一边将种子投入市场小范围销售。这也是销售未审批农作物种子屡禁不止的原因。

育种专家提醒广大农民，在选种时应认准审定标识，切不可搜新猎奇，一定要维护好自身权益。农民之所以上当受骗，一方面是由于急功近利心切，另一方面是维权意识比较淡薄。每年2月份，各省农作物品种委员会都要在网上发出公告，宣布新审定品种的名册。另外，所有经过审批品种的包装袋上都有国审或省审准字编号。购买种子时，一定要索要发票和信誉卡，如果是大批量购进，还需要封样保存，一式两份，分别贴好双方

签字的封条。(来源：黑龙江日报 2006-10-30)

1. 未审定的种子就不是好种子吗?
2. 未审定的种子进行销售会受到什么样的惩罚?
3. 什么种子必须进行审定? 是不是所有农作物的种子都要进行审定?

经过一系列方法和手段育成的新品种要推广应用于生产，转化为生产力，为广大农民服务，只有这样才能带来经济效益和社会效益。但是如果盲目推广，势必造成一定的市场混乱，因此需要经申报品种审（认）定合格后，方能应用，走向市场。品种育成者经申请并被授予品种权后能获得权益保护。而在推广繁育过程中，如何防止品种劣变退化，是种子公司和育种者必须要面对的重要环节之一，保证提供给农民品种纯正、质量合格、数量足够的种苗是种子公司的义务。

一、品种审（认）定

(一) 品种审（认）定的概念和意义

品种审（认）定制度是指对新选育或新引进的品种由权威性的专门机构对其进行审查或认定，并做出能否推广和在什么范围内推广的决定。实行品种审（认）定制度后，原则上只有经审定合格的品种，并由农业行政部门公布后，才可正式繁殖推广。中国园艺植物中的蔬菜类最先实行品种审（认）定制度，果树植物也已经开始全面地实行，观赏植物由于种类繁多，情况复杂，加之原有的工作基础较薄弱，近年来只在少数种类中开始试行。

实行品种审（认）定制度，有利于加强对品种的管理，可有计划地、因地制宜地推广优良品种，充分发挥良种的作用，实现品种布局区域化，从而避免品种繁育推广中的盲目性，促进生产的良性发展。品种审定的依据是品种比较试验结果，新品种必须经过 2 ~ 3 年多点区域试验和生产试验，掌握其特征特性，从中选出合乎要求的优秀者，经过审（认）定，在适应的地区推广。因此，品种试验是新品种从育种到生产必不可少的中间环节，而品种审（认）定则是对经过试验的品种做出是否符合推广要求的决定。

(二) 审（认）定机构及其工作内容

中国现阶段在国家和省（直辖市、自治区）两级均设置农作物品种审（认）定委员会（简称品审会），地（市）级设农作物品种审（认）定小组（简称品审小组）。审（认）定机构，通常由农业行政部门、种子部门、科研单位、农业院校等有关单位的代表组成。全国品种审（认）定委员会下设包括蔬菜、果树等各作物专业品审会，省品审会下设各作物专业组。品审会的日常工作，由同级农业行政部门设专门机构办理。品种审定机构的主要工作任务如下：

1）领导和组织品种的区域试验、生产试验。

2）对报审品种进行全面审查，并做出能否推广和在什么范围内推广的决定，保证通过审定的新品种在生产上能起较大作用。

3）贯彻执行2013年12月18日农业部第4号令《全国主要农作物品种审定办法》、2015年11月4日修订通过的《中华人民共和国种子法》，对良种繁育和推广工作提出意见。全国品审会负责全国性的农作物品种区域试验和生产试验，审（认）定适合于跨省（自治区、市）推广的国家级新品种；省（直辖市、自治区）品审会负责本省（市、自治区）的农作物品种区域试验和生产试验，审定本省（市、自治区）育成或引进的新品种；地（市）级品审小组对本地区育成或引进的新品种进行初审，对省负责审定以外的小宗作物品种承担试验和审定任务。

（三）报审条件

1）经过连续2～3年的区域试验和1～2年的生产试验，在试验中表现性状稳定、综合性状优良。申报国家级品种审（认）定的需参加全国农作物品种区域试验和生产试验、表现优异、并经一个省级品审会审（认）定通过的品种；或经两个省级品审会审（认）定通过的品种。

2）报审品种在产量上要求高于当地同类型的主要推广品种10%以上，或经统计分析增产显著，其他性状与对照相当。或产量虽与当地同类型的主要推广品种相近，但品质、成熟期、抗性等有一项乃至多项性状明显优于对照品种者。

（四）申报材料

按申报审定申请书各项要求认真填写，通常要求附以下材料：

1）每年区域试验和生产试验年终总结报告。

2）指定专业单位的抗病（虫）性鉴定报告。

3）指定专业单位的品质分析报告。

4）品种特征标准图谱照片和实物标本。

5）栽培技术及繁（制）种技术要点。

6）下一级品审会（小组）审定通过的品种合格证书复印件。

7）足够数量的原种。

（五）申报程序

1）育（引）种单位或个人提出申请并签章。

2）育种者单位审核并签章。

3）主持区域试验、生产试验单位推荐并签章。

4）育种者所在地区的品审会（小组）审查同意并签章。

5）品种审（认）定、定名和登记。

审定各专业委员会（小组）召开会议，对报审的品种进行认真的讨论审查，用无记名投票的方法决定是否通过审（认）定，凡票数超过法定委员（到会委员须占应到委员的2/3以上）总数的半数以上品种为通过审（认）定，并整理好评语，提交品审会正副主任办公会议审核批准后，发给审（认）定合格证书。对审（认）定有争议的品种，须经实地考察后提交下一次专业委员会复审。例如，审（认）定未通过而选育单位或个人有异议时，可进一步提供有关资料申请复审。如果复审未通过，不再进行第二次复审。编号登记、定名和公布经全国农作物品种审定委员会通过审定的品种，由农业部统一编号登记并公布，由省级审定通过的品种，由省（直辖市、自治区）农业厅统一编号登记、公布，并报全国农作物品审会备案。新品种的名称由选育单位或个人提出建议，由品审会审议定名，引进品种一般采用原名或确切的译名。《全国农作物品种审定办法》（试行）规定：凡是未经审（认）定或审（认）定不合格的品种，不得繁殖、经营和推广，不得宣传、报奖，更不得以成果转让的名义高价出售。

二、植物新品种保护

（一）新品种保护的意义

优良品种是农业生产获得高产、优质、高效的基本因素之一。保护新品种育成者的权益，对鼓励育种者的积极性具有重要意义。另外，植物育种是一项需时较长和资金投入较多的项目，现阶段中国科研体制对育种事业的经费投入还远不能满足育成高质量品种的需要，实施植物新品种保护，将为育种经费的来源开辟一条补偿的途径。这些都有利于育成更多高质量的新品种，从而促进农林业生产的发展。植物新品种属于知识产权的范畴，通过制定与颁布实施植物新品种保护条例，不仅是对品种育成者劳动的尊重和权益的保护，也是使国家有关经济法规与国际接轨的措施之一。

（二）国际上有关植物新品种保护的措施

世界上许多国家都重视对植物新品种的保护，通常采用立法手段从法律角度来维护育种者的利益。只有获得品种保护权的育种者，才有权繁殖、销售或转让该品种。立法名称依不同国家而异，采用品种保护法的国家有英国、荷兰等，采用特许保护法的国家有意大利、韩国等，也有的国家两法并用，如美国、法国等。立法的具体内容，如日本于1978年施行的，经修订的种苗法规定“果树育种中个人或公立机关育成的新品种，在进行苗种登录后，有关这些种苗的销售，必须得到育成者的许可”“苗木商要支付给育成者允诺费而获得销售权，承担苗木的生产与销售”“国家育成而进行种苗登录的新品种，可通过果树种苗协会窗口实施允诺费业务，按生产量收取苗木和接穗的有偿转让金上缴国库”。

（三）中国植物新品种保护条例的主要内容

1999年4月23日，我国正式加入“国际植物新品种保护联盟”，成为第39个成员国。同日，《中华人民共和国植物新品种保护条例》正式启动实施，开始受理来自国内外的品种权申请。主要内容包括申请授予品种权的条件，品种权的申请、受理、审查和批准，授权品种的权益和归属，品种权的保护期限和侵权行为的处罚等都做出了规定。其主要内容如下：

1. 申请授予品种权的条件

申请授权的新品种应属于国家植物品种名录中列举的植物属或种；授权新品种是指经人工培育或对发现的野生植物加以开发，具备新颖性、特异性、整齐性和稳定性，并有适当命名的植物品种。新颖性是指申请品种在申请前该品种繁殖材料未被销售，或经育种者许可在中国境内销售未超过一年，在中国境外销售藤本植物、果树、观赏树木未超过6年，其他植物未超过4年。特异性是指明显区别于在递交申请以前的已知植物品种。整齐性是指经过繁殖，除容许的变异外，其主要性状特性一致。稳定性是指经反复繁殖后或者在特定繁殖周期结束时，其相关的特征特性保持相对稳定。

2. 品种权的申请、受理、审查和批准

国务院农业、林业行政部门负责植物新品种权申请的受理和审查，并对符合条件的新品种授予品种权、颁发品种权证书，并予以登记公告。

（1）申请和受理　中国的单位或个人可直接或委托代理机构提出申请；外国人或单位

在中国申请品种权时，按中国和该国的有关协议办理；中国的单位或个人将国内培育的新品种向国外申请时，应向审批机关登记。申请时应向审批机关提交符合规定格式的申请书、说明书和该品种的照片。审批机关对符合要求的申请应予以受理，明确申请日、给予申请号，并自收到申请之日起一个月内通知申请人缴纳申请费。

（2）审查和批准　审查机关应在受理申请之日起6个月内。根据新品种授权条件完成初审，对初审合格者予以公告，并通知申请人在3个月内缴纳审查费，不合格的通知其3个月内陈述意见或予以修正，逾期未答复或修正后仍然不合格的，驳回申请。申请人缴纳审查费后，审批机关进行实质审查，对符合条件的做出授予品种权的决定，颁发证书并予以登记公告。审查不合格而申请人不服时，可在3个月内请求复审。

3. 授权品种的权益和归属

条例明确规定完成育种的单位和个人，对其授权品种享有排他的独占权。任何单位或个人未经品种权所有人许可，不得为商业目的生产或销售该授权品种的繁殖材料，不得为商业目的将该授权品种的繁殖材料，重复使用于生产的另一品种的繁殖材料。执行单位任务、利用单位物质条件完成的职务育种，新品种申请权属于单位；非职务育种的申请权属于个人；委托或合作育种的，品种权按合同规定，无合同时品种权属于受委托完成或共同完成育种的单位或个人。

4. 品种权的保护期限和侵权行为的处罚

品种权的保护有一定期限，条例规定自授权之日起，藤本植物、林木、果树和观赏树木为20年，其他植物为15年。在保护期内如果品种权人书面声明放弃品种权、未按规定缴纳年费、未按要求提供检测材料，或该品种已不符合授权时特征和特性，审批机关可做出宣布品种权终止的决定，并予以登记公告。授权品种在保护期内，凡未经品种权人许可，被以商业目的生产或销售其繁殖材料的，品种权人或利害关系人可以请求省级以上政府农业、林业行政部门依据各自的职权进行处理，也可以向人民法院直接提起诉讼。假冒授权品种的，由县级以上政府农业、林业行政部门进行处理。

（四）植物新品种保护和品种审定的关系

植物新品种保护和品种审定是两项性质不同的法规（条例），对于已规定需经品种审定合格才能推广的作物种类，育成的新品种即使已被批准授予品种权，但在生产、销售和推广前，仍应先通过品种审定。通过颁布条例对植物新品种实行保护，从而保障育成者的权益，这在中国尚属首次，切实贯彻实施尚需制定相应的细则和配合一定时日的宣传教育等工作。另外，条例规定申请品种权的植物新品种，限于国家植物品种名录中列举的种类，而目前已被列入保护名录的园艺植物种类不多，有待于今后增补和完善。

三、品种推广

良种在农业生产和发展中所承载的基础性和先导性作用，是其他农业技术无法替代的。而优良品种的扩大应用和合理利用，又离不开品种的示范推广，因此，新品种的示范推广，是连接品种引进、品种选育与生产应用之间的重要纽带，是发挥良种基础载体作用的重要环节，是农业科技体系建设的重要组成部分。

（一）品种推广原则

为避免品种推广中的盲目性给生产上造成的损失，充分发挥良种的作用，品种推广应遵

循以下几个原则：

1. 依法推广

推广新品种，不能只顾眼前利益，必须依法而行，因此已经实行品种审定的作物，只有经品种审定合格的品种，由农业行政部门批准公布后，才能进行推广。未经审定或审定不合格的品种，不得推广。

2. 因地制宜

每个品种都有它的适应范围和生长区域，不能盲目扩大推广范围，审定合格的品种，只能在划定的适应区域范围内推广。

3. 加强质量管理

质量是企业的生命，要从种子的生产到加工各个环节，始终严把质量关，特别是生产环节的质量关。新品种在繁育推广过程中，必须遵循良种繁育制度。并采取各种措施，有计划地为发展新品种的地区和单位提供优良的合格种苗。

4. 良种配良法

有了优良品种的种子，如果在种植过程中没有依其种性采取相应配套的栽培措施，就会影响和抑制该品种增产增效潜力的发挥。因而新品种的育成单位或个人在推广新品种时，应同时提供配套栽培技术，及时介绍并帮助农民了解和掌握，做到良种良法配套推广。

（二）品种推广的方式方法

1. 大众媒介传播

合理有效地利用网络、电视、电台、报刊等有关媒体发布品种讯息，包括新品种通过审定后的正式公布等。大众媒体的传播覆盖面广，传播速度快，能在短时间内将讯息传给广大农民。尤其是现在网络信息发达，可以在短时间内使品种信息得到公布，但是由于广大的农民现在对于网络的使用还比较落后，因此还不能起到足够的作用，应加强这一方面的工作。而传统的大众媒介是单向的信息传播，不能进行现场示范和交流，对讯息的接受程度常受信息发布单位和传播机构的权威性左右，发布者应及时地收集反馈信息，以便调整推广策略。

2. 农业行政部门有组织的推广

农业推广部门和品种育成单位应采取举办培训班、请专家讲课、组织参观学习、专题会议等多种形式，广泛开展农作物新品种的宣传工作。例如，中国对富士苹果的引种试验和推广，全国有协作组，有关省（直辖市）有协作组，开始时通常由农业行政部门牵头组织。积极引导农民应用优质高产新品种，掌握品种特征特性和栽培技术，充分发挥品种增产潜力。同时在宣传培训过程中，一定要注意根据品种种性做好因种栽培的宣传和指导，指出其不足与注意事项，并把这些技术内容写进品种介绍中去，让种植户能够全面了解掌握该品种的相关技术，以扬长避短，实现高产高效，让新品种尽快发挥其应有的作用。

3. 建立新品种示范基地

育种者通过生产单位、专业户布点推广，这是新育成品种推广中采用较普遍的一种形式，建立示范展示基地是促进和加快品种推广的重要手段。通过品种展示，形象直观地展示品种的丰产性、抗逆性和适应性，突出品种的优质专用特点，强调良种良法的配套，直接地为农业部门和种子企业推介了新品种，成为引导农民选择自己所喜欢新品种的桥梁和纽带。由于生产单位、专业户通常只有经试种表现优异的才会被大面积种植，所以一般不会出现盲目推广的弊端。但由于受引种布点数的限制，推广面常具一定的局限性，对多年生周期长的

园艺植物，推广速度较慢。

（三）品种区域化和良种合理布局

1. 品种区域化的意义

生产良种化和良种区域化是现代化农业生产的重要标志之一。优良品种只有在适宜的生态环境条件下，才能发挥其优良特性；而每一个地区只有选择并种植合适的品种，才能获取良好的经济效益。所以，品种推广必须坚持适地适种的原则，否则将给生产上造成损失。尤其是多年生植物，因品种不合适造成生产上的损失，将持续到品种更换以前，而且改正也较困难，采取品种更新措施，则经济上的前期投资损失重大。

2. 品种区域化的任务

（1）在适应范围内安排品种　根据品种要求的生态环境条件，安排在适应区域内种植，使品种的优良性状和特性得以充分发挥。在适应范围内安排品种，除了考虑气候、土壤等生态因子外，还必须考虑到地区的栽培水平及经济基础。

（2）确定不同区域的品种组成　即根据地区生态环境条件，结合市场要求、储藏条件、交通、劳力等因素，对某一种园艺植物的栽培品种布局做出规划设计。规划品种布局组成时，必须考虑早、中、晚熟品种的合理搭配，尤其是对桃等不耐藏的种类，主要是靠不同成熟期的品种搭配来延长其供应期。品种布局的具体组成品种个数，应根据作物种类、栽培面积及当地生产经营条件等因素而定。

3. 品种区域化的步骤和方法

（1）划分自然区域　根据气候、土壤等生态条件，对全国或某一省（直辖市、自治区）、地（市）范围内做出总体的和分别种类的区划。

（2）确定各区域发展品种及其布局　依据市场需求和政府部门调控来规划品种，如蔬菜方面建议规划三个不同层次的生产基地：城市近郊基地约占城市消费量的70%以上；邻近地区的二线基地，距城市200～500km，具特定地形地貌和小气候，供应城市淡季；全国性基地，作为南菜北运基地、加工原料蔬菜基地、出口生产基地。

（3）品种更换和更新区域化品种　布局组成确定后，即可对原栽培品种布局按区域化品种布局组成实行品种更换。一二年生作物的品种更换工作较简单，通过重新种植即可。对多年生的果树等作物，可以通过培育大苗，进行全园更新，本法适用于老龄果园；对原有的低产、劣质品种植株进行高接换种，本法适用于树龄较年轻的果园，高接换种时应注意防止病毒感染等高接病害；行间栽植区域化品种大苗，加强管理，逐步取代老品种，本法适用于行间较大的老龄果园；去劣栽优，局部调整，本法适用于主栽品种基本符合要求，仅有少数植株是不良品种的果园。

四、良种繁育

（一）品种的混杂、退化及对策

1. 品种的混杂退化现象

品种混杂退化是指一个新选育或新引进的品种，经一定时间的生产繁殖后，会逐渐丧失其优良性状，在生产上表现为生活力降低、适应性和抗性减弱、产量下降、品质变次、整齐度下降等变化，失去品种应有的质量水平和典型性，以致最后失去品种的使用价值。品种混杂主要指品种纯度降低，即具有本品种典型性状的个体，在一批种子所长成的植株群体中所占的百分率降低。品种退化主要表现为经济性状变劣、抗逆性降低、生活力衰退。

在园艺植物的生产中，品种混杂退化是经常发生和普遍存在的现象。例如，郁金香、唐菖蒲等球根花卉，常在引进的头一两年，表现出株高、花大、花色纯正鲜艳等优良性状，而随着繁殖栽培年代的增加，逐渐表现为植株变矮、花朵变小、花序变短、花色变晦暗等。因此，必须采取适当措施加以防止，最大限度地保持其优良种性，发挥良种在生产中的作用。

2. 品种混杂退化的原因

品种混杂退化是一个比较复杂的问题，普遍存在。其根本原因在于缺乏完善的良种繁育制度，包括人为的管理不当和生物本身的自然变异。

（1）机械混杂　在种子收获、清选、晾晒、储藏、包装或运输各环节中，由于工作上的操作不严，使一个品种内混进异品种或异种的种子，从而造成品种混杂，影响到群体性状不一致，降低了该品种的生产利用价值。这种混杂就一批种子或一个品种群体来说是混杂的，但就一粒种子或一个单株来讲还是纯的。机械混杂较易发生于种子或枝叶形态相似以及蔓性很强的品种之间。此外，在不合理的轮作和田间管理下，前作和杂草种子的自然脱落，以及施用混有作物种子或杂草种子的未腐熟厩肥和堆肥，均可造成机械混杂。机械混杂还会进一步引起生物学混杂。

（2）生物学混杂　当机械混杂严重时，更会加重生物学混杂，加快品种退化速度。由于有性繁殖作物品种间或种间一定程度的天然杂交，使异品种的配子参与受精过程而产生一些杂合个体，在继续繁殖过程中会产生许多重组类型，致使原品种的群体遗传结构发生很大变化，造成品种混杂退化，丧失利用价值。有些杂交育成的新品种性状不太稳定，基因型纯合度不高，这些新品种在种植过程中就会继续分离，产生变异个体，造成品种变杂退化。留种质量不高，生产过程中未按本品种典型性状选留种，这样越选偏离度越大。例如，结球甘蓝与花椰菜或球茎甘蓝之间的天然杂交后代不再结球。异花授粉的瓜叶菊，各种花色单株构成一个花色复杂的群体，如采用混合留种法，后代中较原始的花色（晦暗的蓝色）单株将逐渐增多，艳丽花色单株减少，致使群体内花色性状渐次退化。生物学混杂在异花授粉类型中最易发生，而且一旦发生混杂，其发展程度极快。

（3）品种本身的遗传退化　通常农业或育种中所说的纯度很高和“纯系学说”设想的选择极限“纯系”，是差别很大的两个不同概念，也就是说纯度很大的品种中依然存在很多不利的等位基因。不利等位基因在重组过程中是品种退化的潜在因素。引起品种退化的另一个潜在因素是突变，尽管表型效应显著的突变不常发生，但各方面论据却说明微效突变较为常见。因此，不利等位基因的普遍存在和微效突变的逐代积累引起品种退化的作用不容忽视。

（4）缺乏经常性选择　任何优良品种都是在严格的选择条件下形成的，它们的优良种性也需要在精心的选择下才能保持和改进。无性繁殖的果树、花木等在大面积生产中微突变发生较为频繁，以嵌合体的形式保存于营养系品种中，在生产和繁殖过程中缺乏经常性选择就很容易将一些劣变材料混在一起繁殖。特别是这些劣变类型具有某种繁种优势的情况下，更会引起品种的严重退化。有性繁殖的种类由于缺乏经常性选择，造成品种的劣变退化，则更为普遍而严重。比如，只管留种不管选种；只进行粗放的片选而不进行严格去劣；或者虽然进行了选择，但选择标准不当，未起到选优汰劣的作用。例如，果菜类只注意选果而忽略对植株性状的选择，叶菜类只注意产品器官的大小、形状而忽视了经济性状、生育期等的典

型性和一致性。或者缺乏必要的鉴定选择条件，如连续小株采种，无法鉴定其结球习性；在肥水充分的条件下繁育耐瘠抗旱品种，难以鉴定其耐瘠抗旱特性；保护地蔬菜花卉品种连续在露地繁种，难以根据其对保护地环境的适应性进行选择等。总的来说，在繁育过程中缺乏经常性的有效选择是品种退化的重要原因。

3. 品种混杂退化的防止方法

（1）防止机械混杂　造成机械混杂主要是由于在种子生产过程中各项工作不认真造成的。为此要建立严格的企业管理规章制度，做到专人负责，长期坚持，杜绝人为造成的机械混杂。另外在生产过程中要合理安排轮作，一般不重茬；进行选种、浸种、拌种等预处理时应保持容器干净，以防其他品种种子残留；播种时按品种分区进行，设好隔离带；以种子为繁殖材料者在收获种子时，从种株的堆放、后熟、脱粒、晾晒、清选，以及在种子的包装、储运、消毒直到播种的全过程中，应事先对场所、用具进行彻底清理以清除前一品种的残留种子，晾晒不同品种时应保持一定距离，包装和储运的容器外表面应标明品种、等级、数量、纯度；以营养器官为繁殖材料者从繁殖材料的采集、包装、调运到苗木的繁殖、出圃、假植和运输，都必须防止混杂。包装内外应同时标明品种，备有记录。所用标签材料和字迹墨水应具防湿作用，遇水不破碎、不褪色。

（2）加强人工选择，科学留种　有性繁殖园艺植物对种子田除应加强田间管理外，还要经常去杂去劣，选择具有该品种典型特征、特性的植株留种。要对每代留种母株或留种田连续进行定向选择，使品种典型性得以保持。选择时期为品种特征、特性易鉴别期，可分阶段多次进行。对收获的种子还要再精选 1 次，以保证种子质量。蔬菜植物中采用小株留种时，播种材料必须是高纯度的原种，小株留种生产的种子只能用于生产用种，而不能作为继续留种的播种材料。为保持品种种性，可以进行选优良单株然后混合收种，即混合选择，进而可以起到提纯复壮的作用。无性繁殖园艺植物主要淘汰母本园内的劣变个体，或选择性状优良而典型的优株供采取接穗或插条用。由不定芽萌发长成的徒长枝或根蘖易出现变异，不能用作繁殖材料。病虫危害严重或感染病毒的植株，也应予以淘汰。

（3）隔离留种，防止生物学混杂　有性繁殖作物留种对易于相互间杂交的变种、品种或类型之间，主要是设好隔离区，利用隔离的方法防止自然杂交。隔离区的设置，既要考虑植物传粉的特点，又要研究昆虫、风向等自然因子。

对于比较珍贵的种子和原种种子，可以实行人工套袋隔离、温室隔离和网罩隔离，防止昆虫传粉。隔离留种时的辅助授粉，在隔离袋内可人工进行，在网室内可放养蜜蜂和人工饲养的苍蝇。

种植分散的植物容易实行空间隔离，隔离距离的大小决定于：杂交媒介（风，昆虫）；留种材料的花粉粒数量、大小、易散程度，天然杂交率的高低；间隔地带内有无高大建筑或树林可作隔离屏障等。实行种子生产专业化，可以统一规划和安排留种，从而有利于实施空间隔离。园艺植物种类繁多，在蔬菜生产中常根据授粉方式和发生天然杂交后的影响大小，将主要蔬菜作物隔离留种的距离归纳成以下四类：一是不同种或变种间易天然杂交，杂交后杂种几乎完全丧失经济价值的异花授粉植物，如甘蓝类的各变种之间、结球白菜和不结球白菜之间等，开阔地的隔离距离为 2000m；二是异花授粉或自由授粉类，不同品种间易杂交，杂交后杂种虽未完全丧失经济价值，但失去品种的典型性和一致性，给生产和供应带来不便，如十字花科、葫芦科、伞形科、藜科、百合科、苋科作物等的品种之间，开阔地的隔离距离为1000m左右；三是常自花授粉类的蚕豆、辣椒等的不同品种之间，虽以自交为主，但仍有一定异交率，为保证品种纯度，隔离距离一般为50~100m；四是豌豆、番茄等自花授粉作物，品种间天然杂交率极低，只需隔离10~20m即可。

当品种比较多时，还可以采用时间隔离，将不容易发生自然杂交的几个品种，同年或同月采种；容易发生自然杂交的品种，采用分期播种、定植、春化和光照等处理措施，使不同品种的开花期相互错开，从而避免相互天然杂交。这种错开开花期的留种方法就是时间隔离。其中不跨年度的时间隔离，仅适用于对光周期不敏感的园艺植物，如翠菊品种可以秋播春季开花，也可以春播秋季开花。多数园艺植物均是春夏季开花，而且花期较长，仅采用同一年内分期播种和定植，通常仍存在品种间始花和终花期交错重叠的现象，难以完全错开，只有采用不同品种分年种植留种，才能做到有效隔离，这种方法适用于有较好的种子储藏条件或种子本身具较长储藏寿命的植物种类。

（4）加强栽培管理　改变生长发育条件和栽培条件，使品种在最佳条件下生长，使其优良性状充分表现出来。此外，由于长期在同一地区生长，会受到一些不利因素的限制，如土壤的肥力、类型，病虫害等，可通过改变或调节播种期，由一季变两季，改变土壤条件等提高种性。如马铃薯的二季作、甘蓝种株的低温处理等。对木本植物则应建立良种母本园、种子园、苗圃，以便为生产提供纯度高、质量好的木本植物种子或苗木，这也是木本植物防止退化和长期保持品种纯度及种性的一项重要措施。选择适宜的种苗繁育地点，如唐菖蒲、马铃薯等可利用中国不同纬度、不同海拔的地区气候特点，采用高寒地留种，能有效地防止品种退化。

（5）品种提纯更新　对一二年生园艺植物，应隔一定年限（一般3~4年）用原种将繁殖圃中的种子进行更新，可使品种长期保持纯度，防止混杂、退化。无性繁殖的园艺植物，除注意保持母本园的高质量外，利用当今高科技之一的生物技术，能使植物快速繁殖和脱毒复壮。利用茎尖组织培养技术，可有效去除植物病毒。对易发生退化的优良杂种和不易结实的优良多倍体品种，用组织培养方法，不仅能使后代保持其原有的品种特性，还可达到快速繁殖的目的。世界上许多国家已对菊花、香石竹、兰花、大丽花、百合、矮牵牛、鸢尾、小苍兰、水仙等园艺植物，采用组织培养脱除病毒，并利用工厂化生产优质商品苗。

（二）良种的加速繁殖

加速良种种苗的繁殖，从数量上满足推广应用的需要，是良种能尽快地在生产上发挥作用的重要环节。尤其是品种刚育成而种苗尚少时，应尽可能提高其繁殖系数。

1. 提高种子繁殖系数的措施

（1）育苗　在栽培生产中，尽可能采用育苗移栽方法，可节约用种量，提高繁殖系数。如番茄撒播每667m^2需要用种量为150~200g，而育苗只需要20~50g。另外，育苗也可以改善植物花芽分化的质量，提高植物的授粉受精质量。

（2）宽行稀植　可增大单株营养面积，使种株能更好地生长发育，这样做不仅可提高单株产种量，而且可提高种子品质。

（3）植株调整　在种子生产中，采用合理的植株调整措施，可以提高种子的产量和品质。如番茄在种子生产中常采用双干整枝法，即每个主干留3个花序摘心，进行人工辅助授粉，合理施肥，种子产量比较高。

(4) 加代繁殖　利用我国地域广阔、各地自然条件差异大的特点，可以进行北种南繁或南种北繁，增加一年内的繁殖代数，从而提高繁殖系数。另外利用设施栽培或特殊处理（如春化、光照处理）也可以增加繁殖的代数。

(5) 利用无性繁殖　很多植物都具有无性繁殖的能力，如茄果类、瓜类的侧枝扦插，甘蓝、结球白菜的侧芽扦插，韭菜、石刁柏、金针菜等的分株法，组织培养法等都能大大地提高繁殖系数。

2. 提高营养器官繁殖系数的措施

1）在采用常规营养繁殖方法的同时，充分利用器官的再生能力来扩大繁殖数量。例如，常规下采用嫁接繁殖的桃，可同时采用嫩枝扦插法提高繁殖系数；扦插繁殖的茶花、月季，可采用单芽扦插提高繁殖系数；分株和扦插繁殖的菊花、秋海棠、大岩桐等，可采用叶插扩大繁殖。全光喷雾装置和生长调节物质的配合使用，更有利于提高器官的再生能力，从而提高繁殖系数。

2）以球茎、鳞茎、块茎等特化器官进行繁殖的园艺植物，要想提高繁殖系数就必须提高这些用于繁殖的变态器官的数量。唐菖蒲的球茎、马铃薯的块茎采用切割的方法，可使每个含芽的切块都成为一个繁殖体，从而提高繁殖系数。风信子在6月掘起后，经干燥至7～8月间，在鳞茎基部做放射状切割，晒后敷以硫黄粉，然后将切口向上置储藏架上（或切后埋于湿沙中2周，取出置于木架上），保持室温20～22℃，注意通风和遮光，在9～10月间切口附近可形成大量小球，11月间将母球连同子球植入圃地，至第二年初夏掘起，可得10～20个小球；仙客来开花后的球茎于5～6月切除上部1/3，再在横切面上每隔1cm交互纵切，使切口发生不定芽，然后将长有不定芽的球茎切割分离移植，一个种球可获得50株左右幼苗；百合类可充分利用其珠芽扩大繁殖。

3）利用组织培养技术。组织培养技术在园艺植物快速繁殖上的成功应用，使无性繁殖植物的良种繁育能在较短时期内实现几十倍、几百倍的增殖。

（三）繁育无病毒苗

病毒病是栽培植物的常见病害，果树病毒病主要通过带病接穗或砧木经嫁接传染，蔬菜、花卉的病毒病常通过块茎、鳞茎等传染。园艺植物经长期无性繁殖，病毒随营养器官被用作繁殖材料而传递，致使病毒在营养系内逐代积累而日趋严重。如柑橘黄龙病、苹果锈果病、枣疯病等都是中国常见的果树病毒病害，常导致果树生长衰弱，产量质量降低，甚至全树死亡。因此，培育无病毒苗，是无性繁殖园艺植物良种繁育的一项重要工作。主要方法有以下几种：

1. 热处理法

对感染病毒的种苗、接穗、插条等进行热处理，热处理脱毒的基本原理是在稍高于正常温度的条件下，使植物组织中的病毒可以被部分地或完全地钝化，而较少伤害甚至不伤害植物组织，达到脱除病毒的目的。处理方法有干热空气、湿热空气或热水浴等，热处理时间的长短应依不同病毒种类对高温的敏感程度而定。随着植物病毒种类的不同差别较大，一般热处理温度在37～50℃之间，可以恒温处理，也可以变温处理，热处理时间由几分钟到数月不等。据报道，葡萄扇叶病毒在38℃下经30分钟即可脱除，而卷叶病毒一般需60天或60天以上，栓皮病毒和茎痘病毒则更难，有时处理120天还未必消除。

热水浸泡对休眠芽效果好，湿热空气处理对活跃生长的茎尖效果较好，且容易进行，既可以杀灭病毒，又可以使寄主植物有较高的存活机会。

热处理法的脱毒效果因病毒种类而差异很大，研究表明热处理脱除粒状病毒效果好，而脱除杆状和带状病毒效果差。加之有的植物不耐高温处理，如马铃薯块茎在热处理下会变色，降低或完全失去发芽力，所以热处理法在使用上受到很大限制。目前热处理常与组织培养脱除病毒方法相结合，用于组织培养前取材母株的预备处理。

2. 组织培养法

组织培养脱毒培育无病毒苗的方法有茎尖培养、愈伤组织培养、珠心胚培养、花药培养、茎尖微体嫁接等。

病毒在植物体内是靠筛管组织进行转移或通过胞间连丝传给其他细胞的。因此，病毒在植物体内的传播扩散也受到一定的限制，造成植物体内部分细胞组织不带病毒，同时植物分生组织的细胞生长速度又快于体内病毒的繁殖转移速度。因此，根据这一原理，利用茎尖培养可以获得无病毒种苗，它也是应用最广的脱毒培养方法。茎尖培养脱毒时，切取茎尖的大小很关键，一般切取0.10～0.15mm的带有1～2个叶原基的茎尖作为繁殖材料较为理想，超过0.5mm时，脱毒效果差。选好栽培品种适宜的培养基后，从待脱毒接穗上，取0.1～0.3mm的茎尖，接种在准备好的培养基上，待无根苗长到2cm高时，准备脱毒鉴定。

将植物的器官和组织经脱分化诱导形成愈伤组织，然后经再分化产生小植株，可获得无病毒苗，早期获得成功的有马铃薯、天竺葵、大蒜、草莓等植物。

茎尖微体嫁接法适用于茎尖培养难以生根的果树和观赏树木。方法是将实生砧木培养于试管内培养基上，再从成年品种树上取1mm左右大小的茎尖作接穗，嫁接在试管内的幼小砧木上以获得脱毒苗。Navarro等（1983）取试管培养10～14天的梨新梢，大小为0.5～1mm，带3～4个叶原基，进行试管微体嫁接，成活率达40%～70%，最后获得无病毒苗。

珠心胚培养无病毒苗，主要应用于多胚性的柑橘，因珠心胚与维管束系统无直接联系，诱导产生的植株可脱除病毒。本方法自Rangan等1968年成功以来，发展迅速，已有不少品种培养成功。

花药培养脱毒苗的报道有草莓（大泽胜次等，1972），成功率达100%，日本已将其作为草莓育成无病毒苗的主要方法之一，且应用于生产。

3. 茎尖培养与热处理相结合脱毒法

为了提高茎尖脱毒效果，可以先进行热处理，再进行茎尖培养脱毒。通过茎尖培养法培养出无根苗后，放入温度为（37±1）℃条件下，处理28天，再切取0.5mm左右的茎尖进行培养；或者先进行热处理后，取0.5mm的茎尖进行培养，然后进行病毒鉴定。

如将盆栽富士苗先在30℃下预备处理，芽萌发时再在37℃下处理2周以上，然后切取0.8～1.0mm茎尖，继代培养4次，可有效脱除大麦黄矮病毒（SGV）。热处理期内的新梢生长量与脱毒率成正比。

（四）建立健全良种繁殖程序和繁育体系

园艺植物良种繁育中主要的问题在于建立健全良种繁育制度，它是种子生产所必须遵守的一系列规范和法则，包括种子生产的体系、程序及技术规范等。

1. 种子生产的分级繁育程序

为了提高种子质量，降低种子生产成本，使新的优良品种尽快地在较长时间内发挥其增

产作用，有必要在良种繁育过程中采取分级繁育程序，按级别繁育良种。这种程序在各国不完全相同，中国通常将种子生产程序划分为原原种、原种和良种三个阶段，由原原种产生原种，由原种产生良种，又叫作合格种子。原原种是由育种者提供的经严格提纯复壮措施繁育和保存的种子。原原种纯度最高，遗传性比较稳定，是最原始的优良种子。用原原种直接繁殖出来的，或由正在生产中推广的品种经提纯更新后达到国家规定的原种质量标准的种子称为原种。原种典型性强，生产力高，种子质量好，是仅次于原原种的种子。原种再繁殖一定代数，符合质量标准，供应生产应用的种子称为良种。

2. 良种繁育体系

良种繁育体系随国家经济发展阶段而改变，如20世纪50年代后期，中央曾提出“主要依靠生产队自选、自繁、自留、自用，辅之以国家调剂”的“四自一辅”种子工作方针，在当时曾经起到积极作用，但显然已不能适应现在的情况。目前比较适应农业现代化发展的良种繁育体系是“四化一供”方针。“四化”分别是品种布局区域化、种子生产专业化、种子加工机械化、种子质量标准化，“一供”过去是指以县为单位有计划地供应良种，现在主要由种子市场来调节供应。

（1）品种布局区域化　品种布局区域化是指根据农业自然区划和农作物品种的地区适应性，合理安排作物布局和品种搭配，最大限度地利用土地与气候资源。首先应合理分析不同地区的土壤、水分、光照、生产水平等因素，顺应品种特性，按照客观实际合理安排品种布局。

（2）种子生产专业化　生产专业化可以扩大规模批量化生产，使生产向集团化迈进。提高劳动生产率和土地利用率，同时专业化可使生产向生产优势地区集中，使产量增加，成本降低，扩大市场份额，提高经济效益。生产专业化可集中使用技术力量，推广新技术，便于集中管理，提高种子产量和质量。建立稳固的种子繁育基地，制定统一管理措施，是实现种子生产专业化的前提。应以市场为导向，以科技进步为依托，不失时机地发展壮大规模，实现种子生产的专业化。

（3）种子加工机械化　收获后的种子仅是半成品，其中含有不同质量的种子和杂质。加工就是对种子进行清理、干燥、分级处理，提高种子的播种品质和商品品质。为了储藏、运输安全，可对种子进行清选干燥，使其净度与含水量达到标准要求。还需要对种子进行分级处理、包装等来提高其商品价值。通常种子加工机械现在都是以烘干与精选自动联合流水线为主的。不同规格加工机械的加工能力也不相同，加工机械化不但可以选种，而且也是质量标准化的先决条件。

（4）种子质量标准化　质量标准化是对种子生产的一种管理措施。它对原种、良种、种子分级、种子检验方法、包装、储藏、运输都有一系列标准化规程和方法。实现质量标准化的前提是生产专业化和加工机械化。标准化的实施是提高农产品产量和质量的重要手段。

另外需要明确提出的是“以法治种”的要求，从种子的生产、加工、检验到营销都必须符合《中华人民共和国种子法》及配套的实施细则的要求；对种子生产和营销工作中，玩忽职守乃至假冒伪劣、诈骗偷窃等违法乱纪行为，必须绳之以法，从法律和制度上保证现代化农业生产对良种繁育质量方面日益增长的要求。

复习思考题

1. 什么是品种审（认）定制度？什么是新品种保护？
2. 品种审定和新品种保护的关系是什么？
3. 如何进行新品种的推广？
4. 品种混杂退化的原因是什么？
5. 如何防止品种的混杂退化？
6. 如何提高种子的繁殖系数？

附　录

附录A　试验报告的基本内容及要求

试验报告应体现试验预习、试验记录和试验报告三个过程，要求这三个过程在一个试验报告中完成。

1. 试验预习

在试验前每位同学都需要对本次试验进行认真的预习，并写好预习报告，在预习报告中要写出试验目的、要求，需要用到的仪器设备、物品资料以及简要的试验步骤，形成一个操作提纲。对试验中的安全注意事项及可能出现的现象等做到心中有数，但这些不要求写在预习报告中。

设计性试验要求进入实验室前写出试验方案。

2. 试验记录

当学生开始试验时，应该将记录本放在近旁，将试验中所做的每一步操作、观察到的现象和所测得的数据及相关条件如实地记录下来。

试验记录中应有指导教师的签名。

3. 试验总结

试验总结主要内容包括对试验数据、试验中的特殊现象、试验操作的成败、试验的关键点等内容进行整理、解释、分析总结，回答思考题，提出试验结论或提出自己的看法等。

附录 B　常用试剂配制方法

1. 卡诺氏固定液：无水乙醇 3 份，冰醋酸 1 份，随用随配，不宜久放。

2. 醋酸洋红：45% 醋酸 100mL，加洋红 1g，煮沸（沸腾时间不超过 30 秒），冷却后过滤即成。也可以再加 1% ~2% 铁明矾水溶液 5 ~10 滴，颜色更暗红。

（1）N 盐酸：取浓盐酸 845mL（比重为 11.9），加蒸馏水 1000mL，若比重为 11.6，则取 98.3mL，加水至 1000mL。

4. 卡宝品红（石炭酸品红）：

原液 A：3g 碱性品红溶于 100mL 70% 酒精中（可长期保存）。

原液 B：取原液 A 10mL，加入 90mL 5% 的石炭酸（苯酚）水溶液中（限 2 周内使用，如果呈浑浊状不可再用）。

原液 C：取原液 B 55mL，加入冰乙酸和甲醛各 6mL（可长期保存）。

染色液：取原液 C 10 ~20mL，加入 45% 乙酸 80 ~90mL，再加入 1g 山梨醇。室温下存放，于 1 ~2 周后即可使用。一般可保存 2 年有效。

5. 醋酸地衣红：先将 100mL 45% 乙酸放入较短颈的平底烧瓶（200mL 容积）中煮沸，移去火苗，缓缓加入 6g 地衣红，再煮沸 1 ~2 分钟，冷却、过滤，配成 2% 地衣红母液（可长期保存）。染色时配成 1% 醋酸地衣红染色液即可使用。

参考文献

[1] 季孔庶．园艺植物遗传育种［M］．3版．北京：高等教育出版社，2015.
[2] 栾非时，王勇．园艺作物遗传育种与生物技术［M］．北京：气象出版社，2009.
[3] 王芳．园艺植物育种［M］．北京：化学工业出版社，2008.
[4] 曹家树，申书兴．园艺植物育种学［M］．北京：中国农业大学出版社，2001.
[5] 俞世蓉，沈克全．作物繁殖方式和育种方法［M］．北京：中国农业出版社，1996.
[6] 沈德绪，景士西．果树育种学［M］．北京：中国农业出版社，1997.
[7] 吕爱枝．作物遗传育种［M］．北京：高等教育出版社，2009.
[8] 申书兴．园艺植物育种学实验指导［M］．北京：中国农业大学出版社，2002.
[9] 郭才．植物遗传育种与种苗繁育［M］．北京：中国农业大学出版社，2005.
[10] 张天真．作物育种学总论［M］．北京：中国农业出版社，2004.
[11] 徐民生，谢维荪．仙人掌类及多肉植物［M］．北京：中国经济出版社，2001.
[12] 陈学森，等．叶用银杏资源评价及选优的研究［J］．园艺学报，1997，24（3）：215-219.
[13] 李道品，张文英．作物遗传育种［M］．北京：中国农业大学出版社，2016.
[14] 程金水，刘青林．园林植物遗传育种学［M］．2版．北京：中国林业出版社，2010.
[15] 章承林．园艺植物遗传育种［M］．重庆：重庆大学出版社，2013.
[16] 肖鑫丽，刘京宏，尹德松，等．辐射在园艺植物诱变育种中的应用研究进展［J］．贵州农业科学，2015（01）：22-23.
[17] 尚霄丽．果树辐射育种方法研究进展［J］．农业科技通讯，2014（04）：3-4.
[18] 胡延吉，梁红，刘文．猕猴桃辐射诱变育种研究初报［J］．中国农学通报，2012（19）：11-13.
[19] 孙庆华，韩振海．果树多倍体鉴定研究进展［J］．山东农业科学，2008（02）：1-3.
[20] 高秀岩，杜国栋，张志宏，等．草莓染色体加倍的研究［J］．北方果树，2006（04）：17-18.
[21] 马凤翔，陈晓阳．低能离子束物理诱变技术在林木和园艺花卉育种中的应用［J］．世界林业研究，2007（01）：6-7.
[22] 王艳芳，王世恒，祝水金．航天诱变育种研究进展［J］．西北农林科技大学学报：自然科学版，2006（01）：9-10.
[23] 宋灿，刘少军，肖军，等．多倍体生物研究进展［J］．中国科学：生命科学，2012（03）：8-9.
[24] 孙清荣，孙洪雁，辛力，等．梨多倍体化对离体叶片不定梢再生能力的影响［J］．植物遗传资源学报，2012（01）：25-26.
[25] 张圣仓，魏安智，杨途熙．果树单倍体和加倍单倍体（DH）技术研究与应用进展［J］．果树学报，2011（05）：18-20.
[26] 李杰，黄敏仁，王明庥，等．植物原生质体培养和体细胞融合技术研究进展［J］．仲恺农业技术学院学报，2003（04）：30-31.
[27] 陈恒雷，吕杰，曾宪贤．离子束诱变育种研究及应用进展［J］．生物技术通报，2005（02）：7-8.
[28] 孟玉平，曹秋芬，周慧，等．农杆菌介导FT基因转化嘎拉苹果的研究［J］．华北农学报，2008（06）：31-32.
[29] 吴延军，徐昌杰，张上隆．桃组织培养和遗传转化研究现状及展望［J］．果树学报，2002（02）：14-16.
[30] 王玉书，王欢，范震宇，等．观赏羽衣甘蓝小孢子培养及再生植株倍性变异［J］．核农学报，2015（06）：33-34.

[31] 陈印政，王大明，孙丽伟．我国蔬菜育种研究的现实困境与对策探析［J］．科技管理研究，2014（24）：18-19.

[32] 王国泽，左福元，曾兵．SRAP 分子标记的研究进展及在植物上的应用［J］．畜牧与兽医，2013（09）：41-42.

[33] 扈新民，李亚利，高彦辉，等．航天诱变及其在辣椒育种中的应用及展望［J］．中国蔬菜，2010（24）：4-5.

[34] 郭玉华．空间诱变蔬菜新品种［J］．新农业，2010（08）：23.

[35] 乔永刚，宋秀英．秋水仙素诱导普通番茄多倍体的研究［J］．山西农业大学学报：自然科学版，2008（02）：8-10.

[36] 陈兆波．分子标记的种类及其在作物遗传育种中的应用［J］．现代生物医学进展，2009（11）：22-23.

[37] 朱惠霞，胡立敏，陶兴林．两个花椰菜品种再生体系的研究［J］．北方园艺，2010（09）：54-55.

[38] 郑君爽，宁惠娟，吕慧，等．国兰与大花蕙兰杂交育种及无菌播种研究进展［J］．中国农学通报，2011（04）：40-41.